全国中等职业技术学校机械类通用教材

磨工工艺与技能训练

（第二版）

人力资源和社会保障部教材办公室组织编写

中国劳动社会保障出版社

简介

本书主要内容包括：绪论、磨削的基本知识、外圆柱面磨削、内圆磨削、圆锥面磨削、平面磨削、无心外圆磨削、刃具磨削、螺纹磨削、复杂零件磨削、磨床夹具、典型零件的工艺分析、磨削新工艺和提高劳动生产率的途径等。

本书由李文渊主编，龚五堂、雷振国副主编，曾明、聂正斌参加编写；秦正超审稿。

图书在版编目(CIP)数据

磨工工艺与技能训练/人力资源和社会保障部教材办公室组织编写. —2 版. —北京：中国劳动社会保障出版社，2014

全国中等职业技术学校机械类通用教材

ISBN 978-7-5167-1268-9

Ⅰ.①磨…　Ⅱ.①人…　Ⅲ.①磨削-中等专业学校-教材　Ⅳ.①TG58

中国版本图书馆 CIP 数据核字(2014)第 171340 号

中国劳动社会保障出版社出版发行

（北京市惠新东街 1 号　邮政编码：100029）

*

三河市燕山印刷有限公司印刷装订　新华书店经销

787 毫米×1092 毫米　16 开本　19.5 印张　459 千字

2014 年 8 月第 2 版　2020 年 5 月第 2 次印刷

定价：34.00 元

读者服务部电话：（010）64929211/84209101/64921644

营销中心电话：（010）64962347

出版社网址：http://www.class.com.cn

http://zyjy.class.com.cn

前言

为了更好地适应全国中等职业技术学校机械类专业的教学要求，全面提升教学质量，人力资源和社会保障部教材办公室组织有关学校的骨干教师和行业、企业专家，在充分调研企业生产和学校教学情况、广泛听取教师对现有教材使用情况的反馈意见的基础上，吸收和借鉴各地职业技术院校教学改革的成功经验，对现有全国中等职业技术学校机械类通用教材中所包含的车工、钳工、模具钳工、工具钳工、铣工、焊工、冷作工、磨工、铸工等工艺（理论）与技能训练（实践）一体化教材进行了修订。

本次教材修订工作的重点主要体现在以下几个方面：

第一，科学构建理实一体化教学单元。

根据学校实际教学开展情况，吸收和借鉴一体化课程教学改革成果，在考虑教学可操作性前提下，进一步梳理了工艺理论与技能训练的配合关系，将二者有机地融为一体，科学构建“做中学”“学中做”的一体化教学单元，以适应学校理实一体化教学的需要。

第二，及时更新教材内容。

根据企业岗位的需要和教学实际情况的变化，确定学生应具备的能力与知识结构，对部分教材内容及其深度、难度做了适当调整；根据相关专业领域的最新发展，在教材中充实新知识、新技术、新设备、新材料等方面的内容，体现教材的先进性；采用最新的国家技术标准，使教材更加科学和规范。

第三，紧密衔接职业技能鉴定要求。

教材编写以2009年修订的车工、机修钳工、装配钳工、工具钳工、铣工、焊工、冷作钣金工、磨工、铸造工等国家职业技能标准为依据，涵盖国家职业技能标准（中级）的知识和技能要求，并在与教材配套的习题册中增加了针对相关职业技能鉴定考试的练习题。

第四，精心设计教材形式。

在教材内容的呈现形式上，尽可能使用图片、实物照片和表格等形式将知识点生动地展示出来，力求让学生更直观地理解和掌握所学内容。尤其是在教材插图的制作中采用了立体造型技术，增强了教材的表现力。

第五，提供全方位教学服务。

本套教材配有习题册和方便教师上课使用的电子课件，电子课件和习题册答案可通过中国人力资源和社会保障出版集团网站（http：//www. class. com. cn）下载。

本次教材的修订工作得到了辽宁、江苏、山东、河南、湖北、湖南等省人力资源和社会保障厅及有关学校的大力支持，在此我们表示诚挚的谢意。

人力资源和社会保障部教材办公室

2014 年 6 月

目 录

绪　论

一、磨削加工

磨削加工是金属切削加工的主要组成部分。磨削使用的工具主要是高速旋转的砂轮，它以极高的圆周速度磨削工件，并能加工各种高硬度材料的工件，切除多余的金属，使工件的形状、尺寸和表面粗糙度都符合图样要求，成为机械零件。

在现代制造业中，磨削技术占有重要的地位。一个国家的磨削技术水平在一定程度上也反映了该国的机械制造工艺水平。随着机械产品质量的不断提高，磨削工艺也在不断发展和完善。

二、磨削加工的内容

磨削加工的工艺范围很广（见图 0—1），有外圆磨削、内圆磨削、平面磨削、圆锥磨削、无心外圆磨削、刀具刃磨、螺纹磨削、成形磨削、花键磨削、齿轮磨削、导轨磨削和曲轴磨削等。其中，最基本的磨削方式有三种，即外圆磨削、内圆磨削和平面磨削。

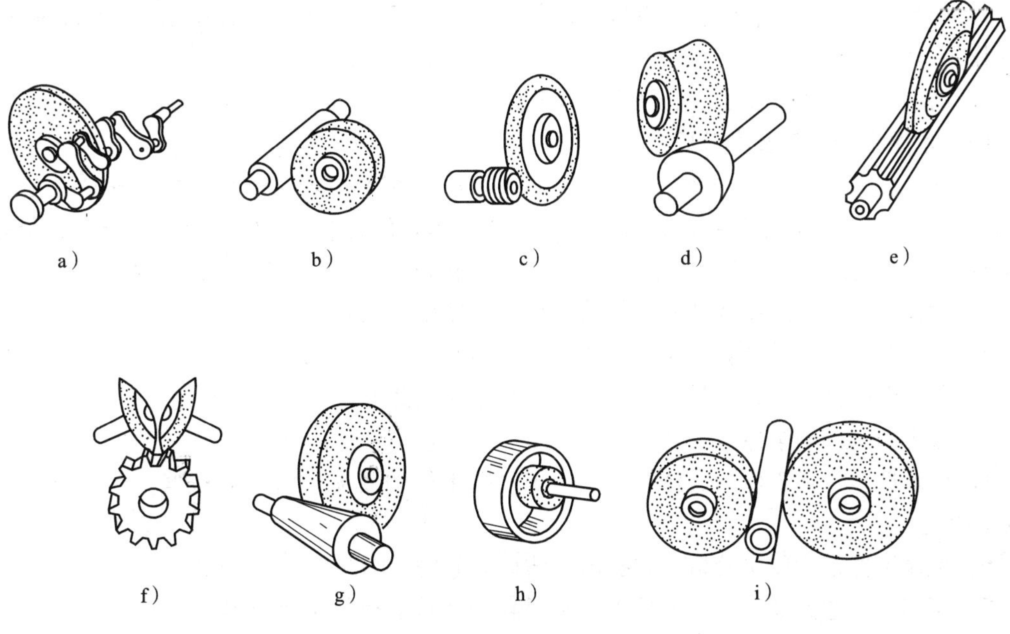

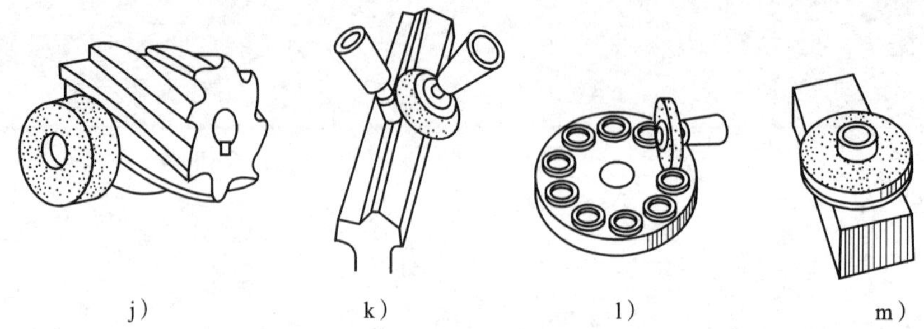

图 0—1 磨削加工的工艺范围

a）曲轴磨削 b）外圆磨削 c）螺纹磨削 d）成形磨削 e）花键磨削 f）齿轮磨削
g）圆锥磨削 h）内圆磨削 i）无心外圆磨削 j）刀具刃磨 k）导轨磨削 l）、m）平面磨削

三、磨削加工的特点

磨削加工是指用磨料切除材料的加工方法，与车削加工、铣削加工相比有以下特点：

1. 砂轮表面有大量的磨粒，其形状、大小和分布为不规则的随机状态，参加切削的刃数随具体条件而定。磨粒刃端面圆弧半径较大，切削时呈负前角。

2. 每颗磨粒切除的切屑厚度很薄，一般只有几微米。因此，加工表面可以获得很高的精度和低的表面粗糙度值。精度一般可达公差等级 IT7 ~ IT6 级，表面粗糙度 Ra 值为 0.63 ~ 0.16 μm，精密磨削精度更高。故磨削常用于精加工工序。

3. 磨削的效率高。一般磨削速度为 35 m/s 左右，为普通刀具的 20 倍以上，可获得较高的金属切除率。

4. 砂轮磨粒硬度高，热稳定性好。不但可磨削钢材、铸铁等材料，还可磨削各种硬度高的材料，如淬硬钢、硬质合金、玻璃和石材等，这些材料用一般的车削、铣削等很难加工。

5. 磨粒具有一定的脆性，在磨削力的作用下会破裂，从而更新其切削刃，称为砂轮的自锐作用。

6. 磨削不但可用于精加工，还可进行粗加工。

四、本课程的内容及学习要求

《磨工工艺与技能训练》是一门研究磨削加工方法和磨削加工过程的技术学科，是关于磨削加工工种的专业理论和技能训练的课程。通过本课程的学习，可以获得中级磨工所必备的基础知识，能正确操作磨床，掌握各种表面磨削的操作技能，能达到以下具体要求：

1. 掌握常用磨床的主要结构，能熟练调整、使用常用磨床。
2. 掌握磨削的有关计算方法，并能正确查阅有关技术资料。
3. 了解磨削加工常用工具、量具的结构和用途，并能熟练、合理地使用。
4. 合理地选用切削用量和切削液。
5. 能合理地选择工件的定位基准和中等复杂工件的装夹方法，能根据实际情况尽可能地采用先进工艺。
6. 能对工件进行质量分析，并提出预防质量问题的措施。
7. 了解本专业的新工艺、新技术以及提高产品质量和劳动生产率的途径。
8. 熟悉安全文明生产的有关知识，并做到安全文明生产。

五、磨削加工安全操作规程

磨工在操作时应遵守以下安全操作规程：

1. 工作时要穿工作服，女工要戴工作帽。

2. 夏天不得穿凉鞋进入车间。

3. 应根据工件材料、硬度以及磨削要求选择适当的砂轮进行磨削。新砂轮要用木锤轻敲以检查是否有裂纹，有裂纹的砂轮不能使用。

4. 安装砂轮时，在砂轮与法兰盘之间要垫衬纸。砂轮安装后要做静平试验。

5. 应校核新砂轮的最高线速度是否符合所用机床的使用要求。对于高速磨床尤其应特别注意校核，以防止发生砂轮破裂事故。

6. 开机前要检查砂轮、卡盘、挡铁、砂轮罩壳等是否紧固，磨床机械、液压、润滑、冷却、电磁吸盘等系统是否正常，防护装置是否齐全。启动砂轮时操作者不应正对砂轮站立。

7. 砂轮应经过 2 min 空运转试验，确定砂轮运转正常时才能开始磨削。

8. 干磨的磨床在修整砂轮时要戴口罩并开启吸尘器。

9. 测量工件尺寸时要将砂轮退离工件。

10. 磨削带有花键、键槽等间断表面时，磨削深度不得过大。

11. 外圆磨床纵向挡铁的位置要调整得当，要防止砂轮与顶尖、卡盘、轴肩等部位发生撞击。当所磨削凹槽的宽度与砂轮宽度之差小于 30 mm 时，禁止使用自动纵向进给。

12. 使用卡盘装夹工件时要将工件夹紧，以防脱落。卡盘钥匙用后应立即取下。

13. 使用万能外圆磨床的内圆磨具时要将内圆磨具的支架紧固，并检查砂轮快速进退机构的联锁装置是否可靠。

14. 在头架及工作台上不得放置工具或量具。

15. 在平面磨床上磨削高而狭的工件时应在工件两侧放置挡块。

16. 禁止用一般砂轮磨削工件较宽的端面。

17. 禁止在无心磨床上磨削弯曲和没有校直的工件。

18. 对于使用切削液的磨床，使用结束后应让砂轮空转 1 ~2 min 进行脱水。

19. 对于使用油性切削液的磨床，在操作时应关好防护罩并启动吸油雾装置，以防止油雾飞溅。

20. 注意安全用电，不要随意打开电气箱。操作时，如发现电气故障应请电工维修。

21. 注意防火。

22. 操作时不得戴手套。

23. 操作时必须精力集中，不得擅自离开机床。

第一单元

磨削的基本知识

课题一 磨床简介

一、磨床的种类和型号

磨床的种类很多，按用途和工艺方法不同，大致可分为外圆磨床、内圆磨床、平面磨床、刀具磨床和专门化磨床等。图 1—1 所示为常用万能外圆磨床。

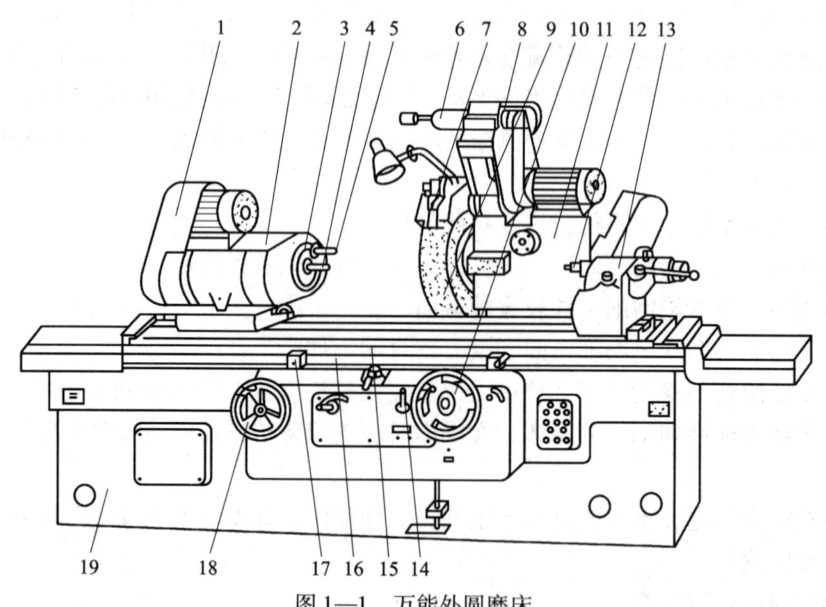

图 1—1　万能外圆磨床

1—变速机构　2—头架　3—拨盘　4—顶尖　5—拨杆　6—内圆磨具　7—喷嘴　8—支架　9—砂轮　10—横向进给手轮　11—砂轮架　12—尾座套筒　13—尾座　14—砂轮架快速进给手柄　15—上工作台　16—下工作台　17—挡铁　18—手轮　19—床身

按 GB/T 15375—2008 中磨床的类、组、系划分表，我国的磨床型号表示方法如下：

我国的磨床分为三类。一般磨床为第一类，用大写汉语拼音字母 M 表示，读作“磨”；第二类为超精加工磨床、抛光磨床、砂带抛光机等，用 2M 表示；轴承套圈、滚珠、钢球、叶片磨床等为第三类，用 3M 表示。齿轮磨床和螺纹磨床则用 Y 和 S 表示，分别读作“牙”

和“丝”。第一类磨床按加工不同分以下几组：0—仪表磨床；1—外圆磨床（如M1432A、MBS1332A、M1020等）；2—内圆磨床（如M2110A、MGD2110等）；3—砂轮机；4—坐标磨床；5—导轨磨床；6—刀具刃磨床（如M6025A、M6110等）；7—平面及端面磨床（如M7120A、MG7132、M7332A等）；8—曲轴、凸轮轴、花键轴及轧辊磨床（如M8240A、M8312、MG8425等）；9—工具磨床（如MK9017、MG9019等）。

型号还指明机床主要规格参数。一般以内、外圆磨床上加工的最大直径尺寸或平面磨床工作台面宽度（或直径）的1/10表示；曲轴磨床则表示最大回转直径的1/10；无心磨床则表示基本参数本身（如M1080表示最大磨削直径为80 mm）。

磨床的通用特性代号位于型号第二位，见表1—1，如型号MB1432A中的B表示半自动万能外圆磨床。

表1—1　　机床通用特性

通用特性	高精度	精密	自动	半自动	数控	加工中心（自动换刀）	仿形	轻型	加重型	柔性加工单元	数显	高速
代号	G	M	Z	B	K	H	F	Q	C	R	X	S
读音	高	密	自	半	控	换	仿	轻	重	柔	数	速

磨床结构性能的重大改进用顺序号A、B、C表示，加在型号的末尾。

二、磨床主要组成部分的名称和用途

磨床主要由床身、工作台和砂轮架等部件组成，不同组系的磨床各有其结构特点。以最常用的万能外圆磨床为例，主要部件除上述之外，还有头架、尾座、内圆磨具（见图1—1）和液压系统。万能外圆磨床的结构及作用见表1—2。

表1—2　　万能外圆磨床的结构及作用

主要部件	结构及作用
头架	头架由壳体、主轴部件、变速机构等通过底座安装在工作台上。在主轴前端的锥孔中可安装顶尖以支撑工件的中心孔，使工件形成精确的回转中心。主轴端也可安装卡盘用以夹持工件。调节变速机构，可使主轴上的拨盘获得不同转速，工件则由拨杆带动旋转
尾座	尾座套筒前端可安装顶尖，用以支撑工件另一端的中心孔，与头架配合实现工件两中心孔的定位，以支撑工件。尾座套筒后端的弹簧可调节顶尖对工件的顶紧力。通常工件都用两顶尖装夹
工作台	工作台分为上下两层，上工作台可相对下工作台回转角度，以便磨削锥面。下工作台由机械或液压传动，可沿着床身的纵向导轨做纵向进给运动。工作台的行程则由挡铁控制
砂轮架	砂轮架安装在床身垫板的横向导轨上，操纵横向进给手轮可实现砂轮的横向进给运动，以控制背吃刀量。砂轮架还可由液压传动，实现一定行程的快速进退运动。砂轮装在砂轮主轴端，以锥体定位，由电动机经带轮、传动带传动，实现砂轮的磨削运动。砂轮上方为浇注切削液的喷嘴，磨削时打开喷嘴，可冷却、润滑工件
内圆磨具	内圆磨具用于磨削工件的内孔，在它的主轴端可安装内圆砂轮。由电动机经带轮、传动带传动做磨削运动。内圆磨具主轴的转速极高，它装在绕铰链回转的砂轮支架上，使用时可向下翻转至工作位置
床身	床身是机床的基础部件，用以支撑安装在其上的各个部件，且要保持各个部件间的相对正确位置和运动部件的运动精度。该磨床床身为箱形铸件，其纵向导轨上装有工作台，垫板的横向导轨上装有砂轮架。床身内还装有液压装置、横向进给机构和纵向进给机构等

续表

主要部件	结构及作用
液压传动系统	液压传动系统主要包括工作台往复运动、砂轮架快速进退运动和砂轮架周期进给运动三个部分。工作台往复运动是外圆磨削的主要进给运动之一，以使砂轮能均匀地磨削工件表面。装卸工件时，需将砂轮快速退出；磨削时又将砂轮快速引至磨削位置。砂轮架快速进退量为 50 mm。为保证操作安全，在测量工件尺寸时也要将砂轮退离工件。砂轮架周期进给有四种状态可供选择，分别是双向进给、右进给、左进给、无进给。其中，右进给和左进给为单向进给，即砂轮磨削至工件左端或右端进给

三、磨床液压传动的基本概念

磨床工作台的往复运动采用液压传动，它可以使磨床工作台往复运动平衡并可实现较大范围内的无级变速。图 1—2a 所示为磨床工作台纵向往复液压传动系统，其工作原理如下：当电动机带动齿轮泵 2 运转时，输出的压力油经节流阀 4、换向阀 5 进入液压缸 6 的左腔，从而推动活塞带动工作台 7 向右运动，液压缸右腔的低压油返回油箱。改变换向阀的位置（见图 1—2b），则高压油进入液压缸的右腔，工作台向左运动。转动节流阀，可调节工作台的运动速度。传动系统的压力由溢流阀 3 调节。

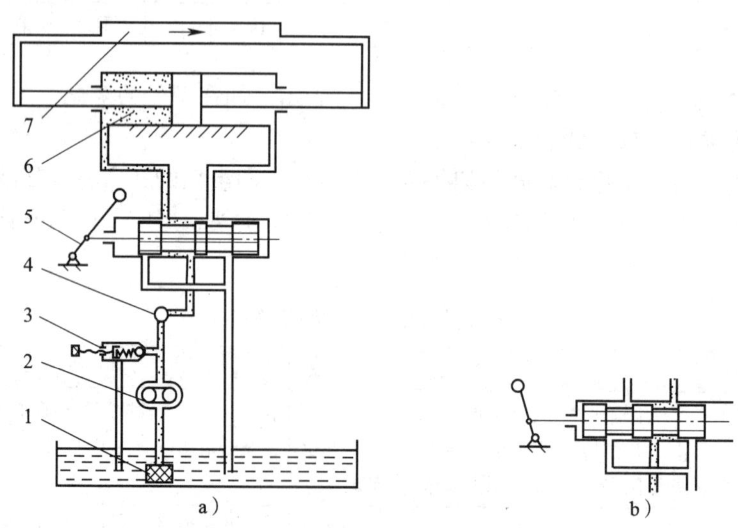

图 1—2　工作台纵向往复液压传动系统

1—过滤器　2—齿轮泵　3—溢流阀　4—节流阀　5—换向阀　6—液压缸　7—工作台

课题二
磨床的润滑和保养

一、磨床的润滑

良好的保养和润滑有利于延长磨床的使用寿命，保持磨床的精度和可靠性。润滑的目的是减少磨床摩擦面和机构传动副的磨损，并提高机构工作的灵敏度。如磨床主轴的动压轴承，其砂轮架油池每三个月换一次精密主轴油，常用的润滑油为 N2 和 N5 两种主轴油。主轴的油膜对润滑油有很高的要求，故不能用错油，有些高精度磨床的主轴动压轴承采用汽轮机油与煤油配制而成。磨床工作台纵向导轨、砂轮架横向导轨所用的润滑油是全损耗系统用油，如 L—AN46、L—AN32、L—AN68 等。内圆磨具滚动轴承 500 h 更换一次润滑脂，如 3 号锂基润滑脂、3 号钙基润滑脂等。其他需采用滴油润滑的各润滑点，如尾座套筒注油孔、横向进给手轮润滑油杯、工作台纵向手轮润滑油杯等，都需注入全损耗系统用油。

二、磨床的保养

磨床的日常保养很重要，要正确操作磨床，防止产生磨床故障，导致损坏机床或降低机床精度。

磨床保养的要点如下：

1. 合理操作磨床，不损坏磨床部件、机械结构。

2. 工作前后须清理机床，检查磨床部件、机械结构、液压系统、冷却系统是否正常，并及时修理，排除磨床故障。

3. 在工作台上调整头架、尾座位置时，须擦净其连接面，并涂润滑油后移动头架或尾座。保护工作台、头架、尾座连接间的有关机床精度。

4. 人工润滑的部位应按规定加注油类，并保证一定的油面高度。

5. 定期冲洗冷却系统，合理更换切削液。处理废切削液应符合环保要求。

6. 高速滚动轴承的温升应低于 60℃。

7. 不同精度等级和参数的磨床与加工工件的精度和尺寸参数要相对应，以保持机床精度。

8. 磨床敞开的滑动面和机械机构须涂油防锈。

9. 不碰撞或拉毛机床工作面和部件。

磨床运转 500 h 后需进行一次一级保养。一级保养工作以操作人员为主，维修人员配合进行。

一级保养常用工具有一字旋具、十字旋具、活扳手、呆扳手、内六角扳手、整体扳手、成套套筒扳手和锁紧扳手等。

三、磨床一级保养的内容及要求

下面以万能外圆磨床为例介绍磨床一级保养的内容及要求，见表 1—3。

表 1—3　　磨床一级保养的内容及要求

保养项目	详细内容
外部保养	1. 清洗机床外表，使机床外表保持清洁，无锈蚀、无油痕
	2. 拆卸有关防护盖板、挡板并进行清洗，应使各部位清洁且安装牢固
	3. 检查并补齐手柄、螺钉、螺母
砂轮架及头架、尾座的保养	1. 拆洗砂轮架传动带罩壳及砂轮防护罩壳
	2. 检查电动机及紧固螺钉、螺母是否松动。进行磨床的润滑和保养
	3. 调整砂轮架传动带松紧程度，使其松紧适中
	4. 拆洗尾座套筒，保持套筒和尾座壳体内清洁及润滑良好

续表

保养项目	详细内容
液压系统和润滑系统的保养	1. 检查液压系统压力情况，保持液压部件运行正常
	2. 清洗液压泵过滤器
	3. 检查砂轮架主轴润滑油的油质及油量
	4. 清洗导轨，检查润滑油的油质及油量，保持油孔、油路的畅通；检查油管安装是否牢固，是否有断裂、泄漏现象
	5. 清洗油窗
冷却系统的保养	1. 清洗切削液箱，调换切削液，使其符合环保要求
	2. 清洗切削液泵，清除嵌入泵内吸油口的棉纱等杂物，保持电动机运转正常。切削液泵应搁在切削液箱的挡条上，以防止切削液泵跌落到水箱内，损坏电动机
	3. 清洗过滤器；拆洗切削液管，使管路畅通；构件安装牢固，排列整齐
电气系统的保养	1. 清扫电气箱，保持箱内清洁、干燥
	2. 清理电线及蛇皮管，对裸露的电线及破损的蛇皮管进行修复
	3. 检查各电气装置，确保固定整齐，工作正常
	4. 检查各发光装置，如照明灯、工作状态指示灯等应工作正常，发光明亮
机床附件的保养	1. 切断电源，摇动砂轮架退至后方，推动头架、尾座至工作台两端
	2. 清扫机床切屑较多的部位，如切削液箱和防护罩壳等
	3. 用柴油清洗头架主轴、尾座套筒和液压泵过滤器等
	4. 在维修人员指导和配合下，检查砂轮架及床身油池内的油质情况、油路工作情况等，并根据实际情况调换或补充润滑油和液压油
	5. 在维修电工的指导和配合下，进行电气设备的检查和保养
	6. 进行机床涂层表面的保养，按从上到下、从后到前、从左到右的顺序进行，如有油痕，可用去污粉或碱水清洗
	7. 进行附件的清洁和保养
	8. 补齐缺件（如手柄、螺钉、螺母等）
	9. 调整机床，如调整传动带松紧程度，尾座弹簧压力，砂轮架主轴、头架主轴间隙等
	10. 装好各防护罩、盖板
	11. 按一级保养要求进行全面检查，发现问题应及时纠正

课题三 砂轮

一、砂轮的结构

砂轮是由磨料和结合剂以适当的比例混合，经压制、干燥、烧结、整形、静平衡、硬度测定、最高工作线速度试验等一系列工序而制成的。

砂轮的结构如图 1—3 所示，它由磨粒、结合剂和孔隙（气孔）三个要素组成。

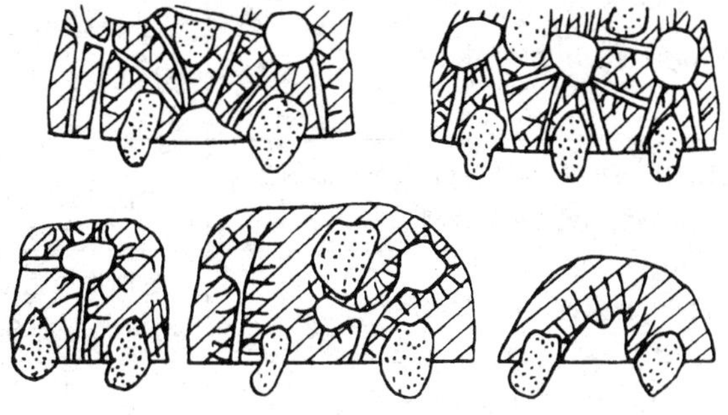

图 1—3　砂轮的结构

磨粒相当于切削刀具的切削刃，起切削作用。结合剂使各磨粒位置固定，起支持磨粒的作用。孔隙则有助于排屑和散热。

二、砂轮的特性要素

砂轮的特性主要由磨料、粒度、结合剂、硬度、组织、强度、形状和尺寸、最高工作速度等要素衡量。各种特性的砂轮都有其适用的范围，需按照具体的磨削要求合理地选择。

1. 磨料

磨粒的材料称为磨料，是砂轮的主要成分。磨料经压碎后即成为各种粗细不同的磨粒，具有锐利的锋口，经修整的砂轮，其锋口呈微刃状。磨削时它要承受强烈的挤压、摩擦和高温的作用，故磨料具有极高的硬度、耐磨性、耐热性及相当的韧性和化学稳定性。

磨料分为天然磨料和人造磨料两大类。天然磨料含杂质多，且价格昂贵，因此很少采用。目前制造的砂轮主要是人造磨料。人造磨料分为刚玉类、碳化硅类、超硬类三大类，其特点及应用见表 1—4。

表 1—4　　　　磨料的种类、特点及应用

磨料种类		特点	应用
刚玉类	棕刚玉（A）	含杂质多，呈棕褐色。棕刚玉的硬度高，韧性较好，能承受较大的磨削压力。棕刚玉价格低廉，应用较广泛	磨削碳素钢、合金钢和青铜等材料
	白刚玉（WA）	含氧化铝的纯度极高，呈白色。白刚玉比棕刚玉硬而脆，磨粒相当锋利，不易磨钝，且磨钝的磨粒也容易破裂而形成新的锋利刃口。因此，白刚玉具有良好的切削性能和自锐性	精磨各种淬硬钢、高速钢及容易变形的工件等
	铬刚玉（PA）	在氧化铝基体上再渗入氧化铬（Cr_2O_3），呈玫瑰红色。其切削性能略高于白刚玉，在相同条件下，用铬刚玉磨出的工件表面粗糙度值更小	精磨各种淬硬钢件和表面粗糙度值要求较小的工件
	微晶刚玉（MA）	颜色和化学成分与棕刚玉相似，但具有更好的自锐性和韧性	磨削不锈钢、轴承钢、特种球墨铸铁等材料，也适用于高精度磨削

续表

磨料种类		特点	应用
刚玉类	单晶刚玉（SA）	具有更高的硬度、耐磨性和韧性	磨削韧性好的不锈钢、高钒高速钢和其他难加工材料，在高精度磨削中也有应用
碳化物类	绿碳化硅（GC）	含碳化硅的纯度极高，呈绿色，且有美丽的金属光泽。绿碳化硅硬而脆，刃口锋利	磨削高硬度材料，如硬质合金、玻璃等
	黑碳化硅（C）	含杂质较多，呈黑色，有金属光泽	磨削抗拉强度较低的材料，如铸铁、黄铜、青铜及非金属材料等
超硬类	人造金刚石（JR）	金刚石是目前已知物质中最硬的一种材料，其刃口非常锋利，切削性能优良，但价格昂贵。人造金刚石无色透明或呈淡黄、淡绿色	加工高硬度材料，如硬质合金和光学玻璃等
	立方氮化硼（DL）	呈棕黑色，硬度略低于金刚石。它具有极好的磨削性能，且热化学性能稳定，产生的磨削热也少	磨削高硬度、高韧性的难加工材料，如含钼、钒、钴较高的合金钢和不锈钢等，其磨削特种钢材的性能比金刚石还好

2. 粒度

粒度是磨粒大小的量度。根据国家标准《固结磨具用磨料　粒度组成的检测和标记　第1部分》（GB/T 2481.1—1998）对磨粒尺寸的分级标记，粒度用37个粒度代号表示。

粒度有两种测定方法。粗粒度用筛网筛分的方法测定，粒度代号所对应的筛孔尺寸见表1—5。粒度号码越大，磨粒就越细。微粉的尺寸很小，用沉降仪检验。微粉用F230～F1200共11个代号表示，用光电沉降仪测定的微粉尺寸见表1—5。

表1—5　粒度代号及所对应的筛孔尺寸

代号	最粗粒			粗粒			基本粒		
	筛孔尺寸		筛上物质量比/%	筛孔尺寸		筛上物质量比/%	筛孔尺寸		筛上物质量比/%
	mm	μm		mm	μm		mm	μm	
F4	8			5.60			4.75		40
F5	6.70			4.75			4		40
F6	5.60			4			3.35		40
F7	4.75			3.35			2.80		40
F8	4			2.80			2.36		45
F10	3.35			2.36			2		45
F12	2.80			2			1.70		45
F14	2.36			1.70			1.40		45
F16	2			1.40			1.18		45
F20	1.70			1.18			1		45
F22	1.40			1				850	45

续表

代号	最粗粒			粗粒			基本粒		
	筛孔尺寸		筛上物质量比/%	筛孔尺寸		筛上物质量比/%	筛孔尺寸		筛上物质量比/%
	mm	μm		mm	μm		mm	μm	
F24	1.18				850			710	45
F30	1				710			600	45
F36		850			600			500	45
F40		710			500			425	40
F46		600	0		425	30		355	40
F54		500	0		355	30		300	40
F60		425	0		300	30		250	40
F70		355	0		250	25		212	40
F80		300	0		212	25		180	40
F90		250	0		180	20		150	40
F100		212	0		150	20		125	40
F120		180	0		125	20		106	40
F150		150	0		106	15		75	40
F180		125	0		90	15		75.63	40
F220		106	0		75	15		63.53	40

代号	最大值/μm	中值/μm	最小值/μm
F230	82	53	34
F240	70	44.5	28
F280	59	36.5	22
F320	49	29.2	16.5
F360	40	22.8	12
F400	32	17.3	8
F500	25	12.8	5
F600	19	9.3	3
F800	14	6.5	2
F1000	10	4.5	1
F1200	7	3.0	1

3. 结合剂

结合剂是将磨粒粘固成砂轮的材料。结合剂的种类及其性质影响砂轮的硬度、强度。常用的结合剂分为有机结合剂和无机结合剂两大类。其中无机结合剂常用的是陶瓷结合剂（V），有机结合剂常用的是树脂结合剂、橡胶结合剂两种。结合剂的种类、成分及特点见表1—6。

表 1—6　　结合剂的种类、成分及特点

类别	成分	特点
陶瓷结合剂（V）	以天然花岗石和黏土为原料配制而成	1. 力学性能和化学性能稳定，能耐热和耐腐蚀，极能适应各种切削液，储存时间也较长
		2. 砂轮的多孔性好，有利于散热和容纳磨屑，砂轮不易堵塞
		3. 呈脆性，不能承受大的冲击力和侧面压力，易产生裂纹，不能制造薄片砂轮。砂轮的最高线速度为 35 m/s。目前已研制成含硼的陶瓷结合剂，可用于 50 ~ 80 m/s 的高速磨削
		4. 磨削热较大
		5. 冰冻会产生裂纹
树脂结合剂（B）	石碳酸与甲醛合成	1. 有很高的强度，可制成薄片砂轮和线速度为 50 m/s 的高速磨削砂轮
		2. 砂轮具有较好的自锐性，磨削效率高
		3. 砂轮具有一定的弹性，可避免烧伤工件表面，同时还具有一定的抛光作用
		4. 耐热温度为 200℃左右，故当磨削温度升高时，砂轮会快速损耗，失去正确的外形
		5. 化学性能不稳定，易受碱、油和水的浸蚀。在潮湿的环境存放也会降低砂轮的强度。故一般树脂砂轮的存放期不超过一年
橡胶结合剂（R）	以天然或人造橡胶为主要原料制成	1. 耐热温度低于 150℃，耐湿性也较差，易于老化，存放期为两年
		2. 有较好的弹性，可制成薄片砂轮
		3. 不易烧伤工件，且有良好的抛光作用
		4. 砂轮的气孔小

4. 硬度

砂轮的硬度是指结合剂黏结磨粒的牢固程度，也表示磨粒在磨削力的作用下从砂轮表面脱落的难易程度。磨粒不易脱落的砂轮称为硬砂轮；反之，则称为软砂轮。

注意：不要把砂轮的硬度与磨粒自身的硬度混同起来。砂轮硬度影响砂轮的自锐性。

砂轮硬度对磨削生产率和加工精度有很大的影响。如果砂轮太硬，变钝的磨粒仍不能脱落，则磨削力和磨削热会急剧增加，严重的会将工件表面烧伤；如果砂轮太软，则会使仍很锋利的磨粒过早地脱落，而加快了砂轮的损耗。特别在精磨时，由于砂轮工作面的损耗，会直接影响磨削加工精度。因此，应根据不同的磨削条件选择砂轮硬度，并在保证加工精度的前提下使砂轮具有适当的自锐性。

国家标准《固结磨具　一般要求》（GB/T 2484—2006）的磨具硬度分级标记见表 1—7，用代号 A、B、C、D、E、F、G、H、J、K、L、M、N、P、Q、R、S、T、Y 表示，硬度代号按由软至硬递增。

表 1—7　　硬度等级

硬度等级	代号
极软	A、B、C、D
很软	E、F、G
软	H、J、K

续表

硬度等级	代号
中级	L、M、N
硬	P、Q、R、S
很硬	T
极硬	Y

5. 组织

砂轮的组织是表示其内部结构松紧程度的参数，其与磨粒、结合剂、气孔三者的体积比例有关。砂轮组织的代号是以磨粒占砂轮体积的百分比来划分的，共15个代号。以0号为基准（62%），之后磨粒体积每减少2%组织号增加一号，以此类推，见表1—8。

表1—8　　砂轮组织号

组织号	0	1	2	3	4	5	6	7	8	9	10	11	12	13	14
磨粒率/%	62	60	58	56	54	52	50	48	46	44	42	40	38	36	34

由表1—8可知，0~4号组织较紧密，5~8号组织为中等，9~14号组织较松。砂轮的组织如图1—4所示。较松的组织，磨粒间的气孔较大，其除了容纳磨屑外，还可以将切削液带入磨削区域，以降低磨削热。精磨时，砂轮的气孔不宜过大。一般外圆磨削、内圆磨削、平面磨削、无心磨削及刀具刃磨都采用中等组织的砂轮，如组织号为6的砂轮最常用。

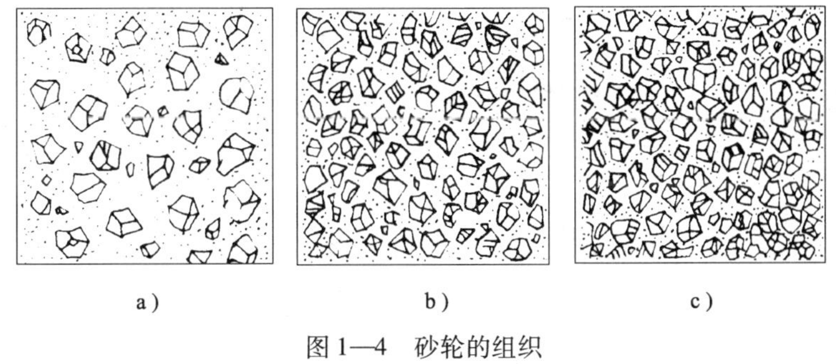

a)　　b)　　c)

图1—4　砂轮的组织

a）松　b）中　c）密

6. 形状和尺寸

常用砂轮与砂瓦的名称、代号、形状及用途见表1—9。

表1—9　　常用砂轮与砂瓦的名称、代号、形状及用途

砂轮名称	代号	断面图	基本用途
平形砂轮	1		用于外圆磨削、内圆磨削、平面磨削、无心磨削、刃磨刀具、螺纹磨削
筒形砂轮	2		用于立式平面磨床

续表

砂轮名称	代号	断面图	基本用途
单斜边砂轮	3		45°角单斜边砂轮多用于磨削各种锯齿
双斜边砂轮	4		用于磨削齿轮齿面和单线螺纹
单面凹砂轮	5		多用于内圆磨削，外径较大者都用于外圆磨削
杯形砂轮	6		用于刃磨铣刀、铰刀、拉刀等
双面凹一号砂轮	7		主要用于外圆磨削和刃磨刀具
碗形砂轮	11		用于刃磨铣刀、铰刀、拉刀、盘形车刀等
碟形一号砂轮	12a		适用于刃磨铣刀、铰刀、拉刀和其他刀具，大尺寸的一般用于磨齿轮齿面
碟形二号砂轮	12b		主要用于磨锯齿
单面凹带锥砂轮	23		磨外圆和端面时采用
双面凹带锥砂轮	26		磨外圆和两端时采用
薄片砂轮	41		用于切断和开槽等
平形砂瓦	3101		由数块砂瓦拼装起来，用于立式平面磨削
平凸形砂瓦	3102		

续表

砂轮名称	代号	断面图	基本用途
凸平形砂瓦	3103		
扇形砂瓦	3104		
梯形砂瓦	3109		

砂轮尺寸按机床规格选用。砂轮形状则按磨削的零件选择。平形砂轮应用最广泛，在外圆磨削、内圆磨削、平面磨削、无心磨削、刀具刃磨及螺纹磨削中都要使用平形砂轮。刀具刃磨时还要使用杯形砂轮、碗形砂轮和碟形砂轮，这些砂轮都是用其端面刃磨刀具表面。

平形砂轮的工作表面是一个圆柱面，在磨削加工成形表面时，可将砂轮修整成相应的型面。筒形砂轮的工作表面是端面，用于立式平面磨床上磨削平面。

砂轮制造厂对平形砂轮和单、双面凹砂轮的工作圆柱表面可按要求制成各种型面。GB/T 2484—2006 规定的型面标记有 B、C、D、E、F、G、H、I、J、K、L、M、N、P、Q 型。如型面为 B 的平形砂轮，形状是在圆柱面的一边带有 65°截形的圆锥面。通常，磨削时都没有对平形砂轮和单、双面凹砂轮的工作面提出型面要求，只有一些特殊零件的磨削对砂轮才有型面要求。

砂轮是由砂轮厂制造的，砂轮厂制造的砂轮分为平形、筒形、杯形、碟形及专用加工系列五种，其尺寸和形状有各种规格供用户选购。

7. 最高工作速度

砂轮高速旋转时，砂轮上任一部分都受到很大的离心力作用，如果砂轮没有足够的回转强度，就会爆裂而引起严重事故。砂轮上的离心力与砂轮线速度的平方成正比，所以，当砂轮线速度增大到一定数值时，离心力就会超过砂轮回转强度允许的范围，砂轮就要爆裂。因此，砂轮的最大工作线速度必须标注在砂轮上，以防止使用时发生事故。按国家标准《普通磨具　安全规则》（GB 2494—2003）的规定，磨具最高工作线速度一般为 35 m/s。砂轮制造厂按照国家标准《砂轮的回转试验方法》（GB/T 2493—1995）规定，对新砂轮以最高工作线速度的 1.6 倍（56 m/s）在回转试验机中进行试验，并在达到最高速度时维持 0.5 min。显然，经试验合格的砂轮具有一定的安全系数。

三、砂轮的代号

根据磨具标准 GB/T 2484—2006 的规定，砂轮各特性参数以代号的形式表示，书写顺序示例如下：

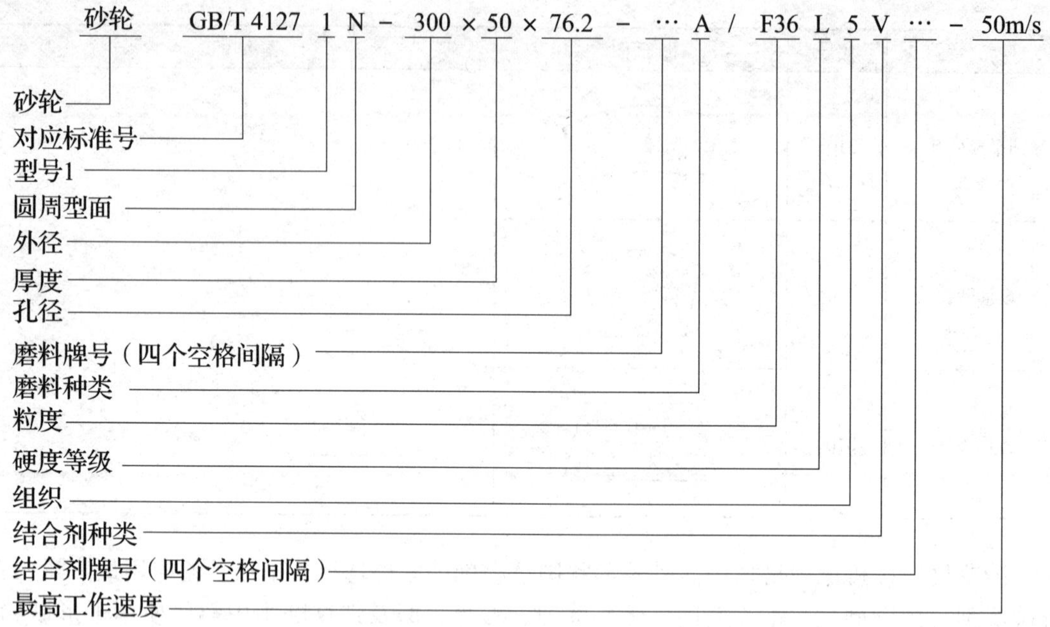

四、砂轮的选择

1. 磨料的选择

磨料按工件材料及其热处理方法选择，磨料本身的硬度与工件材料的硬度应相对应。一般的选择原则：工件材料为一般钢材，可选用棕刚玉；工件材料为淬火钢、高速钢，可选用白刚玉或铬刚玉；工件材料为硬质合金，则可选用人造金刚石或绿色碳化硅；工件材料为铸铁、黄铜，则选用黑色碳化硅。表 1—10 可供选择磨料时参考。

表 1—10　　磨料的选择

磨料名称	代号	特点	适用范围
棕刚玉	A	有足够的硬度，韧性好，价格低廉	磨削优质碳素结构钢等，特别适用于磨削未淬硬钢、调质钢及粗磨工序
白刚玉	WA	比棕刚玉硬而脆，自锐性好，磨削力和磨削热量较小，价格比棕刚玉高	磨削淬硬钢、高速钢、高碳钢、螺纹、齿轮、薄壁或薄片零件及刃磨刀具等
铬刚玉	PA	硬度与白刚玉相近，而韧性较好	可磨削合金结构钢、高碳钢、弹簧钢等高强度材料，以及用于表面粗糙度值要求较小的工序，也适用于成形磨削、刃磨刀具等
单晶刚玉	SA	硬度和韧性都比白刚玉高	磨削不锈钢和高钒高速钢等韧性好、硬度高的材料
微晶刚玉	MA	强度高，自锐性和韧性较好	磨削不锈钢、铬轴承钢和特种球墨铸铁

2. 粒度的选择

粒度按工件表面粗糙度和加工精度选择。细粒度的砂轮可磨出细的表面；粗粒度的砂轮则相反，但由于其颗粒粗大，砂轮的磨削效率高。一般常用的粒度是 F46 ~ F80。粗磨时选用粗粒度砂轮，精磨时选用细粒度砂轮。表 1—11 可供选择时参考。

表 1—11　　粒度的选择

粒度代号	适用范围	工件表面粗糙度/μm
F24 ~ F80	一般磨削	Ra3.2 ~ 0.8
F60 ~ F80	半精磨或精磨	Ra0.8 ~ 0.20
F100 ~ F220	精密磨削	Ra0.20 ~ 0.10
F220 ~ F600	超精密磨削	Ra0.05 ~ 0.025
F800 ~ F1000	超精密磨削、镜面磨削	Ra0.025 ~ 0.012

3. 砂轮硬度的选择

砂轮硬度是衡量砂轮自锐性的重要指标。磨削过程中，磨粒逐渐由锐利而变钝，部分钝化了的磨粒继续工作，作用在磨粒上的压力就会不断增大，当压力增大到一定数值时，有的磨粒会自行崩碎而形成新的刃口；当压力超过结合剂的黏结力时，磨粒会自行脱落。钝化了的磨粒自行崩碎或脱落使砂轮保持锐利的特性称为自锐性。较软的砂轮有较好的自锐性，可提高砂轮的磨削性能，减小磨削力和磨削热。一般常用硬度为 H、J、K 的三种砂轮。磨硬材料时，磨粒容易钝化，应选用软砂轮，以使砂轮锐利；磨软材料时，砂轮不易钝化，应选用硬砂轮，以避免磨粒过早脱落而损耗；磨削特别软而韧的材料时，砂轮易堵塞，可选用较软的砂轮。

五、砂轮的安装与拆卸

砂轮安装前首先要鉴别其外观，常用的陶瓷砂轮是脆性体，受损伤的砂轮不能使用。砂轮的裂纹可用响声法检查。检查时，一手托住砂轮，一手用木锤轻敲听其声音。没有裂纹的砂轮会发出清脆的声音，有裂纹的砂轮则声音嘶哑。有裂纹的砂轮不能使用，以免砂轮工作时爆裂。

砂轮一般用法兰盘安装，如图 1—5 所示。法兰盘主要由法兰底盘 1、法兰盘 2、衬垫 3、内六角螺钉 4 等组成。

砂轮的孔径与法兰盘轴颈部分应有 0.1 ~ 0.2 mm 的安装间隙。如砂轮孔径与法兰盘轴颈配合过紧，可用刮刀均匀修刮砂轮内孔；如配合间隙太大，则砂轮中心与法兰盘的中心会产生安装偏心，增大砂轮的不平衡量。为此，可在法兰盘轴颈的圆周垫上一层纸片，以减少安装偏心；如果砂轮孔径与法兰盘轴径相差太多，就应重新配制法兰盘。

法兰盘的支撑平面应平整且外径尺寸相等，安装时在法兰盘端面和砂轮之间应垫上 1 ~ 2 mm 厚的塑性材料制成的衬垫（如厚纸板等），衬垫的直径比法兰盘外径稍大些。紧固螺钉时夹紧力要均匀，一般可按对角顺序逐步拧紧螺钉。

安装以后，砂轮应做两次平衡，在精平衡前砂轮需做整形修整。从磨床主轴上拆卸法兰盘时使用套筒扳手和拔头，应注意主轴螺纹的螺旋方向，以防止损伤主轴轴承。一般砂轮主轴螺纹为左旋。

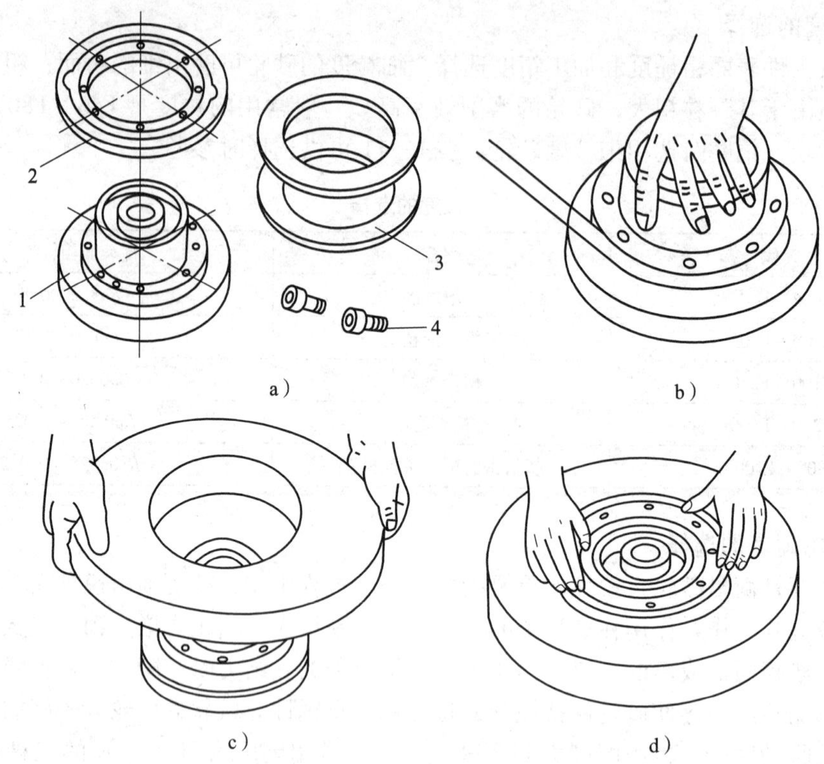

图1—5　砂轮的安装

1—法兰底盘　2—法兰盘　3—衬垫　4—内六角螺钉

六、砂轮的平衡

砂轮的平衡程度是磨削的主要性能指标之一。砂轮的不平衡是指砂轮的重心与旋转中心不重合，即由不平衡质量偏离旋转中心所致。例如，不平衡量为1 500 g · cm的砂轮在转速达到1 670 r/min时，其离心力可达到460 N。巨大的离心力将迫使砂轮振动，使工件表面产生多角形的波纹，同时附加压力会加速主轴轴承磨损。当离心力大于砂轮强度时，则会引起砂轮爆裂。由上所述，砂轮的平衡是一项十分重要的工作。

砂轮的不平衡包括砂轮本身不平衡和砂轮安装所造成的不平衡。我国砂轮制造厂按标准规定的砂轮不平衡量为300 g · cm左右，不平衡量较大。

1. 静平衡的工具

静平衡使用的工具有平衡架、水平仪、平衡心轴和平衡块等。平衡架有圆棒导柱式和圆盘式两种。水平仪由框架和水准器组成。玻璃制造的水准器内盛有液体，留有一个气泡，当测量面倾斜时，气泡偏于高的一侧。常用水平仪的读数精度为0.02 mm/1 000 mm。平衡心轴由心轴、螺母和垫圈组成。心轴两端的等直径圆柱作为平衡时滚动的轴心。

2. 静平衡的步骤

静平衡的步骤见表1—12。

一般新安装的砂轮必须进行两次静平衡。第一次平衡后，砂轮安装在机床上进行修整，由于砂轮的外形误差和安装误差，经修整后，原先的平衡被破坏，必须进行第二次平衡。

表 1—12　　静平衡的步骤

调整步骤	图示	调整方法
调整平衡架水平位置	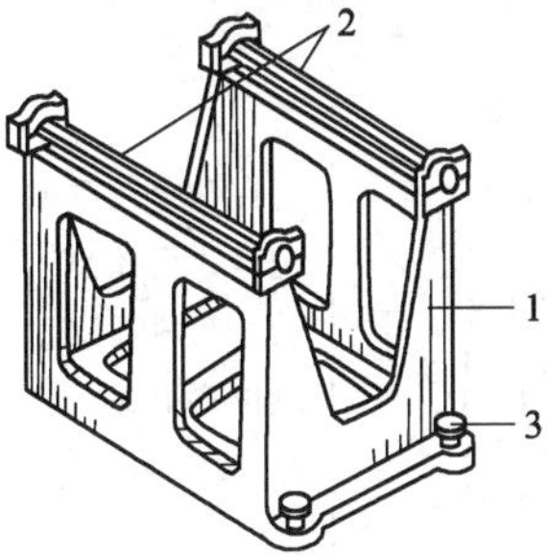 1—平衡架　2—平衡架导柱　3—螺钉	1. 在平衡架导柱上安放两块厚度相同的平行垫铁 2. 将水平仪垂直于导柱放在平板上，检查气泡所处的位置，气泡是向高处移动的，在气泡的相反处调整平衡架的螺钉，使水平仪气泡处于中间位置 3. 再将水平仪平行于导柱安放在平板上，用同样的方法使水平仪气泡处于中间位置 4. 用 2 和 3 的方法反复检查和调整，直至导柱在纵向和横向基本处于水平位置，一般允许误差在 0.02 mm/1 000 mm 以内
调整平衡架导柱面水平位置	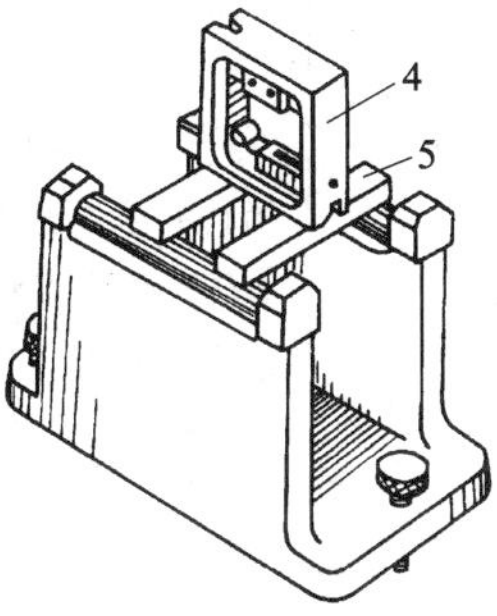 4—水平仪　5—垫铁	用水平仪调整平衡架导柱横向位置和纵向位置，使水平仪气泡偏移在一格以内
安装平衡心轴	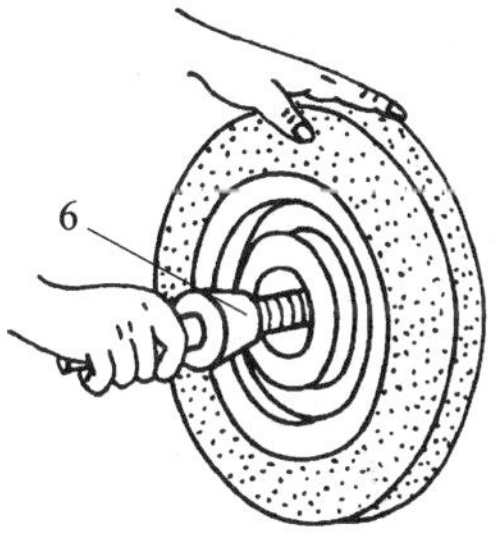 6—平衡心轴	安装平衡心轴，心轴的外圆锥面与砂轮法兰应有 80% 的接触面，并用螺母锁紧
拆平衡块		拆下法兰盘上的全部平衡块，并清除环形槽内的污垢
找出不平衡位置	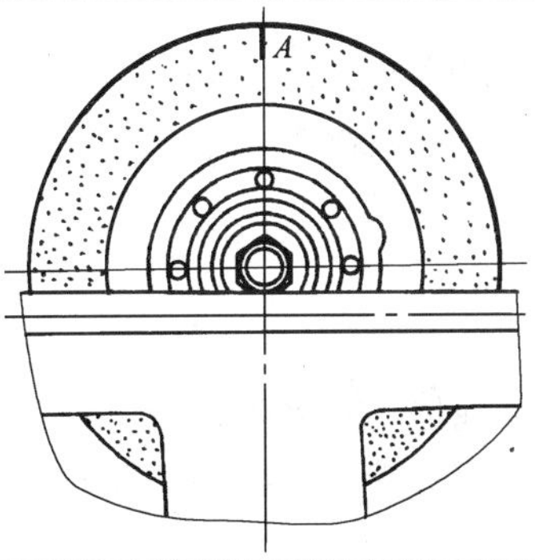 A	将平衡心轴连同砂轮放在平衡架上，使砂轮在平衡架导轨上缓慢滚动。若砂轮不平衡，会在轻、重连线的垂直方向来回摆动。当摆动停止时，砂轮较重部分必然在砂轮下方。此时，在砂轮上方 A 处做一记号

续表

调整步骤	图示	调整方法
装平衡块		在砂轮较重的下方装上第一块平衡块，并使记号 A 仍在原位不变，然后在对称于记号 A 点的左右两侧装上另外两块平衡块，同样应保持 A 点位置不变
求各点的平衡	 7—平衡块	将砂轮转 90°，使 A 点处于水平位置，若不平衡，可移动平衡块。若 A 点较轻，将平衡块向 A 靠拢；若 A 点较重，使平衡块离开 A 点。再将砂轮转 180°，使 A 点处于水平位置，检查砂轮平衡状况，若不平衡重新调试

3．容易产生的问题和注意事项

（1）调整平衡架时，螺钉应做微量调整。

（2）砂轮连同平衡心轴放上平衡架后，应防止砂轮从平衡架上滑下来。

（3）转动砂轮时应轻微、缓慢。

（4）移动平衡块时应微量移动。

（5）随时注意平衡心轴与平衡架导柱保持垂直。

（6）砂轮平衡后，平衡块应紧固。

（7）不要将砂轮长时间搁置在平衡架上。

（8）第二次静平衡必须达到 8 点以上。

4．砂轮平衡练习

用精度为 0.02 mm/1 000 mm 的水平仪调整平衡架，要求气泡偏移不超过一格。

做砂轮静平衡，砂轮尺寸为 ϕ400 mm × 40 mm × ϕ207 mm，要求达 8 点平衡，时间为 12 min。

七、砂轮的修整

1．砂轮磨钝的形式

砂轮磨钝的形式有三种，见表 1—13。

砂轮在工作一段时间后，其工作表面会钝化。若继续磨削，将加剧砂轮与工件表面的摩擦，工件会烧伤或产生振动波纹，使磨削效率降低，也影响工件的表面质量。因此，应选择适当的时间及时修整砂轮。

表 1—13　　砂轮磨钝的形式

砂轮磨钝的形式	图示	说明
磨粒的钝化		磨粒的锋利微刃已丧失，磨粒表面平滑，失去磨削性能
磨粒急剧且不均匀地脱落		砂轮工作面磨粒的脱落将使砂轮丧失正确的工作型面，影响加工精度
砂轮的粘嵌和堵塞		砂轮的网状孔隙被磨屑堵塞。磨削韧性金属材料时，磨屑会粘嵌在砂轮表面的磨粒上，影响砂轮的磨削性能。如磨削不锈钢材料时很易使砂轮粘嵌

2. 砂轮磨钝的过程

磨削过程中，可将砂轮表面微刃的钝化过程划分为初期、正常、急剧三个阶段。在初期阶段，微刃表面残留的毛刺不断脱落，划伤工件表面；正常阶段，微刃表面的毛刺已消失，微刃为正常切削状态且逐步钝化，这是最佳的磨削阶段，工件的精磨应在此阶段内完成；当微刃锐角完全消失，磨削时发出噪声，即为急剧钝化阶段。

除磨粒磨钝外，通常磨削时还伴有砂轮的堵塞。特别是在磨削铸铁材料时，磨屑堵满砂轮的网状孔隙，使砂轮磨钝。

3. 修整砂轮的方法

（1）金刚钻笔车削法

金刚钻笔是将大颗粒的金刚钻镶焊在特制刀柄上制成的。金刚钻的尖端研成 $\varphi = 70° \sim 80°$ 的尖角，如图 1—6a 所示。

如图 1—6b 所示，修整时将金刚钻笔安装在修整座上，车削砂轮表面。磨粒碰到金刚钻坚硬的尖角就会碎裂形成微刃。金刚钻的尖角使其与砂轮保持极小接触面，引起的弹性变形也极小，可获得精细的砂轮表面。砂轮的修整层厚度一般为 0.1 mm 左右，即可恢复砂轮的磨削性能。修整层厚度太大，会缩短砂轮的使用寿命。粗磨时应将砂轮圆周表面修得粗糙些，以切除大部分磨削余量；精磨时则应精细地修整砂轮，以满足表面粗糙度要求。

用金刚钻笔修整砂轮时应注意下列事项：

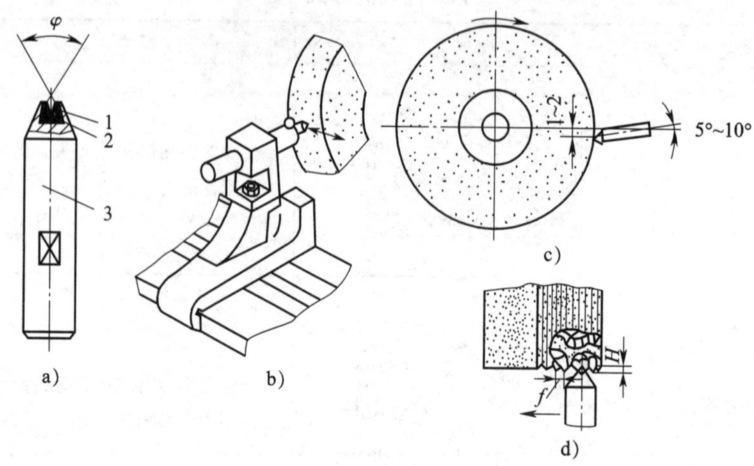

图1—6　砂轮的修整

a）金刚钻笔　b）修整器　c）金刚钻笔的安装角　d）修整层局部放大

1—金刚钻　2—焊料　3—刀柄

1）应根据砂轮的直径选择金刚钻颗粒的大小。一般情况下，砂轮直径为100 mm以下时，可选0.25克拉（1克拉=0.2 g）的金刚钻；砂轮直径为300～400 mm时，选用0.6～0.8克拉的金刚钻。

2）金刚钻的价格昂贵，使用时要检查其焊接是否牢固，以免失落；还应经常检查金刚钻尖角的磨损程度，磨损严重的应修研后使用。修整砂轮时切削液不能间断，以免金刚钻碎裂。

3）金刚钻笔的安装角度一般取5°～10°，金刚钻的安装高度要低于砂轮中心1～2 mm，且安装要牢固，以防止金刚钻笔振动或扎入砂轮，如图1—6b、c所示。安装时选择金刚钻的尖角对准砂轮。

4）根据加工要求选择修整用量。粗磨时，可以增大修整的背吃刀量和纵向进给速度，以获得尖锐的切削刃；精磨时则相反。精修整一般做2～3次吃刀，然后再在无吃刀的情况下修整一次。

粗磨时修整用量：背吃刀量取0.01～0.03 mm；纵向进给速度取0.4 m/min。

精磨时修整用量：背吃刀量取0.005～0.01 mm；纵向进给速度取0.05～0.2 m/min。操作时按实际表面粗糙度的要求取修整用量。

5）修整时应充分冷却，以防止金刚钻脱落。

（2）其他修整工具介绍

金刚石笔是由颗粒较小的碎粒金刚石或金刚粉用结合力强的合金结合而成的。金刚石笔分层状、链状、粉状三种，如图1—7a、b、c所示。滚轮式割刀是由多片渗碳淬火钢的金属圆片装在刀柄上制成的（见图1—7d），常用于整形粗修整。金刚石滚轮磨削法修整装置（见图1—7e、f）主要由传动装置和金刚石滚轮组成。金刚石滚轮一般用电镀法制造而成，常用于成形磨削中。

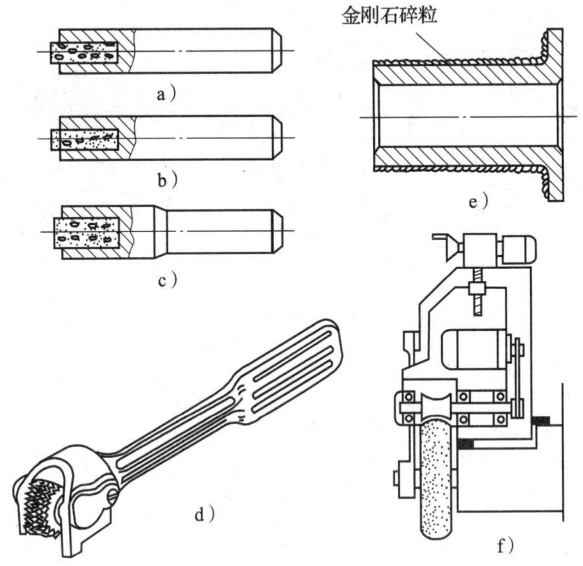

图 1—7　其他修整工具

a）层状金刚石笔　b）链状金刚石笔　c）粉状金刚石笔

d）滚轮式割刀　e）金刚石滚轮　f）金刚石滚轮磨削法修整装置

课题四　磨削原理

一、磨削过程

磨削加工实质是工件被磨削的金属表层在无数磨粒磨刃的瞬间挤压、刻划、切削、摩擦抛光作用下进行的。磨粒是不规则的多面晶体，它有很大的楔角。磨粒在砂轮表面的分布是不规则的，一些比较突出、锋利的磨粒切入工件，起切削作用；突出高度较小且钝的磨粒切不下磨屑，只起刻划作用；更钝的、隐附在其他磨粒下面的磨粒则起摩擦抛光作用，如图 1—8 所示。砂轮工作表面经修整，磨粒会形成一定形状的磨刃。由上所述，可见砂轮磨粒除了切削作用外，还有挤压、刻划、摩擦抛光作用。磨削的关键词是切削、摩擦。

磨削瞬间，磨粒的磨削过程可分为四个阶段：砂轮表面的磨粒与工件材料接触为弹性变形的第一阶段；磨粒继续切入工件，工件材料进入塑性变形的第二阶段；材料的晶粒发生滑移，使塑性变形不断增大，当磨削力达到工件材料的抗拉强度时被磨削层材料产生挤裂，即进入第三阶段；最后阶段磨屑被切离。磨削过程表现为力和热的作用。

二、磨削力

磨削力是磨削加工时工件材料抵抗砂轮磨削所产生的阻力。磨削力在空间可分解为三个分力（见图 1—9）。

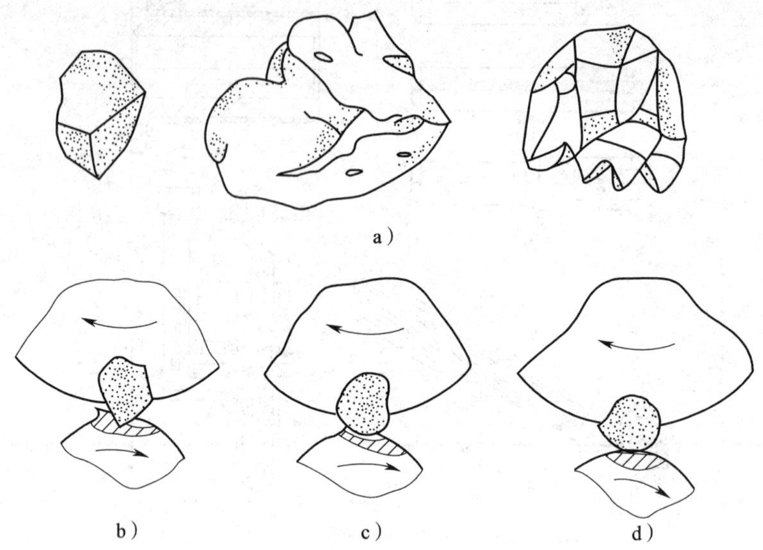

图 1—8　磨粒形状及其磨削作用

a）磨粒及磨刃形状　b）起切削作用的磨粒

c）起刻划作用的磨粒　d）起抛光作用的磨粒

（1）切削力 F_c

总切削力在主运动方向上的分力称为切削力。

（2）背向力 F_p

总切削力在垂直于进给运动方向上的分力称为背向力。

（3）进给力 F_f

总切削力在进给运动方向上的分力称为进给力。

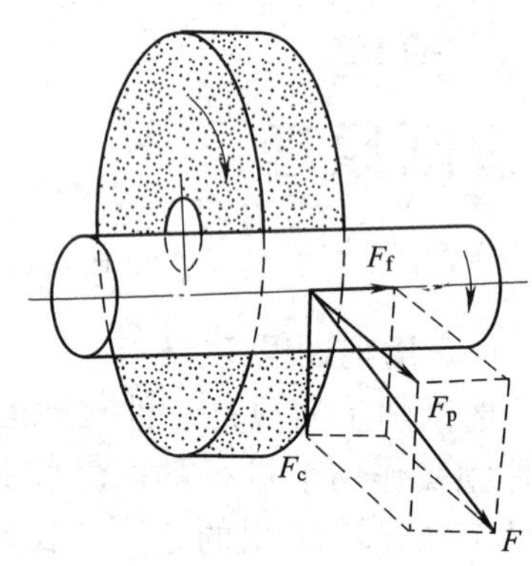

图 1—9　磨削力

一般背向力是切削力的 2 ~ 3 倍。由于较大的背向力作用，使机床—工件—砂轮组成的工艺系统产生较大的弹性变形，影响加工精度。被磨材料的硬度越高，磨削力也越大。磨削力大小还与砂轮特性、砂轮的宽度和磨削用量等有关。磨削时应注意磨削力对加工精度的影响。

三、磨削热

磨削热是指在磨削过程中由于被磨削材料层的变形、分离及砂轮与被加工材料间的摩擦而产生的热。磨削热较大，热量传入砂轮、磨屑、工件或被切削液带走。然而砂轮是热的不良导体，因此几乎 80% 的热量传入工件和磨屑，并使磨屑燃烧。磨削区域的高温会引起工件的热变形，从而影响加工精度。严重的会使工件表面烧伤、产生磨削裂纹等缺陷。因此，磨削时应特别注意对工件的冷却和减少磨削热，以减小工件的热变形，防止工件表面烧伤和产生磨削裂纹。影响磨削热的因素是被磨材料的硬度、磨削用量和砂轮特性。

课题五
磨削用量的概念

一、磨削的基本运动

在磨削过程中，为了切除工件表面多余的金属，必须使工件和刀具做相对运动。图1—10所示为外圆磨削、内圆磨削和平面磨削的运动。

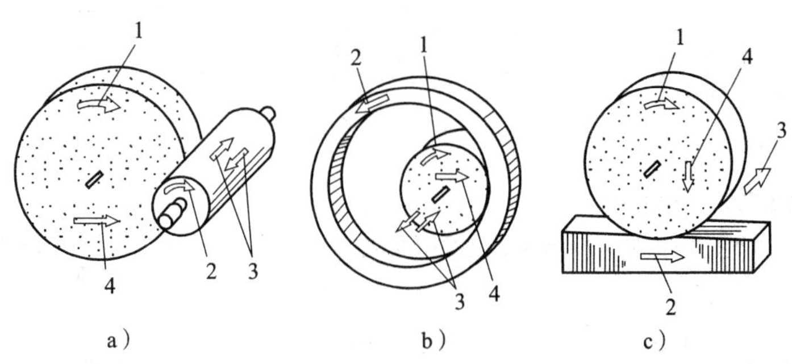

图1—10 磨削的运动

a）外圆磨削 b）内圆磨削 c）平面磨削

1—主运动 2、3、4—进给运动

1. 磨削运动的分类

磨削运动分为主运动和进给运动两种。

（1）主运动

直接切除工件上的金属使之变为切屑，形成新表面的运动称为主运动。图1—10中的1即砂轮的旋转运动，它是磨削的主运动。主运动速度高，要消耗大部分的机床动力。

（2）进给运动

使新的材料不断地投入磨削，以逐渐切出整个工件表面的运动称为进给运动。图1—10中的2、3、4均为进给运动，视磨削方式的不同，其运动方式有所区别。

2. 不同磨削方式的进给运动

（1）外圆磨削的进给运动是工件的圆周进给运动、工件的纵向进给运动和砂轮的横向吃刀运动。

（2）内圆磨削的进给运动与外圆磨削的相同。

（3）平面磨削的进给运动是工件的纵向（往复）进给运动、砂轮或工件的横向进给运动和砂轮的垂直吃刀运动。

磨削运动均由磨床的传动获得。磨床具有砂轮传动的部件，如砂轮架、磨头等，以完成磨削的主运动，磨床的进给机构或液压传动系统则完成磨削的进给运动。

二、磨削用量

磨削用量是用来表示磨削加工中主运动及进给运动参数的速度或数量。主运动的磨削用量为砂轮圆周速度，磨削的进给量有些区别，现讲解外圆磨削的磨削用量。

外圆磨削的磨削用量包括砂轮圆周速度 v_s、工件圆周速度 v_w、纵向进给量 f、背吃刀量 a_p，如图 1—11 所示。

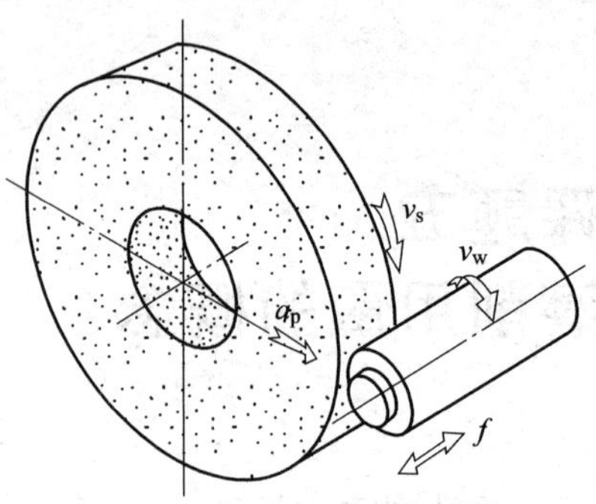

图 1—11　磨削用量

1. 砂轮圆周速度

砂轮外圆表面上任一磨粒相对于待加工表面在主运动方向的瞬时速度称为圆周速度，用 v_s表示，单位为 m/s。其计算公式为：

$$v_s = \frac{\pi D_s n}{1\ 000 \times 60} \qquad (1—1)$$

式中　v_s——砂轮圆周速度，m/s；

D_s——砂轮直径，mm；

n——砂轮转速，r/min。

例 1—1　已知砂轮直径为 400 mm，砂轮转速为 1 670 r/min。求砂轮的圆周速度。

解：根据式（1—1）可得：

$$v_s = \frac{\pi D_s n}{1\ 000 \times 60} = \frac{\pi \times 400 \times 1\ 670}{1\ 000 \times 60} \approx 34.976 \approx 35(\text{m/s})$$

外圆磨削和平面磨削的砂轮圆周速度为 30 ~ 35 m/s；内圆磨削的砂轮圆周速度较低，一般为 18 ~ 30 m/s。

砂轮圆周速度对磨削工件的表面粗糙度和劳动生产率有直接影响。当砂轮直径变小时，磨削质量会下降，就是因为砂轮圆周速度下降的缘故。砂轮直径及砂轮转速与砂轮圆周速度相对应。

2. 工件圆周速度

工件圆周速度是工件被磨削圆周表面上任一点单位时间内在进给运动方向上的位移，其计算公式为：

$$v_w = \frac{\pi d_w n_w}{1\ 000} \qquad (1—2)$$

式中　v_w——工件圆周速度，m/min；

d_w——工件外圆直径，mm；

n_w——工件转速，r/min。

工件圆周速度比砂轮圆周速度低得多，一般为 13 ~ 20 m/min。在实际生产中，工件的直径是已知的，工件的圆周速度是选定的，故应按 v_w、d_w 计算工件转速，即：

$$n_w = \frac{1\ 000 v_w}{\pi d_w} \approx \frac{318 v_w}{d_w} \qquad (1—3)$$

3. 纵向进给量

工件每转一周相对于砂轮在纵向的位移称为纵向进给量（见图 1—11），其计算公式为：

$$f = (0.2 \sim 0.8)B \tag{1—4}$$

式中　f——工件纵向进给量，mm/r；

B——砂轮宽度，mm。

纵向进给量与磨床工作台纵向速度有以下关系：

$$v = \frac{fn_w}{1\,000} \tag{1—5}$$

式中　v——工作台纵向速度，m/min；

f——工件纵向进给量，mm/r；

n_w——工件转速，r/min。

在实际生产中，工件转速是选定的，应按 n_w、f 调节工作台纵向速度。

例 1—2　已知砂轮宽度 $B = 40$ mm，选择纵向进给量 $f = 0.4B$，工件转速 $n_w =$ 224 r/min，求工作台纵向速度。

解：根据式（1—5）可得：

$$v = \frac{fn_w}{1\,000} = \frac{0.4 \times 40 \times 224}{1\,000} \approx 3.6(\text{m/min})$$

4. 背吃刀量

外圆磨削中，在工作台每次行程终了时，砂轮在横向进给运动方向上的进给量称为背吃刀量。背吃刀量按下式计算：

$$a_p = \frac{D - d}{2} \tag{1—6}$$

式中　a_p——背吃刀量，mm；

D——进给前工件的直径，mm；

d——进给后工件的直径，mm。

外圆磨削时的背吃刀量很小，一般取 0.005 ~ 0.04 mm，精磨时选小值，粗磨时选大值。

课题六
切削液

一、切削液的作用

合理选用切削液，可以减小磨削过程中的摩擦，降低磨削热，提高已加工面质量。切削液的主要作用为冷却、润滑、清洗和防锈。

1. 冷却作用

切削液一方面减小磨屑、砂轮、工件间的摩擦，减少切削热的产生；另一方面带走绝大部分磨削热，使磨削温度降低。

冷却性能的好坏取决于切削液的热导率、比热容和流量等，切削液上述物理性能量值越大，冷却性能就越好。

2. 润滑作用

切削液能渗透到磨粒与工件的接触面之间，黏附在金属表面形成润滑膜，以减小摩擦，从而延长砂轮的使用寿命，减小工件表面粗糙度值。

切削液的润滑能力取决于切削液的渗透性、成膜能力。由于接触表面压力较大，须在切削液中加一些油性添加剂或硫、氯、磷等极压添加剂，以形成物理吸附膜或化学吸附膜来提高润滑效果。

3. 清洗作用

切削液可将黏附在机床、工件、砂轮上的磨屑和磨粒冲洗掉，防止划伤已加工表面，减少砂轮的磨损。

切削液清洗性能的好坏取决于它的碱性、流动性和使用压力。

4. 防锈作用

切削液能保护机床、工件、砂轮不受周围介质（如空气、水分和手汗等）的影响而腐蚀。

防锈作用的强弱取决于切削液本身的成分和添加剂的作用。例如，油比水溶液的防锈能力强，加入防锈添加剂可提高防锈能力。

二、切削液的种类

磨削时使用的切削液可分为水溶液、乳化液和油类三大类。

1. 水溶液

水溶液的主要成分是水，其冷却性能较好，但易使机床和工件锈蚀，使用时须加入防锈剂。

2. 乳化液

乳化液是乳化油和水的混合体。乳化油由矿物油和乳化剂配制而成。乳化剂的分子有两个头，一端向水，一端向油，把油和水连接起来，形成以水包油的乳化液。乳化液具有良好的冷却作用，若再加入一定比例的油性添加剂和防锈剂，则可成为既能润滑又可防锈的乳化液。

使用时，取质量分数为2%～5%的乳化油和水配制即可。天冷时，可用少量温水将乳化油溶化，然后再加入冷水调匀。乳化液调配的含量应视工件的材料而定。例如，磨削铝制工件时乳化油含量不宜过高，否则会引起表面腐蚀；磨削不锈钢工件时，采用较高含量的乳化液效果较好。一般来说，精磨时乳化液含量应比粗磨时要高一些。

3. 油类

油类切削液主要成分是矿物油。矿物油的油性差，不能形成牢固的吸附膜；润滑能力差，在磨削时须加入极压添加剂，即成为极压机械油。它常用于螺纹磨削和齿轮磨削。极压切削油配方见表1—14。

表1—14　　极压切削油配方

成分	含量（质量分数）/%
石油磺酸钡（防锈剂）	2
氯化石蜡（极压添加剂）	10
环烷酸铅（极压添加剂）	6

续表

成分	含量（质量分数）/%
L—AN15 全损耗系统用油 L—AN32 全损耗系统用油	72
L—AN5 全损耗系统用油	10

除上述三类切削液外，还有一种新型的切削液称为合成液，它是由添加剂、防锈剂、低泡油性剂和清洗防锈剂配制而成的。采用合成液后，工件表面粗糙度 Ra 值可达 0.025 μm，砂轮寿命可延长 1.5 倍，使用期限超过一个月。

三、切削液的使用

切削液的冷却方式分为外冷却和内冷却两种。目前常用外冷却法，切削液浇注在砂轮与工件接触处，但切削液不能全部进入磨削区域。

图 1—12a 所示为磨床的冷却系统，为外冷却式，它由管道 1、沉淀盒 2、泵 3、水箱 4 和喷嘴 5 等组成。浇注的切削液经工作台流回水箱，循环使用。使用切削液时应注意以下几个问题：

1. 切削液应直接浇注在砂轮与工件接触的部位，如图 1—12b 所示，这样才能将这个区域所产生的磨削热导出，降低磨削区域的温度，防止工件热变形和表面烧伤。

2. 切削液流量应充足，并应均匀地喷射到整个砂轮磨削宽度上，以达到良好的冷却效果。

3. 切削液应有一定的压力注入磨削区域，以达到良好的清洗作用，防止磨屑在磨削区域堵塞砂轮表面。

4. 合理配置挡水板，防止切削液飞溅出磨床。

5. 水箱中切削液要保持一定的液面高度。

6. 切削液应经常保持清洁，尽量减少切削液中磨屑和磨料碎粒的含量，变质的切削液要及时更换，超精密磨削时可以采用专门的过滤装置。图 1—12c 所示为一般的切削液水箱，水箱的容积较大，以便使切削液保持一定的温度，保证加工精度。此水箱采用沉淀过滤的方法，切削液先流入金属网，并经水箱隔板使杂质沉淀。改良型的水箱如图 1—12d 所示，切削液经台阶式隔板的循环沉淀作用可达到良好的过滤效果。图 1—12e 所示为固定式磁性过滤器，它的结构简单，能过滤切削液中的磨屑，净化能力比一般水箱高。

7. 切削液的液流要保持通畅，防止液流在通道中被磨屑堵塞，堵塞的磨屑要及时清除。

8. 不要把其他杂物带入水箱中。

9. 在夏天，特别要注意防止乳化液锈蚀工件和磨床工作台表面，乳化液的质量分数可取高些。

10. 防止切削液溅入眼中，特别要防止切削液中的亚硝酸钠入口或吸入肺中，保护身体健康。

11. 树立环保意识，操作者绝不能使废乳化液直接流入下水道中。

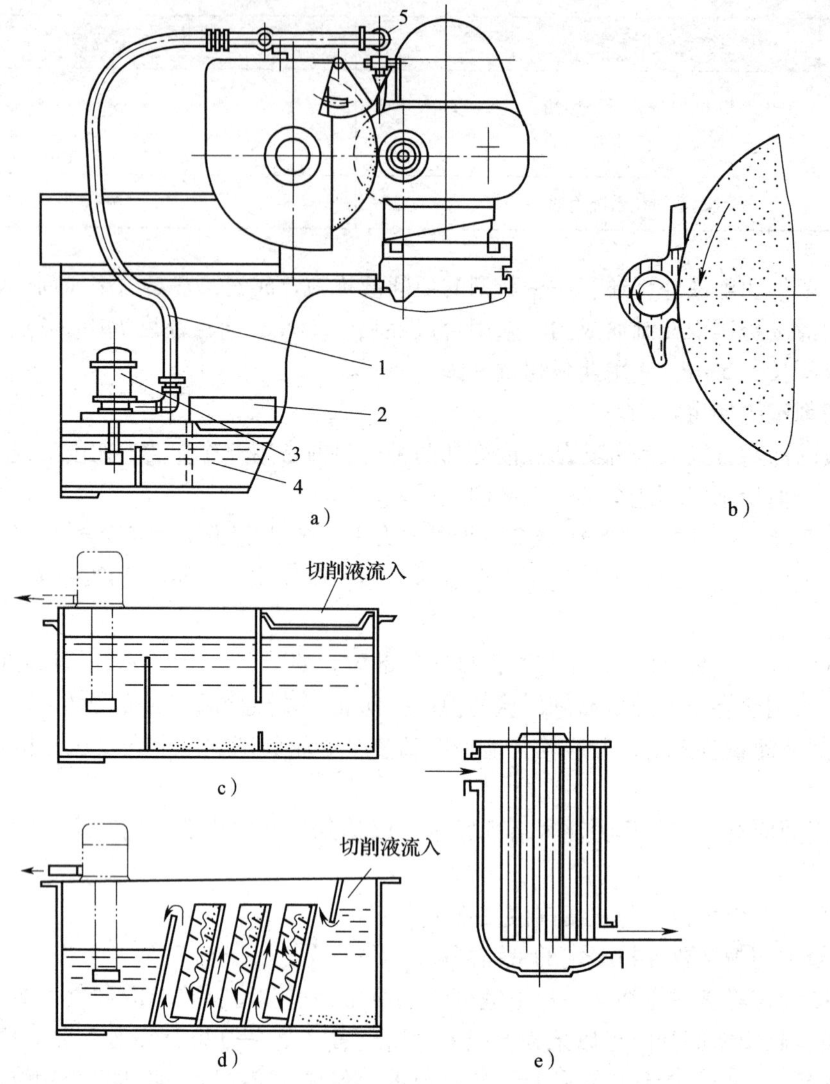

图 1—12　外圆磨床冷却系统及冷却方式

a）磨床的冷却系统　b）切削液的浇注方式　c）一般水箱　d）改良水箱　e）固定式磁性过滤器

1—管道　2 沉淀盒　3—泵　4—水箱　5—喷嘴

复习思考题

1. 万能外圆磨床由哪几个主要部分组成？各部分有什么作用？

2. 说明下列磨床型号的含义：

MG1432A、MBS1332A、M1080、M2110A、M6025A、M7475B、M7120A、M7120D。

3. 试述磨削加工的特点。

4. 砂轮由哪三要素构成？

5. 试述磨料、结合剂的种类及其代号和特点。
6. 如何选择磨料？
7. 如何选择砂轮硬度？
8. 什么是砂轮硬度？
9. 什么是砂轮组织？
10. 如何选择砂轮粒度？
11. 什么是砂轮最高工作速度？
12. 简述砂轮的选择原则。
13. 引起砂轮不平衡的原因是什么？试述平衡砂轮的目的和方法。
14. 试述砂轮磨钝的原因和修整方法。
15. 磨削用量包括哪几个基本参数？如何计算砂轮圆周速度、工件圆周速度？
16. 试述切削液的作用、种类及特点。
17. 如何正确使用切削液？

第二单元

外圆柱面磨削

外圆磨削是磨工最基本的工作内容之一，常用来磨削轴、套筒与其他类型的外圆柱面及台阶的端面。磨削后工件的尺寸公差等级可达 IT7 ~ IT6 级，表面粗糙度 Ra 值达 0.8 ~ 0.2 μm。

课题一 外圆磨床的操纵与调整

一、外圆磨床主要部件的名称和作用

M1432C 型万能外圆磨床主要由床身、工作台、头架、尾座、砂轮架、横向进给手轮和内圆磨具等组成，如图 2—1 所示。

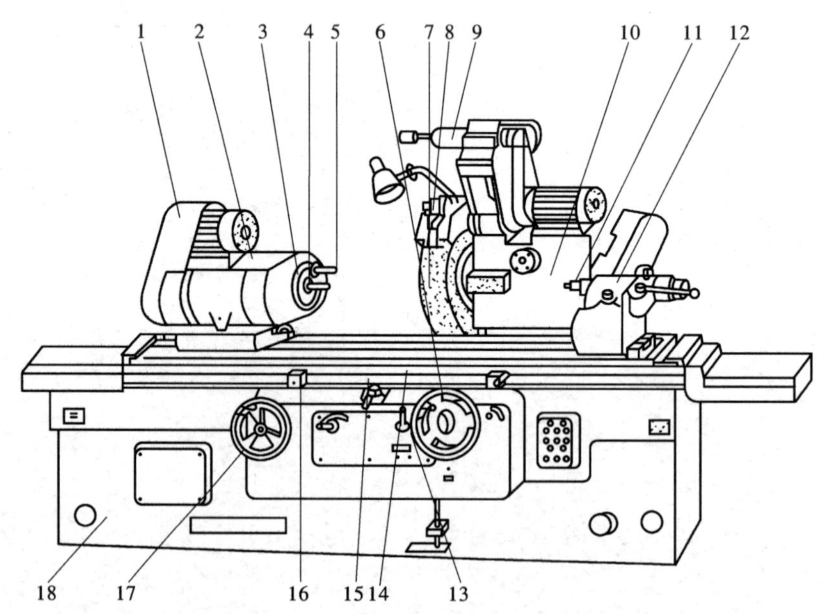

图 2—1 M1432C 型万能外圆磨床

1—变速机构 2—头架 3—拨盘 4、11—顶尖 5—拨杆 6—横向进给手轮 7—砂轮 8—切削液喷嘴 9—内圆磨具 10—砂轮架 12—尾座 13—砂轮架快速进给手柄 14—上工作台 15—下工作台 16—挡铁 17—工作台手轮 18—床身

1. 头架

头架2内有主轴和变速机构。在主轴的前端可安装顶尖4，用于支撑工件。调节变速机构1，可以使拨盘3获得几种不同的转速。拨盘通过拨杆带动工件做圆周运动。

2. 尾座

尾座顶尖用以支撑工件的另一端。尾座12的后端装有弹簧，可调节顶尖11对工件的顶紧力。

3. 工作台

工作台分上、下两层。上工作台14可相对下工作台15回转一定角度，以便磨削圆锥；下工作台在液压传动下可沿床身做纵向运动。工作台的行程位置由挡铁16控制。

4. 砂轮架和横向进给手轮

砂轮架10安装在床身的横向导轨上。操纵横向进给手轮6，可以实现砂轮架的横向进给运动，以控制工件的磨削尺寸。砂轮架还可以由快速进给手柄13控制，实现行程为50 mm的快速进退运动。砂轮7安装在砂轮架的主轴端部，由电动机带动做高速旋转运动。砂轮上方的切削液喷嘴8用来浇注切削液。

5. 内圆磨具

内圆磨具9用于磨削工件的内孔，在它的主轴端部可安装内圆砂轮。内圆磨具装在可回转的支架上，使用时可向下翻转至工作位置。

6. 床身

床身18是一个箱形铸件，其纵向导轨上安装有工作台，横向导轨上安装有砂轮架。床身上还装有横向进给机构和纵向进给机构等部件。

二、M1432C型外圆磨床的主要技术参数及规格

1. 工作精度

圆度（外圆/内圆）：0.002 5 mm/0.008 mm。

圆柱度：0.008 mm。

表面粗糙度（外圆/内圆）：*Ra*0.16 μm/0.63 μm。

2. 主要技术参数及规格

项目	规格
最大磨削直径 /mm	320
最大磨削长度/mm	1 000、1 500
最大工件质量/ kg	150
最小磨削直径/mm	8
磨削工件内圆直径最大（最小）/mm	100（13）
磨削工件内圆长度/mm	125
头架顶尖孔锥度	莫氏 No. 4
头架主轴转速（6级）/（r/min）	25、50、80 112、160、224
头架回转角度/（°）	90（逆时针）
三爪自定心卡盘直径/mm	165
砂轮尺寸（外径×宽度×孔径）/mm	（280～400）×50×203
砂轮主轴转速/（r/min）	1 670

砂轮圆周速度/（m/s）	35
砂轮架最大移动量/mm	266
砂轮架快速进退量/mm	50
砂轮架横向进给量	
粗（手轮）	0. 01 mm/格、2 mm/转
精（手轮）	0. 002 5 mm/格、0. 5 mm/转
砂轮架回转角度/（°）	±30
尾座套筒锥度	莫氏 No. 4
尾座套筒移动量/mm	30
工作台最大纵向移动量/mm	1 100、1 650
工作台最大回转角度/（°）	
顺时针	3
逆时针	6
工作台纵向往复移动速度/（mm/min）	50 ~4 000
内圆磨具	
砂轮尺寸（外径×宽度×孔径）/mm	
最大	50×25×13
最小	17×20×6
砂轮主轴转速/（r/min）	10 000、15 000
电动机功率/kW	
砂轮架电动机	4
头架电动机	1. 1
液压泵电动机	0. 75
内圆磨具电动机	1. 1

三、外圆磨床的操纵

1. 电气按钮的操纵

如图 2—2 所示，按钮 2 为砂轮启动按钮，按钮 3 为砂轮停止按钮。操纵时先用右手两手指交替按动按钮，使砂轮点动，然后逐步进入高速旋转。操作时人不能站在砂轮正前方。

旋钮 5 为头架双速电动机的开停、快慢选择旋钮，它可与头架带轮调速组合，获得六级转速。

旋钮 4 为冷却泵电动机开停联动选择旋钮。当旋钮处在停止位置时，只有头架转动冷却泵才能开动；当旋钮处在开动位置时，冷却泵开动与头架转动无关。

按钮 6 为液压泵启动按钮。

按钮 1 为总停按钮，可在紧急情况下使用。

操纵时应注意以下两点：

（1）要熟悉各旋钮的位置。

（2）砂轮点动时手指要自然用力，启动后需经 2 min 空运转才能磨削。

2. 工作台纵向往复运动及砂轮架快速进退的操纵

(1) 工作台的手动操纵

如图 2—3 所示，用左手握住手柄转动手轮，操纵时手臂用力要均匀，使工作台慢速移动。

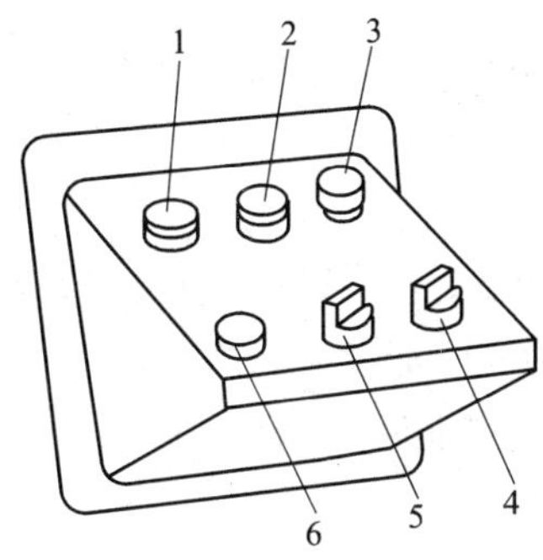

图 2—2　电气按钮

1—总停按钮　2—砂轮启动按钮

3—砂轮停止按钮　4—冷却泵电动机选择旋钮

5—头架双速电动机旋钮　6—液压泵启动按钮

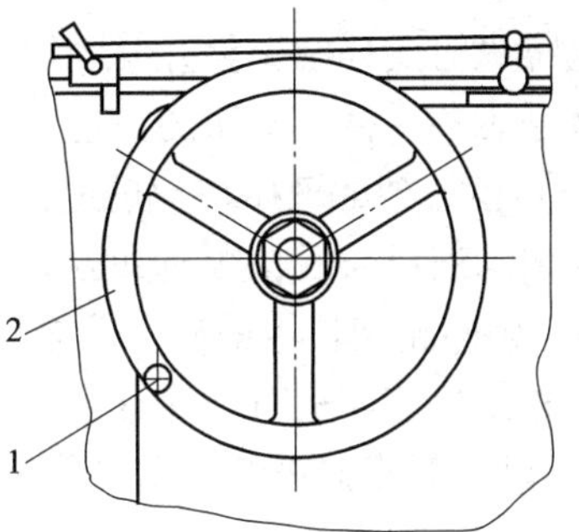

图 2—3　工作台的手动操纵

1—手柄　2—手轮

(2) 工作台的液压传动操纵

图 2—4 所示为液压传动的操纵箱和放气阀旋钮。

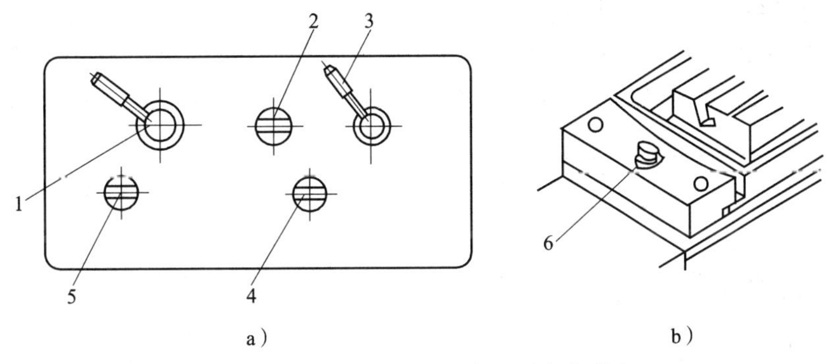

图 2—4　液压传动的操纵箱和放气阀旋钮

a) 液压操纵箱　b) 放气阀旋钮

1—开停阀手柄　2—调速阀旋钮　3—砂轮架快速进退手柄

4、5—停留阀旋钮　6—放气阀旋钮

1) 工作台液压传动操作步骤

①调节并紧固挡铁。

②按液压泵启动按钮 6（见图 2—2），启动液压泵。

③顺时针方向转动开停阀手柄 1（见图 2—4）至启动位置。

④顺时针方向转动调速阀旋钮 2（见图 2—4）使工作台至最高速度。

⑤开启放气阀旋钮 6（见图 2—4b）排出工作缸内的空气。

⑥待工作台纵向往复 2 ~ 3 次后，即关闭放气阀。

⑦重新调节调速阀旋钮 2，使工作台至所需速度。

⑧微调挡铁。

⑨调节停留阀旋钮4、5（见图2—4），使工作台右停或左停，并调节工作台停留时间。

⑩逆时针方向转动开停阀手柄1（见图2—4）至停止位置，使工作台停止运动。

2）操纵注意事项

①手动操纵时，手臂动作要自然。

②操纵时要仔细调整并紧固挡铁，防止发生砂轮与头架、尾座等部件撞击的事故。

③熟悉各手柄、旋钮的位置。

（3）砂轮架的液压快速进退操纵

在启动液压泵后，顺时针方向转动手柄3（见图2—4），砂轮架快速后退；逆时针旋转手柄3，则砂轮架快速前进。砂轮架快速进退行程为50 mm。

砂轮架快速前进时要注意安全，防止砂轮与机床部件或工件发生撞击。

3. 砂轮架横向进给及尾座的操纵

（1）横向进给

如图2—5所示，拉出螺母2即可实现横向细进给。用双手顺时针方向周期性转动手轮1，砂轮则向工件切入；单手逆时针转动手轮一周，则砂轮退刀。手轮的每格刻度相当于进给量为0.002 5 mm。

（2）砂轮横向位置的调整

如图2—5所示，推进螺母2，为砂轮的横向粗进给。可按工件直径大小调整砂轮的横向位置，手轮每转1周，砂轮架横向移动2 mm。

（3）横向进给手轮刻度的调整

如图2—6所示，拉出旋钮2可调整手轮1的刻度值。调整时转动旋钮2，使刻度盘3转至其挡铁4与定位块5相碰为止，或将旋钮2逆时针转动一定的格数，以控制工件直径。

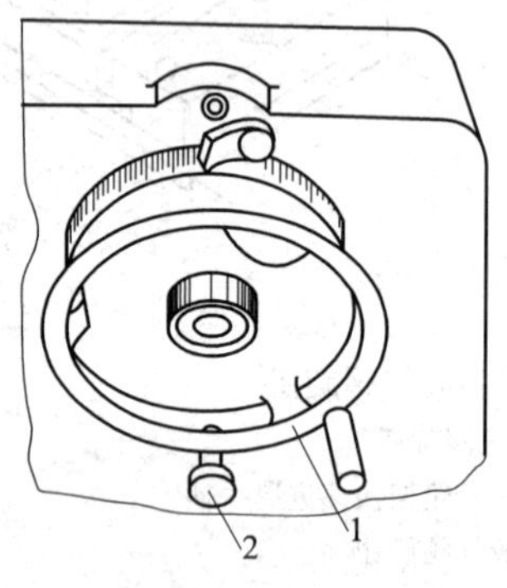

图2—5　横向进给

1—手轮　2—螺母

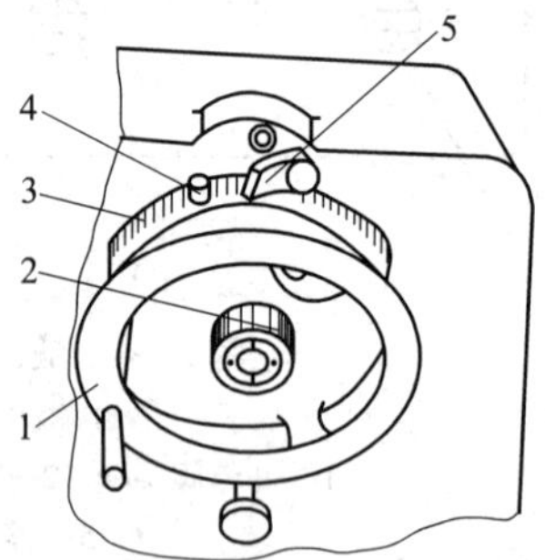

图2—6　手轮刻度的调整

1—手轮　2—旋钮　3—刻度盘

4—挡铁　5—定位块

操纵时应注意以下两点：

1）注意操纵顺序并熟悉手柄位置。只有在砂轮架液压快速进退操纵手柄处于快进位置时，才可进行砂轮横向进给操纵。

2）横向进给量可按磨削要求确定。

（4）尾座的操纵

启动液压泵后，可脚踏操纵板1（见图2—7）使尾座套筒退回；脚离开操纵板，尾座套筒伸出，顶尖顶住工件。

要习惯在砂轮架快速退出后、头架主轴停止旋转时操纵尾座，装卸工件。

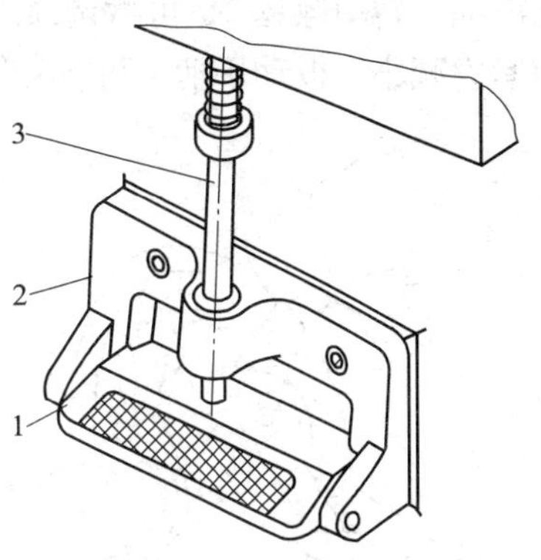

图2—7 脚踏操纵机构

1—操纵板 2—支架 3—杠杆

四、外圆磨床的调整

1. 头架的调整

（1）调整零位和纵向位置

如图2—8所示，一般情况下头架应调整至零位，使两个挡销4接触，并将螺母3紧固。按加工需要可放松螺母3，使头架逆时针回转0°～90°的任意角。头架底座2由螺钉1固定在工作台的左端，也可放松螺钉1移动头架，调整头架相对于尾座的纵向位置。移动头架时应擦净工作台面并涂润滑油，且移动时用力要适当。

（2）调整转速

如图2—9所示，拆卸罩壳后，更换传动带1在三级塔形带轮2、3中的位置，可获得三级转速。

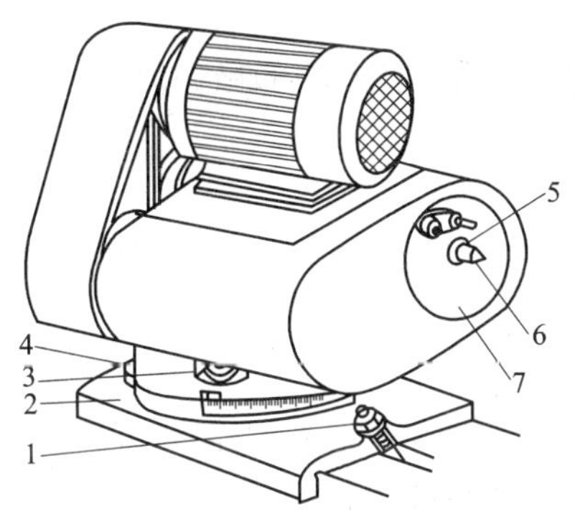

图2—8 头架的调整

1—螺钉 2—底座 3—螺母 4—挡销 5—主轴 6—顶尖 7—拨盘

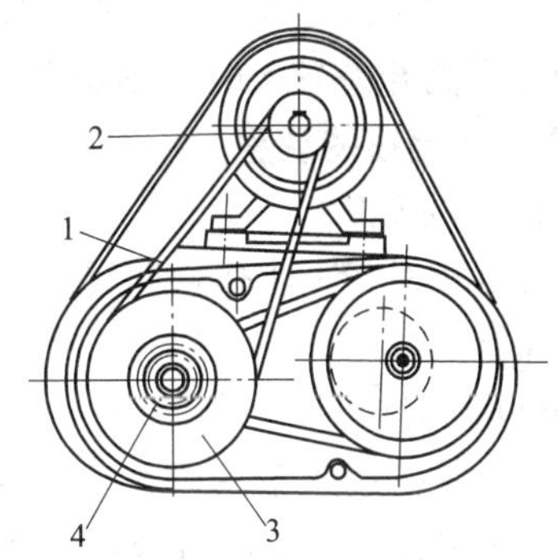

图2—9 调整转速与锁紧主轴

1—传动带 2、3—塔形带轮 4—螺钉

（3）锁紧主轴

用两顶尖装夹工件时，主轴必须固定不动，为此可拧紧螺钉4，如图2—9所示。

（4）顶尖的装拆

安装顶尖时，应擦净主轴锥孔和顶尖表面，然后用力将顶尖推入主轴锥孔中即可。拆卸时，一手握住顶尖，一手将铁棒插入主轴后端孔中，用力冲击顶尖尾部即可卸下。

拆卸顶尖时，要防止顶尖从手中脱落，从而损伤工作台面或损坏顶尖。

（5）调整拨盘

如图2—10所示，放松螺钉1，即可调整拨杆2的圆周位置，调整完毕应锁紧螺钉1。

2. 尾座的调整

如图2—11所示，放松螺钉3可调整尾座的纵向位置。移动尾座时应擦净工作台面并涂润滑油。转动螺母 2，可微调顶尖 4 的顶紧力。顺时针旋转，顶紧力增大；逆时针旋转，则顶紧力减小。扳动手柄 1 可将套筒退回。

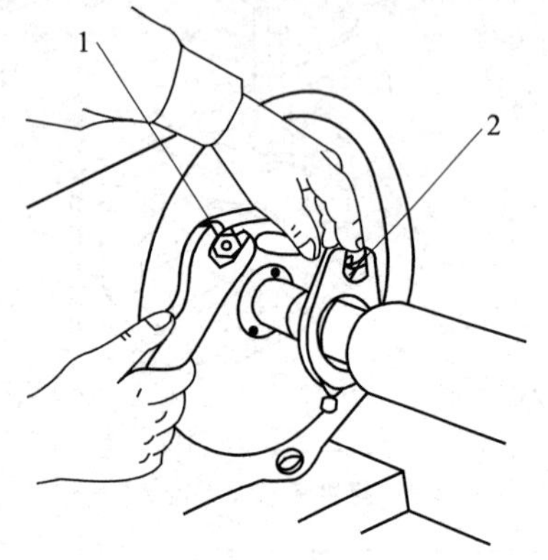

图 2—10 调整拨盘

1—螺钉 2—拨杆

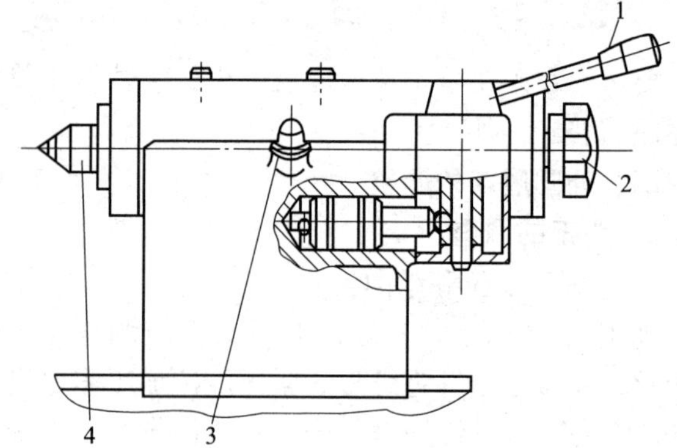

图 2—11 尾座的调整

1—手柄 2—螺母 3—螺钉 4—顶尖

调整尾座时应注意以下两点：

（1）尾座的顶紧力要调整适当，可以用手转动装夹在两顶尖间的轴，手感松紧适宜即可（即感觉到顶尖是顶着工件的，但顶紧力不大）。

（2）当顶紧力相差较大时，则需重新移动尾座位置，然后再做微调。

3. 工作台及挡铁的调整

（1）工作台的调整

上工作台可相对于下工作台回转。如图 2—12 所示，转动螺杆 1 可调整工作台的零位，调整后锁紧螺钉 2。

（2）挡铁的调整

在下工作台前侧的 T 形槽内装有两块行程挡铁，调整挡铁的位置即可控制工作台的行程。如图 2—13 所示，1 为紧固扳手，通过螺钉 2 可微调工作台行程，调整后用螺母 3 锁紧。

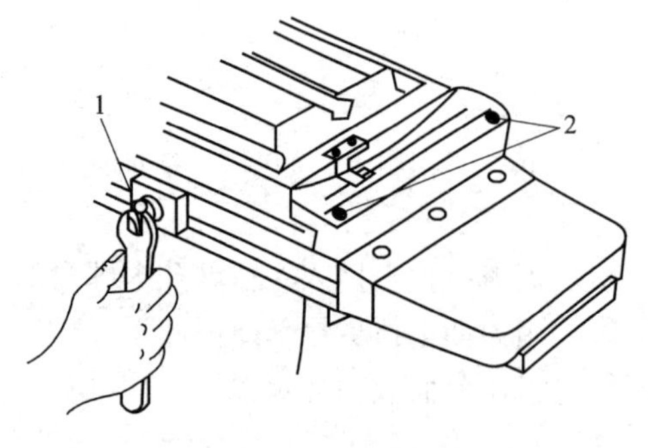

图 2—12 工作台的调整

1—螺杆 2—螺钉

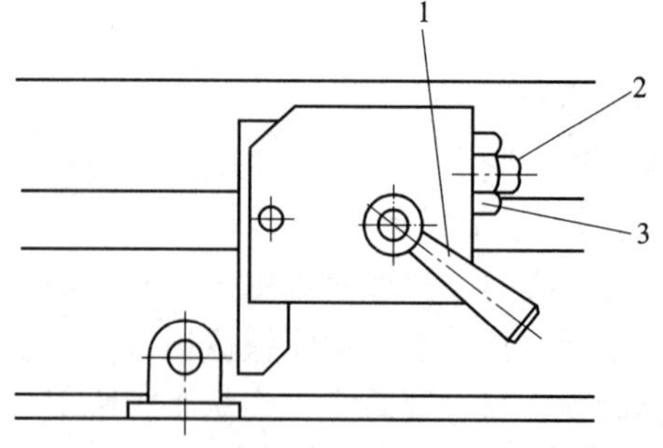

图 2—13 挡铁的调整

1—紧固扳手 2—螺钉 3—螺母

调整时应注意以下两点：

1）注意工作台调节螺杆的旋转方向。M1432A 型万能外圆磨床的调节螺杆按顺时针转动时，上工作台也顺时针转动。

2）调整结束后要锁紧紧固扳手。

4. 冷却系统的调整

图 2—14 所示为冷却系统，它主要由管道 1、沉淀盒 2、泵 3、水箱 4 和喷嘴 5 等组成。

要定期更换切削液并清理水箱，还要防止棉纱等杂物堵塞管道。

常用的切削液为乳化液，可用体积分数为 5% 的乳化油和体积分数为 95% 的水配制而成。

调整切削液喷嘴的位置和开口量，使切削液直接浇注在砂轮与工件接触的部位。切削液应充足并均匀地喷射到整个磨削宽度上，以防止工件表面烧伤和变形。图 2—15 所示为切削液喷嘴调整不妥导致浇注不当的例子。

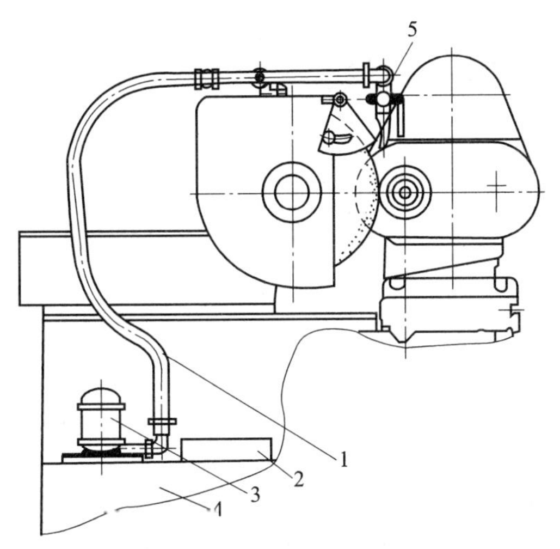

图 2—14　冷却系统

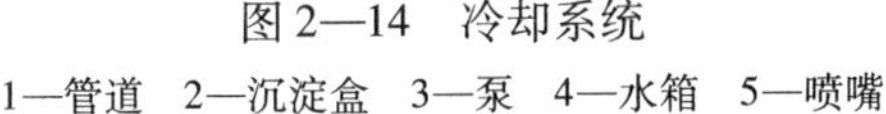
1—管道　2—沉淀盒　3—泵　4—水箱　5—喷嘴

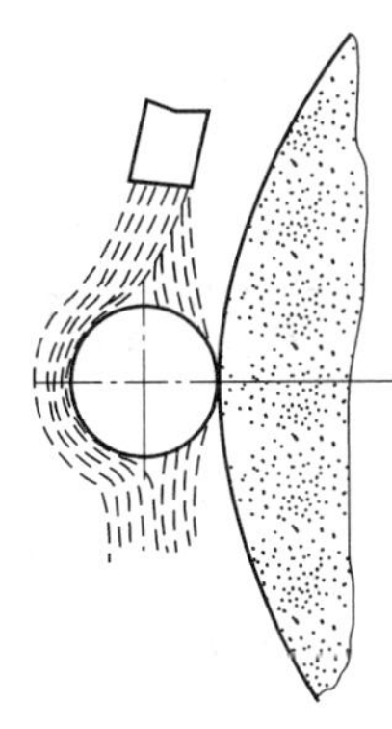

图 2—15　切削液喷嘴调整不妥

调整时应注意以下三点：

（1）天冷时，可先用少量温水将乳化油溶化，然后再配制。

（2）水箱内的切削液需保证一定的液面高度。

（3）配制时要防止切削液浓度过高或过低。在高温季节，可适当提高乳化液的浓度，防止工件和机床生锈。

五、外圆磨床的日常保养

磨床的日常保养工作对磨床的精度保持、使用寿命有很大的影响，也是文明生产的主要内容。

保养时必须做到以下几点：

1. 熟悉外圆磨床的性能、规格、各操纵手柄位置及其操作具体要求，正确、合理地使用磨床。

2. 工作前应检查磨床各部位是否正常，若有异常现象应及时修理，不能使机床“带病”工作。

3. 严禁在工作台上放置工具、量具、工件及其他物品，以防止工作台面被损伤。不能用铁锤敲击机床各部件，以免损坏磨床，影响磨床精度。

4. 装卸体积或质量较大的工件时应在工作台面上放置木板，以防止工件跌落时损坏工作台面。

5. 移动头架和尾座时应先擦净工作台面，并涂一层润滑油，以避免头架或尾座与工作台面发生干摩擦而磨损滑动面。

6. 启动砂轮前，应检查砂轮架主轴箱内的润滑油是否达到油标规定的位置。并检查砂轮是否有破损现象，检查无误后方可启动砂轮。

7. 启动工作台前应检查床身导轨面是否清洁，是否有适量的润滑油。如发现润滑油太少，应请修理工检查并调整。

8. 保持磨床外观的清洁，如有污渍应及时清除。

9. 离开机床必须停车和切断电源。

10. 按规定要求在机床的油孔内注入润滑油。

课题二 光轴、接刀轴磨削

一、工件的装夹

在外圆磨床上磨削工件时须十分重视工件的装夹。工件的装夹包括定位和夹紧两部分。工件定位是否正确，夹紧是否牢固，会影响加工精度和操作安全。工件一般用顶尖装夹，有时也用夹头或卡盘装夹，有内孔的则用专用心轴装夹。

1. 中心孔

外圆磨削的轴类零件上都设置有中心孔，为定位基准。装夹工件前要检查并清理或修研中心孔，以保证工件正确地定位。

（1）中心孔的种类和结构

中心孔按其形状分为普通中心孔、有保护锥中心孔及有内螺纹和保护锥中心孔三种，如图 2—16 所示。

普通中心孔由圆锥孔和圆柱孔两部分组成。60°圆锥面是中心孔的工作部分，它与顶尖的 60°锥面接触，起定中心和承受磨削力、重力的作用。圆锥孔前端的小圆柱孔可使中心孔与顶尖有良好的接触，并且可以储存润滑剂，减小顶尖与中心孔的摩擦。

具有保护锥的中心孔多用于加工精度高且加工工序较长的零件，如主轴、心轴等。120°锥面可保护 60°圆锥孔的边缘，使其不被碰伤。

有内螺纹和保护锥的中心孔可供旋入钢塞，以长期保护中心孔。它适用于贵重的零件。

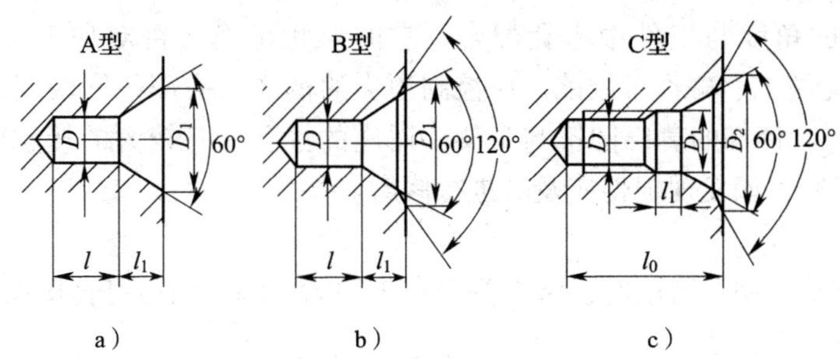

图 2—16　中心孔的种类和结构

a）普通中心孔　b）有保护锥中心孔　c）有内螺纹和保护锥中心孔

（2）对中心孔的技术要求

1）60°圆锥的圆度公差为 0.001 mm。

2）60°圆锥面用量规采用涂色法检验，接触面积应大于 85%。

3）两端中心孔的同轴度公差为 0.01 mm。

4）60°圆锥面的表面粗糙度 Ra 值为 0.4 μm 或更小，不能有毛刺、碰伤等缺陷。

2. 顶尖

顶尖的柄部为莫氏锥体，顶尖的尺寸用莫氏锥度表示，如莫氏 No. 4 顶尖等。顶尖是通用夹具，广泛地用于外圆磨削中。

不同情况可以使用不同的顶尖。在磨削直径较小的工件时可以使用半顶尖（见图 2—17b），顶尖的缺口部分可使砂轮越出工件端面，有时也可用长颈顶尖（见图 2—17e）。磨削顶尖时则可使用反顶尖，如图 2—17c 所示。大头顶尖用于大中心孔或大孔壁的工件，如图 2—17d 所示。

磨削过程中，顶尖与中心孔之间产生滑动摩擦，普通顶尖（见图 2—17a）易磨损。近年来，在精密磨削中已广泛采用硬质合金顶尖，如图 2—17f 所示。硬质合金压入顶尖体后，用铜焊接。硬质合金的硬度很高，耐磨性好，有很高的定心精度。但硬质合金呈脆性，使用时要注意保养，有裂纹的硬质合金顶尖不能使用。

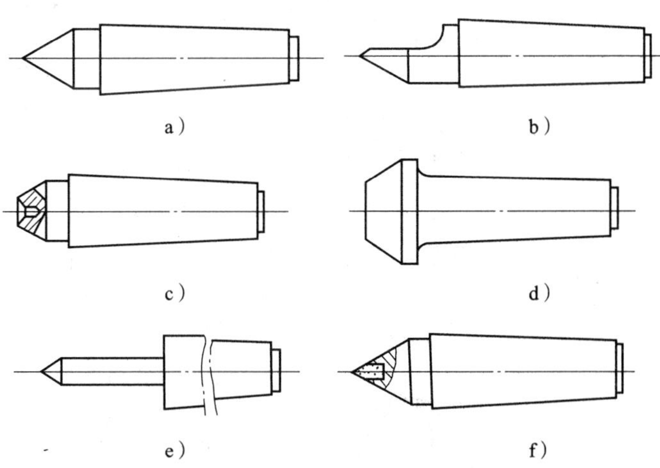

图 2—17　顶尖的种类

a）普通顶尖　b）半顶尖　c）反顶尖　d）大头顶尖　e）长颈顶尖　f）硬质合金顶尖

顶尖60°圆锥的角度与工件中心孔配合，它的形状正确与否对加工质量有很大影响。60°圆锥要光洁，无拉毛、碰伤等缺陷。应控制顶尖的柄部与头部的同轴度公差（一般控制在0.005 mm以内），柄部的莫氏圆锥与头架、尾座的锥孔应有较大的接触面。在操作中必须注意对顶尖的保养，如发现损伤应及时进行修磨。

3. 夹头

夹头主要起传动作用。磨削时，将夹头套在工件的一端，用螺钉直接顶紧或间接夹紧工件，并由拨盘带动工件旋转。

夹头的种类很多，适用于不同的场合，常用夹头的种类及用途见表2—1。

表2—1　　夹头的种类及用途

<table>
<tr><th colspan="2">种类</th><th>图示</th><th>用途</th><th>注意事项</th></tr>
<tr><td colspan="2">圆形夹头</td><td></td><td>用于一般工件的装夹</td><td rowspan="5">1. 夹持工件时，螺钉不宜拧得过紧，以免损伤工件表面。夹持精密的工件表面时应衬垫铜片，以保护工件表面
2. 紧固工件的螺钉不宜过长，以免影响安全，最好用沉头螺钉
3. 当工件轴端面有槽时，工件可由专用拨销直接带动旋转
4. 拨盘装在主轴上并拨动夹头，以带动工件旋转</td></tr>
<tr><td rowspan="2">鸡心夹头</td><td>直尾鸡心夹头</td><td></td><td rowspan="2">用于中、小型工件的装夹</td></tr>
<tr><td>曲尾鸡心夹头</td><td></td></tr>
<tr><td colspan="2">方形夹头</td><td></td><td>用于大型工件的装夹</td></tr>
<tr><td colspan="2">自夹夹头</td><td></td><td>夹头由偏心杆自动夹紧，适用于批量生产</td></tr>
</table>

4. 用心轴等其他方法装夹工件

心轴是用于装夹套类零件的专用夹具，以满足零件外圆磨削的精度要求。

心轴的种类及特点见表2—2。

表2—2 心轴的种类及特点

种类	图示	特点
圆柱心轴	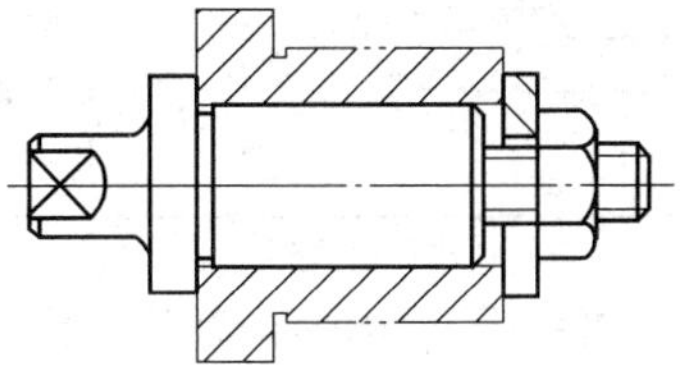	由于定位配合间隙的影响，会使工件的中心偏移，故减小定位间隙可提高定位精度。通常用心轴和螺母将工件夹紧
弹簧套心轴	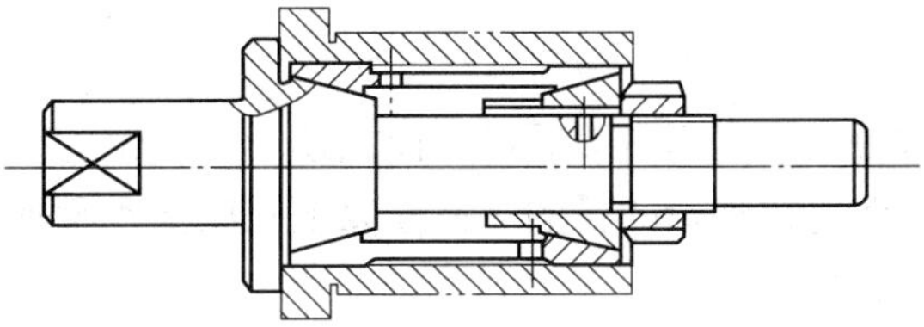	利用弹簧套的弹性变形使工件自动定心和夹紧，有较高的定位精度
微锥心轴	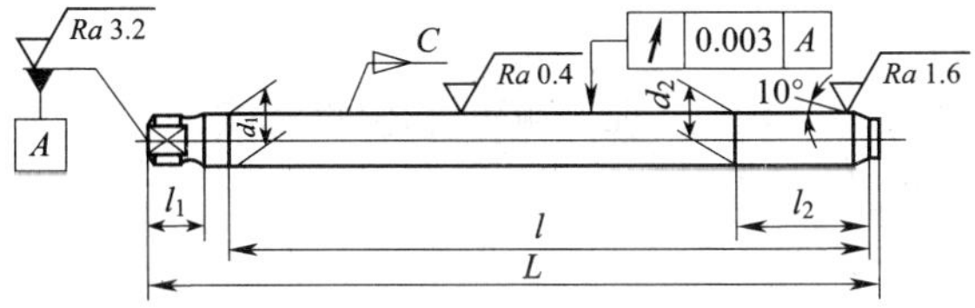 Ra 3.2　A　C　Ra 0.4　0.003 A　d₂　10°　Ra 1.6　d₁　l₁　l　l₂　L	心轴制成极小的锥度 C，由于心轴锥面与孔壁间有很大的接触面，故使工件的中心轴线几乎与心轴的轴线重合，可以获得很高的加工精度，同轴度公差可达到0.005 mm
圆锥心轴	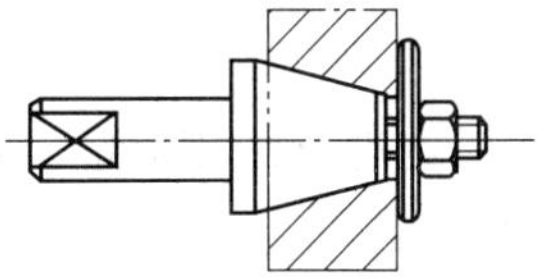	工件以圆锥孔为定位基准面
顶尖式心轴	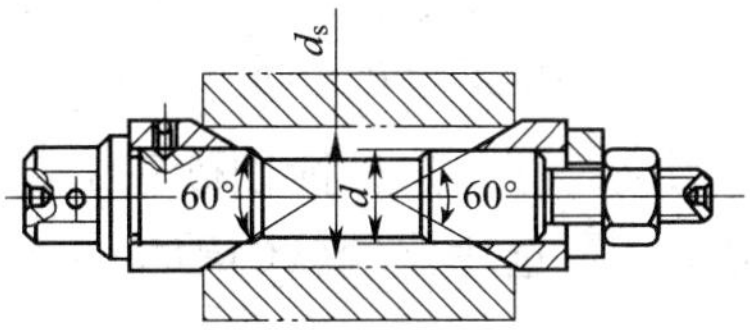 d_s　60°　d　60°	其中一端的顶尖套可卸，以便装夹工件。工件的定位基准为代替中心孔的孔口60°锥角

续表

种类	图示	特点
液性塑料心轴		结构复杂。转动螺钉推动活塞，使密封容积中的介质——液性塑料产生高压并使薄壁套产生弹性变形，从而使工件自动定心和夹紧，定位精度高，同轴度可达到0.005 mm

有时需要用其他方法来装夹工件，如用三爪自定心卡盘装夹没有中心孔的圆柱形工件，四爪单动卡盘用于装夹没有中心孔或外形不规则的工件。用卡盘装夹工件将在内圆磨削中讲述。

二、外圆磨削砂轮的选择

1. 合理选择砂轮的原则

砂轮的选择不但影响工件的加工精度和表面质量，而且还影响砂轮的损耗和使用寿命及生产效率、生产成本。要达到合理选择砂轮的目的应遵守以下几项基本原则：

(1) 磨粒应具有较好的磨削性能。

(2) 砂轮在磨削时应具有合适的自锐性。

(3) 砂轮不易磨钝，有较长的使用寿命。

(4) 磨削时产生较小的磨削力。

(5) 磨削时产生较少的磨削热。

(6) 能达到较高的加工精度（尺寸精度、形状精度和位置精度）。

(7) 能得到较小的表面粗糙度值。

(8) 工件表面不产生烧伤和裂纹。

2. 外圆砂轮主要特性的选择

外圆砂轮一般为中等组织的平形砂轮，而砂轮尺寸则按机床规格选用。外圆砂轮主要特性的选择包括磨料、硬度和粒度的选择。

(1) 磨料的选择

磨料的选择主要与被加工工件的材料和热处理方法相对应。各种人造磨料中以棕刚玉和白刚玉最常用。

(2) 硬度的选择

除应遵循硬度选择的一般原则外，主要还应考虑对砂轮自锐性和微刃等高性两方面的影响。磨削容易变形的工件时应选用较软的砂轮，例如，磨削细长轴或薄壁套的外圆时，为了避免磨削过程产生较大的磨削力和磨削热，引起工件变形，砂轮的硬度要软，可选 J、K 等。精磨时砂轮的硬度则应比粗磨时适当高一些，这样能使砂轮工作面较长时间地保持正确的外形。在需要生产效率比较高的情况下，可选用比较软的砂轮。

(3) 粒度的选择

砂轮磨粒的粗细程度直接影响到工件的表面粗糙度和砂轮的磨削性能。精磨时应选择较细的粒度，粗磨时则相反。磨削容易变形的工件时粒度也要选得粗些。

以上仅是选择砂轮的一般原则，在实际生产中，情况比较复杂，因此具体的参数可用查表的方法获得，表 2—3 可供选择时参考。

表 2—3 **外圆砂轮的选择**

加工材料	磨削要求	砂轮的特性			
		磨料	粒度	硬度	结合剂
未淬火的碳钢及合金钢	粗磨	A	F36 ~ F46	M ~ N	V
	精磨	A	F46 ~ F60	M ~ Q	V
青铜	粗磨	C	F24 ~ F36	K	V
	精磨	C	F46 ~ F60	K ~ M	V
不锈钢	粗磨	SA	F36	M	V
	精磨	SA	F60	L	V
纯铜	粗磨	C	F36 ~ F46	K ~ L	V
	精磨	WA	F60	K	V
青铜	粗磨	WA	F24 ~ F36	L ~ M	V
	精磨	PA	F46 ~ F60	L ~ P	V
调质的合金结构钢	粗磨	WA	F46 ~ F60	L ~ M	V
	精磨	PA	F60 ~ F80	M ~ P	V
淬火的优质碳素结构钢及合金结构钢	粗磨	WA	F46 ~ F60	K ~ M	V
	精磨	PA	F60 ~ F100	L ~ M	V
渗氮钢	粗磨	PA	F46 ~ F60	K ~ N	V
	精磨	SA	F60 ~ F80	L ~ M	V
高速钢	粗磨	WA	F36 ~ F46	K ~ L	V
	精磨	PA	F60	K ~ L	V
硬质合金	粗磨	GC	F46	K	V
	精磨	MBD	—	—	—

三、磨削余量及磨削用量的选择

1. 粗磨和精磨

为了进行加工，工件加工表面应留有适当的余量。车削加工是工件外圆磨削前的工序，车削工序留下的且要在磨削中磨除的余量称为磨削总余量。它是工件在磨削前后的直径之差。当轴的直径小于 80 mm、长度与直径比大于 10 时，余量一般为 0.3 ~ 0.5 mm。细长的淬硬轴，磨削余量应较多；反之，可取少些。磨削的总余量一般可由粗磨和精磨切除；加工要求较高的工件可分粗磨、半精磨、精磨加以切除。

粗磨是工件磨削的粗加工，它要求以最少的时间切除工件大部分余量，这样可以提高生产效率；同时，粗磨要磨去上道工序留下的刀痕，从而为精磨创造条件。粗磨时，须将砂轮做粗修整，并采用较大的磨削用量。

精磨是在粗磨的基础上对工件进行精加工，它只切除极少的余量，进一步提高工件的加工精度和表面质量。

2. 磨削余量的分配

合理确定磨削余量对提高生产效率和保证工件质量均有重要作用。

确定磨削余量时要考虑一系列因素，如零件的形状、尺寸、技术要求、工艺顺序、热处理方法、采用的加工方法和设备情况等。

确定磨削余量的一般原则如下：

（1）工件形状复杂、技术要求高、工艺顺序复杂时，磨削余量应较大，如高精度机床主轴和套筒等零件。

（2）细长或薄壁工件磨削余量应大些。

（3）需要经过热处理的工件，考虑到热处理变形，磨削余量应大些。

（4）工件尺寸越大，产生加工误差的因素就越多，由于磨削力、内应力引起变形的可能性增加，应相应增大余量。

（5）磨削余量按粗磨、半精磨、精磨、精密磨顺序递减。外圆磨削余量参见表 2—4。

表 2—4　　外圆磨削余量（直径余量）　　mm

<table>
<tr><th rowspan="4">工件直径</th><th rowspan="4">余量限度</th><th colspan="8">磨削前</th><th rowspan="4">粗磨后精磨前</th><th rowspan="4">精磨后研磨前</th></tr>
<tr><th colspan="4">未经热处理的轴</th><th colspan="4">经热处理的轴</th></tr>
<tr><th colspan="8">轴的长度</th></tr>
<tr><th>100以下</th><th>101～200</th><th>201～400</th><th>401～700</th><th>100以下</th><th>101～200</th><th>201～400</th><th>401～700</th></tr>
<tr><td rowspan="2">≤10</td><td>最大</td><td>0.20</td><td>—</td><td>—</td><td>—</td><td>0.25</td><td>—</td><td>—</td><td>—</td><td>0.020</td><td>0.008</td></tr>
<tr><td>最小</td><td>0.10</td><td>—</td><td>—</td><td>—</td><td>0.15</td><td>—</td><td>—</td><td>—</td><td>0.015</td><td>0.005</td></tr>
<tr><td rowspan="2">11～18</td><td>最大</td><td>0.25</td><td>0.30</td><td>—</td><td>—</td><td>0.30</td><td>0.35</td><td>—</td><td>—</td><td>0.025</td><td>0.008</td></tr>
<tr><td>最小</td><td>0.15</td><td>0.20</td><td>—</td><td>—</td><td>0.20</td><td>0.25</td><td>—</td><td>—</td><td>0.020</td><td>0.006</td></tr>
<tr><td rowspan="2">19～30</td><td>最大</td><td>0.30</td><td>0.35</td><td>0.40</td><td>—</td><td>0.35</td><td>0.40</td><td>0.45</td><td>—</td><td>0.030</td><td>0.010</td></tr>
<tr><td>最小</td><td>0.20</td><td>0.25</td><td>0.30</td><td>—</td><td>0.25</td><td>0.30</td><td>0.35</td><td>—</td><td>0.025</td><td>0.007</td></tr>
<tr><td rowspan="2">31～50</td><td>最大</td><td>0.30</td><td>0.35</td><td>0.40</td><td>0.45</td><td>0.40</td><td>0.50</td><td>0.55</td><td>0.70</td><td>0.035</td><td>0.010</td></tr>
<tr><td>最小</td><td>0.20</td><td>0.25</td><td>0.30</td><td>0.35</td><td>0.25</td><td>0.35</td><td>0.40</td><td>0.50</td><td>0.028</td><td>0.008</td></tr>
<tr><td rowspan="2">51～80</td><td>最大</td><td>0.35</td><td>0.40</td><td>0.45</td><td>0.55</td><td>0.45</td><td>0.55</td><td>0.65</td><td>0.75</td><td>0.035</td><td>0.012</td></tr>
<tr><td>最小</td><td>0.20</td><td>0.25</td><td>0.30</td><td>0.35</td><td>0.30</td><td>0.35</td><td>0.45</td><td>0.50</td><td>0.028</td><td>0.008</td></tr>
<tr><td rowspan="2">81～120</td><td>最大</td><td>0.45</td><td>0.50</td><td>0.55</td><td>0.60</td><td>0.55</td><td>0.60</td><td>0.70</td><td>0.80</td><td>0.040</td><td>0.014</td></tr>
<tr><td>最小</td><td>0.25</td><td>0.35</td><td>0.35</td><td>0.40</td><td>0.35</td><td>0.40</td><td>0.45</td><td>0.45</td><td>0.032</td><td>0.010</td></tr>
<tr><td rowspan="2">121～180</td><td>最大</td><td>0.50</td><td>0.55</td><td>0.60</td><td>—</td><td>0.60</td><td>0.70</td><td>0.80</td><td>—</td><td>0.045</td><td>0.016</td></tr>
<tr><td>最小</td><td>0.30</td><td>0.35</td><td>0.40</td><td>—</td><td>0.40</td><td>0.50</td><td>0.55</td><td>—</td><td>0.038</td><td>0.012</td></tr>
<tr><td rowspan="2">181～260</td><td>最大</td><td>0.60</td><td>0.60</td><td>0.65</td><td>—</td><td>0.70</td><td>0.75</td><td>0.85</td><td>—</td><td>0.050</td><td>0.020</td></tr>
<tr><td>最小</td><td>0.40</td><td>0.40</td><td>0.45</td><td>—</td><td>0.50</td><td>0.55</td><td>0.60</td><td>—</td><td>0.040</td><td>0.015</td></tr>
</table>

3. 外圆磨削用量的选择

磨削用量的选择对工件表面粗糙度、加工精度、生产效率和工艺成本均有影响。

（1）砂轮圆周速度的选择

砂轮圆周速度增大时，磨削生产效率明显提高；同时，由于每颗磨粒切下的磨屑厚度减小，使工件表面粗糙度值减小，磨粒的负荷降低。一般外圆磨削速度 $v = 35$ m/s，高速外圆磨削速度 $v = 45$ m/s。高速磨削要采用高强度的砂轮。

（2）工件圆周速度的选择

工件圆周速度增大时，砂轮在单位时间内切除的金属量增加，从而可提高磨削生产效率。但是随着工件圆周速度的提高，单个磨粒的磨屑厚度增大，工件表面的塑性变形也相应增大，使表面粗糙度值增大。一般工件圆周速度 v_w 应与砂轮圆周速度 v_s 保持适当的比例关系。外圆磨削取 $v_w = 13 \sim 20$ m/min。

（3）背吃刀量的选择

背吃刀量增大时，生产效率提高，工件表面粗糙度值增大，砂轮容易变钝。一般 $a_p = 0.01 \sim 0.03$ mm，精磨时 $a_p < 0.01$ mm。

（4）纵向进给量的选择

纵向进给量对加工的影响与背吃刀量相同。粗磨时 $f =（0.4 \sim 0.8）B$，精磨时 $f =（0.2 \sim 0.4）B$，式中 B 为砂轮宽度。

外圆磨削用量参见表2—5。

表2—5　外圆磨削用量

工件直径/mm		20	30	50	80	120	200	300
粗磨	工件圆周速度/（m/min）	10～20	11～22	12～24	13～26	14～28	15～30	17～34
粗磨	工件转速/（r/min）	161～232	117～234	77～154	52～104	37～74	24～48	18～36
精磨	工件圆周速度/（m/min）	20～30	22～35	25～40	30～50	35～50	40～70	50～80
精磨	工件转速/（r/min）	320～478	243～382	159～254	120～200	93～159	64～112	53～85

粗磨背吃刀量

工件直径/mm	工件圆周速度/（m/min）	纵向进给量/mm（以砂轮宽度计）			
		0.5	0.6	0.7	0.8
20	10	0.021 6	0.018 0	0.015 4	0.013 5
	15	0.014 4	0.012 0	0.010 3	0.009 0
	20	0.010 8	0.009 0	0.007 7	0.006 8
30	11	0.022 2	0.018 5	0.015 3	0.013 9
	16	0.015 2	0.012 7	0.010 9	0.009 6
	22	0.011 1	0.009 2	0.007 9	0.007 0

续表

工件直径/mm	工件圆周速度/（m/min）	纵向进给量/mm（以砂轮宽度计）			
		0.5	0.6	0.7	0.8
50	12	0.023 7	0.019 7	0.016 9	0.014 8
	18	0.015 7	0.013 2	0.011 3	0.009 9
	24	0.011 8	0.009 8	0.008 4	0.007 4
80	13	0.024 2	0.020 1	0.017 2	0.015 1
	19	0.016 5	0.013 8	0.011 8	0.010 3
	26	0.012 6	0.010 1	0.008 6	0.007 6
120	14	0.026 4	0.022 0	0.018 9	0.016 5
	21	0.017 6	0.014 7	0.012 6	0.011 0
	28	0.013 2	0.011 0	0.009 5	0.008 3
200	15	0.028 7	0.023 9	0.020 5	0.018 0
	22	0.019 6	0.016 4	0.014 0	0.012 2
	30	0.014 4	0.012 0	0.010 3	0.009 0
300	17	0.028 7	0.023 9	0.020 5	0.017 9
	25	0.019 5	0.016 2	0.013 9	0.012 1
	34	0.014 3	0.011 9	0.010 2	0.008 9

四、磨床工作台的调整

在磨削外圆柱面时，为了保证被磨零件不产生圆柱度误差，首先要找正工作台的正确位置。在加工中调整上工作台，保证被磨工件的回转轴线与工作台纵向运动方向平行。因为圆柱体的素线与轴线是相互平行的，如图 2—18a 所示，在磨削外圆柱面时，必须使工件的回转轴线 *x*—*x* 与工作台纵向运动方向 *F*—*F* 平行，以保证工件的圆柱度公差。若磨削时工件的回转轴线与工作台纵向运动方向不平行，则会产生圆柱度误差，如图 2—18b、c 所示。

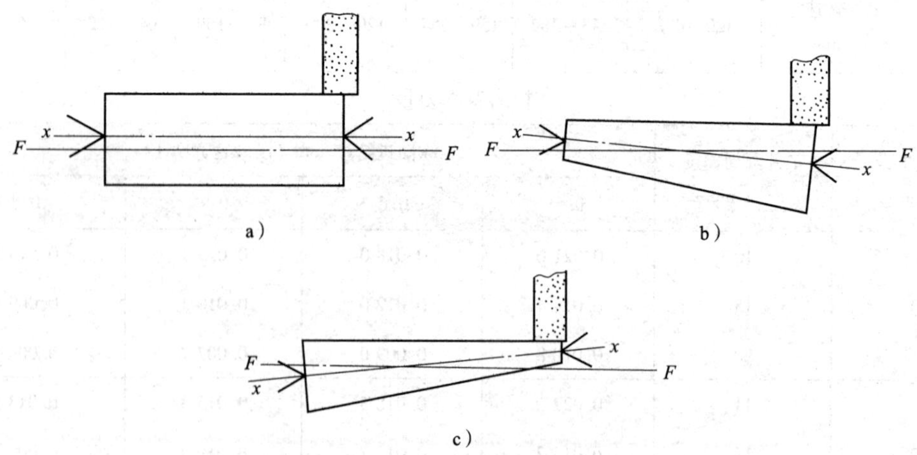

图 2—18　工件轴线与工作台纵向运动方向的关系

a）平行　b）、c）不平行

常用的调整方法有目测法找正、对刀找正和用标准样棒找正。

1. 目测法找正

（1）工件装夹好后，移动工作台，使砂轮停留在工件中间位置。

（2）砂轮架缓慢做横向进给，当砂轮接触工件产生火花的瞬间，停止横向进给，同时观察火花在砂轮宽度内的疏密程度。

（3）根据火花疏密的情况确定调整方向。以 M1432B 型磨床为例，如果砂轮右端（即靠近尾座端）火花大，调整螺钉应顺时针旋转；反之，应逆时针旋转。

（4）调整时，将砂轮退离工件，松开螺钉，松开压板，用扳手转动调整螺杆，使上工作台相对下工作台转动（见图 2—19）。调整好后拧紧螺钉。

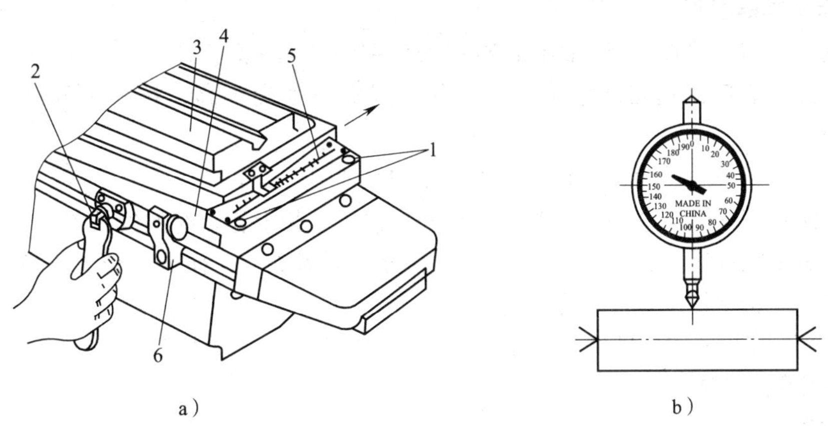

图 2—19 磨床工作台的调整

a）调整方法 b）用百分表及样棒调整工作台

1—螺钉 2—螺杆 3—上工作台 4—下工作台 5—刻度板 6—支座

（5）启动工件，将已磨削的那段外圆摇离砂轮，磨削另一段外圆，继续观察，以相同的方法调整到火花在砂轮宽度内基本均匀为止。

（6）纵向移动工作台，使工件由中间向左右展开磨削。在磨削的同时观察工件左右两端火花增减情况，继续进行调整，直到工件全长上火花基本均匀为止。

（7）当工件外圆基本磨出时，可用千分尺测量工件的锥度。如靠近头架端尺寸大于尾座端，为顺锥，应顺时针旋转调整螺钉；反之为倒锥，应逆时针旋转调整螺钉。用此方法直到工件锥度找正为止。

这种方法调整简单，速度快，应用较广泛。

2. 对刀找正

（1）在工件需要磨削的外圆两端使砂轮横向进给各磨一刀，使两端外圆基本磨圆为止。

（2）根据磨出两端外圆时横向进给手轮刻度盘的读数差值，以及工件两端直径的差值来判断工件产生锥度的情况，并进行调整。

（3）按照横向进给手轮刻度值和工件两端直径的差值判断工作台的调整方向。如果手轮刻度值相同，而工件靠尾座端直径较小时，则说明工件轴线向砂轮架方向偏斜，工作台应按顺时针方向调整；反之，工作台则按逆时针方向调整。

（4）工作台的找正如图 2—19a 所示。找正时，拧松螺钉 1，用扳手转动螺杆 2，使上工作台相对于下工作台转动一个角度。利用百分表可精确控制上工作台的转动量。M1432A 型万能外圆磨床的调整螺杆为右旋，当螺杆顺时针方向转动时，上工作台也按顺时针方向转动；反之，上工作台按逆时针方向转动。

（5）重复上述步骤并继续找正。当对刀刻度读数相同且工件两端的直径也相同时，说明工作台已初步找正。

（6）试磨工件，待工件全长基本磨圆后，测量工件两端直径，并根据工件两端直径差值再精细调整工作台。

一般应在 0.1 ~0.15 mm 试磨余量内将工作台找正完毕。

这种方法常用于磨削长度较长的工件。

3. 用标准样棒找正

（1）选一根与工件长度相同的标准样棒安装在两顶尖之间。

（2）将磁性表座固定在砂轮架上，百分表测头与顶尖等高，接触工件的侧母线，如图 2—19b 所示。

（3）摇动横向进给手轮，使百分表测头压缩 0.2 ~0.3 mm。

（4）工作台缓慢纵向移动，并观察百分表在样棒全长上移动时的读数差。

（5）判断是顺锥还是倒锥，采用以上介绍的方法调整上工作台的位置，反复调整，直至百分表在样棒全长上的读数相同为止。

这种调整方法主要用于磨削余量极小的工件和超精磨工件的加工。

五、外圆磨削方法

1. 纵向磨削法

纵向磨削法是最常用的磨削方法，磨削时工作台做纵向往复进给，砂轮做周期性横向进给，工件的磨削余量要在多次往复行程中磨去，如图 2—20 所示。砂轮超越工件两端的长度一般为砂轮宽度的 1/3 ~1/2。如果太大，工件两端直径会被磨小。磨削轴肩旁外圆时，要细心调整工作台行程，当砂轮磨削至台肩一边时，要使工作台停留片刻，以防止产生锥度。为减小工件表面粗糙度值，可做适当光磨，即在不做横向进给的情况下，工作台做纵向往复运动。

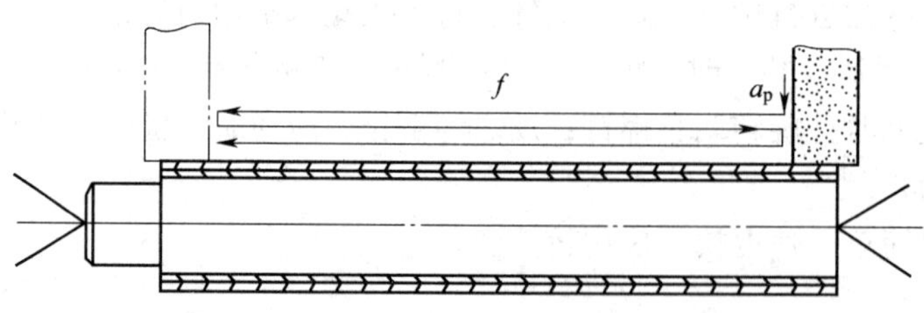

图 2—20　纵向磨削法

纵向磨削法（简称纵向法）的特点如下：

（1）在砂轮整个宽度上磨粒的工作情况不一样，砂轮左端面（或右端面）尖角担负主要的切削作用，工件绝大部分磨削余量均由砂轮尖角处的磨粒切除，而砂轮宽度上大部分磨粒担负减小工件表面粗糙度值的作用。纵向磨削法磨削力小，散热条件好，可获得较高的加工精度和较小的表面粗糙度值。

（2）劳动生产率较低。

（3）磨削力较小，适用于细长、精密或薄壁工件的磨削。

2. 切入磨削法

切入磨削法又称横向磨削法。被磨削工件外圆长度应小于砂轮宽度，磨削时砂轮做连续或间断横向进给运动，直到磨去全部余量为止，如图 2—21 所示。砂轮切入磨削时无纵向进给运动。粗磨时可用较高的切入速度；精磨时切入速度则较低，以防止工件烧伤和发热变形。

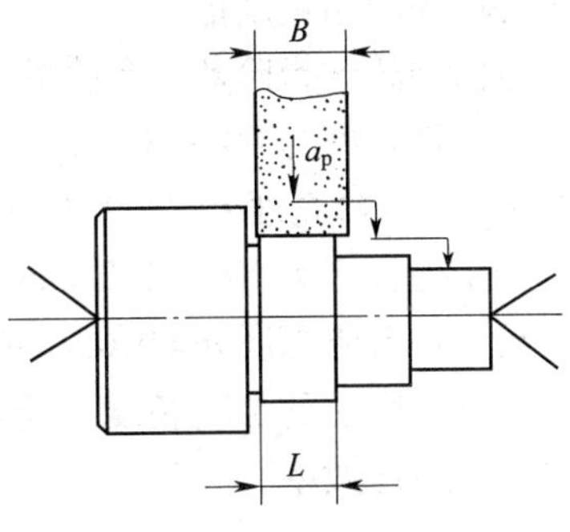

图 2—21　切入磨削法

切入磨削法（简称切入法）的特点如下：

（1）整个砂轮宽度上磨粒的工作情况相同，能够充分发挥所有磨粒的磨削作用；同时，由于采用连续的横向进给，缩短了磨削的基本时间，故有很高的生产效率。

（2）径向磨削力较大，工件容易产生弯曲变形，一般不适宜磨削较细长的工件。

（3）磨削时产生较大的磨削热，工件容易烧伤和发热变形。

（4）砂轮表面的形态（修整的痕迹）会复制到工件表面，影响工件表面粗糙度。为了消除以上缺陷，可在切入法终了时做微量的纵向移动。

（5）切入法因受砂轮宽度的限制，只适用于磨削长度较短的外圆表面。

3. 分段磨削法

分段磨削法又称综合磨削法。它是切入法与纵向法的综合应用，即先用切入法将工件分段进行粗磨，留 0.03 ~ 0.04 mm 余量，最后用纵向法精磨至所要求的尺寸，如图 2—22 所示。这种磨削方法既有切入法生产效率高的优点，又有纵向法加工精度高的优点。分段磨削时，相邻两段间应有 5 ~ 10 mm 的重叠。这种磨削方法适用于磨削余量大和刚度较高的工件，且工件的长度也要适当。考虑到磨削效率，应采用较宽的砂轮，以减少分段数。当加工表面的长度为砂轮宽度的 2 ~ 3 倍时为最佳状态。

4. 深度磨削法

深度磨削法是一种用得较多的磨削方法，采用较大的背吃刀量在一次纵向进给中磨去工件的全部磨削余量，如图 2—23 所示。由于磨削基本时间缩短，故劳动生产效率高。

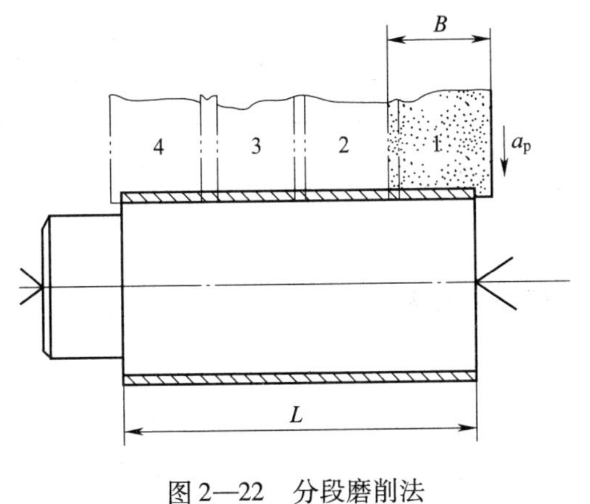

图 2—22　分段磨削法

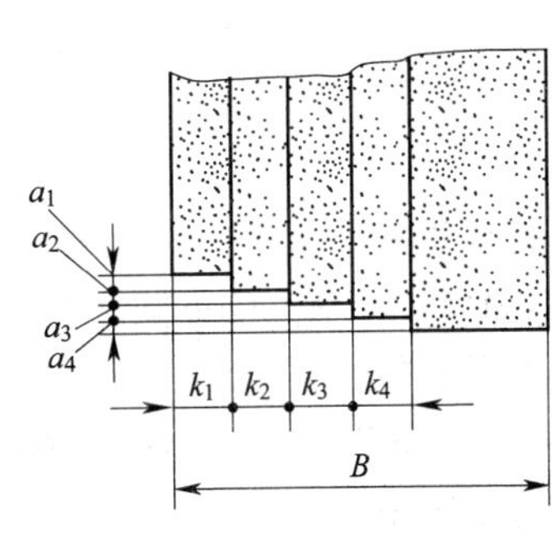

图 2—23　深度磨削法

由于背吃刀量大，磨削时砂轮一端尖角处受力集中。为此，可将砂轮修整成台阶形。砂轮台阶面的前导部分主要起切削作用。后部较宽的砂轮表面则应精细修整为修光部分，以减小工件的表面粗糙度值。

台阶砂轮的台阶数及台阶的深度由工件长度和磨削余量来确定。

当工件长度为 80 ~ 100 mm 时，宜采用双台阶砂轮。砂轮的主要尺寸：台阶深度 a = 0.05 mm，台阶宽度 k = （0.3 ~ 0.4）B（B 为砂轮宽度）。

当工件长度为 100 ~ 150 mm、磨削余量大于 0.6 mm 时，则可采用五台阶砂轮。砂轮各台阶尺寸：台阶深度 a = 0.05 mm；前四个台阶宽度 k = 0.15B。

深度磨削法的加工精度可稳定达到公差等级 IT7 级，表面粗糙度 Ra 值为 0.63 μm，并有极高的生产效率。

深度磨削法的特点如下：

（1）适宜磨削刚度高的工件。

（2）磨床应具有较大的功率和刚度。

（3）磨削时采用较小的单方向纵向进给，砂轮纵向进给方向应面向头架并锁紧尾座套筒，以防止工件脱落。砂轮的硬度应适中，且有良好的磨削性能。

六、技能训练

1. 图样和技术要求分析

光轴材料为 45 钢，淬火后硬度为 48 ~ 52HRC。磨削尺寸如图 2—24 所示，表面粗糙度 Ra 值为 0.4 μm，圆柱度公差为 0.005 mm。

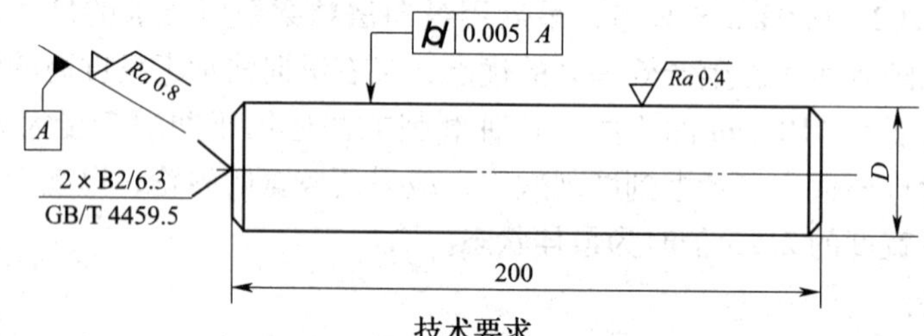

技术要求

材料为45钢，淬火后硬度为48 ~ 52HRC。

次数	直径 D	圆柱度公差	次数	直径 D	圆柱度公差
1	$\phi 33.5 \pm 0.02$	0.02	4	$\phi 32.2_{-0.017}^{0}$	0.007
2	$\phi 33 \pm 0.015$	0.015	5	$\phi 32_{-0.014}^{0}$	0.005
3	$\phi 32.5 \pm 0.01$	0.01			

图 2—24　光轴

2. 选择机床

选择 M1432A 型万能外圆磨床、M1332A 型外圆磨床等。

3. 选择砂轮

按表 2—3 选择砂轮 WAF60M6V。

4. 磨削方法

（1）砂轮圆周速度

外圆磨床的砂轮圆周速度一般为 30 ~ 35 m/s，砂轮在使用过程中因磨损使直径逐渐减小，砂轮圆周速度也随之下降。

（2）工件圆周速度

以 M1432A 型万能外圆磨床为例，工件的转速可按表 2—6 选择。

表 2—6　工件转速的选择

工件直径/mm	>250	>150～250	>80～150	>50～80	>25～50	≤25
工件转速/（r/min）	25	50	80	112	160	224

磨削细长工件时，工件转速应低一些，以减少振动，保证磨削加工的质量。

（3）工件纵向进给量 $f_{纵}$（单位为 mm/r）

粗磨时：$f_{纵}=(0.5\sim0.8)B$

精磨时：$f_{纵}=(0.2\sim0.3)B$

式中　B——砂轮的宽度，mm。

在实际磨削工作中，工件纵向进给量大小的控制一般都是通过调节工作台的运动速度来实现的。

（4）背吃刀量 a_p（单位为 mm）

粗磨时：$a_p=0.02\sim0.05$

精磨时：$a_p=0.005\sim0.01$

精磨时，为了提高工件精度，减小表面粗糙度值，在精磨的最后阶段可在不进刀的情况下光磨几次，使磨削火花减小甚至消失。

（5）粗磨、精磨时磨削余量的选择

精磨余量一般是全部余量的 1/10 左右，约为 0.05 mm。

5. 装夹方法

一般光轴要分两次装夹，掉头磨削才能完成。该工件因两端有中心孔，可用前、后顶尖支撑工件，并由夹头、拨盘带动工件旋转。装夹前须修研中心孔。

6. 光轴（见图 2—24）磨削步骤

（1）检查工件中心孔。

（2）找正头架、尾座的中心，不允许偏移。

（3）粗修砂轮。

（4）测量工件尺寸，计算磨削余量和圆柱度误差。

（5）在轴的任意一端外圆装上夹头，将工件装夹于两顶尖之间。

（6）调整工作台纵向行程挡铁位置，在近头架处使砂轮离轴端 30～50 mm 处换向，如图 2—25 所示。

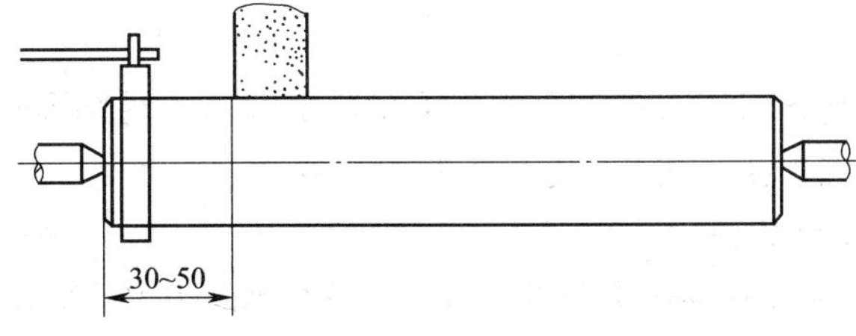

图 2—25　接刀轴左端挡铁位置的调整

（7）调整拨杆位置，使拨杆能带动工件旋转。

（8）试磨。用对刀法找正工件圆柱度。

（9）粗磨外圆，留精磨余量0.03～0.05 mm，圆柱度误差不大于0.01 mm。

（10）将工件掉头装夹。

（11）粗磨接刀。在工件接刀处涂上薄层显示剂，用切入法接刀磨削，当显示剂消失时立即退刀。

（12）精修整砂轮。

（13）精磨外圆，圆柱度误差不大于0.005 mm，表面粗糙度 $Ra \leqslant 0.4$ μm。

（14）工件掉头装夹并找正。

（15）精磨接刀。在工件接刀处涂上薄层显示剂，用切入法接刀磨削，当显示剂消失时立即退刀。保证外圆尺寸，圆柱度误差不大于0.005 mm，表面粗糙度 $Ra \leqslant 0.4$ μm。

课题三 台阶轴的磨削

一、台阶轴磨削的特点

台阶轴磨削包括外圆磨削和台阶轴端面的磨削。台阶轴和无台阶轴相比较，不但有尺寸精度、表面粗糙度及形状公差要求，而且还有位置公差要求。

二、台阶轴的磨削方法

1. 台阶外圆的磨削方法

（1）当工件的磨削长度小于砂轮宽度时，可采用切入磨削法（见图2—26），为了解决磨粒切痕单一的缺陷问题，精磨至最后应使工件做短距离纵向运动。

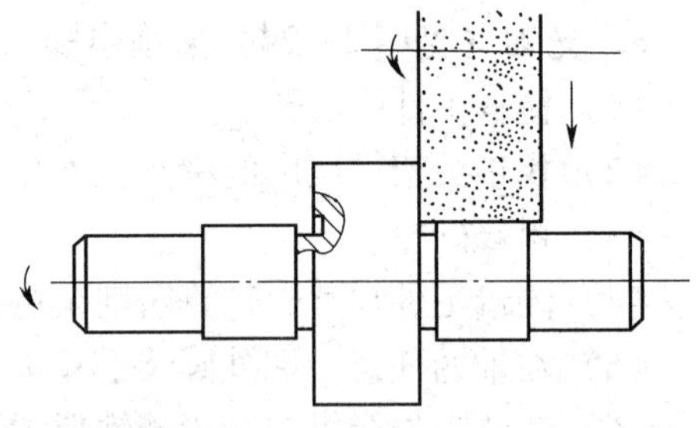

图2—26　切入法磨台阶外圆

（2）当工件的磨削长度大于砂轮宽度时，可采用纵向磨削法，其加工步骤如下：

1）调整好挡铁，左端挡铁调整到使砂轮左端面在工件退刀槽内，如没有退刀槽，可先手动在近工件端面旁用切入法磨去大部分余量，留0.05 mm左右的精磨余量（见图2—27a），然后调整好挡铁。

2）用纵向磨削法磨外圆，留0.05 mm左右的精磨余量（见图2—27b）。

3）调整工作台左端挡铁，在工件全长上精磨至要求。

2. 台阶轴端面的磨削方法

台阶轴端面一般是在外圆磨床上与外圆柱面一次装夹中用砂轮端面磨出。由于台阶端面与外圆连接处形状不同，因而采用的磨削方法也不同。

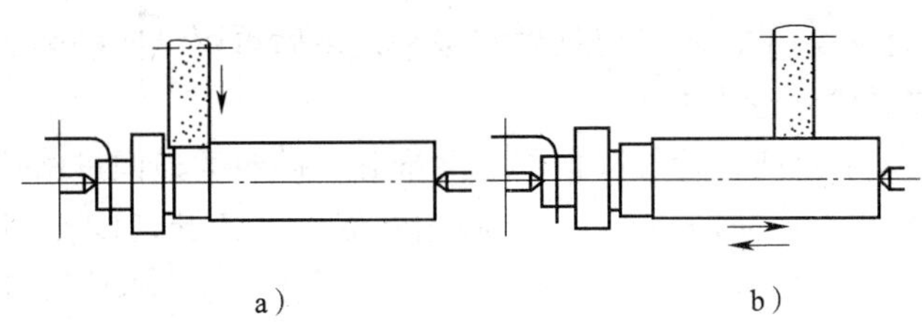

图 2—27　台阶外圆的磨削方法

（1）带退刀槽轴肩端面的磨削方法

带退刀槽的轴肩在磨好外圆以后，砂轮横向稍微退出 0. 1 mm 左右，手摇工作台，使砂轮端面逐渐与工件端面接触，并做间断的纵向进给。待端面磨出后，在原位置稍作停留再退出，以保证端面质量，如图 2—28 所示。

（2）带圆角轴肩的磨削方法

在磨削带圆角的轴肩时，应将砂轮尖角根据工件圆角的大小修成相应的圆弧。磨削时，可先用切入法粗磨外圆，留 0. 03 ~ 0. 05 mm 余量，将砂轮横向退出一段距离，再用手摇动工作台磨端面，磨去余量至图样要求，然后横向缓慢进给，直至外圆磨到图样要求为止，如图 2—29 所示。

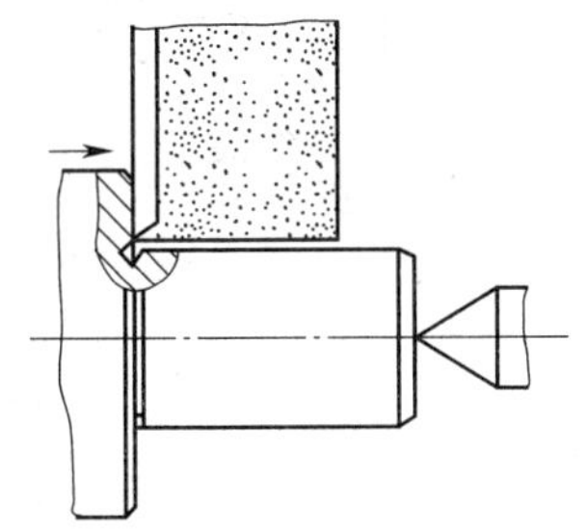

图 2—28　带退刀槽轴肩的磨削方法

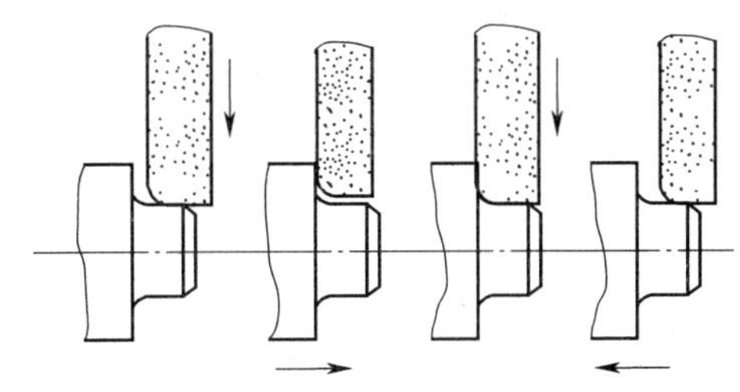

图 2—29　带圆角轴肩的磨削方法

3. 磨削台阶轴时加工顺序的确定

（1）根据工件的形状，先在长度最长的台阶处校正圆柱度。

（2）根据工件的直径，先磨直径较大的外圆。

（3）根据工件的位置精度，先磨精度要求较低的外圆，后磨精度要求较高的外圆，以保证工件精度要求。

4. 磨削台阶轴时三项操作技能

（1）工作台行程挡铁距离的调整

台阶轴轴肩处挡铁距离的调整比光轴调整的准确度要求高，砂轮既要离轴肩端面很近，又不能与工件发生碰撞。调整时，可先用左挡铁的微调螺钉把挡块向前支出较大距离，再根据砂轮与工件端面接近的位置固定行程挡铁，然后在工作台纵向行程过程中，将挡铁微调螺钉逐渐向后退，使砂轮端面逐渐向轴肩端面靠近，确保在最佳位置时换向。

（2）轴肩处外圆的磨削

在轴肩处有退刀槽时，可采用纵向磨削法直接磨出；在轴肩处无退刀槽或退刀槽很狭窄时，可先在轴肩处采用切入法磨去大部分余量，留 0. 03 ~ 0. 04 mm 精磨余量，然后用纵向磨削法磨去外圆全长上的余量，与轴肩处外圆接平，最后再用纵向磨削法精磨全部外圆。

（3）磨削台阶轴时横向进给的位置

磨削台阶轴时，为了保证台阶外圆根部尺寸准确，砂轮的横向进给位置只能在近台阶旁（即工作台纵向运动至左端换向时进刀），让砂轮右端面尖角起切削作用，保证砂轮左端面尖角锋利。同时调节机床左右停留阀，当砂轮磨削到台阶一旁换向时，让工作台稍停片刻，以保证台阶外圆清根。

三、技能训练

1. 磨削台阶轴

（1）图样和技术要求分析

图 2—30 所示为一简单台阶轴零件图。工件材料为 45 钢，淬火后硬度为 48 ~ 52HRC。加工的尺寸公差等级为 IT6 级，圆柱度公差为 0.005 mm，外圆柱表面对中心孔的径向圆跳动公差为 0.01 mm。外圆柱面和台阶面的表面粗糙度分别为 *Ra*0.4 μm 和 *Ra*1.6 μm。$\phi30_{-0.013}^{0}$ mm、$\phi30_{+0.017}^{+0.033}$ mm、ϕ（40 ± 0.008）mm 为装配表面，故有较高的加工精度要求。

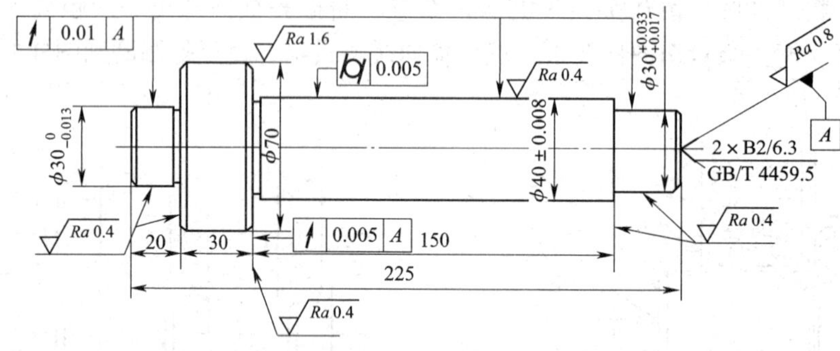

技术要求

材料为45钢，淬火后硬度为48 ~ 52HRC。

图 2—30　台阶轴

（2）选择机床

选用 M1432B 型万能外圆磨床、M1412 型外圆磨床等。

（3）选择砂轮

按表 2—3 选择砂轮 WAF80L6V。

（4）磨削方法

分别用纵向法、切入法磨削台阶轴。

（5）磨削用量

1）砂轮圆周速度。外圆磨床的砂轮圆周速度一般为 30 ~ 35 m/s，砂轮在使用过程中因磨损使直径逐渐减小，砂轮圆周速度也随之下降。

2）工件圆周速度

粗磨时：n_w = 100 ~ 180 r/min

精磨时：n_w = 100 ~ 180 r/min

3）工件纵向进给量 $f_{纵}$（单位为 mm/r）

粗磨时：$f_{纵}$ = （0.4 ~ 0.8）B

精磨时：$f_{纵}=(0.2\sim0.4)B$

式中　B——砂轮的宽度，mm。

在实际磨削工作中，工件纵向进给量大小的控制一般都是通过调节工作台的运动速度来实现的。

4）背吃刀量 a_p（单位为 mm）

粗磨时：$a_p=0.015$

精磨时：$a_p=0.005$

（6）装夹方法

采用两顶尖装夹方法。

（7）工件磨削步骤

操作的关键是将工件的径向圆跳动误差控制在公差范围内。

1）检查工件中心孔。

2）找正头架、尾座的中心，不允许偏移。

3）粗修砂轮，端面两侧修成内凹形。

4）测量工件尺寸，计算磨削余量和圆柱度误差值。

5）将工件装夹于两顶尖之间，左端靠头架。

6）调整工作台纵向行程挡铁位置。

7）磨 ϕ（40 ± 0.008）mm 外圆。找正工作台，保证圆柱度误差在 0.005 mm 以内，留精磨余量 0.05 mm。

8）粗磨 $\phi30^{+0.033}_{+0.017}$ mm、$\phi30^{0}_{-0.013}$ mm 外圆，留精磨余量 0.05 mm。

9）精细修整砂轮。

10）用纵向法精磨 ϕ（40 ± 0.008）mm 外圆至尺寸，磨台阶面，保证端面圆跳动误差在 0.005 mm 以内。

11）用切入法精磨 $\phi30^{+0.033}_{+0.017}$ mm 外圆至尺寸。

12）掉头，用切入法精磨 $\phi30^{0}_{-0.013}$ mm 外圆至尺寸，磨台阶面至技术要求。

（8）注意事项

1）首先用纵向法磨削长度最长的外圆，以便找正工作台，使工件的圆柱度达到公差要求。

2）用纵向法磨削台阶旁外圆时，需细心调整工作台行程，使砂轮在越出台阶旁外圆时不发生碰撞。调整时应关闭砂轮电动机并将砂轮退离工件表面。

3）用纵向法磨削台阶轴时，为了使砂轮在工件全长能均匀地磨削，待砂轮在磨削至台阶旁换向时，可使工作台停留片刻。

4）磨削时注意砂轮横向进给手轮刻度位置，防止砂轮与工件碰撞。

5）砂轮端面的狭边要修整平整。磨削台阶面时切削液要充分，适当增加光磨时间。

2. 磨削传动轴

（1）图样和技术要求分析

如图 2—31 所示，工件材料为 45 钢，淬火后硬度为 48～52HRC。需磨削的外圆为 $\phi25^{+0.009}_{-0.004}$ mm、$\phi20^{0}_{-0.013}$ mm、$\phi16^{0}_{-0.011}$ mm，$\phi25^{+0.009}_{-0.004}$ mm 的圆度公差为 0.005 mm、径向圆跳动公差为 0.01 mm。还需磨三个台阶面，距离尺寸为 112 mm、$33^{+0.20}_{0}$ mm，垂直度公差为 0.005 mm，表面粗糙度为 $Ra0.4$ μm、$Ra0.8$ μm。

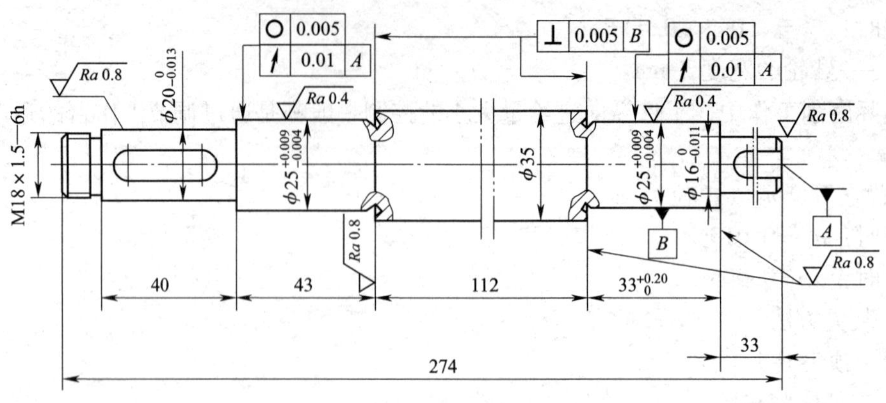

图 2—31　传动轴

（2）选择机床

选用 MA1432 型万能外圆磨床。

（3）选择砂轮

选择砂轮 PAF80M6V。

（4）磨削方法

用切入法、分段法磨削各外圆，留精磨余量 0. 04 ~ 0. 05 mm。

（5）磨削用量

1）砂轮圆周速度。外圆磨床的砂轮圆周速度一般为 30 ~ 35 m/s，砂轮在使用过程中因磨损使直径逐渐减小，砂轮圆周速度也随之下降。

2）工件圆周速度

粗磨时：$n_w = 100 \sim 180$ r/min

精磨时：$n_w = 100 \sim 180$ r/min

3）工件纵向进给量 $f_{纵}$（单位为 mm/r）

粗磨时：$f_{纵} = (0.4 \sim 0.8)B$

精磨时：$f_{纵} = (0.2 \sim 0.4)B$

式中　B——砂轮的宽度，mm。

在实际磨削工作中，工件纵向进给量大小的控制一般都是通过调节工作台的运动速度来实现的。

4）背吃刀量 a_p（单位为 mm）

粗磨时：$a_p = 0.01$

精磨时：$a_p = 0.005$

（6）装夹方法

采用两顶尖装夹方法。

（7）工件磨削步骤

1）试磨工件，找正工作台，使工件圆柱度误差在 0. 003 mm 以内。

2）粗磨 $\phi25^{+0.009}_{-0.004}$ mm、$\phi20^{0}_{-0.013}$ mm，留精磨余量。

3）粗磨另一端 $\phi25^{+0.009}_{-0.004}$ mm、$\phi16^{\ 0}_{-0.011}$ mm，留精磨余量。

4）精磨 $\phi25^{+0.009}_{-0.004}$ mm、$\phi20^{\ 0}_{-0.013}$ mm 及端面达到图样要求。

5）精磨另一端 $\phi25^{+0.009}_{-0.004}$ mm 及台阶面达到图样要求。

6）精磨 $\phi16^{\ 0}_{-0.011}$ mm 至尺寸，磨端面控制长度尺寸至$33^{+0.20}_{\ 0}$ mm。

（8）注意事项

1）中心孔需经过研磨，磨削前要清理中心孔。

2）要精确调整头架和尾座，使其中心对准。

3）用切入法磨削时要精细地修整砂轮。

4）磨两台阶面控制尺寸$33^{+0.20}_{\ 0}$ mm 时，余量分配要均匀。

课题四
精度检验及误差分析

一、外径的测量

1. 用外径千分尺测量外径

外径千分尺是常用的测量工具。它的测量精度为 0.01 mm。常用的规格有 0 ~ 25 mm、25 ~ 50 mm、50 ~ 75 mm、75 ~ 100 mm 等。

（1）外径千分尺的结构

如图 2—32 所示，外径千分尺主要由尺架、测砧、测微螺杆、锁紧装置、固定套筒、微分筒、测力装置等组成。

（2）外径千分尺的刻线原理及读数方法

外径千分尺固定套筒的刻线以 mm 为单位，测微螺杆的螺距为 0.5 mm，微分筒刻有 50 格刻线，当微分筒转过一格时（1/50 r），测微螺杆的量值为 0.5 mm/50 = 0.01 mm。

使用外径千分尺测量前应清理千分尺的测量面并校对千分尺的零位。测量时要掌握正确的测量姿势，如图 2—33 所示。

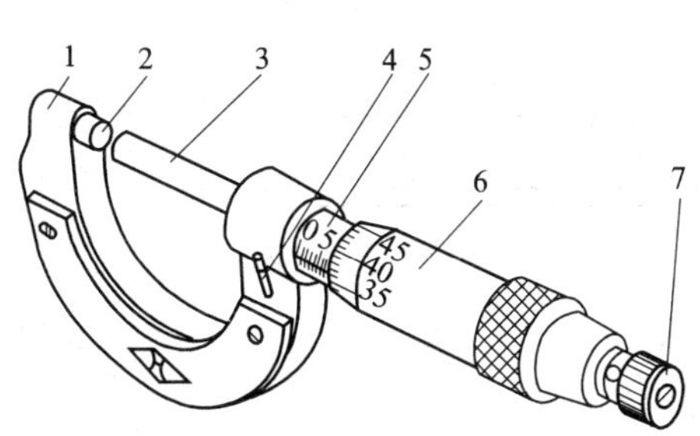

图 2—32　外径千分尺

1—尺架　2—测砧　3—测微螺杆　4—锁紧装置　5—固定套筒　6—微分筒　7—测力装置

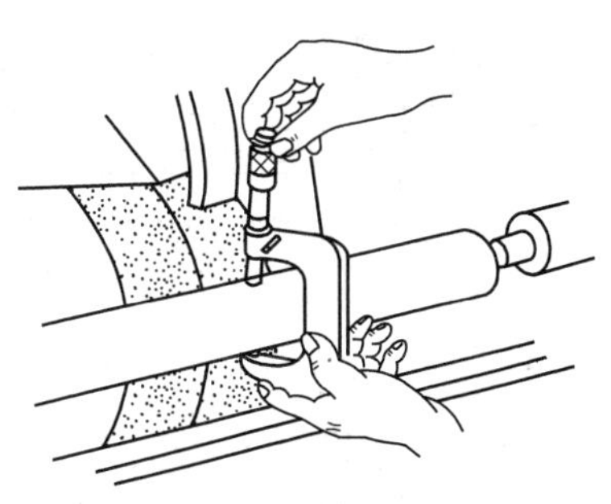
图 2—33　测量姿势

千分尺的读数分为两步，先读出固定套筒上露出的刻线整数毫米和半毫米数；然后在微分筒上看哪一格与固定套筒基准线对准，并读出小数部分；最后将整数和小数部分相加，即为工件的尺寸。

图 2—34 所示为 0 ~ 25 mm 千分尺的读数。图 2—34a 所示读数为 8. 35 mm，图 2—34b 所示读数为 14. 68 mm，图 2—34c 所示读数为 12. 765 mm。

图 2—35 所示为 25 ~ 50 mm 千分尺的读数。图 2—35a 所示读数为 26. 5 mm，图 2—35b 所示读数为 30. 01 mm，图 2—35c 所示读数为 34. 48 mm。

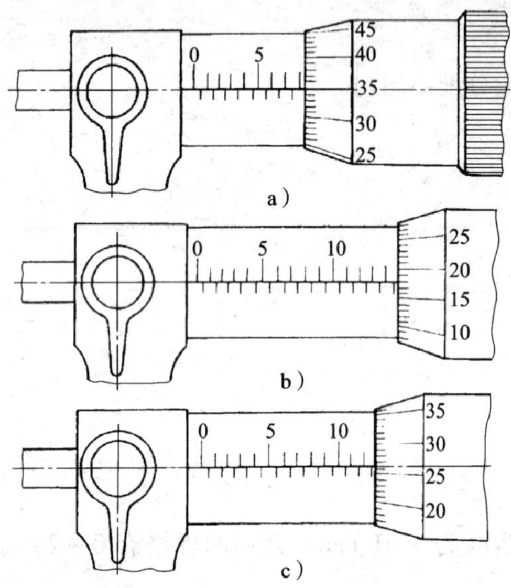

图 2—34　0 ~ 25mm 千分尺读数示例

a）读数为 8. 35 mm　b）读数为 14. 68 mm

c）读数为 12. 765 mm

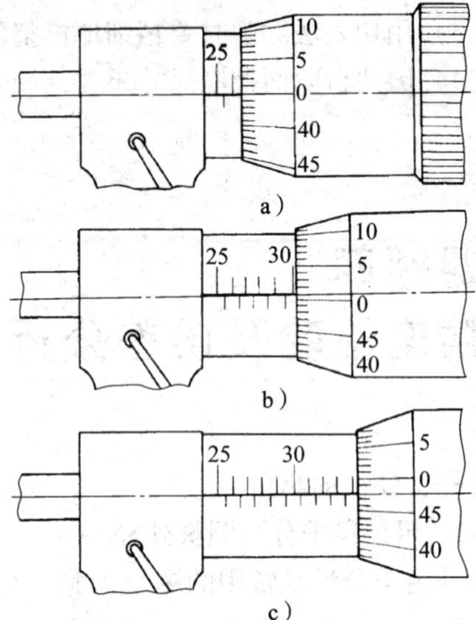

图 2—35　25 ~ 50 mm 千分尺读数示例

a）读数为 26. 5 mm　b）读数为 30. 01 mm

c）读数为 34. 48 mm

2. 用游标卡尺测量外径

常用游标卡尺的测量精度有 0. 1 mm、0. 05 mm、0. 02 mm 三种，其精度较低。

（1）游标卡尺的结构

游标卡尺由量爪、尺身、游标、深度尺、紧固螺钉组成，如图 2—36 所示。

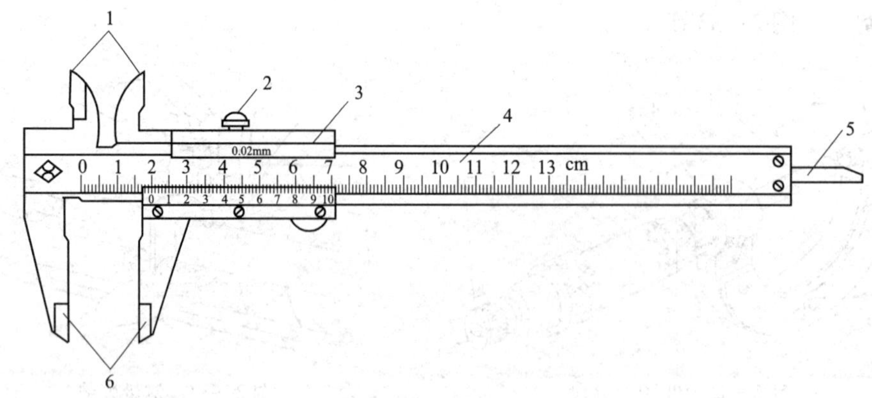

图 2—36　游标卡尺

1、6—量爪　2—紧固螺钉　3—游标　4—尺身　5—深度尺

（2）游标卡尺的刻线原理及读数方法

读数时，首先读出游标零线左边的尺身刻线的整毫米值，然后再看游标上哪一根刻线与尺身刻线对齐并读数，最后把尺身与游标的读数相加即可。

1）0.1 mm 游标卡尺。尺身每小格为 1 mm；游标每格为 0.9 mm，则尺身与游标每格差 0.1 mm。如图 2—37 所示，游标卡尺的读数分别为 0.6 mm、10.5 mm、20.4 mm、27.9 mm。

2）0.05 mm 游标卡尺。尺身每小格为 1 mm；游标取 19 mm 刻 20 格刻线，则每格为 19 mm/20 = 0.95 mm，尺身与游标每格差 0.05 mm。如图 2—38 所示，游标卡尺的读数分别为 0.45 mm、10.1 mm、11.9 mm、20.05 mm。

3）0.02 mm 游标卡尺。尺身每小格为 1 mm；游标取 49 mm 刻 50 格刻线，则每格为 49 mm/50 = 0.98 mm，尺身与游标每格差 0.02 mm。如图 2—39 所示，游标卡尺的读数分别为 0.22 mm、7.02 mm、10.14 mm、19.98 mm。

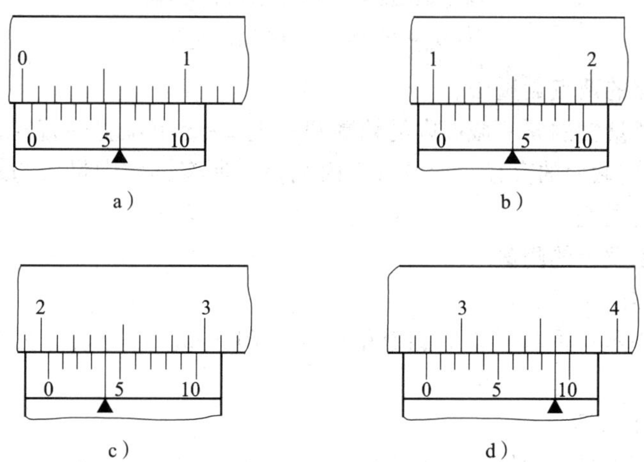

图 2—37　0.1 mm 游标卡尺读数示例

a）读数为 0.6 mm　b）读数为 10.5 mm　c）读数为 20.4 mm　d）读数为 27.9 mm

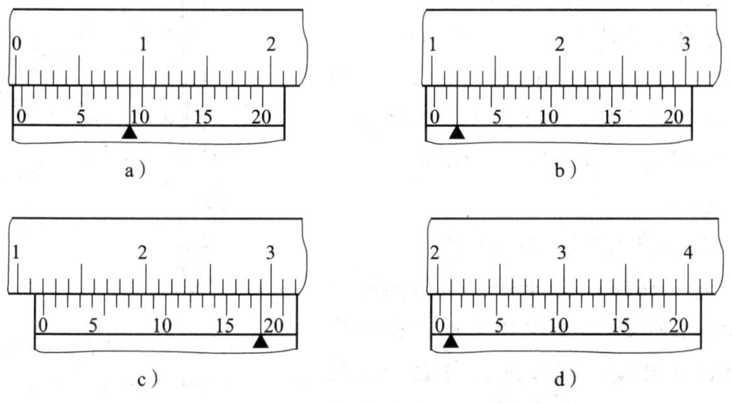

图 2—38　0.05 mm 游标卡尺读数示例

a）读数为 0.45 mm　b）读数为 10.1 mm　c）读数为 11.9 mm　d）读数为 20.05 mm

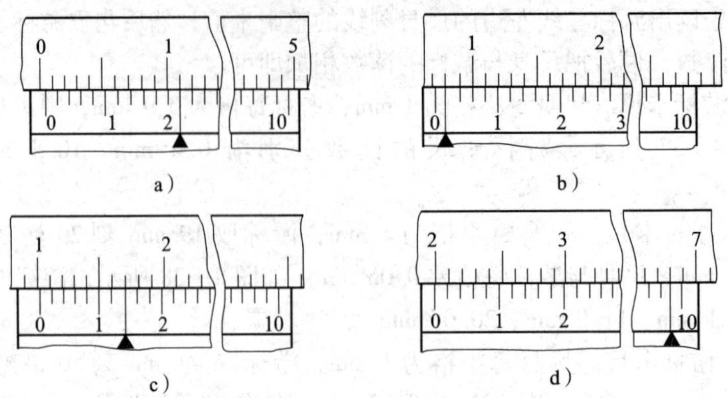

图 2—39　0.02 mm 游标卡尺读数示例

a）读数为 0.22 mm　b）读数为 7.02 mm

c）读数为 10.14 mm　d）读数为 19.98 mm

二、圆柱度误差的两点测量法

用外径千分尺测量轴的同一截面内的轮廓圆周上 2 ~ 3 个位置的直径，再用同样的方法分别测量 2 ~ 4 个不同截面的直径，取各截面内测得的所有读数中最大与最小读数差值的一半作为该轴的圆柱度误差。

三、径向圆跳动误差的测量

1. 百分表的结构

百分表是一种指示式量具，它的测量精度为 0.01 mm。百分表分为钟表式和杠杆式两种。

（1）百分表的工作原理

百分表的工作原理是将测杆 1 的直线移动值经齿轮、齿条的传动转变为指针的读数。

如图 2—40 所示，测杆后端齿条的齿距为 0.625 mm，齿轮 2 的齿数为 16 齿，大齿轮 3 的齿数为 100 齿，中心齿轮 4 的齿数为 10 齿。当测杆移动 1 mm 时，齿轮 2 转动 1 mm/0.625 mm = 1.6 齿（1/10 r），同轴大齿轮 3 也转动 1/10 r，这时中心齿轮带动大指针转动 1 r，百分表有 100 条刻线，指针转动一格即为 1 mm/100 = 0.01 mm。

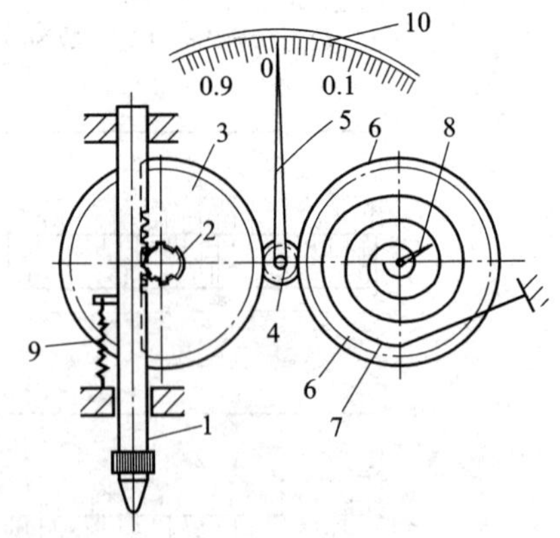

图 2—40　钟表式百分表的结构

1—测杆　2—小齿轮　3、6—大齿轮

4—中心齿轮　5—大指针　7—簧片

8—小指针　9—弹簧　10—表盘

（2）杠杆式百分表

杠杆式百分表的结构如图 2—41 所示，球面测杆 1 与扇形齿轮 2 靠摩擦力连接，当球面杠杆摆动时，扇形齿轮 2 带动小齿轮 8 转动，再经齿轮 10、9 带动指针 6 转动。杠杆式百分表的读数范围较小（0.8 mm 内）。扳手 7 通过钢丝 3 可改变球面测杆的测量方向。

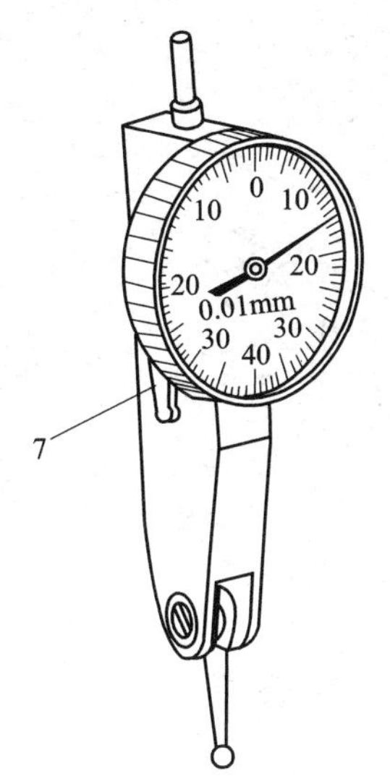

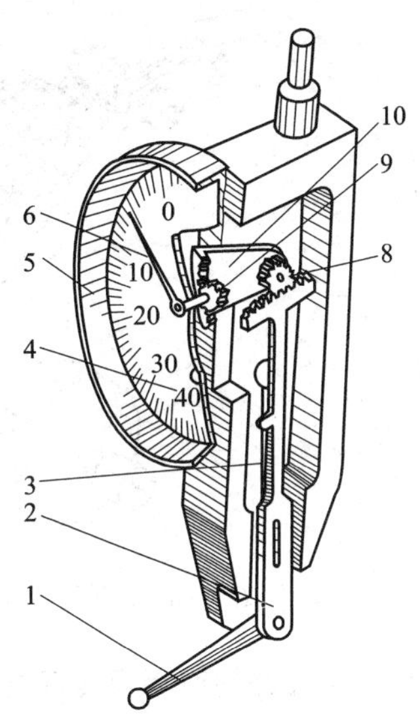

图 2—41　杠杆式百分表的结构

1—球面测杆　2—扇形齿轮　3—钢丝　4—表盘　5—表壳

6—指针　7—扳手　8—小齿轮　9、10—齿轮

2. 百分表的使用

图 2—42 所示为在磨床上测量径向圆跳动误差的方法。测量时先在工作台上安放一个测量桥板，然后将百分表架放在测量桥板上，使百分表测杆与被测工件轴线垂直，并使测头位于工件圆周最高点上，转动工件即可测量圆跳动误差。

图 2—43 所示为圆跳动检查仪的使用，测量时百分表测杆应垂直于测量表面，并使百分表转动 1/4 周，调整百分表的零位，转动工件即可测量圆跳动误差。

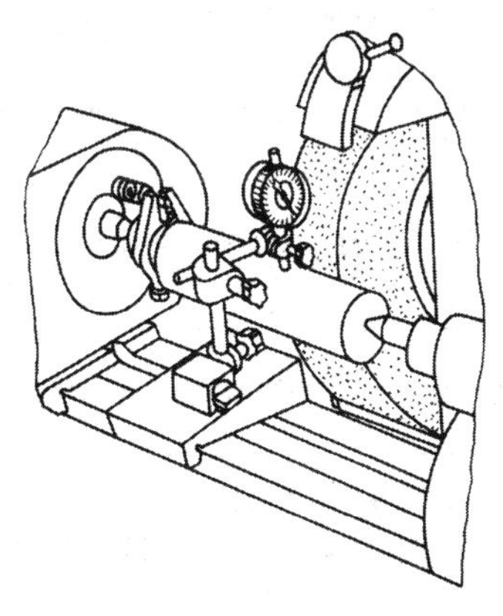

图 2—42　测量径向圆跳动误差

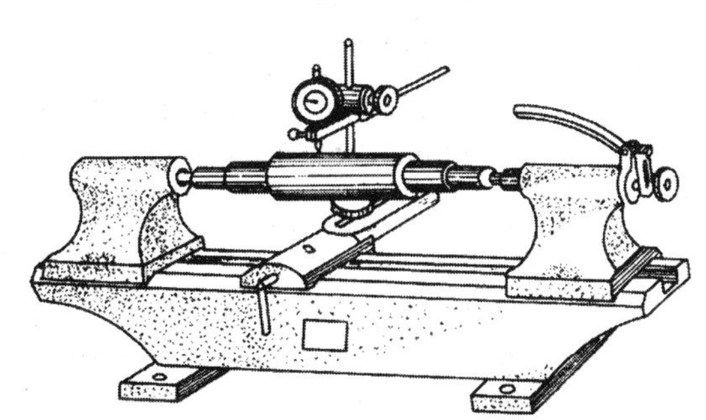

图 2—43　圆跳动检查仪的使用

图 2—44 所示为台阶轴圆跳动误差的测量方法。将工件装夹在两顶尖之间，用杠杆式百分表分别测量径向圆跳动误差和端面圆跳动误差。杠杆式百分表测头的角度应适宜。

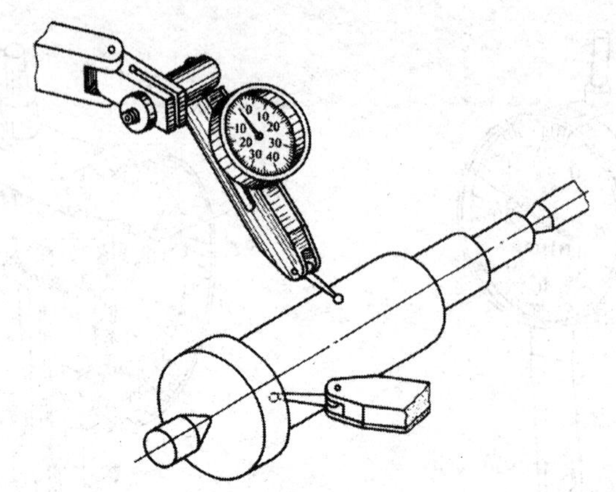

图 2—44　测量径向圆跳动和端面圆跳动误差

四、外圆磨削产生废品的原因及预防方法

磨削中出现的各种缺陷是由各方面的因素引起的，必须从砂轮、磨削用量、操作工艺和机床调整等各个方面找出产生缺陷的原因，以便克服它。现将外圆磨削中比较常见的缺陷产生原因及消除方法列于表 2—7 中。

表 2—7　　外圆磨削中常见缺陷的产生原因及消除方法

工件缺陷	产生原因	消除方法
工件表面出现直波形振痕	1. 砂轮不平衡	1. 注意保持砂轮平衡 （1）新砂轮需经过两次静平衡 （2）砂轮使用一段时间后，如果又出现不平衡，需要再进行静平衡 （3）砂轮在停转前应先关掉切削液，使砂轮空转进行脱水，以免切削液聚集在下部而引起不平衡
	2. 砂轮硬度太高	2. 根据工件材料、性质选择合适的砂轮硬度
	3. 砂轮钝化后没有及时修整	3. 及时修整砂轮
	4. 砂轮修得过细，或金刚钻顶角已磨平，修出的砂轮不锋利	4. 合理选择修整用量或翻面重焊金刚石，或对金刚石琢磨修尖
	5. 工件圆周速度过大，工件中心孔呈多角形	5. 当规格低于工作转速时，修研中心孔
	6. 工件直径、质量过大，不符合机床规格	6. 选用规格较大的磨床磨削，如受设备条件限制无法实现，可以降低背吃刀量和纵向进给量以及把砂轮修得锋利些
	7. 砂轮主轴轴承磨损，配合间隙过大，产生径向跳动	7. 按机床说明书规定调整轴承
	8. 头架主轴轴承松动	8. 调整头架主轴轴承间隙

续表

工件缺陷	产生原因	消除方法
工件表面有螺旋形痕迹	1. 砂轮硬度高，修得过细，而背吃刀量过大	1. 合理选择砂轮硬度和修整用量，适当减小背吃刀量
	2. 进给量太大	2. 适当减小纵向进给量
	3. 砂轮磨损，素线不直	3. 修整砂轮
	4. 金刚钻在修整器中未夹紧或金刚石在刀柄上焊接不牢，有松动现象，使修出的砂轮凹凸不平	4. 把金刚钻装夹牢固，如金刚石松动，需重新焊接
	5. 切削液太少或质量分数太低	5. 加大流量或增加切削液的质量分数
	6. 工作台导轨润滑油浮力过大，使工作台漂起，在运行中产生摆动现象	6. 调整导轨润滑油的压力
	7. 工作台运行时有爬行现象	7. 打开放气阀，排出液压系统中的空气或检修机床
	8. 砂轮主轴轴向窜动	8. 检修机床
工件表面有烧伤现象	1. 砂轮太硬或粒度太粗	1. 合理选择砂轮
	2. 砂轮修得过细，不锋利	2. 合理选择修整用量
	3. 砂轮太钝	3. 修整砂轮
	4. 背吃力量、纵向进给量过大或工件圆周速度过低	4. 适当减小背吃刀量和纵向进给量，或增大工件的转速
	5. 切削液不充足	5. 增加切削液
工件有圆度误差	1. 中心孔形状不正确或中心孔内有污垢、切屑、尘埃等	1. 根据具体情况可重新修研中心孔、重钻中心孔或把中心孔擦净
	2. 中心孔或顶尖因润滑不良而磨损	2. 注意润滑，如已磨损需重新修研中心孔或修磨顶尖
	3. 工件顶得过松或过紧	3. 重新调节尾座顶尖压力
	4. 顶尖在主轴和尾座套筒锥孔内配合不紧密	4. 把顶尖卸下，擦净后重新装上
	5. 砂轮过钝	5. 修整砂轮
	6. 切削液不充足或供应不及时	6. 及时供给充足的切削液
	7. 工件刚度较低而毛坯形状误差又大，磨削时余量不均匀而引起背吃刀量变化，使工件产生弹性变形，发生相应变化，结果磨削后的工件表面部分保留着毛坯形状误差	7. 背吃刀量不能太大，并应随着余量的减小而逐步减小，最后多走几次光磨行程
	8. 工件有不平衡质量	8. 磨削前事先加以平衡
	9. 砂轮主轴轴承间隙过大	9. 调整主轴轴承间隙
	10. 用卡盘装夹磨削外圆时，头架主轴径向圆跳动误差过大	10. 调整头架主轴轴承间隙

续表

工件缺陷	产生原因	消除方法
工件有锥度误差	1. 工作台未调整好	1. 仔细找正工件台
	2. 工件和机床产生弹性变形	2. 应在砂轮锋利的情况下仔细找正工作台。每个工件在精磨时，砂轮的锋利程度、磨削用量和光磨行程次数应与找正工作台时的情况基本保持一致
	3. 工作台导轨润滑油浮力过大，运行中产生摆动现象	3. 调整导轨润滑油压力
	4. 头架和尾座顶尖的中心线不重合	4. 擦干净工作台和尾座的接触面。如果接触面已磨损，则可在尾座底下垫一层纸垫或铜皮，使前、后顶尖中心线重合
工件有鼓形误差	1. 工件刚度低，磨削时产生弹性变形和弯曲变形	1. 减小工件的弹性变形 （1）减小背吃刀量，最后多走几次光磨行程 （2）及时修整砂轮，使其经常保持良好的切削性能 （3）工件很长时应使用适当数量的中心架
	2. 中心架调整不当	2. 正确调整水平支撑块和垂直支撑块对工件的压力
工件弯曲	1. 磨削用量太大	1. 适当减小背吃刀量
	2. 切削液不充足、不及时	2. 及时供给充足的切削液
工件两端尺寸较小（或较大）	1. 砂轮越出工件端面太多（或太少）	1. 正确调整工作台上换向挡铁位置，使砂轮越出工作端面 1/3～1/2 的砂轮宽度
	2. 工作台换向时停留时间太长（或太短）	2. 正确调整停留时间
轴的端面有圆跳动误差	1. 进给量过大，退刀过快	1. 进给时纵向摇动工作台要缓慢而均匀，光磨时间要充分
	2. 切削液不充分	2. 加大切削液流量
	3. 工件顶得过紧或过松	3. 调节尾座顶尖压力
	4. 头架主轴有轴向窜动	4. 检修机床
	5. 头架主轴轴承轴向间隙过大	5. 调整轴承间隙
	6. 用卡盘装夹磨削端面时，头架主轴轴向窜动过大	6. 调整轴承间隙
台阶端面内部凸起	1. 进刀太快，光磨时间不够	1. 进刀要缓慢而均匀，并光磨至没有火花为止
	2. 砂轮与工件接触面积大，磨削力大	2. 把砂轮端面修成内凹形，使工作面尽量减窄，同时先把砂轮退出一段距离后吃刀，然后逐渐摇进砂轮，磨出砂轮架位置
	3. 砂轮主轴中心线与工作台运动方向不平行	3. 调整砂轮架位置

续表

工件缺陷	产生原因	消除方法
台阶轴有同轴度误差	1. 与圆度误差原因1~5相同	1. 与消除圆度误差的方法1~5相同
	2. 磨削用量过大及光磨时间不够	2. 精磨时减小背吃刀量并多走光磨行程
	3. 磨削步骤安排不当	3. 同轴度要求高的表面应分清粗磨、精磨，同时尽可能在一次装夹中精磨完毕
	4. 用卡盘装夹磨削时工件找正不对，或头架主轴径向圆跳动误差太大	4. 仔细找正工件基准面，主轴径向圆跳动误差过大时应调整轴承间隙

复习思考题

1. 外圆磨削有哪几种方法？各有什么特点？
2. 磨削铸铁、氮化钢、淬火碳钢应分别选用哪种砂轮？
3. 试述中心孔的种类和结构。中心孔的缺陷对磨削精度有什么影响？
4. 试述顶尖的种类和结构。
5. 为什么要划分粗磨和精磨？
6. 如何调整工作台才能使工件中心与工作台纵向运动方向平行？
7. 轴类零件有哪些主要技术要求？
8. 如何磨削光轴和台阶轴？
9. 端面磨削有什么特征？
10. 试述外径千分尺的工作原理和读数方法。
11. 试述0.1 mm精度游标卡尺的刻线原理和读数方法。
12. 影响工件表面粗糙度的因素有哪些？
13. 工件表面有螺旋痕迹的原因是什么？如何防止？
14. 工件产生圆度误差的原因是什么？如何防止？
15. 磨削时产生直波形振痕的原因是什么？如何防止？
16. 简述光轴的磨削方法。
17. 简述台阶轴的磨削方法。
18. 简述传动轴的磨削方法。

第三单元

内 圆 磨 削

内圆磨削是内孔的精加工方法，可以加工零件上的通孔、不通孔、台阶孔和孔内端面，内圆磨削还能加工淬硬的工件，因此在机械加工中得到广泛应用。内圆磨削的成形运动与外圆磨削相同，工件装夹在卡盘上，由主轴传动，砂轮除做高速旋转运动外，还做纵向进给运动和横向进给运动，即可磨出圆柱孔。内圆磨削的尺寸精度一般可达 IT7 ~ IT6 级，表面粗糙度 *Ra* 值可达 0. 8 ~0. 2 μm。如采用高精度磨削工艺，尺寸公差可以控制在 0. 005 mm 以内，表面粗糙度 *Ra* 值可达 0. 02 ~0. 01μm。

课题一 内圆磨床的操纵与调整

一、内圆磨床主要部件的名称和作用

M2110A 型内圆磨床（见图 3—1）是一种常用的普通内圆磨床，它由床身 11、工作台 2、主轴箱 4、内圆磨具 7 和砂轮修整器 6 等部件组成。

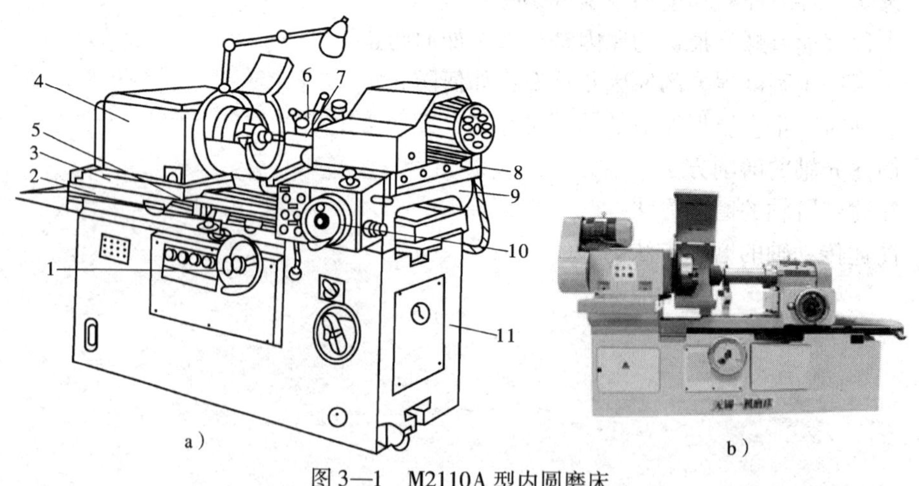

图 3—1　M2110A 型内圆磨床

a）结构图　b）外形图

1、10—手轮　2—工作台　3—底板　4—主轴箱　5—挡铁　6—砂轮修整器　7—内圆磨具　8—横滑板　9—桥板　11—床身

1. 工作台

工作台2可沿着床身上的纵向导轨做直线往复运动，其运动可分为液压传动和手轮传动。液压传动时，通过调整挡铁和压板的位置，可以控制工作台快速趋近或退出，进行砂轮磨削或修整等。手轮1主要用于手动调整机床及磨削工件端面。

2. 主轴箱

主轴箱通过底板3固定在工作台的左端，主轴箱主轴的外圆锥面与带有内锥孔的法兰盘配合，在法兰盘上装上卡盘或其他夹具，以夹持并带动工件旋转。主轴箱可相对于底板绕竖直轴线转动，回转角度为20°，用于磨削圆锥孔，并装有调整装置，可做微量的角度调整。

3. 内圆磨具

内圆磨具7安装在磨具座中，该机床备有一大一小两个内圆磨具，可根据所磨削工件的孔径大小来选用。用小磨具时，要在磨具壳体外圆装上两个衬套后才能装进磨具座内。磨具座上分别装有夹紧螺钉和间隙调整螺钉，以夹紧磨具或松开磨具座盖，便于调换磨具。

内圆磨具的主轴由电动机经传动带直接带动旋转，调换带轮可变换内圆磨具的转速，以适应磨削不同直径的工件。磨具座及电动机均固定在横滑板8上，横滑板可沿着固定在床身11上的桥板9上面的横向导轨移动，使砂轮实现横向进给运动。

4. 砂轮修整器

砂轮修整器6安装在工作台中部台面上，根据需要可在纵向和横向调整位置，修整器上的修整杆可随着修整器的回转头上下翻转。修整器的动作由液压控制，当修整砂轮时，动作选择旋钮转到“修整”的位置，压力油使回转头放下；修整结束把动作选择旋钮转到“磨削”位置，油压消失，借弹簧拉力将回转头拉回原处。修整头可用前面带有刻度值的提手作数量进给。

二、M2110A型内圆磨床的主要技术参数及规格

加工范围	
磨内圆直径/mm	12~100
磨内圆最大深度/mm	130
工件最大直径/mm	在罩内240/在罩外500
工件最大长度/mm	150
工作台最大行程/mm	320
工件头架最大回转角/（°）	8
头架主轴转速/（r/min）	200、300、400、600
工作台往复运动速度/（m/min）	
修整速度、磨削速度、最高速度	0.1~1、1.5~6、7
砂轮最大横向移动量/mm	100
砂轮转速/（r/min）	11 000、18 000
砂轮电动机功率/kW	3
头架电动机功率/kW	0.6、0.75、1

三、内圆磨床的操纵和调整

图3—2所示为M2110A型内圆磨床的结构。

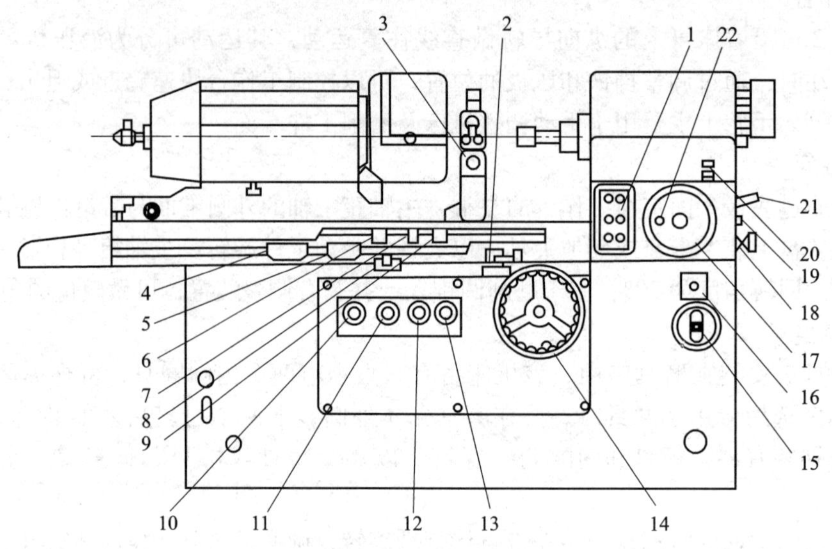

图 3—2　M2110A 型内圆磨床的结构

1—电器操作板　2—换向手柄　3—修整器回转头　4—行程压板　5—中停压板　6—微调挡铁　7—反向挡铁　8—行程阀　9—修整挡铁　10—开停旋钮　11—动作选择旋钮　12—速度调节旋钮　13—修整速度旋钮　14、17—手轮　15—电源旋钮　16—转速选择开关　18—移动旋钮　19—挡销　20—顶杆　21—手柄　22—螺母

1. 工作台的操纵和调整

（1）工作台的启动

1）按动电器操作板 1 的油泵启动按钮，使机床液压油路正常工作。

2）将工作台开停旋钮 10 旋到“开”的位置。

3）将工作台换向手柄 2 向上抬起，工作台启动阀被压下，工作台快速动作。

4）手放松时，启动阀借弹簧力作用而弹起。

（2）工作台在磨削位置时挡铁距离和运动速度的调整

1）调整行程压板 4 的位置，使砂轮进入工件内孔之前行程压板到达行程阀 8 的位置，将行程阀压下，工作台迅速转入磨削运动速度。

2）调节工作台磨削速度调节旋钮 12，使工作台运动速度处于磨削所需要的速度。

（3）工作台在修整砂轮位置时挡铁距离和运动速度的调整

1）将动作选择旋钮 11 从磨削位置转到修整位置，这时，砂轮修整器回转头 3 迅速压下，工作台的速度从磨削速度转变为修整速度。

2）调整修整挡铁 9 的位置，使工作台在金刚石修整砂轮的距离内往复运动。

3）调节工作台修整速度旋钮 13，使工作台运动速度处于修整时所需要的速度。

（4）工作台快速进退位置的调整

工作台在磨削结束后可快速退出，以减少空行程时间。操作时，只要将工作台换向手柄 2 向上抬起，使换向挡铁越过手柄，行程压板离开行程阀，行程阀弹起，工作台就快速退出；当中停压板 5 移到行程阀位置时，行程阀被压下，工作台就停止运动。

手动调整工作台时，可摇动手轮 14 进行调整。

2. 主轴箱的操纵和调整

主轴箱主轴的旋转由双速电动机通过传动带带动旋转，在电动机转轴和主轴箱主轴上装有塔形带轮，以变换工件转速。在机床床身的右端装有工件转速选择开关16，可使主轴箱电动机在高速或低速的位置上工作。

主轴箱主轴的转速有200 r/min、300 r/min、400 r/min、600 r/min四挡位置可供选择。将旋钮旋到“Ⅰ”的位置，主轴箱主轴处于“试转”状态；旋钮旋到“0”的位置，主轴箱主轴停止转动；旋钮旋到“Ⅱ”的位置，主轴箱主轴处于“工作”状态。

3. 砂轮横向进给机构的操纵和调整

砂轮横向进给有手动和自动两种，手动进给由手轮17实现，按动手柄21可做微量进给。转动旋钮18至“开”的位置，砂轮做自动进给。调整顶杆20上下行程，可控制进给量的大小。横向进给量每格为0.005 mm，转一圈为1.25 mm。

当需要调整横向进给手轮“零”位时，先松开螺母22，再拔出挡销19，然后转动刻度圈调整。

旋钮15为电源开关，机床使用完毕，应将电源切断。

四、万能外圆磨床在磨削内圆时的操纵和调整

1. 内圆磨具位置的调整

万能外圆磨床上内圆磨具的调整方式有两种，一种是翻落式，如M1432B型万能外圆磨床。在磨削内圆时，只要将内圆磨具插销拔出（见图3—3a），把内圆磨具翻下，并用螺钉紧固在砂轮架上（见图3—3b）。这时行程开关触头放松弹出，使外圆电动机电路切断，内圆电动机电路接通，内圆磨具即可旋转工作。

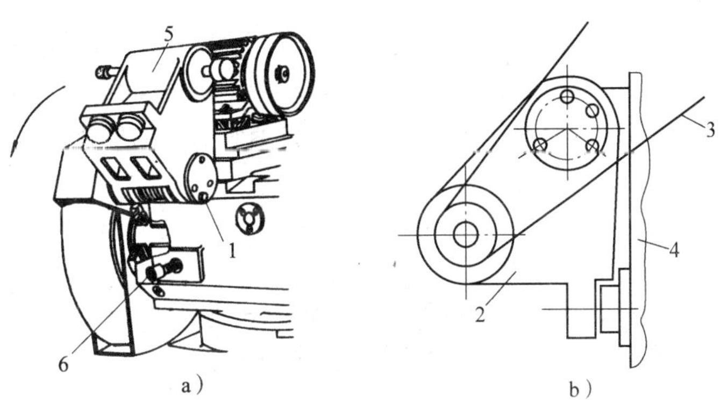

图3—3　内圆磨具位置的调整（翻落式）

1—插销　2—转体　3—传动带　4—砂轮架　5—内圆磨具　6—螺钉

另一种是旋转式，如M1420A型万能外圆磨床。外圆磨削与内圆磨削共用一个电动机，内圆磨具装在砂轮架后面。调整时，先要拆除V带，并旋松砂轮架与底座的紧固螺母，旋转砂轮架，使外圆砂轮转到后面，内圆磨具转到前面，对准砂轮架与底座上的零位，然后紧固螺母，装上平带，调整电动机位置，使传动带松紧适度，内圆磨具就可旋转工作，如图3—4所示。

2. 头架主轴间隙的调整

万能外圆磨床在磨削外圆时，为了保证头架主轴的回转精度和防止在磨削时顶尖与工件一起旋转，必须将头架主轴间隙放松。各种型号的万能外圆磨床头架主轴间隙的调整方法有

所不同。如 M1420A 型万能外圆磨床，头架主轴间隙是用拨叉转动装在头架主轴后端的间隙调整盘来调整的，顺时针方向间隙放松，逆时针方向间隙收紧，如图 3—5 所示。

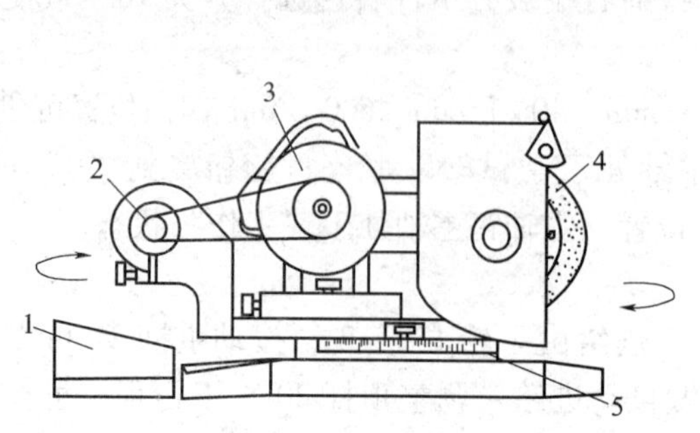

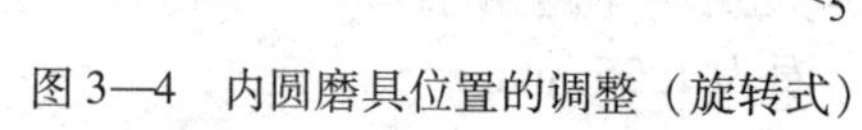

图 3—4　内圆磨具位置的调整（旋转式）

1—工作台　2—内圆磨具　3—电动机　4—外圆砂轮　5—砂轮架

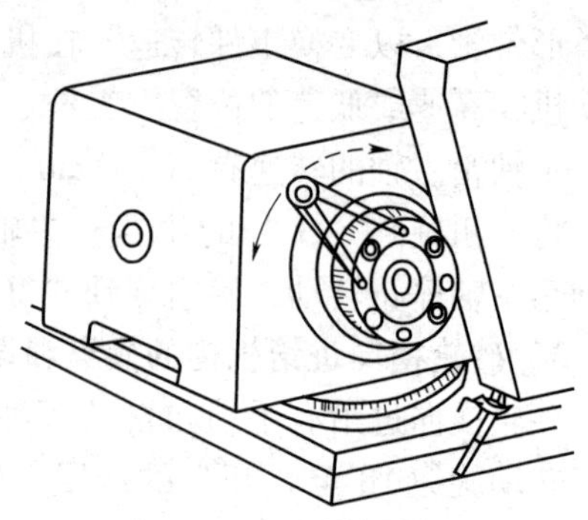

图 3—5　头架主轴间隙的调整

在 M1432B 型万能外圆磨床上磨削内圆时，只要将头架主轴后端间隙螺栓拆除，主轴间隙即可放松。

3. 砂轮架快速进退位置的调整

万能外圆磨床在进行内圆磨削时，要将快速进退手柄调整到“进”的位置，才能使头架转动。调整应在油泵开启前进行，否则无法进行调整。

五、操作注意事项

1. 内圆磨床在调整工作台挡铁位置时，应停止工作台的液动纵向进给，改为手动进给调整，以防止工作台变换速度时砂轮碰到工件上。

2. 内圆磨床工作台要以最大退出距离退出时，需将中停压板右移到极限位置，让工作台面退到底，再移动中停压板压住行程阀，保证主轴电动机此时开始停止转动。如果磨削较短的工件，工作台面不需大量退出，则可手摇工作台退到需要的位置停下，再将中停压板移到行程阀处。

3. 内圆磨床每次启动油泵后，首先必须使工作台退到底，让油泵自动进行排气，然后开始工作，否则工作台会产生爬行现象。

4. 万能外圆磨床内圆磨具位置的调整采用旋转方式进行时，应注意砂轮架的旋转方向，以免砂轮罩壳与继电器碰撞，并要注意电线软管不被拉坏。

课题二 通孔磨削

一、内圆磨削的特点

内圆磨削与外圆磨削相比较有以下特点：

1. 内圆磨削时所用砂轮直径较小，砂轮转速又受到内圆磨具转速的限制（目前一般内圆磨具的转速为10 000 ~ 20 000 r/min），因此磨削速度一般为20 ~ 30 m/s。由于磨削速度较低，工件的表面粗糙度值不易减小。

2. 内圆磨削时，由于砂轮与工件成内切圆接触，砂轮与工件的磨削弧比外圆磨削大，因此磨削热和磨削力都比较大，磨粒容易磨钝，工件容易发热或烧伤。

3. 内圆磨削时，切削液不易进入磨削区域，磨屑也不容易排出。当磨屑在工件孔中积聚时，容易造成砂轮堵塞，并影响工件的表面质量。特别是在磨削铸铁等脆性材料时，磨屑与切削液混合成糊状，更容易使砂轮堵塞，影响砂轮的磨削性能。

4. 砂轮接长轴的刚度比较低，容易产生弯曲变形和振动，对加工精度和表面质量都有很大影响，同时也限制了磨削用量的提高。

二、内圆磨削的方法

内圆磨削常用纵向磨削法（以下简称纵向法）和切入磨削法（以下简称切入法）。

1. 纵向磨削法

这种磨削方法与外圆纵向磨削法相同。磨削通孔时，首先根据工件孔径和长度选择砂轮直径和接长轴。接长轴的刚度要高，其长度只需略大于孔的长度即可，如图3—6a所示。若接长轴选得太长，磨削时容易产生振动，影响磨削效率和加工质量。然后调整工作台的行程长度，行程长度L应根据工件长度L'和砂轮在孔端越出长度L_1计算，如图3—6b所示。砂轮越出工件孔端的长度L_1一般是砂轮宽度的1/3 ~ 1/2。如果L_1太小，孔端磨削时间短，则两端孔口磨去的金属就较少，从而使内孔产生中间大、两端小的现象，如图3—6d所示；如果L_1太大，甚至使砂轮完全越出工件孔口，则接长轴的弹性变形消失，结果是把内孔磨成喇叭口，如图3—6e所示。

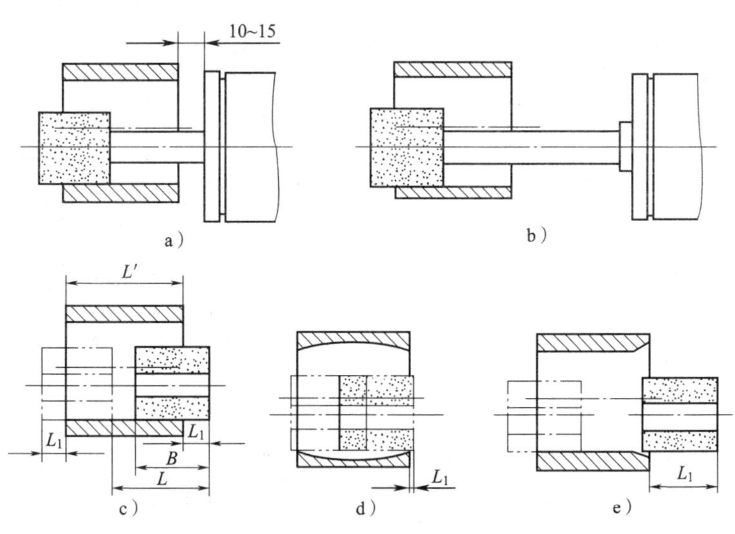

图3—6　纵向磨削法

采用纵向法磨削时应注意以下几点：

（1）磨削过程中要充分冷却。

（2）磨不通孔时要经常清除孔中磨屑，防止磨屑在孔中积聚。

（3）磨台阶孔时，为了保证台阶孔的同轴度，要求工件在一次装夹中将几个孔全部磨好，并要细心调整挡铁位置，防止砂轮撞击到孔的内端面。内端面与孔有垂直度要求时，可选用杯形砂轮，直径不宜过大，以保证砂轮在工件内端面单方向接触，否则将影响内端面的平面度。

（4）砂轮退出内孔表面时，先要将砂轮从横向退出，然后再在纵向进给方向退出，以免工件表面产生螺旋形痕迹。

2. 切入磨削法

这种磨削方法与外圆切入磨削法相同，适用于磨削内孔长度较短的工件，生产效率较高。

采用切入法磨削时，接长轴的刚度要高，砂轮在连续进给中容易堵塞、磨钝，应及时修整砂轮。精磨时应采用较低的切入速度。

磨削内孔时要防止内孔产生锥度，造成内孔锥度的原因往往是错综复杂的。由于砂轮磨钝、塞实会造成锥度；磨床头架或工作台位置不准确也会造成锥度。因此，在校正工作台位置时试磨工件的砂轮必须非常锋利。

内圆磨削时分粗磨和精磨，对于提高加工精度和生产效率往往有决定性的影响。粗磨时可采用较大切削用量，磨除大部分加工余量。精磨时可以使砂轮接长轴在最小的弹性变形状态下工作，以提高磨削的精度。

内圆磨削的加工余量可参见表3—1。其中粗磨留给精磨的余量一般可以取0.04～0.08 mm。

表3—1　内圆磨削的加工余量　mm

孔径范围		孔长								粗磨后精磨前
		最后磨削未经淬火的孔				最后磨削前经淬火的孔				
		50以下	50～100	100～200	200～300	50以下	50～100	100～200	200～300	
		加工余量								
≤10	最大	—	—	—	—	—	—	—	—	0.020
	最小	—	—	—	—	—	—	—	—	0.015
11～18	最大	0.22	0.25	—	—	0.25	0.28	—	—	0.030
	最小	0.12	0.13	—	—	0.15	0.18	—	—	0.020
19～30	最大	0.28	0.28	—	—	0.39	0.30	0.35	—	0.040
	最小	0.15	0.15	—	—	0.18	0.22	0.25	—	0.030
31～50	最大	0.30	0.30	0.35	—	0.35	0.35	0.40	—	0.050
	最小	0.15	0.15	0.20	—	0.20	0.25	0.28	—	0.040
51～80	最大	0.30	0.32	0.35	0.40	0.40	0.40	0.45	0.50	0.060
	最小	0.15	0.18	0.20	0.35	0.25	0.28	0.30	0.35	0.050
81～120	最大	0.37	0.40	0.45	0.50	0.50	0.50	0.55	0.60	0.070
	最小	0.20	0.20	0.25	0.30	0.30	0.30	0.35	0.40	0.050
121～180	最大	0.40	0.42	0.45	0.50	0.55	0.60	0.65	0.70	0.080
	最小	0.25	0.25	0.25	0.30	0.35	0.40	0.45	0.50	0.060
181～260	最大	0.40	0.48	0.50	0.55	0.60	0.65	0.70	0.75	0.090
	最小	0.25	0.30	0.30	0.35	0.40	0.45	0.50	0.55	0.065

用纵向法磨削时要正确选择磨削用量。首先，砂轮的横向进给量要选择适当，因为砂轮接长轴刚度低，若横向进给量大，会引起接长轴的弯曲变形和振动。

内圆磨削用量可参见表3—2。其中纵向进给量可选择比外圆磨削大些，因为内圆磨削时冷却条件差，加大纵向进给量后，可以缩短砂轮在某一磨削区域与工件的接触时间，在一定程度上改善了散热条件。

表3—2　　内圆磨削用量　　mm

磨削方法及工件材料	磨孔直径与长度之比				
	4:1	2:1	1:1	1:2	1:3
	纵向进给量（以砂轮宽度计）				
粗磨圆钢	0.75～0.6	0.7～0.6	0.6～0.5	0.5～0.45	0.45～0.4
粗磨淬火钢	0.7～0.6	0.7～0.6	0.6～0.5	0.5～0.4	0.45～0.4
粗磨铸铁及青铜	0.8～0.7	0.7～0.65	0.65～0.55	0.55～0.5	0.5～0.45
粗磨各种金属	0.25～0.4	0.25～0.35	0.25～0.35	0.25～0.35	0.25～0.35
磨削方法及工件材料	磨孔直径				
	20～40	41～70	71～150	151～200	201～300
	工作台往复一次的背吃刀量				
粗磨圆钢	0.006～0.007	0.01～0.012	0.012～0.015	0.016～0.020	0.018～0.023
粗磨淬火钢	0.005～0.007	0.007～0.010	0.01～0.012	0.015～0.018	0.018～0.020
粗磨铸铁及青铜	0.007～0.010	0.012～0.014	0.014～0.018	0.02～0.025	0.022～0.030
精磨各种金属	0.002～0.003	0.003～0.005	0.005～0.008	0.008～0.009	0.009～0.010

三、内圆磨削砂轮的选择与装拆

1. 内圆磨削砂轮的选择

（1）砂轮直径的选择

砂轮直径的选择在内圆磨削中是一个比较复杂的问题。一方面为了获得较理想的磨削速度，应采用接近孔径尺寸的砂轮；另一方面，当砂轮直径增大后，砂轮与工件的接触弧随之增大，致使磨削热增大，冷却和排屑更加困难。为了获得良好的磨削效果，砂轮直径与孔径应有适当的比值，这一比值通常为0.5～0.9。当工件孔径较小时，主要问题是砂轮圆周速度低，此时可取较大的比值；当工件孔径大于100 mm时，砂轮圆周速度较高，而发热量和排屑则成为主要问题，所以应取较小的比值。表3—3列出了孔径为12～80 mm范围内选择砂轮直径的参考数据。当工件内孔直径大于100 mm时，则要注意砂轮圆周速度不应超过砂轮的最快工作速度。

表3—3　　内圆磨削砂轮直径的选择　　mm

被磨削孔的直径	砂轮直径	被磨削孔的直径	砂轮直径
12～17	10	32～45	30
17～22	15	45～55	40
22～27	20	55～70	50
27～32	25	70～80	65

（2）砂轮宽度的选择

采用较宽的砂轮有利于提高工件表面质量和生产效率，并可降低砂轮的磨耗。砂轮也不能选得太宽，否则会使磨削力增大，从而引起砂轮接长轴的弯曲变形。砂轮宽度可按工件孔径磨削长度选择见表 3—4。

表 3—4　　内圆磨削砂轮宽度的选择　　mm

孔径磨削长度	14	30	45	>50
砂轮宽度	10	25	32	40

（3）砂轮硬度的选择

内圆磨削的磨削弧较大，工件散热条件差，只有充分发挥砂轮的自锐性，才能减小磨削力和磨削热。所以应该选用较软的砂轮。通常内圆磨削用的砂轮比外圆磨削用的砂轮硬度要软，如硬度 J 等。在磨削长度较长的小孔时，为避免工件产生锥度，砂轮的硬度则不可太低，一般内圆磨削砂轮的硬度为 K、L。

（4）砂轮粒度的选择

为了提高磨粒的切削能力，同时避免烧伤工件，应选用较粗的粒度。内圆磨削常用的砂轮粒度为 F36、F46 和 F60。

（5）砂轮组织的选择

内圆磨削排屑困难，为了有较大的空隙来容纳磨屑，避免砂轮过早堵塞，内圆磨削所用砂轮的组织要比外圆磨削所用的砂轮疏松 1 ~ 2 号。

（6）砂轮形状的选择

内圆磨削常用的砂轮形状有平形（见图 3—7a）、单面凹（见图 3—7b）两种。单面凹砂轮除磨削内孔外，还可磨削台阶孔的端面。

内圆磨削砂轮的特性及其选择可参考表 3—5。

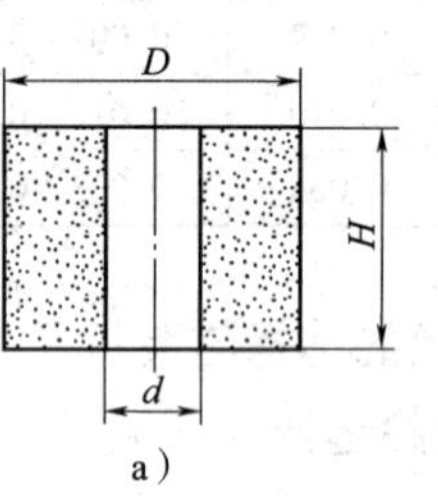

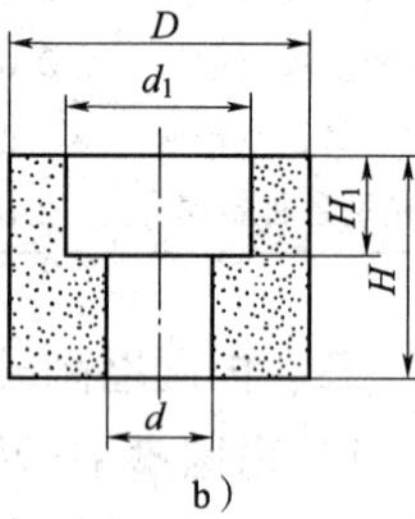

图 3—7　内圆砂轮

a）平形砂轮　b）单面凹砂轮

表 3—5　　内圆磨削砂轮的特性及其选择

加工材料	磨削要求	磨料	粒度	硬度	结合剂
未淬火的优质碳素结构钢	粗磨	A	F24 ~ F46	K ~ M	V
	精磨	A	F46 ~ F60	K ~ N	V
铝	粗磨	C	F36	K ~ L	V
	精磨	C	F60	L	V
铸铁	粗磨	C	F24 ~ F36	K ~ L	V
	精磨	C	F46 ~ F60	K ~ L	V
纯铜	粗磨	A	F16 ~ F24	K ~ L	V
	精磨	A	F24	K ~ M	B
青铜	粗磨	A	F16 ~ F24	J ~ K	V
	精磨	A	F24	K ~ M	V

续表

加工材料	磨削要求	磨料	粒度	硬度	结合剂
调质钢及合金结构钢	粗磨	A	F46	K ~ L	V
	精磨	WA	F60 ~ F80	K ~ L	V
淬火的优质碳素结构钢及合金结构钢	粗磨	WA	F46	K ~ L	V
	精磨	PA	F60 ~ F80	K ~ L	V
渗氮钢	粗磨	WA	F46	K ~ L	V
	精磨	SA	F60 ~ F80	K ~ L	V
高速钢	粗磨	WA	F36	K ~ L	V
	精磨	PA	F24 ~ F36	M ~ N	B

<table>
<tr><th rowspan="2">结合剂</th><th colspan="3">平形砂轮/mm</th></tr>
<tr><th>外径 D</th><th>宽度 H</th><th>内径 d</th></tr>
<tr><td rowspan="15">V</td><td>20</td><td>6、10、20、25、32</td><td rowspan="2">6</td></tr>
<tr><td rowspan="2">25</td><td>6、13、16、25</td></tr>
<tr><td>25、32、50</td><td rowspan="4">10</td></tr>
<tr><td>30</td><td>6、10、25、32、40、63</td></tr>
<tr><td>35</td><td>6、8、10、25、32、40、63</td></tr>
<tr><td rowspan="3">40</td><td>6、16、32</td></tr>
<tr><td>6、10</td><td>13</td></tr>
<tr><td>8、10、25、32、40、50、63</td><td rowspan="2">16</td></tr>
<tr><td>45</td><td>32</td></tr>
<tr><td rowspan="2">50</td><td>6</td><td>13</td></tr>
<tr><td>6、8、10、16、20、25、32、40、50</td><td rowspan="2">16</td></tr>
<tr><td rowspan="2">60</td><td>32、50</td></tr>
<tr><td>8、10、13、20、32、50、63</td><td rowspan="9">20</td></tr>
<tr><td>70</td><td>6、10、13、16、25、32、50</td></tr>
<tr><td rowspan="2">80</td><td>8、13、16、20、32、50、63</td></tr>
<tr><td>B</td><td>20</td></tr>
<tr><td>V</td><td rowspan="2">90</td><td>10、13、16、20、25、32、50、63</td></tr>
<tr><td>B</td><td>25</td></tr>
<tr><td>V</td><td rowspan="3">100</td><td>6、8、10、13、16、20、25、32、40、50、63、75、100</td></tr>
<tr><td>B</td><td>6、8、10、13、16、20、25、32、40、50</td></tr>
<tr><td>R</td><td>6、8、10、13、16、20、25</td></tr>
</table>

续表

结合剂	单面凹砂轮/mm			
	外径 D	长度/深度（H/H_1）	内径 d	凹面内径 d_1
V	10	13/6	3	6
	13	10/5、16/8	4	
	16	13/6、20/10	6	10
	20	10/8、25/13		
	25	20/10、25/13、32/16		13

2. 内圆磨削接长轴的选择

在内圆磨床或万能外圆磨床上使用的接长轴如图 3—8 所示。

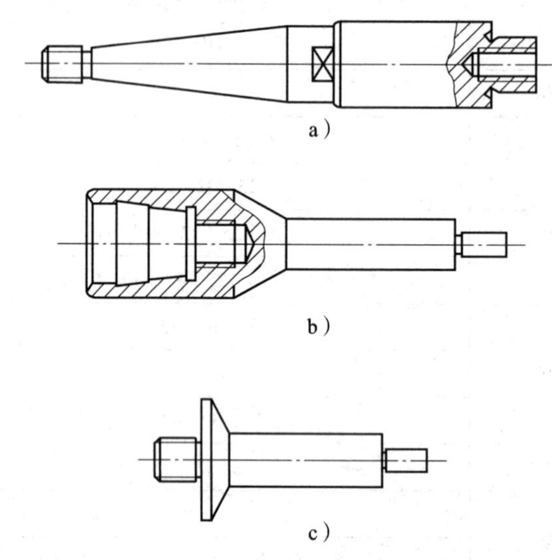

图 3—8　接长轴

a）带外锥的接长轴　b）带内锥的接长轴　c）带圆柱的接长轴

多数磨床使用带外锥的砂轮接长轴，锥体规格一般是莫氏锥度或米制 1∶20 圆锥。接长轴一般用 40Cr 钢制造，并经过淬火。采用高速钢 W18Cr4V，则刚度更高。

接长轴尺寸要根据机床内圆磨具内锥孔的直径而定，接长轴圆柱体直径则根据内圆砂轮的直径来确定，长度根据被磨工件的长度来确定。其原则是使接长轴尽可能短而粗，以提高刚度和磨削效率。接长轴悬伸长度只要在装上砂轮后略大于工件磨削长度即可，但注意不能与机床其他装置发生碰撞。

3. 砂轮的安装

内圆砂轮一般都安装在砂轮接长轴的一端，而接长轴的另一端与磨头主轴连接，也有些磨床的内圆砂轮直接安装在内圆磨具的主轴上。砂轮紧固有用螺纹紧固和用黏结剂紧固两种方法，如图 3—9 所示。

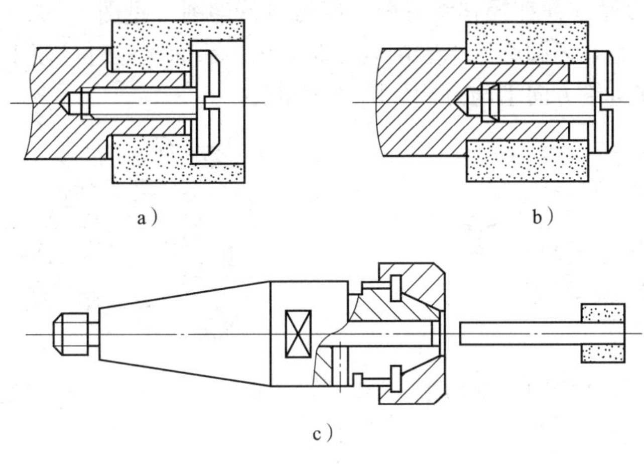

图 3—9　砂轮的安装

（1）用螺纹紧固

用螺纹紧固是较常用的砂轮安装方法，如图 3—9a、b 所示。由于螺纹有较大的夹紧力，故可以使砂轮安装得比较牢固。

（2）用黏结剂紧固

磨削 ϕ15 mm 以下小孔时，砂轮常用黏结剂紧固，如图 3—9c 所示。

常用的黏结剂是用磷酸（H_3PO_4）和氧化铜（CuO）粉末调配而成的一种糊状混合物。黏结时，接长轴与砂轮内孔应有 0. 2 ~ 0. 3 mm 的间隙。为提高砂轮的黏结牢度，可以将接长轴的外圆压成网纹状。黏结剂应充满砂轮与接长轴外圆之间的间隙，待自然干燥或烘干冷却 5 min 左右即可。

黏结剂的配方很多，例如，有的企业用万能胶黏结，但由于砂轮磨削时发热，会导致砂轮脱落。也有采用硫黄作黏结剂的，方法是先将硫黄化成液体后涂在接长轴与砂轮内孔间，冷却 5 min 左右即可使用。

4. 砂轮接长轴在内圆磨具主轴上的装拆

砂轮接长轴装到内圆磨具主轴孔内，由接长轴锥体部分与主轴内锥孔相配合，接长轴螺纹与主轴内螺纹紧固。

紧固方法如下：

（1）将砂轮接长轴旋进内圆磨具主轴锥孔内，使接长轴锥体部分与主轴内锥孔相配合。

（2）用扁形孔扳手插入内圆磨具右端靠带轮的扁槽内，用手夹紧。

（3）用另一把活扳手或呆扳手夹住接长轴，按顺时针方向旋紧。

拆卸时方法相同但转动方向相反。

四、内圆磨削时砂轮磨削位置的选择

内圆磨削时砂轮的磨削位置可分为以下两种情况：

1. 砂轮靠孔的前壁（即在操作者一侧）接触进行磨削（见图 3—10）

这种接触形式适宜在万能外圆磨床上磨削内孔时采用。前面接触时，砂轮的进给方向与磨外圆时进给方向一致，因此操作方便，并可使用自动进给进行磨削。

2. 砂轮靠孔的后壁（即在操作者对面）接触进行磨削（见图 3—11）

这种接触形式适宜在内圆磨床上磨削内孔时采用。后面接触时，便于观察加工表面，但砂轮横向进给机构在进给方向上与万能外圆磨床相反。

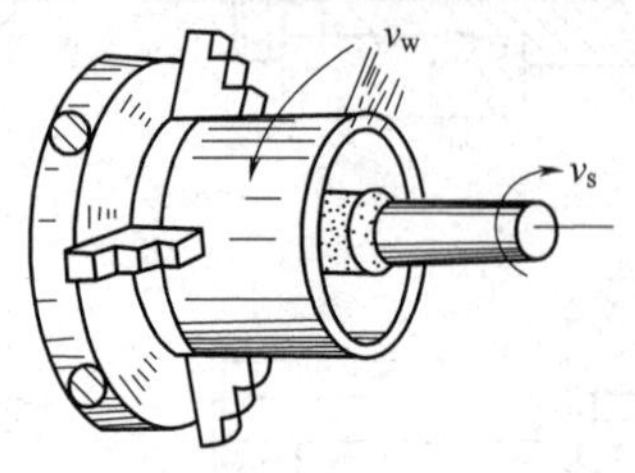

图 3—10　万能外圆磨床上砂轮的磨削位置

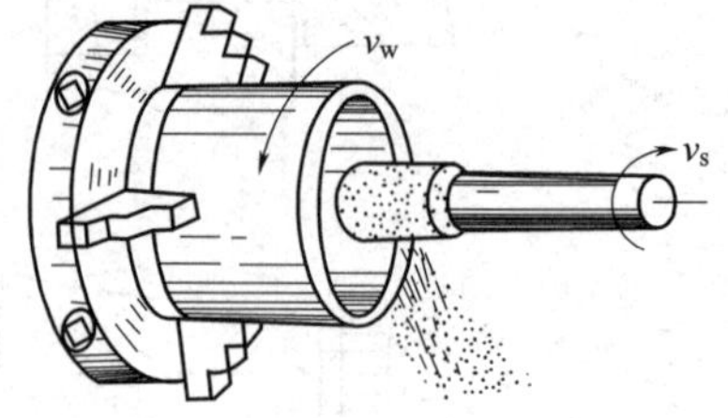

图 3—11　内圆磨床上砂轮的磨削位置

五、工件的装夹和找正

1. 在三爪自定心卡盘上装夹和找正工件

三爪自定心卡盘是自动定心夹具（见图 3—12a），工件夹紧后的径向圆跳动量为 0.08 mm，精密的三爪自定心卡盘的径向圆跳动量为 0.04 mm。卡爪与丝盘用阿基米德螺纹啮合；卡盘体圆周上有三个小锥齿轮与丝盘的锥齿轮啮合。用卡盘扳手转动小锥齿轮即可使卡爪等速移动定心夹紧工件。用三爪自定心卡盘装夹短工件时，一般不需要进行找正；对于较长的工件，需找正工件的外端（见图 3—12b）；对于盘形工件，应找正端面（见图 3—12c）。找正时用铜棒敲击工件有关部位。

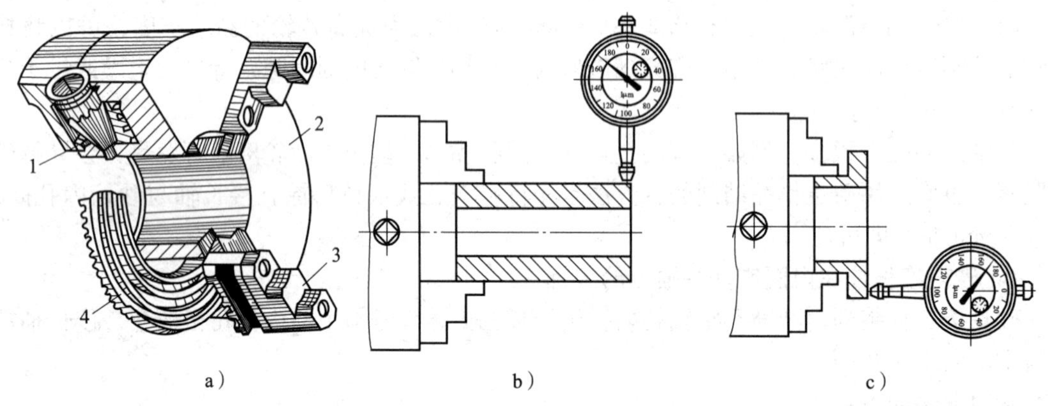

图 3—12　三爪自定心卡盘

1—锥齿轮　2—卡盘体　3—卡爪　4—丝盘

2. 在四爪单动卡盘上装夹和找正工件

四爪单动卡盘由卡爪、螺杆、卡盘体等组成，如图 3—13 所示。各卡盘都单独由一个螺杆传动，卡爪的背面有半瓣螺纹与螺杆啮合。用四爪单动卡盘装夹工件可获得很高的定心精度，但找正比较麻烦。

用四爪单动卡盘装夹找正时应注意以下几点：

（1）在卡爪和工件间垫上铜衬片，这样既能避免卡爪损伤工件外圆，又有利于工件的找正。较好的铜衬片可以制成 U 形，用较软的弹簧固定在卡爪上（见图 3—14），铜衬片与工件的接触面要小一些。

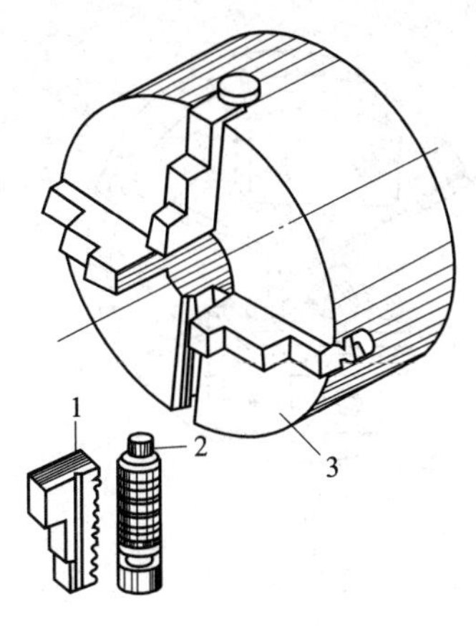

图 3—13　四爪单动卡盘

1—卡爪　2—螺杆　3—卡盘体

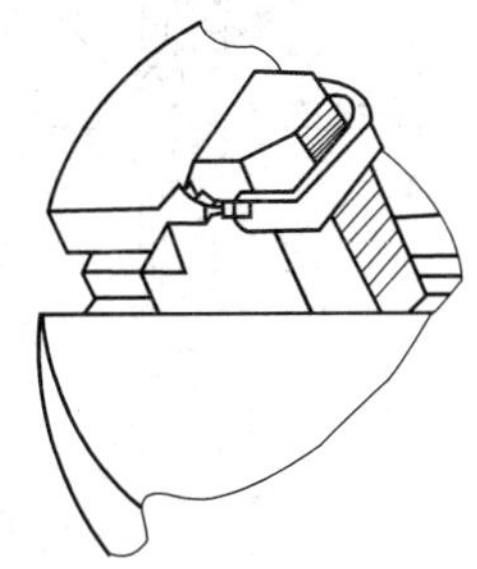

图 3—14　铜衬片结构

（2）装夹较长的工件时，工件装夹部分不要过长（夹持 10 ~ 15 mm）。先找正靠近卡爪的一端，再找正另一端（见图 3—15），找正靠近卡爪的一端时，可调整两个对称卡爪的松紧；找正远离卡爪的一端时，不能调整卡爪的松紧，只能用铜棒在工件的最高处轻轻敲击找正，最后再重新检查靠近卡爪的一端。经过反复找正，直到工件径向圆跳动量在规定的数值内为止。

（3）盘形工件一般以外圆和端面作为找正基准（见图 3—16），找正这类工件时，需要先找正端面，然后找正外圆。找正端面时，按百分表读数，端面哪一点高，就用铜棒敲击哪一点。外圆的找正仍可调节卡爪的松紧。经反复找正后即可达到预定的要求。

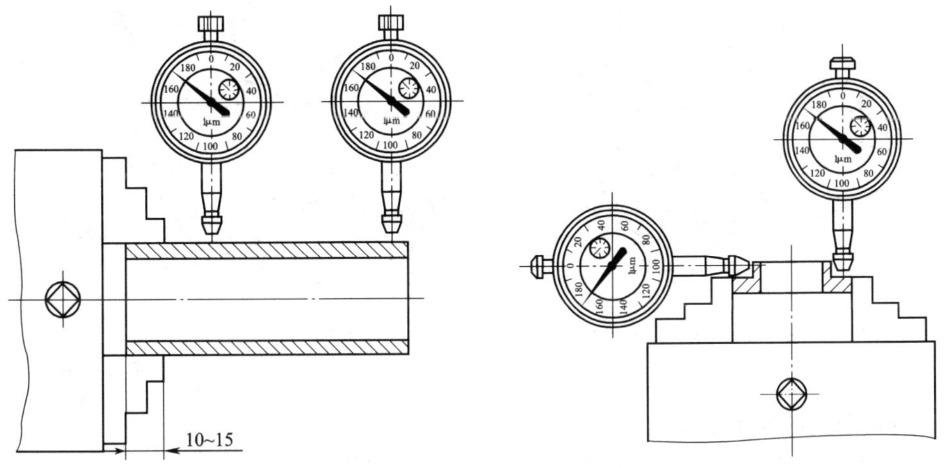

图 3—15　工件在四爪单动卡盘上找正　　图 3—16　盘形工件在四爪单动卡盘上找正

3. 用花盘装夹工件

花盘（见图 3—17）是一种铸铁圆盘，在花盘平面上有很多径向分布的 T 形槽，可以安插各种螺柱，以螺旋压板夹紧工件，也可以通过精密 90°角铁装夹工件。花盘主要用于装夹较复杂的工件。用花盘装夹时，压板夹紧力要均匀，压板要放平整，夹紧力方向应垂直于工件的定位基准面，如图 3—17a 所示。用花盘装夹不对称工件时，应在花盘上装一适当的平衡块，使花盘保持平衡，如图 3—17b 所示。

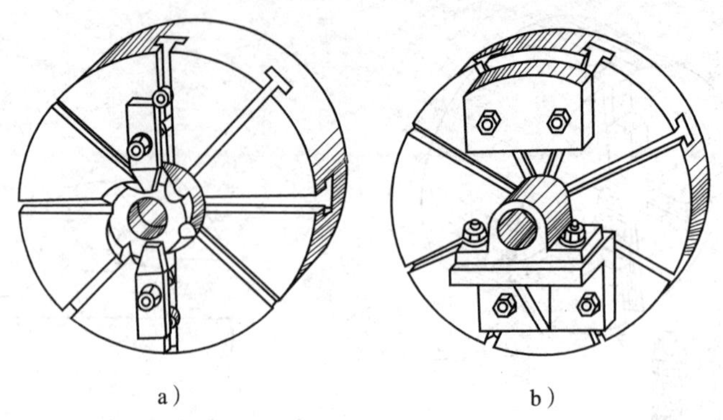

a） b）

图 3—17 用花盘装夹工件

4. 用卡盘和中心架装夹工件

磨削较长的轴套类零件内孔时，可采用卡盘和中心架组合装夹的方法，如图 3—18 所示。

磨削内圆用的中心架为闭式中心架，它由架体 1、架盖 9 和支撑爪 8 等组成，如图 3—19 所示。架体 1 用 L 形螺钉 2 紧固在工作台面上，架盖 9 与架体 1 用圆柱销 11 构成铰链连接。磨削时架盖盖住，并用螺母 7 和螺钉 6 加以固定；装卸工件时，拧松螺母 7 并将螺钉 6 向外翻转，架盖便可打开。支撑爪 8 装在套筒 5 上，利用螺母 3 转动螺杆 4 来调节支撑爪的支撑位置。当支撑爪的位置调整好后，可用螺母 10 经螺钉加以锁紧。

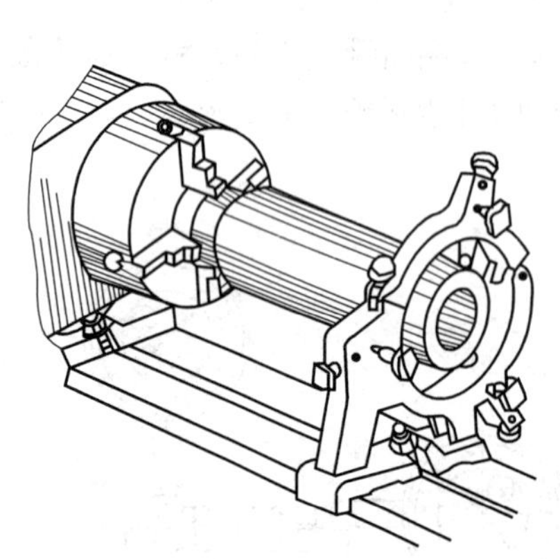

图 3—18 用卡盘和中心架装夹工件

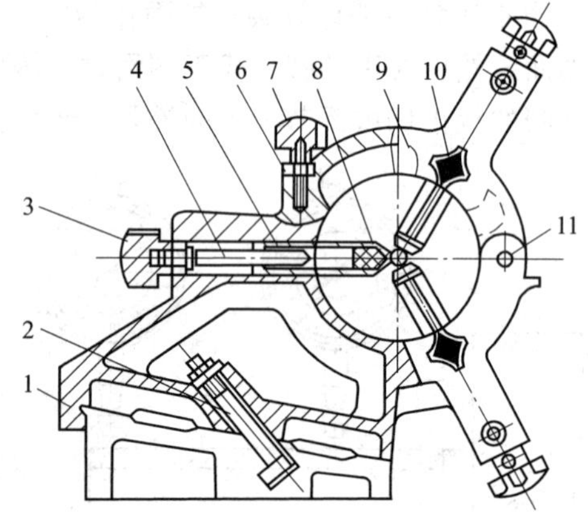

图 3—19 闭式中心架

1—架体 2—L 形螺钉 3、7、10—螺母 4—螺杆 5—套筒 6—螺钉 8—支撑爪 9—架盖 11—圆柱销

六、通孔磨削的加工步骤

1. 在三爪自定心卡盘或四爪单动卡盘上装夹工件并进行找正。
2. 根据工件孔径及长度选择合适的砂轮及接长轴。
3. 调整挡铁距离，使内圆磨削砂轮在工件两端越出的长度为砂轮宽度的 1/3 ~ 1/2。
4. 粗修整砂轮。
5. 在工件内孔两端对刀试磨，根据误差值调整机床工作台或主轴箱。
6. 采用纵向磨削法磨削工件内孔，使内孔磨出粗磨余量的 2/3 以上。
7. 用内径百分表测量孔的圆柱度误差，根据误差值调整机床。
8. 继续磨削内孔，磨出后重新测量和调整机床；通过数次测量、调整与磨削，使工件圆柱度符合图样要求。

9. 磨去粗磨余量，留精磨余量 0.05 mm 左右。

10. 根据图样要求精修砂轮。

11. 精磨内孔，磨出后再精确测量内孔的圆柱度和表面粗糙度，如不符合要求，则精细地调整机床并重新修整砂轮，直至符合要求为止。

12. 磨去精磨余量，使尺寸符合图样要求。

七、容易产生的问题和注意事项

1. 内圆磨削时，砂轮锋利与否对工件圆柱度影响较大，当砂轮变钝后，切削性能明显下降。在接长轴刚度较差的情况下容易产生让刀现象，使工件圆柱度超差。因此，在这种情况下不能盲目地调整机床，而应及时修整砂轮。

2. 在用内径百分表测量内孔时，砂轮应退出工件较远距离，并在砂轮与工件停止旋转后再进行测量，以免发生事故。

3. 在用塞规测量内孔时，应先将工件充分冷却，然后擦去磨屑和切削液；否则工件孔壁容易被拉毛，塞规也容易被“咬死”。

4. 用塞规测量内孔时要注意用力方向，不能倾斜，不能摇晃，塞不进时不要硬塞；否则工件容易松动，影响加工精度。塞规退出内孔时，要注意用力不能太猛，防止塞规或手撞到砂轮上。

八、技能训练

1. 图样和技术要求分析

图 3—20 所示为一套筒。材料为 HT200，内孔 $\phi 40^{+0.016}_{0}$ mm，表面粗糙度 *Ra* 值为 0.8 μm，是零件的设计基准。外圆 $\phi 70^{0}_{-0.019}$ mm 与 $\phi 40^{+0.016}_{0}$ mm 孔的同轴度公差为 ϕ0.015 mm，表面粗糙度 *Ra* 值为 0.4 μm；外圆 $\phi 50^{+0.20}_{0}$ mm 的表面粗糙度 *Ra* 值为 0.4 μm；台阶面的垂直度公差为 0.02 mm，表面粗糙度 *Ra* 值为 0.4 μm。槽的尺寸为 $\phi 60^{0}_{-0.10}$ mm × $50^{+0.20}_{0}$ mm，表面粗糙度 *Ra* 值为 0.8 μm。

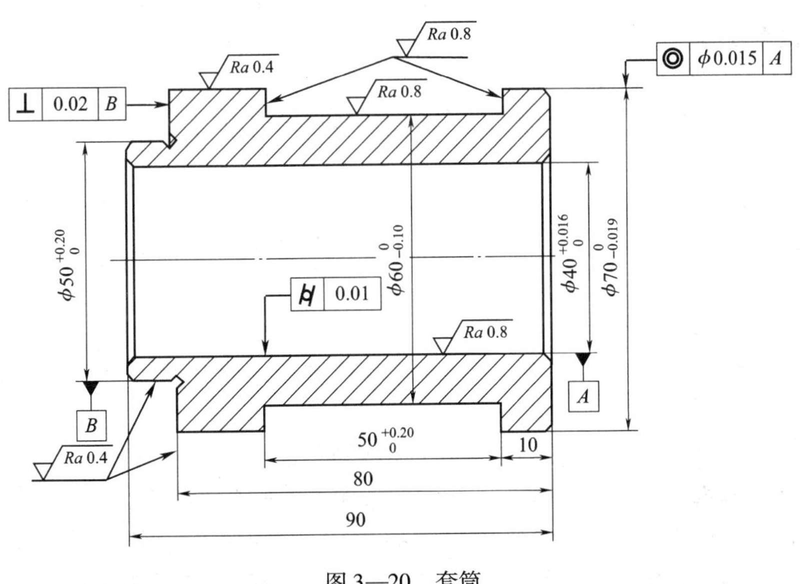

图 3—20 套筒

2. 选择设备

选用 M1432C 型万能外圆磨床、M2110A 型内圆磨床。

3. 选择砂轮

外圆砂轮 AF60M6V，内圆砂轮 CF36L6V。

4. 磨削方法

该工件加工表面较多，为保证同轴度公差要求。可以采用先磨内孔，再以内孔定位磨外圆的磨削工艺。内孔采用纵向磨削法磨削，外圆采用切入法磨削。

5. 磨削用量

（1）砂轮圆周速度

内圆磨床的砂轮圆周速度一般为 30 m/s。

（2）工件圆周速度

粗磨时：$n_w = 100 \sim 150$ r/min

精磨时：$n_w = 100 \sim 130$ r/min

（3）工件纵向进给量 $f_{纵}$（单位为 mm/r）

粗磨时：$f_{纵} = (0.4 \sim 0.8)B$

精磨时：$f_{纵} = (0.2 \sim 0.4)B$

式中 B——砂轮的宽度，mm。

在实际磨削工作中，工件纵向进给量大小的控制一般都是通过调节工作台的运动速度来实现的。

（4）背吃刀量 a_p（单位为 mm）

粗磨时：$a_p = 0.01$

精磨时：$a_p = 0.005$

6. 工件的定位和夹紧

外圆磨削的定位基准面为 $\phi 40^{+0.016}_{0}$ mm 的内孔，工件用微锥心轴装夹。内圆磨削时工件用三爪自定心卡盘装夹。找正时应保证各加工表面的磨削余量均匀。

7. 工件磨削步骤

（1）用三爪自定心卡盘装夹工件。

（2）找正工件外圆 $\phi 70^{0}_{-0.019}$ mm 处，径向圆跳动误差不大于 0.005 mm。

（3）修整砂轮。

（4）检查内圆磨削加工余量。

（5）调整工作台行程挡铁位置，砂轮越出孔口长度为 15 ~ 20 mm。

（6）粗磨内圆。

（7）精修整砂轮，最后光磨 2 ~ 3 次。

（8）精磨内圆，保证尺寸 $\phi 40^{+0.016}_{0}$ mm，圆柱度误差不大于 0.01 mm，表面粗糙度 $Ra \leqslant 0.8$ μm。

（9）调整外圆磨床头架与尾座的位置并安装两顶尖。

（10）工件用微锥心轴装夹，磨外圆 $\phi 70^{0}_{-0.019}$ mm 达到图样要求。

（11）工件用微锥心轴装夹，磨 $\phi 60^{0}_{-0.10}$ mm × $50^{+0.20}_{0}$ mm 达到图样要求。

（12）工件用微锥心轴装夹，磨外圆 $\phi 50^{+0.20}_{0}$ mm 及端面达到图样要求。

课题三 不通孔和台阶孔磨削

一、不通孔和台阶孔的磨削特点

1. 磨削不通孔和台阶孔时行程距离的调整比通孔磨削困难。有的内孔虽有退刀槽，但距离较窄，目测不方便，调整时稍不注意就会使砂轮与工件端面碰撞，使砂轮碎裂或者磨削时无法清根。

2. 磨削时，冷却与排屑比通孔磨削效果差，工件容易发热，磨屑容易堵塞砂轮，使砂轮变钝。

3. 不通孔磨削不能在一次装夹中完成，须经过两次装夹和磨削，从而增加了加工难度；当两孔有同轴度要求时，对外圆基准就有一定的精度要求，装夹和找正比台阶孔困难。

二、不通孔和台阶孔磨削砂轮的选择和修整

1. 砂轮的选择

一般选用带台阶的内圆砂轮，在磨台阶孔时，砂轮的直径要小于最小孔的孔径。

2. 砂轮的修整

台阶砂轮除了修整外圆，还需修整外端面，可用砂条或砂轮块将端面修成内凹的平面，如图 3—21 所示。

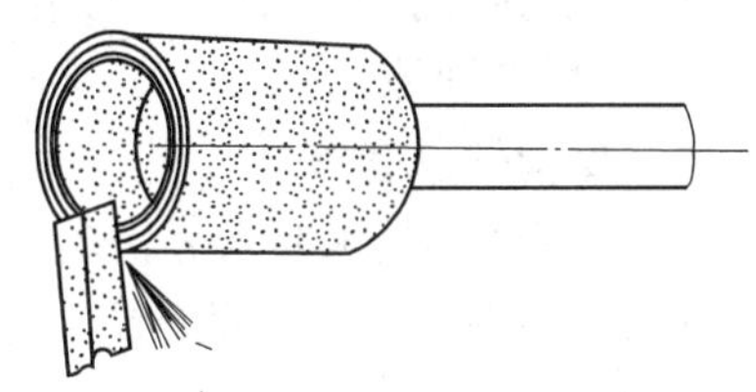

图 3—21　砂轮端面的修整

三、不通孔和台阶孔磨削挡铁距离的调整

调整步骤如下：

1. 用钢直尺或游标卡尺测量工件内孔外端面到内端面的距离。

2. 根据所测尺寸在砂轮接长轴相应的长度上用粉笔或显示剂做一标记。

3. 调整挡铁位置，使砂轮在里端位置不碰撞工件内端面，外端越出工件 1/3 ~ 1/2 砂轮宽度。

四、不通孔和台阶孔的磨削方法

不通孔、台阶孔的磨削方法与通孔磨削基本相同。在磨不通孔时，砂轮在工件里端换向时应有一定时间的停留，以磨完工件圆周。磨台阶孔时，内孔要在一次装夹中磨完，方可卸下工件。

1. 台阶端面的磨削

台阶端面的磨削包括内端面磨削和外端面磨削。内端面磨削的加工步骤如下：

(1) 调整砂轮横向进给位置，使砂轮在内孔磨削位置上退出 0.3 ~ 0.5 mm 距离。

(2) 移动工作台，使砂轮接近工件内端面。

(3) 开启砂轮与工件，手摇工作台做纵向微量进给，使砂轮端面磨到工件内端面。

(4) 磨削内端面达到图样要求。

外端面磨削比较简单，只要将砂轮移到工件外端面的一侧，然后手摇工作台做纵向微量

进给，使砂轮端面磨到工件外端面，直至图样要求。

2. 容易产生的问题和注意事项

（1）在磨削不通孔和台阶孔里端前调整挡铁距离时，要细心调节，每次微调量要小，以免砂轮撞到孔内端面，使砂轮碎裂。挡铁位置未调好不能开启砂轮，以防止工件被磨坏。

（2）台阶砂轮较薄，每次的修整量应尽可能少，以延长使用寿命，减少辅助时间。

（3）用塞规测量不通孔尺寸时，会产生塞规塞不到底的感觉，这是孔内空气被压缩产生阻力的缘故，不要误认为尺寸未磨到。使用时可在塞规塞至离孔里端 2 ~ 3 mm 时即停止检验，然后拔出塞规，目测或用百分表检查孔里端是否清根。

（4）在磨台阶孔时，一孔磨好后，磨另一孔时不能使工件产生位移，以保证工件的同轴度。

（5）磨两孔直径相差较大的台阶孔或不通孔时，可采用两根接长轴装上直径相适应的砂轮。在磨好大孔后，换一根接长轴磨小孔。第二个工件装上后，可先磨小孔再磨大孔，这样可节省一次装夹接长轴的时间。

（6）磨长度较短的台阶孔时应选用宽度较小的砂轮，砂轮越出右端孔口不宜太多，以免工件产生喇叭口。

（7）磨削工件外端面时，砂轮端面应在工件单侧方向上磨削，以保证工件端面的垂直度。

五、技能训练

1. 磨削轴承套筒

（1）图样和技术要求分析

图 3—22 所示为一轴承套筒。工件材料为 45 钢，淬火后硬度为 48 ~ 52HRC。$\phi 80_{-0.019}^{0}$ mm 外圆的圆度公差为 0.005 mm，表面粗糙度 *Ra* 值为 0.8 μm 和 0.4 μm。两处 $\phi 61_{+0.005}^{+0.020}$ mm 内圆的圆度公差为 0.005 mm，径向圆跳动公差为 0.01 mm，表面粗糙度 *Ra* 值为 0.8 μm。台阶尺寸为 $35_{0}^{+0.05}$ mm，工件端面表面粗糙度 *Ra* 值为 0.4 μm，垂直度公差为 0.005 mm。

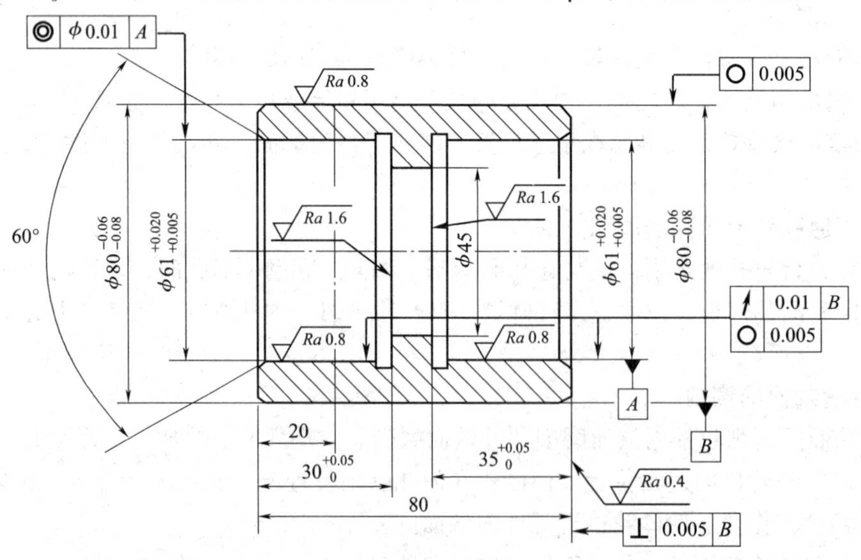

技术要求

材料为45钢，淬火后硬度为48~52HRC。

图 3—22　轴承套筒

(2) 选择设备

选用 M1432C 型万能外圆磨床、M2110A 型内圆磨床。

(3) 选择砂轮

外圆砂轮 WAF60M6V，内圆砂轮 AF46L6V。

(4) 磨削方法

工件外表面形状简单；内表面为两台阶孔，且两孔间有位置公差要求。所以先磨外圆，然后以外圆为定位基面磨削内孔。

(5) 磨削用量

1) 砂轮圆周速度。内圆磨床的砂轮圆周速度一般为 30 m/s。

2) 工件圆周速度

粗磨时：$n_w = 100 \sim 130$ r/min

精磨时：$n_w = 100 \sim 130$ r/min

3) 工件纵向进给量 $f_{纵}$（单位为 mm/r）

粗磨时：$f_{纵} = (0.4 \sim 0.8)B$

精磨时：$f_{纵} = (0.2 \sim 0.4)B$

式中　B——砂轮的宽度，mm。

在实际磨削工作中，工件纵向进给量大小的控制一般都是通过调节工作台的运动速度来实现的。

4) 背吃刀量 a_p（单位为 mm）

粗磨时：$a_p = 0.01$

精磨时：$a_p = 0.005$

(6) 工件的定位和夹紧

内圆磨削的定位基准面为 $\phi 80_{-0.019}^{0}$ mm 外圆，工件用三爪自定心卡盘装夹。因为是精基准，装夹时在卡爪与工件表面间应垫入铜皮，以免夹伤工件。外圆磨削的定位基准面为 60°圆锥面，工件用顶尖式心轴装夹。

(7) 工件磨削步骤

1) 研磨 60°孔口锥面。

2) 找正头架和尾座的中心，不允许偏移。

3) 粗修砂轮。

4) 测量工件尺寸，计算磨削余量和圆度误差值。

5) 工件用顶尖式心轴装夹，磨外圆 $\phi 80_{-0.019}^{0}$ mm 达到图样要求，左端 20 mm 长度内磨至 $\phi 80_{-0.08}^{-0.06}$ mm。

6) 调整内圆磨床主轴箱主轴转速，并配置合适的砂轮接长轴。

7) 工件用三爪自定心卡盘装夹，找正外圆径向圆跳动量在 0.003 mm 内。

8) 粗、精磨一端内孔 $\phi 61_{+0.005}^{+0.020}$ mm 达到图样要求，磨台阶面 $35_{0}^{+0.05}$ mm 达到图样要求。

9) 掉头用三爪自定心卡盘装夹，找正外圆径向圆跳动量在 0.003 mm 内。

10) 粗、精磨另一端内孔 $\phi 61_{+0.005}^{+0.020}$ mm 达到图样要求，磨台阶面 $35_{0}^{+0.05}$ mm 达到图样要求。

(8) 注意事项

1) 磨削内孔时要充分冷却，以减小工件的热变形。

2）磨削台阶面时需将砂轮端面修成内凹形。

2. 磨削轴套

（1）图样和技术要求分析

图3—23所示为轴套。工件材料为45钢，调质处理后硬度为250HBW。外圆尺寸为ϕ60f7、ϕ68h6，表面粗糙度Ra值为0.4 μm。内圆尺寸为ϕ40H7 mm，表面粗糙度Ra值为0.4 μm。台阶面尺寸为$10^{+0.04}_{0}$ mm、$15^{+0.04}_{0}$ mm、$5^{+0.04}_{0}$ mm，表面粗糙度Ra值为0.4 μm。两内孔的同轴度公差为ϕ0.005 mm，两端面的平行度公差为0.005 mm，台阶的端面圆跳动公差为0.005 mm。

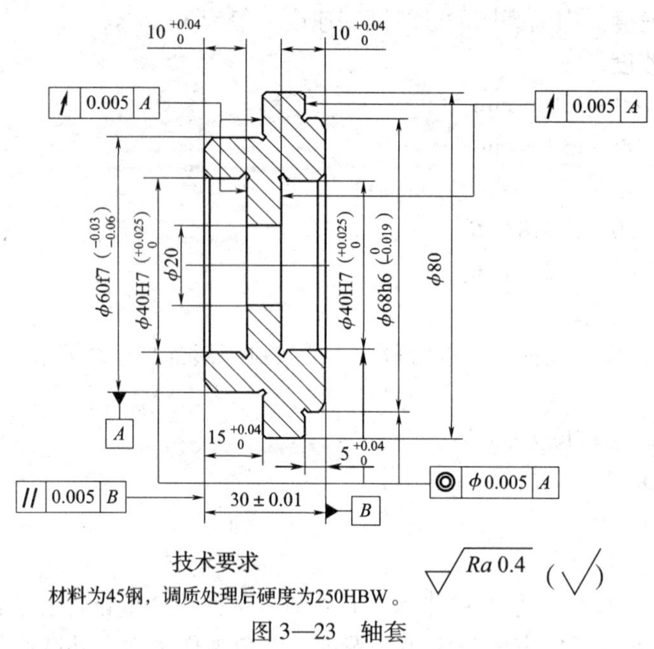

图3—23 轴套

（2）选择设备

选用M1432A型万能外圆磨床、M7120D型平面磨床。

（3）选择砂轮

外圆砂轮PAF80M6V，内圆砂轮WAF46L6V，平面砂轮WAF60L6V。

（4）磨削方法

各表面精度要求较高，可分为粗磨、精磨，以满足加工要求。

（5）工件的定位和夹紧

平面磨削时，工件用电磁吸盘装夹。内、外圆磨削时，工件用四爪单动卡盘装夹。

（6）工件磨削步骤

1）在平面磨床上粗、精磨两端面至图样要求。

2）在万能外圆磨床上，工件用四爪单动卡盘装夹，找正端面圆跳动量在0.003 mm以内，粗、精磨外圆ϕ68h6及台阶面至图样要求。

3）掉头，粗、精磨外圆ϕ60f7及台阶面至图样要求。

4）在万能外圆磨床上，工件用四爪单动卡盘装夹，找正端面圆跳动量在0.003 mm以内，粗、精磨内圆ϕ40H7及台阶面至图样要求。

5）掉头，粗、精磨内圆 $\phi40H7$ 及台阶面至图样要求。

（7）注意事项

1）内圆采用切入磨削法磨削。

2）磨削内台阶面时，砂轮端面要修成内凹面。

3. 磨削轴套台阶孔

（1）图样和技术要求分析

图 3—24 所示为一轴套。材料为铸铁，$\phi30^{+0.021}_{0}$ mm 内孔的同轴度公差为 $\phi0.01$ mm，$\phi35^{+0.016}_{0}$ mm 的圆柱度公差为 0.005 mm，两内孔与台阶端面的表面粗糙度 Ra 值为 0.8 μm。

（2）选择设备

在 M2110 型内圆磨床上进行磨削。

（3）选择砂轮

选择内圆砂轮 AF46L6V。

（4）磨削方法

$\phi35^{+0.016}_{0}$ mm 内圆采用纵向法磨削，$\phi30^{+0.021}_{0}$ mm 内圆可采用切入法磨削。

（5）工件的定位和夹紧

工件用三爪自定心卡盘装夹，装夹时要进行找正。为保证同轴度公差，工件在一次装夹中磨削完毕。

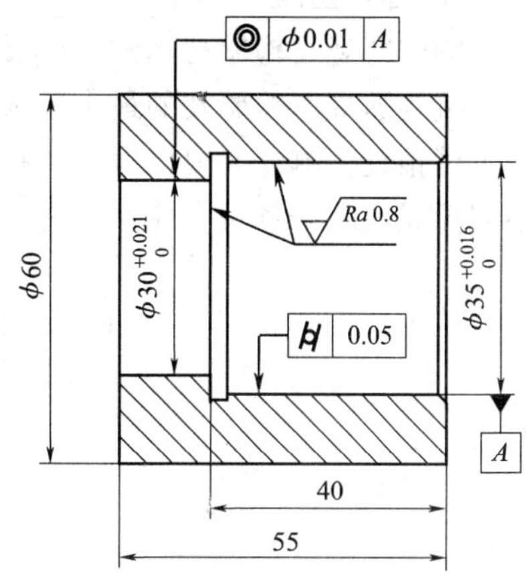

图 3—24　轴套

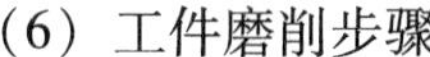
（6）工件磨削步骤

1）用三爪自定心卡盘装夹工件。

2）找正工件外圆，径向圆跳动误差不大于 0.005 mm。

3）修整砂轮。

4）检查内圆磨削余量。

5）调整工作台行程挡铁位置，控制砂轮在内孔退刀槽处的位置。

6）粗磨 $\phi35^{+0.016}_{0}$ mm 内孔，磨至 $\phi34.95^{+0.03}_{+0.01}$ mm，圆柱度误差不大于 0.005 mm，表面粗糙度 $Ra \leqslant 0.8$ μm。

7）粗磨台阶孔端面。磨削时砂轮横向退出 0.2 mm 左右，然后缓慢进给，观察磨削火花情况，磨光即可。

8）调整工作台行程挡铁位置，砂轮越出孔口长度为 15 ~ 20 mm。

9）粗磨 $\phi30^{+0.021}_{0}$ mm 内孔，磨至 $\phi29.95^{+0.03}_{+0.01}$ mm，同轴度误差不大于 $\phi0.01$ mm，表面粗糙度 $Ra \leqslant 0.8$ μm。

10）调整工作台行程挡铁位置，控制砂轮在 $\phi35^{+0.016}_{0}$ mm 内孔退刀槽处的位置。

11）精修整砂轮外圆，将端面修成内凹形。

12）精磨 $\phi35^{+0.016}_{0}$ mm 内孔至图样要求，圆柱度误差不大于 0.005 mm，表面粗糙度 $Ra \leqslant 0.8$ μm。

13）精磨台阶孔端面，表面粗糙度 $Ra \leqslant 0.8$ μm。

14）调整工作台行程挡铁位置，砂轮越出孔口长度为 15 ~ 20 mm。

15）精磨 $\phi30^{+0.021}_{0}$ mm 内孔至图样要求，同轴度误差不大于 $\phi0.01$ mm，表面粗糙度 $Ra \leqslant 0.8$ μm。

课题四
精度检验及误差分析

一、内孔直径的测量

1. 圆柱塞规

圆柱塞规是检验孔用的一种极限量规，塞规的两端制成圆柱形，如图 3—25 所示。塞规的一端为通规，检验孔的最小极限尺寸；另一端为止规，检验孔的最大极限尺寸。止规通过则工件报废。测量时要擦净工件孔和塞规，使塞规对准孔中心，轻轻将塞规推入孔中，不能用力摇晃或敲击塞规。应在正常温度下使用塞规。

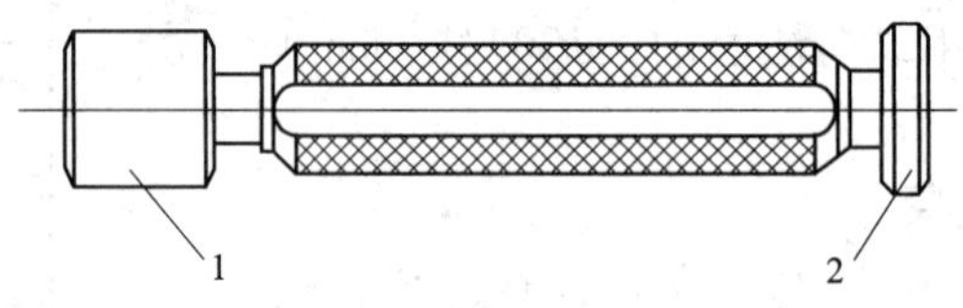

图 3—25　圆柱塞规

1—通规　2—止规

2. 内径百分表

内径百分表（见图 3—26）是一种比较测量工具，通过测量工件内孔与标准环形量规直径尺寸做比较，即可检验工件内孔尺寸和形状误差。测量前先调整内径百分表的零位，如图 3—27 所示，调整时将内径百分表的定心装置和活动量杆放入标准环形量规孔中，再放入可换量头，然后把内径百分表在孔的轴线平面内摆动，求出标准环形量规孔直径的真值，即可转动百分表的表圈，使表盘零位与表示真值的指针对准。调整时要正确地摆动内径百分表。

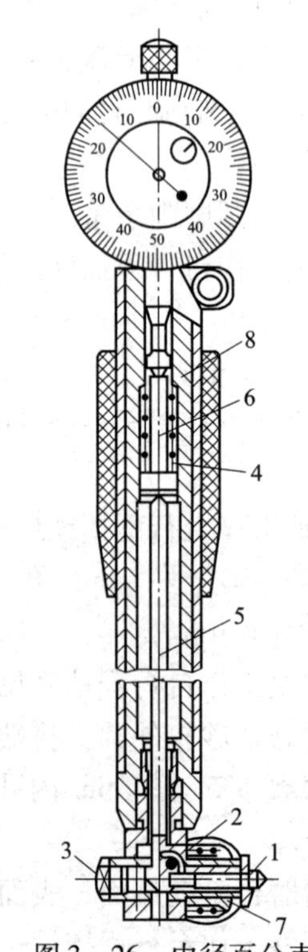

图 3—26　内径百分表

1—活动测头　2—摆杆　3—可换测头
4—弹簧　5、6—推杆　7—定心装置　8—直管

3. 内径千分尺

内径千分尺常用于测量 ϕ75 mm 以上的孔。如图 3—28 所示，内径千分尺的右端为球面测量头 1；微分筒 2 借螺母与螺杆相连接；固定套筒 3 的左端为固定测量头 5；测量不同孔径时，可更换接长杆 4。

如图 3—29 所示，测量时将内径千分尺放在孔中摆动，使上端测量头与工件孔壁有轻微接触感，量出工件内孔的最大读数值。内径千分尺量取尺寸后，可用外径千分尺校对尺寸，以达到较高的测量精度。

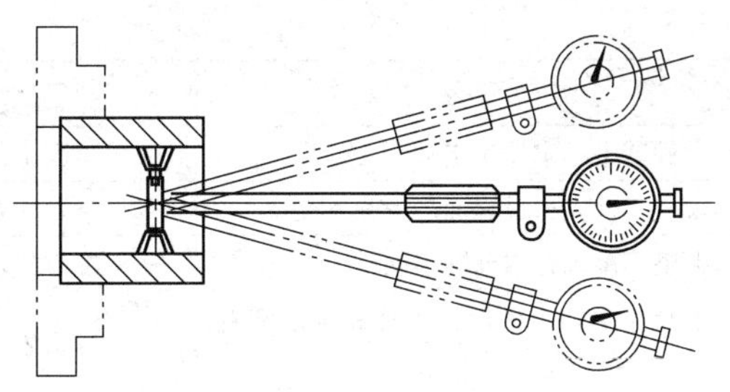

图 3—27　调整内径百分表的零位

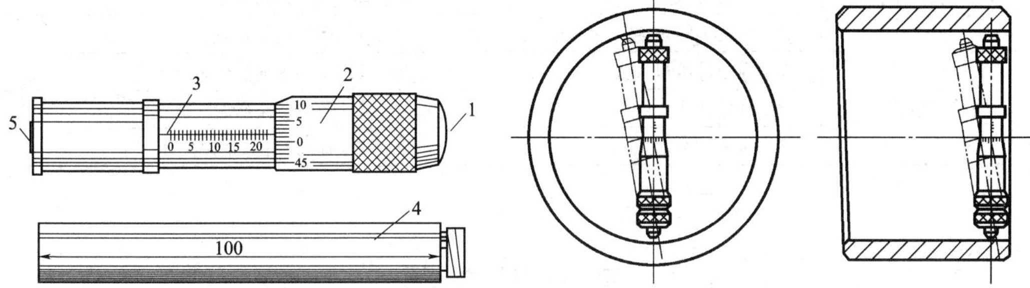

图 3—28　内径千分尺

1—球面测量头　2—微分筒　3—固定套筒

4—接长杆　5—固定测量头

图 3—29　用内径千分尺测量内孔

二、内圆磨削产生废品的原因及预防方法

内圆磨削中出现各种废品是由于受到与内圆磨削特点有关的各种因素的影响。内圆磨削废品的产生原因及预防方法见表 3—6。

表 3—6　　**内圆磨削废品的产生原因及预防方法**

工件缺陷	产生原因	预防方法
表面有振痕，表面粗糙度值过大，表面烧伤	1. 砂轮直径小	1. 砂轮直径尽量选得大些
	2. 由于头架主轴松动、砂轮心轴弯曲、砂轮修整不圆等原因产生强烈振动，使工件表面产生波纹	2. 调整轴瓦间隙，最主要的是正确修整砂轮，以减少跳动和振动现象
	3. 砂轮被堵塞	3. 选取粒度较粗、组织较疏松、硬度较软的砂轮，使其具有自锐性
	4. 散热不良	4. 供给充分的切削液
	5. 砂轮粒度过细、硬度高或修整不及时	5. 选取较粗、较软的砂轮并及时修整
	6. 进给量大，磨削热增加	6. 减小进给量
喇叭口	1. 纵向进给不均匀	1. 适当控制停留时间，调整砂轮杆伸出长度，使其不超过砂轮宽度的一半
	2. 砂轮有锥度	2. 正确修整砂轮
	3. 砂轮杆细长	3. 根据工件内孔大小及长度合理选择砂轮杆
锥形孔	1. 头架调整角度不正确	1. 重新调整角度
	2. 纵向进给不均匀，横向进给量过大	2. 减小进给量
	3. 砂轮杆在两端伸出量不等	3. 调整砂轮杆伸出量，使其相等
	4. 砂轮磨损	4. 及时修整砂轮

续表

工件缺陷	产生原因	预防方法
圆度误差及内外圆同轴度误差超差	1．工件装夹不牢发生走动	1．紧固工件
	2．薄壁工件夹得过紧而产生弹性变形	2．夹紧力要适当
	3．调整不准确，内外圆不同轴	3．细心找正
	4．卡盘在主轴上松动，主轴和轴承间有间隙	4．调整松紧量和间隙大小
端面与孔轴线不垂直	1．找正不正确	1．细心找正
	2．进给量太大	2．减小进给量
	3．头架偏转角度	3．调整头架位置
螺旋形痕迹	1．纵向进给量太大	1．减小纵向进给量
	2．砂轮钝化	2．及时修整砂轮
	3．接长轴弯曲	3．提高接长轴刚度

复习思考题

1．内圆磨削有哪几种形式？
2．内圆磨削有哪些特点？
3．内圆磨削的方法有哪几种？各适用于磨削什么工件？
4．用纵向磨削法和切入磨削法磨削内圆时有哪些注意事项？
5．内圆磨削时装夹工件的方法有哪几种？
6．试述用三爪自定心卡盘装夹工件的方法。
7．如何调整三爪自定心卡盘自身的定心精度？
8．试述用四爪单动卡盘装夹工件的方法。
9．在花盘上直接装夹工件如何找正？
10．用花盘装夹工件有哪些注意事项？
11．试述用四爪单动卡盘和中心架装夹工件的操作步骤。
12．用四爪单动卡盘和中心架装夹工件有哪些注意事项？
13．如何安装内圆磨削砂轮？
14．简述磨削通孔的操作步骤及其要领。
15．简述磨削台阶孔的操作步骤及其要领。
16．内圆磨削中有哪些常见的缺陷？各是什么原因产生的？如何预防？

第四单元

圆锥面磨削

课题一 圆锥基础知识

一、圆锥面的应用及特点

在机床和工具中，有许多使用圆锥面配合的场合，如磨床头架主轴孔和尾座锥孔与顶尖的配合、磨床砂轮架主轴与砂轮法兰盘的配合、车床尾座锥孔与麻花钻锥柄的配合等，如图4—1所示。圆锥面用途广泛的原因如下：

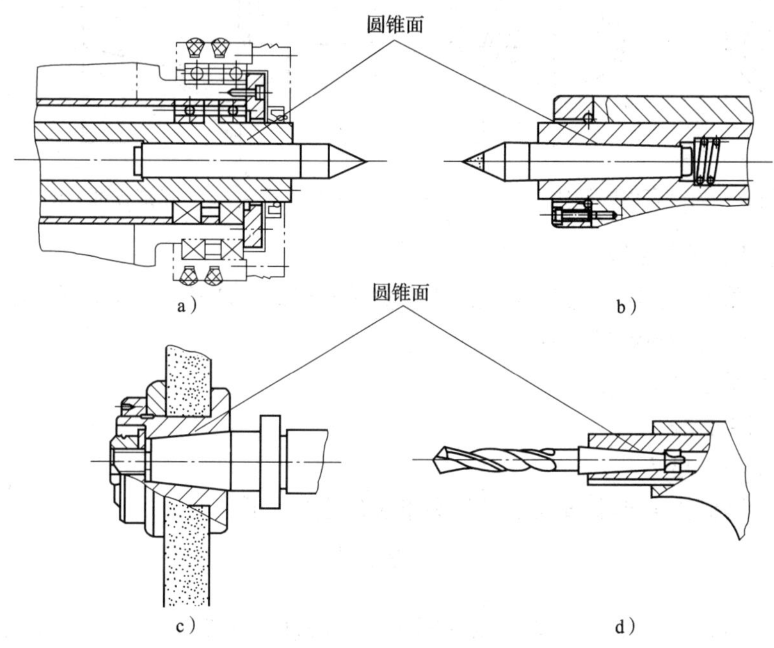

图4—1　圆锥面零件配合实例

1. 圆锥面配合同轴度较高，并能做到无间隙配合。
2. 装拆方便，多次装拆仍能保证精确的定心精度。
3. 当圆锥角较小（在3°以下）时可传递很大的转矩。

磨削圆锥面时除了对尺寸公差、形位公差和表面粗糙度的要求外，还有对角度或锥度的精度要求。要求较高的圆锥面的精度以接触面的大小来评定。

二、圆锥各部分的名称及尺寸计算

圆锥可分为外圆锥和内圆锥两种，通常把外圆锥称为外锥体，内圆锥称为圆锥孔。

与轴线成一定角度，且一端相交于轴线的一条直线段 *AB*（母线）围绕着该轴线 *AO* 旋转形成的表面称为圆锥表面。其斜边 *AB* 称为圆锥母线（见图 4—2a），如果截去尖端即成为截锥体（见图 4—2b）。

圆锥各部分的名称（见图 4—3）如下：

D——最大圆锥直径（简称大端直径），mm；

d——最小圆锥直径（简称小端直径），mm；

α——圆锥角，(°)；

$\alpha/2$——圆锥半角（又称斜角），(°)；

L——最大圆锥直径与最小圆锥直径之间的轴向距离（简称锥形部分长度或锥长），mm；

L_0——工件全长，mm；

C——锥度（用分式或比例形式表示）。

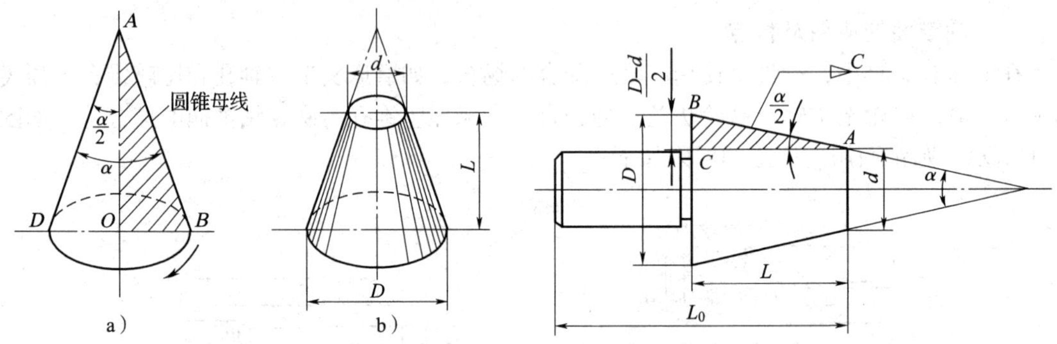

图 4—2　圆锥表面的形成

图 4—3　圆锥各部分的名称

1. 圆锥的四个基本参数

（1）圆锥半角 $\alpha/2$。圆锥角是在通过圆锥轴线的截面内两条素线间的夹角。磨削时经常用到圆锥角的一半——圆锥半角 $\alpha/2$。

（2）最大圆锥直径 D。

（3）最小圆锥直径 d。

（4）锥形部分长度 L。

锥度 C 是指圆锥大、小端直径之差与圆锥长度之比，即：

$$C = \frac{D - d}{L} \tag{4—1}$$

锥度 C 确定后，圆锥半角 $\alpha/2$ 就能计算出来。因此，圆锥半角 $\alpha/2$ 与锥度 C 属于同一基本参数。

以上四个量中，只要知道其中任意三个量，另外一个未知量就可以求出。

在图样上一般都标注 D、d、L 这三个量，也有的标注 C、L、D（或 d）。在磨削内圆锥时，常需计算出圆锥半角 $\alpha/2$。

2. 圆锥的尺寸计算

圆锥半角 $\alpha/2$ 是圆锥素线与轴线之间的夹角，由图 4—3 可知：

$$\tan\frac{\alpha}{2}=\frac{BC}{AC}$$

因为

$$BC=\frac{D-d}{2}$$

$$AC=L$$

所以有

$$\tan\frac{\alpha}{2}=\frac{D-d}{2L} \tag{4—2}$$

其他三个量与圆锥半角 $\alpha/2$ 的关系如下：

$$D=d+2L\tan\frac{\alpha}{2} \tag{4—3}$$

$$d=D-2L\tan\frac{\alpha}{2} \tag{4—4}$$

$$L=\frac{D-d}{2\tan\frac{\alpha}{2}} \tag{4—5}$$

锥度 C 为：

$$C=\frac{D-d}{L}=2\tan\frac{\alpha}{2} \tag{4—6}$$

据此可得：

$$D=d+CL \tag{4—7}$$

$$d=D-CL \tag{4—8}$$

$$L=\frac{D-d}{C} \tag{4—9}$$

应用公式计算 $\alpha/2$ 时须查三角函数表，比较麻烦。当圆锥半角 $\alpha/2<6°$时，可用下列近似公式计算：

$$\frac{\alpha}{2}\approx 28.7°\times\frac{D-d}{L}$$

$$\frac{\alpha}{2}\approx 28.7°\times C \tag{4—10}$$

采用近似公式计算圆锥半角时应注意以下几点：

1）圆锥半角应在6°以内。

2）计算结果是“度”，度以后的小数部分是十进位的，而角度是60进位。应将含有小数部分的计算结果转化成度、分、秒。如2.35°并不等于2°35′。因此，要用小数部分乘以60′，即60′×0.35=21′，所以2.35°应为2°21′。

例4—1 有一外圆锥，已知 $D=60$ mm，$d=50$ mm，$L=100$ mm，求圆锥半角。

解：（1）查三角函数表法，根据式（4—2），有：

$$\tan\frac{\alpha}{2}=\frac{D-d}{2L}=\frac{60-50}{2\times100}=0.05$$

查三角函数表得$\frac{\alpha}{2}=2°52'$。

（2）近似法，根据式（4—10），有：

$$\frac{\alpha}{2} \approx 28.7° \times \frac{D-d}{L} = 28.7° \times \frac{60-50}{100} = 28.7° \times \frac{1}{10} = 2.87° \approx 2°52'$$

两种方法计算结果相同。

例 4—2 有一外圆锥，已知圆锥半角$\frac{\alpha}{2}=7°7'30''$，$D=56$ mm，$L=44$ mm，试计算小端直径 d。

解：根据式（4—4）得：

$$d = D - 2L\tan\frac{\alpha}{2} = 56 - 2 \times 44\tan 7°7'30''$$

$$d = 45 \text{ mm}$$

例 4—3 图 4—4 所示为磨床主轴圆锥，已知锥度 $C=1:5$，大端直径 $D=45$ mm，圆锥长度 $L=50$ mm，求小端直径 d 和圆锥半角$\frac{\alpha}{2}$。

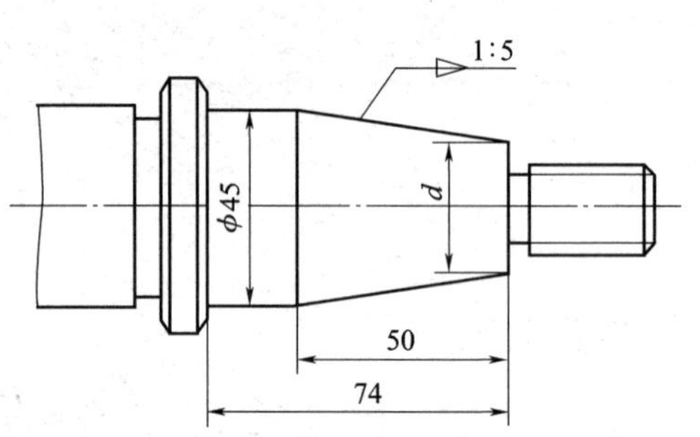

图 4—4 标注锥度的零件

解：根据式（4—8）得：

$$d = D - CL = 45 - \frac{1}{5} \times 50 = 35 \text{ mm}$$

根据式（4—6）得：

$$\tan\frac{\alpha}{2} = \frac{C}{2} = \frac{1}{5} \div 2 = 0.1$$

$$\frac{\alpha}{2} = 5°42'38''$$

三、圆锥的分类及应用

1. 标准圆锥

常用的标准圆锥有莫氏圆锥和米制圆锥两种。

（1）莫氏圆锥

莫氏圆锥是机械制造业尤其是机床业中应用最为广泛的一种。如磨床头架、主轴孔、车床主轴孔、顶尖、钻头柄、铰刀柄等都是采用莫氏圆锥。莫氏圆锥分成 7 个号码，即 0、1、2、3、4、5、6。莫氏圆锥是从英制换算过来的，当号数不同时，其锥度和圆锥角等各部分尺寸都不相同，见表 4—1。此外，莫氏圆锥又分为有舌尾和无舌尾两种形式，如图 4—5 所示。

表 4—1 莫氏圆锥的锥度与锥角（摘自 GB/T 157—2001）

莫氏锥度	基本值	推算值	
		圆锥角 α	
No. 0	1:19.212	2°58′53.825 5″	2.981 618 20°
No. 1	1:20.047	2°51′26.928 3″	2.857 480 08°
No. 2	1:20.020	2°51′40.796 0″	2.861 332 23°
No. 3	1:19.922	2°52′31.446 3″	2.875 401 76°
No. 4	1:19.254	2°58′30.421 7″	2.975 117 13°
No. 5	1:19.002	3°0′52.395 6″	3.014 554 34°
No. 6	1:19.180	2°59′11.725 8″	2.986 590 50°

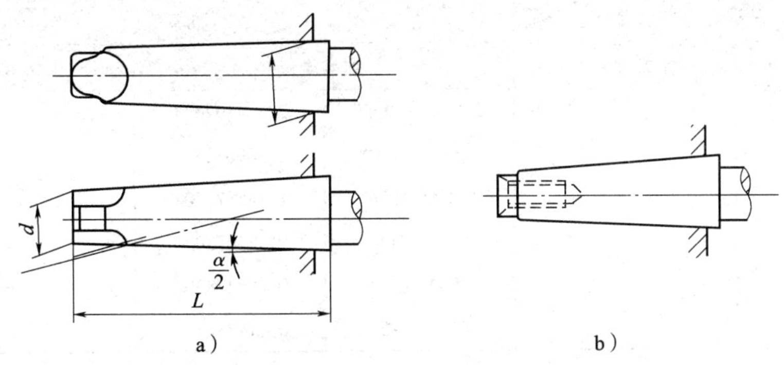

图 4—5　莫氏圆锥

a）有舌尾圆锥　b）无舌尾圆锥

（2）米制圆锥

米制圆锥按尺寸大小分成 7 个号码，即 4、6、80、100、120、160 和 200 号。它的号码是用圆锥的大端直径表示的，锥度都一样，规定为：$C=1:20$，圆锥半角 $\alpha/2=1°25'56''$。它的优点是锥度不变，记忆方便。例如，100 号米制圆锥即表示圆锥的大端直径为 100 mm。米制圆锥一般用于大型机床主轴孔。

2. 一般用途圆锥

除了常用的莫氏圆锥、米制圆锥外，国家标准《产品几何量技术规范（GPS）　圆锥的锥度与锥角系列》（GB/T 157—2001）中还规定了一般用途圆锥的锥度与角度，见表 4—2。

表 4—2　　一般用途圆锥的锥度与角度

基本值		推算值		
系列 1	系列 2	圆锥角 α		锥度 C
120°		—	—	1∶0.2886751
90°		—	—	1∶0.5000000
	75°	—	—	1∶0.6516127
60°		—	—	1∶0.8660254
45°		—	—	1∶1.2071068
30°		—	—	1∶1.8660254
1∶3		18°55′28.7199″	18.92464442°	—
	1∶4	14°15′0.1177″	14.25003270°	—
1∶5		11°25′16.2706″	11.42118627°	—
	1∶6	9°31′38.2202″	9.52728338°	—
	1∶7	8°10′16.4408″	8.17123356	—
	1∶8	7°9′9.6075″	7.15266875°	—
1∶10		5°43′29.3176″	5.72481045°	—
	1∶12	4°46′18.7970″	4.77188806°	—
	1∶15	3°49′5.8975″	3.81830487°	—

续表

基本值		推算值		
系列1	系列2	圆锥角 α		锥度 C
1:20		2°51′51.0925″	2.86419237°	—
1:30		1°54′34.8570″	1.90968251°	—
1:50		1°8′45.1586″	1.14587740°	—
1:100		34′22.6309″	0.57295302°	—
1:200		17′11.3219″	0.28647830°	—
1:500		6′52.5295″	0.11459152°	—

3. 特殊用途圆锥

特殊用途圆锥是用来制造某些行业中有关机器设备的圆锥面配合零部件的。国家标准（GB/T 157—2001）中对这类圆锥也有规定，见表4—3。

表4—3　　特殊用途圆锥的锥度与角度

基本值	推算值			说明
	圆锥角 α		锥度 C	
11°54′	—	—	1:4.7974511	纺织机械和附件
8°40′	—	—	1:6.5984415	
7°	—	—	1:8.1749277	
1:38	1°30′27.7080″	1.50769667°	—	
1:64	0°53′42.8220″	0.89522834°	—	
7:24	16°35′39.4443″	16.59429008°	1:3.4285714	机床主轴工具配合
6:100	3°26′12.1776″	3.43671600°	—	医疗设备

4. 专用圆锥

除上述三类圆锥外，根据机械制造中的需要，还有一些锥度被列为专用圆锥。如1:16、3:20、7:24等，主要用于锥螺纹、镗床主轴和工具配合等圆锥面。

课题二
圆锥面磨削

从圆锥体形成原理可知，圆锥的特点是圆锥素线与圆锥轴线之间相交成一个角度（圆锥半角）。因此磨削圆锥面时一般只要使工件的旋转轴线相对于磨床工作台运动方向偏斜一个圆锥半角即可。这是外圆锥面磨削和内圆锥面磨削的共同特点。

一、外圆锥面磨削方法

外圆锥面一般在外圆磨床或万能外圆磨床上磨削，根据工件形状和锥（角）度大小，可以采用以下三种方法磨削。

1. 转动工作台磨外圆锥面

磨削时工件装在两顶尖之间，根据工件圆锥半角 $\alpha/2$ 的大小，将上工作台相对下工作台逆时针转过同样大小的 $\alpha/2$ 角度即可，如图 4—6 所示。

磨削时，一般采用纵磨法，也可采用综合磨削法。在回转工作台时，首先了解工作台右端标尺上的刻度的含义。通常刻度有两种表示方法，刻度的右边为锥度，左边为角度，如图 4—7 所示。在顶尖距为 1 m 的外圆磨床上，工作台最大回转角度，逆时针一般为 6°～9°，顺时针为 3°。因此用这种方法只能磨削圆锥角小于 12°～18°的外圆锥。

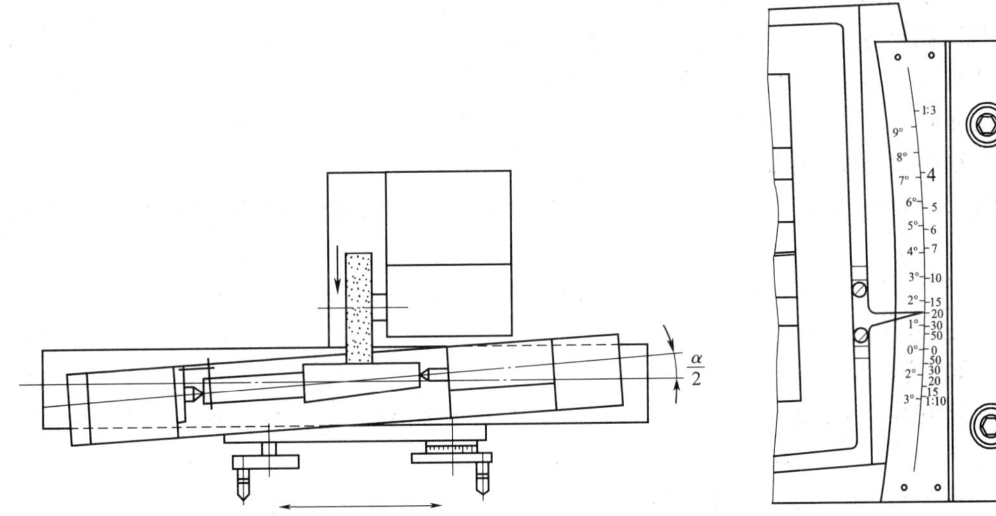

图 4—6　转动工作台磨外圆锥面

图 4—7　工作台圆锥刻度标尺

用转动工作台磨外圆锥面，机床调整方便，工件装夹简单，精度容易控制，质量较好。因此，除了工件圆锥角过大，受工作台转动角度限制外，一般都采用这种方法。

（1）操作方法和步骤

1）工件安装。工件安装在两顶尖之间（或用三爪自定心卡盘装夹），装夹时应使工件圆锥的大端靠近磨床头架方向，并注意中心孔的清理和润滑。

2）确定工作台转动角度。根据工件图样选择相应的公式计算出圆锥半角 $\alpha/2$，圆锥半角 $\alpha/2$ 即是上工作台应转动的角度。

3）转动工作台。用扳手将上下工作台之间的螺钉松开，转动调整螺杆，将上工作台相对下工作台逆时针转至需要的圆锥半角 $\alpha/2$，当刻线与基准零线对齐后将锁紧螺钉锁紧。圆锥半角 $\alpha/2$ 的值通常不是整数，其小数部分用目测估计，大致对准后通过试磨逐步找正。上工作台转动的角度值可以大于计算值 10′～20′，但不能小于计算值，角度偏小会使圆锥素线磨长而难以修正圆锥长度尺寸。

4）试磨外圆锥面。外圆锥面试磨后，用套规检查锥度是否正确。方法是：在工件表面顺着圆锥素线方向（全长上）均匀涂上三条（三等分分布）显示剂，将工件放入套规中，使锥面相互贴合，用手紧握工件在±30°范围内转动一次，取出工件观察显示剂被摩擦后的痕迹。如果工件大端显示剂被擦去痕迹深，小端痕迹浅，或者没有被擦去，说明圆锥工件的角度大于图样要求；反之，工件小端显示剂被擦去痕迹深，大端痕迹浅，说明工件的角度小于图样要求；如果工件整个测量面均有显示剂被擦去的痕迹，而且深浅基本一致，说明圆锥面的角度符合图样要求。根据擦痕情况判断圆锥角大小，确定上工作台调整的方向和调整量，然后再试磨，直到圆锥角度找正为止。

此外，还可用万能角度尺检验、找正圆锥角度，确定上工作台调整的方向和调整量，如此反复多次，直至锥度正确为止。

5）粗磨外圆锥面。粗修砂轮，粗磨外圆锥面，留精磨余量。

6）精磨外圆锥面。精修砂轮，精磨外圆锥面，使工件符合图样要求。

（2）转动工作台磨外圆锥面的特点

1）机床调整方便，工件装夹简单，生产效率较高。

2）工件精度容易控制，一般采用纵向磨削，工件表面粗糙度值减小，加工质量好。

3）受工作台回转角度的限制，只能加工圆锥角小于12°～18°的外圆锥面。

2. 转动头架磨外圆锥面

当工件的圆锥半角超过上工作台所能回转的角度时，可采用转动头架的方法来磨削外圆锥面。

磨削时把工件装夹在头架卡盘中，根据工件圆锥半角 $\alpha/2$，将头架逆时针转过同样大小的角度 $\alpha/2$，然后进行磨削。

（1）操作方法和步骤

1）工件安装。工件装夹在头架卡盘中（或头架主轴内），用百分表校正，使工件的旋转中心与主轴旋转中心一致。

2）确定头架转动角度。根据工件图样选择相应的公式计算出圆锥半角 $\alpha/2$，圆锥半角 $\alpha/2$ 即是头架的转动角度。

3）转动头架。松开头架底座与工作台间的锁紧螺钉，根据工件圆锥半角 $\alpha/2$，将头架逆时针转过同样大小的角度 $\alpha/2$（见图4—8a），角度值可从头架下面底座刻度盘上确定。但是，头架刻度并不很准确，必须经过试磨后再进行调整。当刻线与基准零线对齐后将锁紧螺钉锁紧。

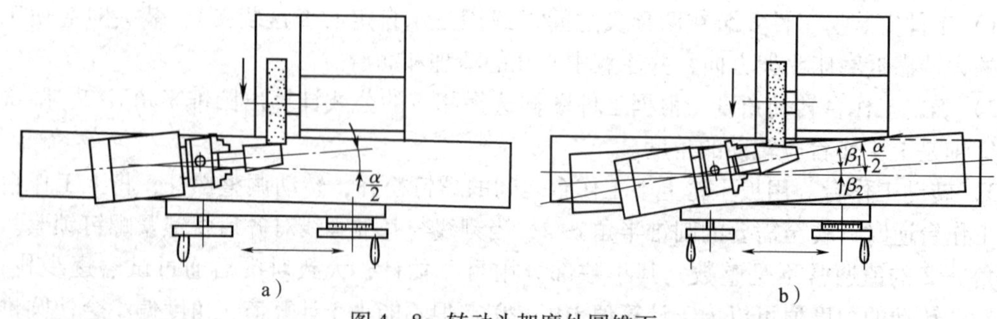

图4—8　转动头架磨外圆锥面

a）转动头架磨外圆锥面　b）磨伸出较长的外圆锥面

4）试磨外圆锥面。移动工作台，使工件进入磨削区，并根据圆锥面长短调整好行程距离，紧固挡铁。试磨工件，磨出即可。用套规检查锥度是否正确，如果不正确，则调整头架转动的角度。除了利用头架调整外，也可以用工作台配合进行微调，比头架调整更为方便。

这种方法适用于锥度较大、长度较短的工件。有时遇到工件伸出较长或圆锥角较大，砂轮架已退到极限位置，工件与砂轮相碰不能磨削，如果距离相差不多，可把工作台逆时针偏移一个角度 β_1，同时将头架顺时针退回同一角度，这时头架相对上工作台转过的角度为 β_2，两者之和应等于工件的圆锥半角 $\alpha/2$，即 $\beta_1+\beta_2=\alpha/2$，如图 4—8b 所示。

5）粗磨外圆锥面。粗修砂轮，粗磨外圆锥面，留精磨余量。

6）精磨外圆锥面。精修砂轮，精磨外圆锥面，使工件符合图样要求。

（2）转动头架磨外圆锥面的特点

1）角度调整范围较大，应用较广，适合磨削锥度较大而长度较短的工件。

2）可采用纵向磨削，工件表面粗糙度值减小，加工质量较好。

3）工件在卡盘上装夹时，应将工件找正后才能磨削。

3. 转动砂轮架磨外圆锥面

（1）转动砂轮架磨外圆锥面的加工范围

转动砂轮架磨外圆锥面主要用于磨削锥度较大而长度较长的工件。因为工件的锥度较大，超过工作台回转范围，所以无法用转动工作台的方法来磨削；又因为工件较长，也不能用转动头架的方法来磨削，只能用转动砂轮架的方法来磨削，如图 4—9 所示。

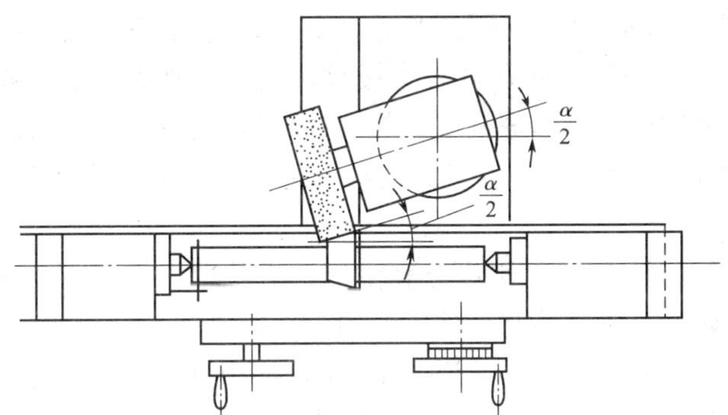

图 4—9　转动砂轮架磨外圆锥面

（2）操作方法

这种方法砂轮架转过的角度应等于工件的圆锥半角 $\alpha/2$。磨削时注意工作台不能作纵向进给，只能用砂轮的横向进给来进行磨削。因此工件的圆锥素线长度应小于砂轮的宽度，否则只能用分段接刀的方法进行磨削，这是比较困难的。其次，修整砂轮时，必须将砂轮架转回零位，调整机床比较麻烦。另外，由于工作台不能纵向运动，不易提高工件精度和降低表面粗糙度值，因此一般情况下很少采用。

（3）转动砂轮架磨外圆锥面的特点

1）机床调整较麻烦，生产效率较低。

2）磨削时只能做横向进给，不能做纵向移动，工件加工质量差。

二、内圆锥面磨削方法

内圆锥面可以在内圆磨床或万能外圆磨床上进行磨削，磨内圆锥面的原理与磨外圆锥面相同。

1. 转动工作台磨圆锥孔

在万能外圆磨床上磨圆锥孔的方法，如图4—10所示。磨削时，将工作台转过一个与工件圆锥半角 $\alpha/2$ 相同的角度，并使工作台带动工件做纵向往复运动，砂轮做横向进给。

这种方法由于受工作台转动角度的限制，因此，仅限于磨削圆锥角小于18°、长度较长的内圆锥。例如磨削各种机床主轴、尾座套筒的内圆锥等。

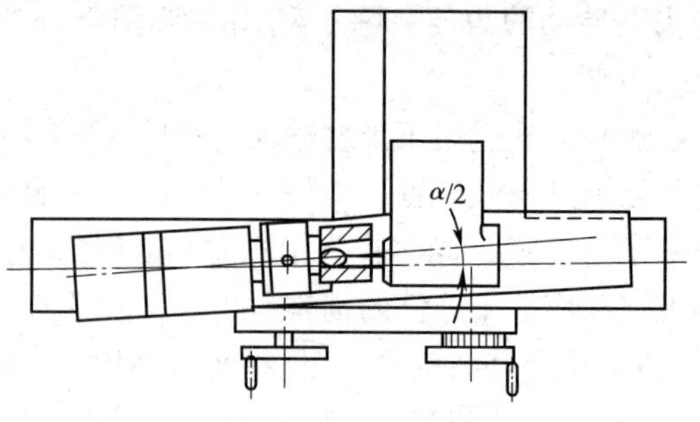

图4—10　转动工作台磨内圆锥面

（1）操作方法和步骤

1）工件的装夹

用三爪卡盘或四爪卡盘夹持工件，并进行找正。找正外圆径向圆跳动量，误差不大于0.005 mm；找正内圆磨具砂轮主轴轴线与工件回转轴线等高度，误差不大于0.02 mm。长度较长的工件，通常采用一端用卡盘夹紧，另一端用闭式中心架支撑的方式装夹。

砂轮主轴轴线与工件回转轴线等高的位置调整方法如下：

①将头架、上下工作台均转到零度位置。

②在砂轮接长轴上装夹一个杠杆百分表。

③将百分表转到与工件水平中心一致的位置，表头接触前孔壁，调整表盘，取一整数值。

④将砂轮接长轴旋转180°，使百分表头接触后孔壁，观察百分表指针所指数值，根据两次测量的数值差摇动砂轮架横向进或退，使表针在前、后孔壁所指数值基本相同。

⑤将砂轮接长轴旋转90°，使百分表头接触上孔壁，与工件垂直中心一致的位置上，观察百分表，记住读数。

⑥再将砂轮接长轴旋转180°，使百分表头接触下孔壁，观察百分表指针所指数值，二数值差的一半即是砂轮接长轴轴线与工件轴线的等高差值。

如果上孔壁数值比下孔壁数值大，说明工件的旋转中心比砂轮接长轴的旋转中心高；如果上孔壁数值比下孔壁数值小，说明工件的旋转中心比砂轮接长轴的旋转中心低。

⑦根据差值调整内圆磨具在砂轮架上的位置，消除等高差值，使砂轮接长轴的旋转轴线与工件的旋转轴线在同一轴心线上。

2）选择砂轮

根据工件圆锥孔小端直径和孔的长度选择合适的砂轮和接长轴，并装到机床上紧固。

圆锥孔磨削时，砂轮直径的选择原则：磨削圆锥孔时，砂轮直径应小于圆锥孔的最小直径，一般只要砂轮经过修整后能进入圆锥孔小端，并有2~3 mm退刀距离即可。如果砂轮直径过小，会降低砂轮线速度，影响磨削效率和砂轮使用寿命。

接长轴的选择与内圆磨削相同。

3）确定工作台转动角度

根据工件图样选择相应的公式计算出圆锥半角 $\alpha/2$，圆锥半角 $\alpha/2$ 即是上工作台应转动的角度。

4）转动工作台

根据工件圆锥半角 $\alpha/2$ 的大小，将上工作台相对下工作台顺时针转过同样大小的 $\alpha/2$

角度；调整工作台行程挡铁的位置。

5）试磨圆锥孔

在圆锥孔两端对刀试磨，根据误差值调整机床工作台；采用纵向磨削法磨圆锥孔，使内圆锥面磨出 2/3 以上，然后进行角度检验，根据检验结果确定工作台的角度调整。确定圆锥角度的方法与转动工作台磨外圆锥面基本相同。

6）粗磨圆锥孔

粗修砂轮，粗磨圆锥孔，留精磨余量。

7）精磨圆锥孔

精修砂轮，精磨圆锥孔，使工件符合图样要求。

（2）转动工作台磨圆锥孔的注意事项

1）在磨削圆锥孔时，要先将上工作台转到相应的角度位置，然后再调整挡铁距离，不能颠倒。因为，随着上工作台角度位置的偏移，砂轮在工件孔内的磨削位置也会产生偏移，使砂轮端面碰撞工件内端面或磨削时不能清根。

2）在找正锥度对刀时，要先从圆锥孔大端处切入，然后再在小端处对刀，这样可避免砂轮端面碰撞圆锥孔小端孔壁。

3）在磨削圆锥孔时，磨床头架不能偏离工作台中心太远，特别是磨锥角较大的工件时尤其应注意，否则会产生砂轮架退不出去或摇不进来，使磨削无法正常进行。

2. 转动头架磨圆锥孔

磨削时，将头架转过一个与工件圆锥半角 $\alpha/2$ 相同的角度，使工作台做纵向往复运动，砂轮做微量横向进给，如图 4—11 所示。

这种方法可以在内圆磨床上磨削各种锥度的内圆锥以及在万能外圆磨床上磨削锥度较大的内圆锥。由于采用纵向磨削，能使工件获得较高的精度及较小的表面粗糙度值。因此，一般长度较短、锥度较大的工件都采用这种磨削方法。

有的工件两端有左右对称的内圆锥且精度较高，磨削时，先把外端内圆锥磨止确，不变动头架的角度，将内圆砂轮摇向对面，再磨里面一个内圆锥，如图 4—12 所示。采用这种方法，工件不需卸下，能保证两对称内圆锥的锥度相等，保证极小的同轴度误差。

转动头架磨圆锥孔与转动工作台磨圆锥孔的步骤基本相同。磨削时，将头架转过一个与工件圆锥半角 $\alpha/2$ 相同的角度，然后调整工作台行程挡铁位置进行磨削。

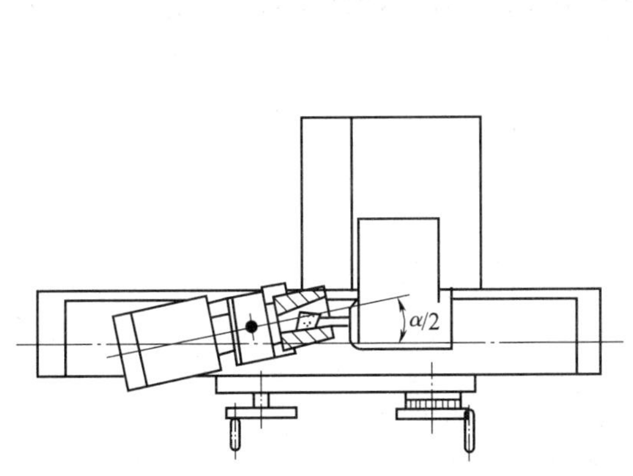

图 4—11　转动头架磨圆锥孔

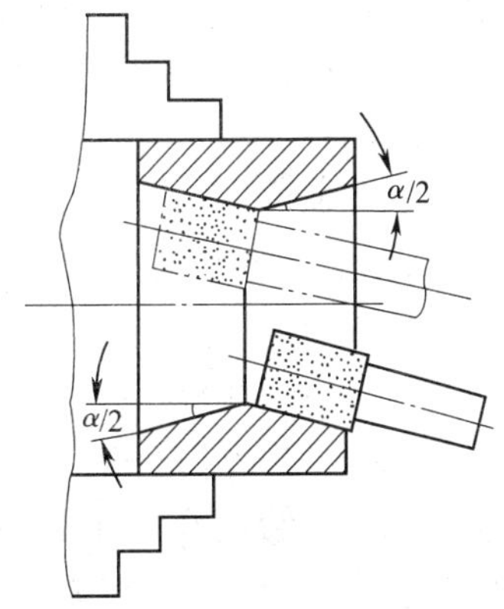

图 4—12　磨削左右对称内圆锥的方法

三、技能训练

1. 外圆锥面磨削

(1) 图样和技术要求分析

如图4—13所示，工件材料为40Cr，淬火后硬度为58～60HRC。外圆 $\phi 60_{-0.013}^{0}$ mm的圆柱度公差为0.003 mm，素线直线度公差为0.003 mm，表面粗糙度 *Ra* 值为0.4 μm。外圆 $\phi 75_{-0.06}^{-0.03}$ mm的表面粗糙度 *Ra* 值为1.6 μm。莫氏No.5圆锥小端尺寸为 $\phi 51.3_{-0.013}^{0}$ mm，表面粗糙度 *Ra* 值为0.4 μm。莫氏No.5、$\phi 60_{-0.013}^{0}$ mm的圆度公差为0.003 mm、径向圆跳动公差为0.003 mm。

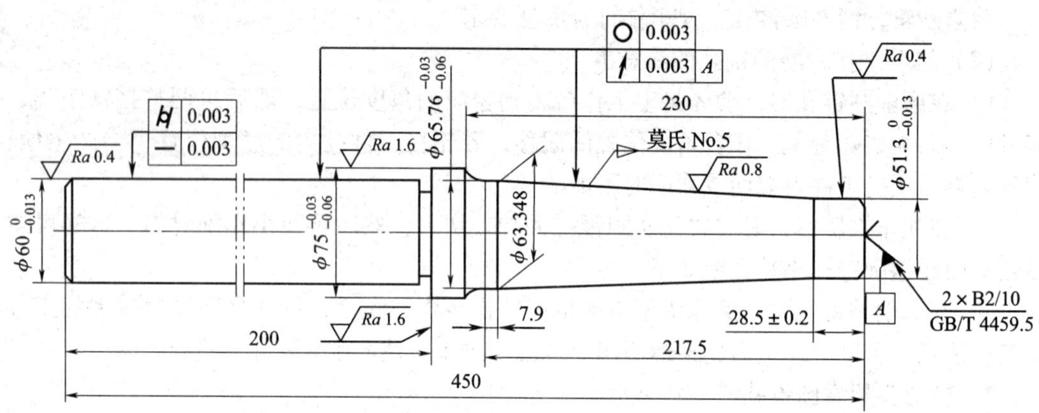

技术要求
材料为40Cr，淬火后硬度为58~60HRC。

图4—13 量棒

(2) 选择设备

选用M1432C型万能外圆磨床。

(3) 选择砂轮

砂轮选用PAF80M6V。

(4) 磨削方法

采用转动工作台磨削外圆锥面，并用纵向法磨削。查出莫氏No.5锥度对应的圆锥半角为 $\alpha/2=1°30'27''$，将工作台按逆时针方向转动 $\alpha/2$，并用试磨法调整工作台。磨削时，按加工余量和加工要求，划分粗磨和精磨。

(5) 磨削用量

1) 砂轮圆周速度

砂轮圆周速度一般为35 m/s。

2) 工件圆周速度

粗磨时：$n_w=90\sim100$ r/min

精磨时：$n_w=80\sim90$ r/min

3) 工件纵向进给量 $f_{纵}$（单位为mm/r）

粗磨时：$f_{纵}=(0.4\sim0.8)B$

精磨时：$f_{纵}=(0.2\sim0.4)B$

式中 B——砂轮的宽度，mm。

在实际磨削工作中，工件纵向进给量大小的控制一般都是通过调节工作台的运动速度来实现的。

4）背吃刀量 a_p（单位为 mm）

粗磨时：$a_p=0.01$

精磨时：$a_p=0.005$

（6）工件的装夹

工件用两顶尖装夹，装夹时应使工件圆锥大端靠近磨床头架方向。按照工件圆锥面的位置，适当调整头架、尾座的纵向位置，并注意中心孔的清理和润滑。

（7）工件磨削步骤

1）研磨中心孔。

2）粗磨外圆 $\phi 60_{-0.013}^{\ 0}$ mm。找正工作台，使工件圆柱度误差在 0.003 mm 以内，留精磨余量。

3）精磨 $\phi 75_{-0.06}^{-0.03}$ mm、$\phi 51.3_{-0.013}^{\ 0}$ mm、台阶面至图样要求。

4）用转动工作台法粗磨莫氏 No. 5，留精磨余量。

5）精磨莫氏 No. 5 至图样要求。

6）找正工作台，精磨 $\phi 60_{-0.013}^{\ 0}$ mm 至图样要求。

（8）注意事项

1）精磨时应检查中心孔质量。

2）莫氏 No. 5 圆锥一般磨至尺寸的上极限偏差，以便在工件圆跳动超差时加以修正。

2. 磨锥套

（1）图样和技术要求分析

图 4—14 所示为一圆锥接套。材料为 45 钢，淬火后硬度为 38 ~ 45HRC。锥套具有内、外圆锥面，内圆锥面为莫氏 No. 3，圆度公差为 0.005 mm，表面粗糙度 Ra 值为 0.8 μm。外圆锥面为莫氏 No. 4，径向圆跳动公差为 0.01 mm，表面粗糙度 Ra 值为 0.4 μm。莫氏 No. 3 为不通孔。

（2）选择设备

选用 M1432C 型万能外圆磨床。

（3）选择砂轮

外圆砂轮：WAF80M6V，内圆砂轮：WAF60L6V。

（4）磨削方法

零件的加工工艺为车削、热处理、磨削。内、外圆锥面精度要求较高，均分粗、精磨削。

（5）磨削用量（内圆）

1）砂轮圆周速度

砂轮圆周速度一般为 30 m/s。

2）工件圆周速度

粗磨时：$n_w=150\sim180$ r/min

精磨时：$n_w=140\sim160$ r/min

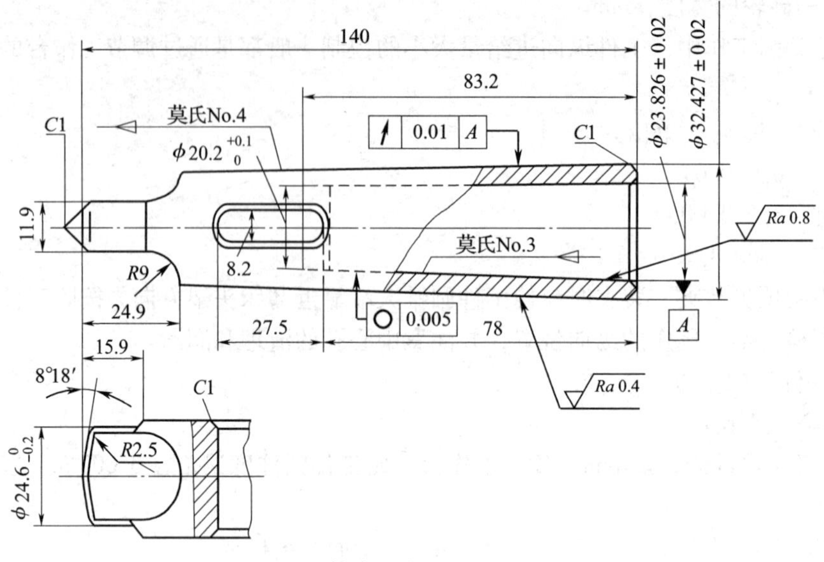

技术要求

1. 材料为45钢，淬火后硬度为38~45HRC。
2. 锥面用涂色法检查，接触面积大于75%。

图 4—14　圆锥接套

3）工件纵向进给量 $f_{纵}$（单位为 mm/r）

粗磨时：$f_{纵}=(0.4 \sim 0.8)B$

精磨时：$f_{纵}=(0.2 \sim 0.4)B$

式中　B——砂轮的宽度，mm。

在实际磨削工作中，工件纵向进给量大小的控制一般都是通过调节工作台的运动速度来实现的。

4）背吃刀量 a_p（单位为 mm）

粗磨时：$a_p=0.01$

精磨时：$a_p=0.005$

（6）工件的装夹

粗磨外圆锥莫氏 No. 4 采用两顶尖装夹，粗磨内圆锥莫氏 No. 3 采用四爪单动卡盘与中心架装夹，定位基准为莫氏 No. 4 的中心线。精磨外圆锥莫氏 No. 4 采用心轴装夹，定位基准为莫氏 No. 3 的中心线。专用夹具如图 4—15 所示。精磨内圆锥莫氏 No. 3 的装夹方法与粗磨时相同。

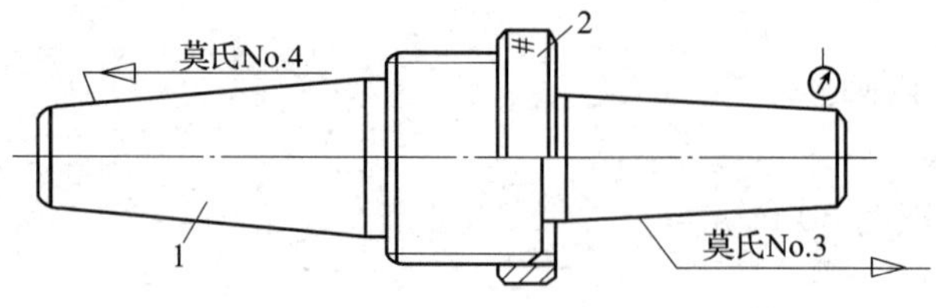

图 4—15　专用夹具

1—心轴　2—螺母

（7）工件磨削步骤

1）研磨中心孔。

2）调整机床。用转动工作台法磨外圆锥，找正工作台角度，粗磨外圆锥莫氏 No. 4，留精磨余量。

3）翻下内圆磨具至工作位置。

4）选择合适的砂轮接长轴。

5）工件用四爪单动卡盘与中心架装夹，校正外圆锥面径向圆跳动误差在 0. 005 mm 以内。

6）找正工作台角度，粗磨内圆锥莫氏 No. 3，留精磨余量。

7）精磨内圆锥莫氏 No. 3 至图样要求。

8）翻上内圆磨具。

9）工件用圆锥心轴装夹，精磨外圆锥莫氏 No. 4 至图样要求。

（8）注意事项

1）工件的中心孔需研磨。

2）粗磨外圆锥时，需注意其圆度公差以满足磨内圆锥的精度要求。

3）磨内圆锥时，需注意排屑和冷却。

4）正确选择内圆砂轮的直径和接长轴，应减小接长轴的弯曲变形。

5）磨内圆锥时需注意正确调整砂轮在锥孔小端处的位置，防止发生碰撞。

6）使用心轴时应擦净心轴表面，减小定位误差。

7）精确调整工作台的角度。

3. 磨铣床刀杆

（1）图样和技术要求分析

图 4—16 所示为铣床刀杆。材料为 45 钢，淬火后硬度为 48 ~ 52HRC。刀杆的一端为特殊圆锥 7:24，圆锥的大端尺寸为 ϕ69. 85 mm，端面距尺寸为（3. 2 ±0. 4）mm，表面粗糙度 *Ra* 值为 0. 4 μm。$\phi 32_{-0.025}^{-0.009}$ mm 外圆用于安装铣刀，表面粗糙度 *Ra* 值为 0. 4 μm，圆柱度公差为 0. 011 mm，径向圆跳动公差为 0. 03 mm。台阶面表面粗糙度 *Ra* 值为 0. 8 μm。$\phi 55_{-0.06}^{-0.03}$ mm 外圆的表面粗糙度 *Ra* 值为 0. 8 μm。7:24 圆锥用涂色法检验，接触面积大于 75%。

（2）选择设备

选用 M1432C 型万能外圆磨床。

（3）选择砂轮

外圆砂轮：WAF80M6V。

（4）磨削方法

零件的加工工艺为车削、铣削、热处理、磨削。根据各表面的精度要求，均划分为粗、精磨削加工。

（5）工件的装夹

工件采用两顶尖装夹。

（6）工件磨削步骤

1）研磨中心孔。

2）试磨工件。找正工作台，使工件圆柱度误差在 0. 005 mm 以内。

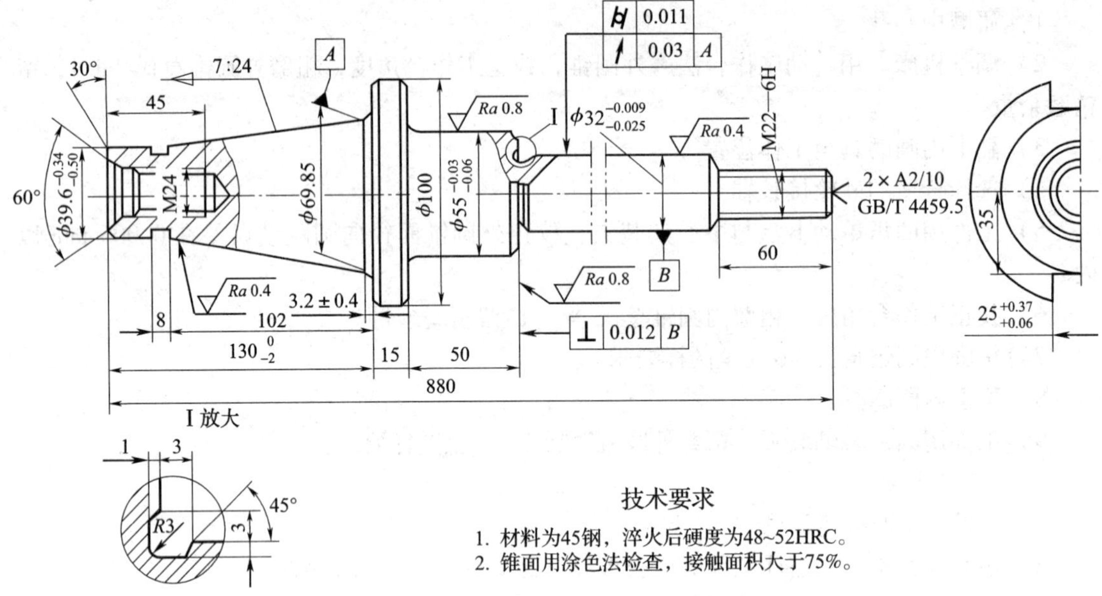

图 4—16　铣床刀杆

3）粗磨 $\phi 32_{-0.025}^{-0.009}$ mm，留精磨余量。

4）将砂轮端面修成内凹形，磨 $\phi 55_{-0.06}^{-0.03}$ mm 的右端面，磨光即可。

5）粗磨 $\phi 55_{-0.06}^{-0.03}$ mm 外圆，留精磨余量。

6）调整磨床，转动磨床工作台，粗磨 7∶24 圆锥，留精磨余量。

7）精磨 7∶24 圆锥，至图样要求。

8）调整磨床，找正工作台，使工件圆柱度误差在 0.005 mm 以内。

9）精磨 $\phi 32_{-0.025}^{-0.009}$ mm 至图样要求。

10）精磨端面，垂直度公差为 0.012 mm。

11）精磨 $\phi 55_{-0.06}^{-0.03}$ mm 至图样要求。

（7）注意事项

1）磨削前应检查中心孔的圆度及表面粗糙度，并注入润滑脂。

2）磨 7∶24 圆锥时，应将工作台转动 8°17′50″，用试磨法找正工作台。

课题三
精度检验及误差分析

工件在磨削时和加工完毕后都要进行精度检验。圆锥面的精度检验包括锥度（或角度）的检验和圆锥尺寸的确认。

一、锥度（或角度）的检验

锥度（或角度）的精度通常可以用圆锥量规、角度样板、万能角度尺和正弦规等量具、量仪来测量检验，具体可根据不同的精度要求选择合适的检验方法。

1. 用圆锥量规检验

用圆锥量规检验又叫涂色法检验，最常用的量具是圆锥套规和圆锥塞规（见图 4—17），主要用于检验标准内圆锥和外圆锥的锥度，如莫氏锥度和其他标准锥度。

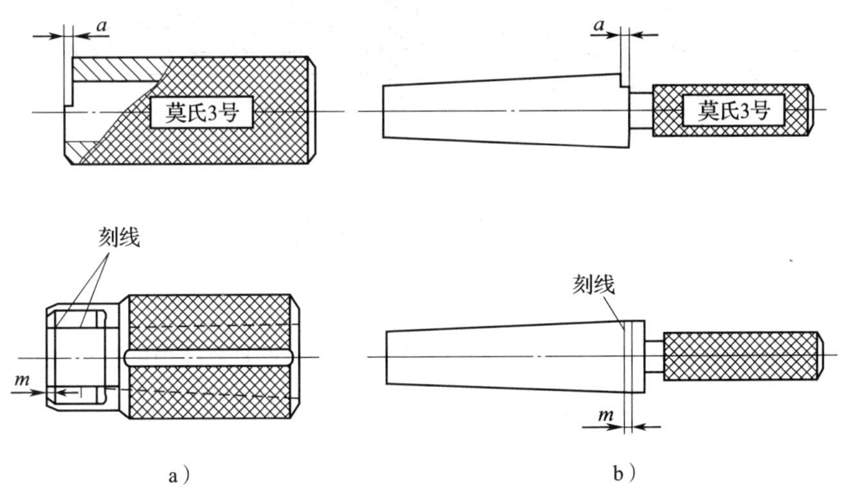

图 4—17　圆锥量规

a）圆锥套规　b）圆锥塞规

用圆锥塞规检验内圆锥面时，先在塞规表面顺着圆锥素线方向（全长上）均匀地涂上三条（三等分分布）极薄的显示剂，显示剂为红油、蓝油或特种红丹粉，涂色宽度为 5 ~ 10 mm，厚度按国家标准规定为 2 μm，若圆锥精度要求不高，涂层可适当加厚。然后将塞规放入磨削后擦净的锥孔中，使锥面相互贴合，用手紧握塞规在 ± 30°范围内转动一次（适当向素线方向用力），取出塞规仔细观察显示剂擦去的痕迹。如果三条显示剂的擦痕均匀，说明圆锥面接触良好，锥度正确；假如小端有擦痕，大端无擦痕则说明锥孔圆锥角大了；反之，就说明锥孔圆锥角小了；如果塞规表面在圆周方向上局部地方无擦痕，则说明锥孔不圆。出现以上问题，应及时找出原因，并采取措施进行修磨。

用圆锥套规检验外圆锥面的方法与上述方法相同，但显示剂应涂在工件外圆锥面的素线上，转动时用力应适当，不能在径向上发生摇晃，否则会影响检验的正确性。

用涂色法检验锥度时，要求工件锥体表面接触处靠近大端，接触长度不低于以下规定：

高精度：接触长度为工件圆锥长度的 85%。

精密：接触长度为工件圆锥长度的 80%。

普通：接触长度为工件圆锥长度的 75%。

2. 用角度样板检验

在成批和大量生产圆锥角度要求不高的工件时，可根据圆锥半角的大小制成专用的角度样板来测量工件。图 4—18 所示为气门阀杆圆锥半角的测量方法。

测量时，样板安放在测量基准面上，用透光法检查角度是否正确。如果右下端光隙大，说明工件圆锥半角小；如果左上端光隙大，则说明工件圆锥半角大；如果样板中部光隙大，说明工件锥面中间凸；如果样板两端光隙大，则说明工件锥面中间凹。出现以上问题，需根据具体情况进行必要的修磨。检验误差取决于角度样板的精确程度，非常精确的样板的检验误差值不大于5′。

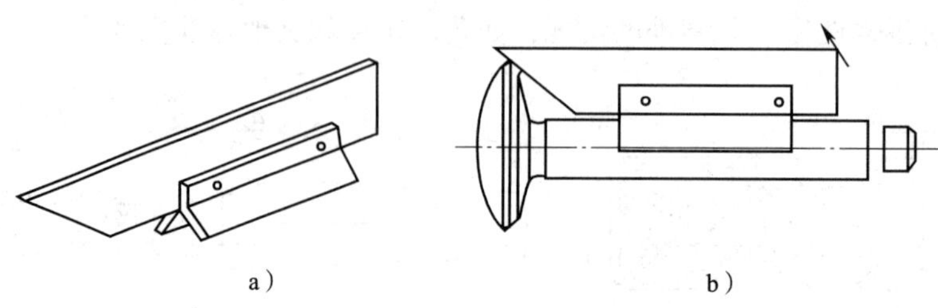

图4—18 用角度样板测量气门阀杆的圆锥半角
a）角度样板 b）测量方法

3. 用万能角度尺检验

万能角度尺的结构如图4—19所示，它可以测量0°～320°范围内的任何角度。

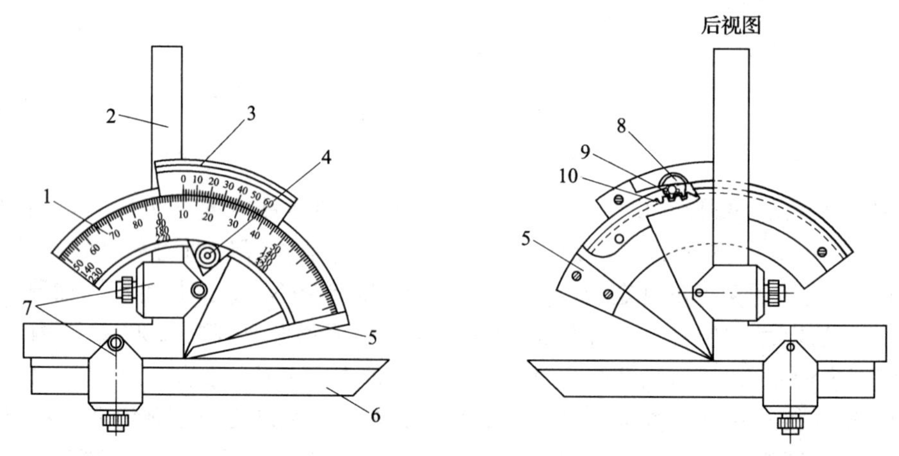

图4—19 万能角度尺
1—尺身 2—角尺 3—游标 4—制动器 5—基尺 6—直尺
7—卡块 8—螺母 9—小齿轮 10—扇形齿轮

万能角度尺由尺身1、基尺5、游标3、角尺2、直尺6、卡块7和制动器4等组成。基尺5可带着尺身1沿着游标3转动，转到所需角度时，可用制动器4锁紧。卡块7可将角尺2和直尺6固定在所需的位置上。

测量时，可转动背后的螺母8，通过小齿轮9带动扇形齿轮10，使基尺5改变角度。

用万能角度尺测量工件的方法如图4—20所示。

使用万能角度尺要注意的是，角尺面应通过中心，并且一个面要与被测基准面吻合，采用透光法检查。读数前要先固定螺钉，防止角度走动。由于它是一种较精密的量具，必须倍加爱护。

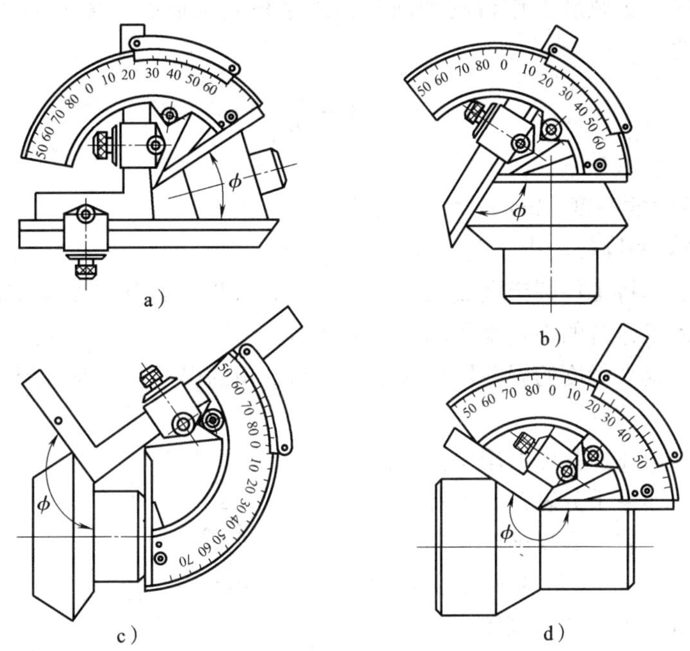

图 4—20　用万能角度尺测量工件的方法

4. 用正弦规检验

正弦规是利用三角形中的正弦关系来计算、测量角度的一种精密量具，主要用于检验外圆锥面，在制造有圆锥的工件中使用比较普遍。

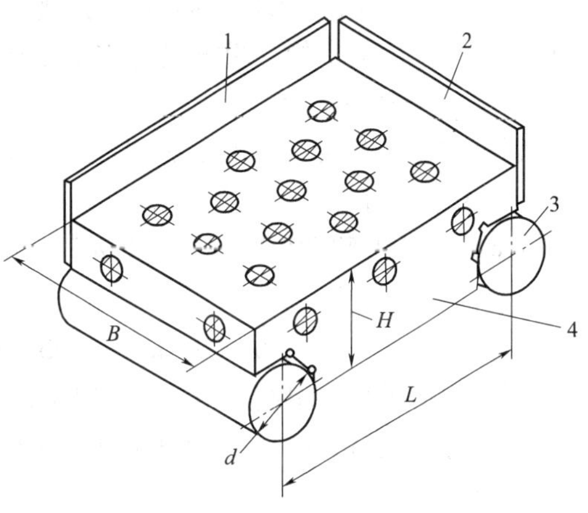

图 4—21　正弦规

1—后挡板　2—侧挡板　3—精密圆柱　4—工作台

正弦规结构简单，如图 4—21 所示，它由后挡板 1、侧挡板 2、两个精密圆柱 3 及工作台 4 等组成。根据两圆柱中心距 L 和工作台平面宽度 B 制成宽型和窄型两种正弦规，具体规格可见表 4—4。正弦规的两个圆柱的中心距有很高的精度。如 $L=100$ mm 的宽型正弦规，其偏差为 ±0.003 mm；同时，工作台的平面度误差以及两个圆柱之间的等高度误差都极小，因此可以用于精密测量。

表 4—4　　**正弦规的基本尺寸**　　mm

正弦规型式	L	B	H	d
宽型	100	80	40	20
	200	150	65	30
窄型	100	25	30	20
	200	40	55	30

测量时，将正弦规放在精密平板上，一根圆柱与平板接触，在另一根圆柱下面垫进量块组，量块组的高度 H 可根据正弦规两圆柱中心距 L 和被测工件的圆锥角 α 的大小进行精确

计算后求得。此时，正弦规工作台的平面与精密平板间组成的角度即为经计算而求得的锥度，其计算公式为：

$$\sin\alpha = \frac{H}{L} \tag{4—11}$$

式中 α——圆锥角，(°)；

H——量块组的高度，mm；

L——正弦规两圆柱的中心距，mm。

垫好量块组后，将工件圆锥面放在正弦规上，并用挡板挡住，不使工件在测量时走动；也可以用插销插入工作台的小孔来限制工件圆锥面的位置。此时，工件圆锥面上素线应与精密平板平面平行，其平行度的误差即反映了工件圆锥角的误差。一般可用千分表或电感测微仪进行测量。

图 4—22 所示为在正弦规上用千分表测量圆锥塞规锥度。如果千分表在 a 点和 b 点两处的读数相同，则表示塞规锥度正确；如果两处的读数不同，则说明塞规锥度有误差。当 a 点高于 b 点时表明塞规圆锥角大，若 b 点高于 a 点则表明塞规圆锥角小。

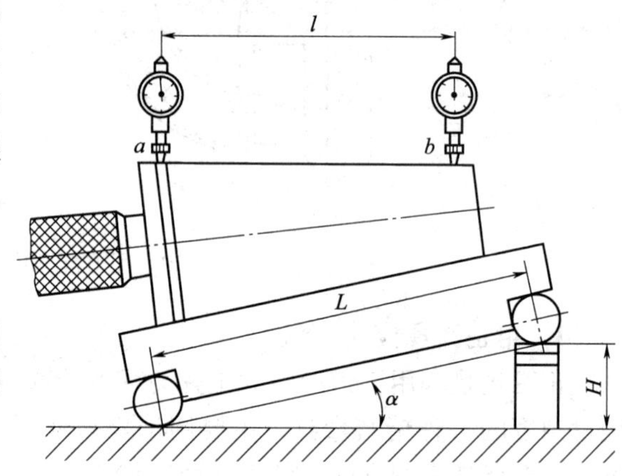

图 4—22 在正弦规上用千分表测量圆锥塞规锥度

使用正弦规测量的计算举例如下。

例 4—4 使用 $L = 200$ mm 的正弦规测量莫氏 4 号锥度的塞规。求测量时应垫量块组的高度 H 是多少？

解：查表得莫氏 4 号锥度的圆锥角 $\alpha = 2°58'30.4''$，则有：

$$\sin\alpha = \sin 2°58'30.4'' = 0.051\,905$$

代入式（4—11）中，得：

$$H = L\sin\alpha = 200 \times 0.051\,905 = 10.381 \text{ mm}$$

所以应垫进量块组高度 $H = 10.381$ mm。

用千分表测量，在 a、b 两处读数不同，说明锥度有误差。锥度误差 ΔC 可按下面近似公式计算：

$$\Delta C = \frac{e}{L_1} \tag{4—12}$$

式中 ΔC——锥度误差，rad；

e——a、b 两点读数之差，mm；

L_1——a、b 两点之间的距离，mm。

由于 1 rad = $57.3 \times 60 \times 60'' = 206\,280'' \approx 2 \times 10^5{}''$。

将上式的弧度换算成角度，即得圆锥角误差的计算公式为：

$$\Delta\alpha = \Delta C \times 2 \times 10^5 \tag{4—13}$$

式中 $\Delta\alpha$——圆锥角误差，(″)。

例 4—5 在上例中，如果用千分表测得 a 点比 b 点高 0.012 mm，a、b 两点之间的距离为 100 mm。求锥度误差 ΔC 和圆锥角误差 $\Delta\alpha$。

解：已知 $e=0.012$ mm，$L_1=100$ mm，代入式（4—12），得：

$$\Delta C = \frac{e}{L_1} = \frac{0.012}{100} = 0.000\ 12\ \text{rad}$$

根据式（4—13），得：

$$\Delta\alpha = \Delta C \times 2 \times 10^5 = 0.000\ 12 \times 2 \times 10^5 = 24''$$

由于 a 点高于 b 点，即圆锥角大了 24″。

根据式（4—11）计算所垫量块组高度 H，需要查三角函数表，比较麻烦，为了节省计算和查表时间，现将常用圆锥用正弦规测量时需垫量块组的高度 H 值列于表中。表 4—5 是检验莫氏锥度时所垫量块组的尺寸，表 4—6 是检验常用锥度时所垫量块组的尺寸。

表 4—5　　检验莫氏锥度的量块组高度尺寸

莫氏锥度号数	锥度 C	量块组高度 H/mm	
		正弦规中心距 $L=100$ mm	正弦规中心距 $L=200$ mm
No. 0	0. 052 05	5. 201 45	10. 402 9
No. 1	0. 049 88	4. 984 89	9. 969 7
No. 2	0. 049 95	4. 991 88	9. 983 7
No. 3	0. 050 20	5. 016 44	10. 032 8
No. 4	0. 051 94	5. 190 23	10. 390 6
No. 5	0. 052 63	5. 259 01	10. 518 0
No. 6	0. 052 14	5. 210 26	10. 420 5

表 4—6　　检验常用锥度的量块组高度尺寸

锥度 C	$\tan\alpha$	量块组高度 H/mm	
		正弦规中心距 $L=100$ mm	正弦规中心距 $L=200$ mm
1:200	0. 005	0. 500 0	1. 000 0
1:100	0. 010	1. 000 0	2. 000 0
1:50	0. 019 9	1. 999 8	3. 999 6
1:30	0. 033 3	3. 332 4	6. 664 8
1:20	0. 049 9	4. 996 9	9. 993 8
1:15	0. 066 5	6. 659 3	13. 318 5
1:12	0. 083 1	8. 318 9	16. 637 8
1:10	0. 099 7	9. 975 1	19. 950 1
1:8	0. 124 5	12. 451 4	24. 902 7
1:7	0. 042 1	14. 213 2	28. 426 4
1:5	0. 198 0	19. 802 0	39. 604 0
1:3	0. 324 3	32. 432 4	64. 864 9

二、圆锥尺寸的确认

在磨削圆锥时，除了要有正确的锥度（角）以外，还必须控制锥面的大端或小端直径尺寸，即通过对内外圆锥面的直接或间接测量，进行圆锥尺寸的确认。

锥度量规就是图4—17所示的圆锥量规，它除了有精确的圆锥形表面外，在圆锥塞规的锥面大端处有两圈刻线，如图4—17b所示；在圆锥套规的小端处有一个台阶，如图4—17a所示。这些刻线和台阶就是检验工件圆锥大端和小端直径的公差范围。

用圆锥塞规检验锥孔时，如果大端处的两条刻线都进入锥孔的大端，就表明锥孔大了；如果两条刻线都未进入锥孔的大端，则表明锥孔小了；如果工件锥孔大端在圆锥塞规大端两条刻线之间，则确认锥孔尺寸符合要求，如图4—23a所示。

用圆锥套规检验外锥体的方法与圆锥塞规相同，只是圆锥套规控制的是工件外锥体小端直径公差，由套规小端的台阶来测量。测量时工件外锥体小端直径应在套规台阶之间，才确认为合格，如图4—23b所示。

用上述方法检验，若大端或小端尚未达到尺寸要求时，必须要再进给磨削。圆锥的大、小端直径用一般通用量具很难测量正确，用量规测量也只能量出工件端面到量规台阶中间平面的距离 a（见图4—24）。要确定磨去多少余量才能使大、小端尺寸合格，可按下式计算：

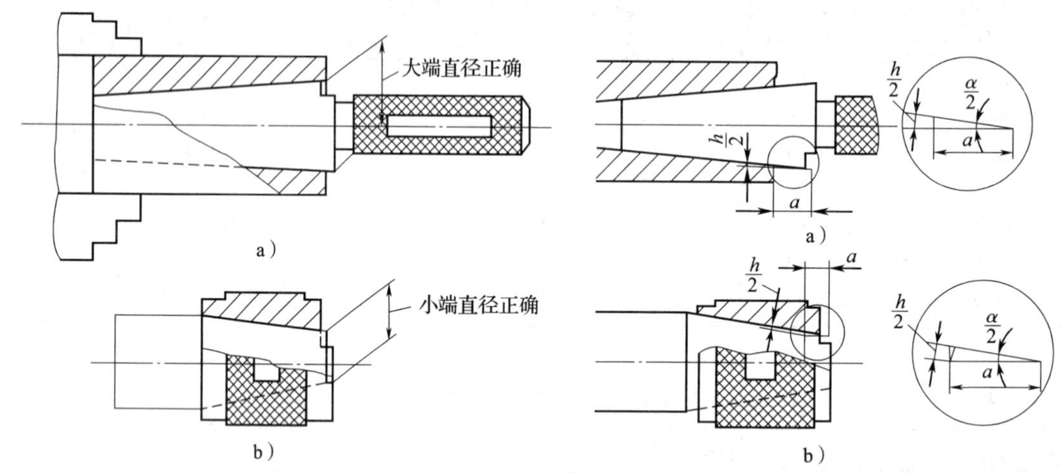

图4—23 用锥度量规测量
a）测量锥孔 b）测量外锥体

图4—24 圆锥尺寸余量确定
a）确定锥孔余量 b）确定外锥体余量

$$h/2 = a\sin(\alpha/2)$$

$$h = 2a\sin(\alpha/2) \tag{4—14}$$

当 $\alpha/2 < 6°$ 时，有：

$$\sin(\alpha/2) \approx \tan(\alpha/2)$$

因此

$$h = 2a\sin(\alpha/2) \approx 2a\tan(\alpha/2)$$

又

$$\tan(\alpha/2) = C/2$$

则

$$h = aC \tag{4—15}$$

式中 h——需要磨去的余量，mm；

a——工件端面到量规台阶中间平面的距离，mm；

$\alpha/2$——圆锥半角，(°)；

C——工件锥度。

例4—6 磨削莫氏3号（$\alpha/2 = 1°26'16''$）外圆锥，用圆锥套规测量时，锥度已磨准确，工件小端到套规台阶中间平面的距离 $a=2$ mm。问工件需磨去多少余量，小端直径才合格？

解： 根据式（4—14），有：

$$h = 2a\sin\left(\frac{\alpha}{2}\right) = 2\times 2\times 0.025\ 092$$

$$= 0.100\ 368 \approx 0.1\ \text{mm}$$

需磨去 0.1 mm，才能使小端直径合格。

例 4—7 磨削锥度为 1:20 的内圆锥，用圆锥塞规测量工件大端直径时，端面到圆锥塞规台阶中间平面的距离为 1.5 mm。问工件需磨去多少余量，大端直径才能合格？

解： 根据式（4—15），得：

$$h = aC = 1.5\times\frac{1}{20} = 0.075\ \text{mm}$$

需磨去 0.075 mm，才能使内圆锥大端直径合格。

三、磨削产生废品的原因及预防方法

磨圆锥时，也会发生如磨内、外圆时同样的质量问题，例如，表面粗糙度值大、圆锥尺寸不对及同轴度差等。对以上质量问题已在磨内、外圆一章中进行过分析。这里主要分析因锥度不正确及圆锥素线不直所引起的圆锥面接触不良而产生的废品，见表 4—7。

表 4—7　产生废品的原因及预防方法

废品名称	产生原因	预防方法
锥度不正确	1. 磨削时，因显示剂涂得太厚或用圆锥量规测量时摇晃造成测量误差。没有将工作台、头架或砂轮架角度调整正确	1. 显示剂应涂得极薄而均匀，圆锥量规测量时不能摇晃，转动角度要在 ±30° 以内。应确定测量准确后，固定工作台、头架或砂轮架的位置再进行磨削
	2. 用磨钝的砂轮磨削时，因弹性变形的影响，使锥度发生变动	2. 经常修整砂轮。精磨时需光磨到火花基本消失为止
	3. 磨削直径小而长的内锥体时，由于砂轮接长轴细长、刚性差，再加上砂轮圆周速度低，磨削能力差而引起	3. 砂轮接长轴尽量选得短而粗些，减小砂轮宽度，精磨余量留少些
圆锥素线不直（双曲线误差）	砂轮架（或内圆砂轮轴）的旋转轴线与工件旋转轴线不等高而引起	修理或调整机床，使砂轮架（或内圆砂轮轴）的旋转轴线与工件的旋转轴线等高

在磨圆锥时，虽然多次调整机床上工作台的转角，但仍校不正锥度；当用圆锥套规测量外圆锥时，发现两端显示剂被擦去，中间不接触；当用圆锥塞规测量内圆锥时，发现中间显示剂被擦去，两端没有擦去。以上几种情况的出现，一般是因为砂轮架与工件旋转轴线不等高而引起的，使磨出的圆锥素线不直，形成了双曲线误差，如图 4—25 所示。

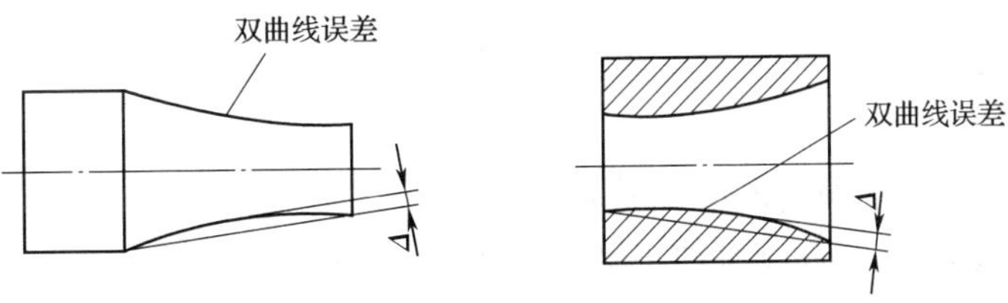

图 4—25　磨圆锥面的双曲线误差

磨圆锥时产生双曲线误差的分析如下：

根据圆锥体形成的原理可知，圆锥素线是一条直线，如果把一个标准圆锥体在距离中心 Δh 处剖开，其剖面形状是双曲线 *CDE*，如图 4—26a 所示。就是说，当砂轮架高于工件旋转轴线 Δh 时，如果工件能按双曲线 *DE* 轨迹移动，就可磨出圆锥素线是直线的圆锥体，当然这是不可能的，因为工件的移动轨迹总是直线的。所以，当砂轮架高于或低于工件旋转轴线 Δh 时，并且工件的运动轨迹为直线，则磨出的素线就变成了双曲线，如图 4—26b 所示。

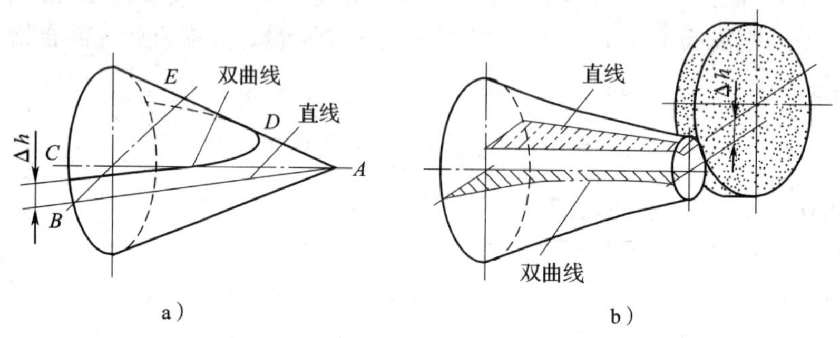

图 4—26　磨圆锥面时的双曲线误差的形成原理

a）圆锥体　b）双曲线误差

因此，磨圆锥时，非常重要的问题是要求砂轮的旋转轴线与工件的旋转轴线保持等高。由于外圆砂轮直径大，接触弧长，等高要求较低（在 0.2 mm 以内）；而磨内圆锥时，由于砂轮直径小，等高要求在 0.02 mm 以内。

复习思考题

1. 试述圆锥的各部分名称和计算方法。圆锥面的配合有哪些特点？

2. 什么叫锥度？写出其公式。

3. 根据下列已知条件，用查三角函数表的方法计算出圆锥半角 $\frac{\alpha}{2}$。

（1）$D=26$ mm，$d=20$ mm，$L=48$ mm。

（2）$D=65$ mm，$d=60$ mm，$L=100$ mm。

（3）$C=1:5$。

（4）$C=1:20$。

（5）$C=1:12$。

4. 根据下列已知条件，用近似公式计算圆锥半角 $\frac{\alpha}{2}$。

（1）$D=26$ mm，$d=24$ mm，$L=40$ mm。

（2）$C=1:50$。

5. 外圆锥的磨削方法有哪几种？各有什么特点？

6. 磨削锥度为 1:20 的外圆锥面主轴，采用哪种磨削方法最合理？为什么？此时机床调整角度应多大？

7. 简述磨削一般外圆锥体的操作步骤。

8. 内圆锥的磨削方法有哪几种？各有什么特点？

9. 简述磨削一般内圆锥孔的操作步骤。

10. 锥度（或角度）的检验方法有哪几种？具体如何检验、测量？

11. 用中心距为 100 mm 的正弦规测量圆锥半角$\frac{\alpha}{2}=1°25'26''$的圆锥体，试求垫入的量块组的高度 H 是多少？

12. 圆锥尺寸如何确认？

13. 在磨削 1∶12 的外圆锥面时，测量得知圆锥套规长度还差 3 mm。试问在直径方向还留有多少余量？

14. 磨圆锥面时常见的磨削缺陷有哪几种？

15. 圆锥面磨削时，产生圆锥度（或角度）不准确的原因有哪些？

16. 试述磨削圆锥面时双曲线误差的形成原因及预防解决办法。

第五单元

平　面　磨　削

机器零件除了有圆柱、圆锥表面外，还经常由各种平面组成。这类工件的主要技术要求是尺寸精度和形状位置精度，如平面度、平行度和垂直度等。平面磨削通常在平面磨床上进行。

在平面磨床上磨削平面，尺寸精度一般可达 IT7 ~ IT6 级，表面粗糙度 *Ra* 值为 0.63 ~ 0.16 μm。精密平面磨床，磨削表面粗糙度 *Ra* 值可达 0.1 μm，平行度误差在 1 000 mm 长度内为 0.01 mm。

课题一 平面磨床的操纵与调整

一、平面磨床的类型简介

按照平面磨床磨头和工作台的结构特点和配置形式，可将平面磨床分为五种类型，即卧轴矩台平面磨床、卧轴圆台平面磨床、立轴矩台平面磨床、立轴圆台平面磨床及双端面磨床等。图 5—1 所示为这五种平面磨床磨削的示意图。

1. 卧轴矩台平面磨床

砂轮的主轴轴线与工作台面平行（见图 5—1a），工件安装在矩形电磁吸盘上，并随工作台做纵向往复直线运动。砂轮在高速旋转的同时做间歇的横向移动，在工件表面磨去一层后，砂轮反向移动，同时做一次垂直进给，直至将工件磨削到所需的尺寸。图 5—2 所示为常用的 M7120D 型卧轴矩台平面磨床。

2. 卧轴圆台平面磨床

砂轮的主轴是卧式的，工作台为圆形电磁吸盘，用砂轮的圆周面磨削平面（见图 5—1b）。磨削时，圆形电磁吸盘将工件吸在一起做单向匀速旋转，砂轮除高速旋转外，还在圆台外缘和中心之间做往复运动，以完成磨削进给，每往复一次或每次换向后，砂轮向工件垂直进给，直至将工件磨削到所需要的尺寸。由于工作台面是连续旋转的，所以磨削效率高，但不能磨削台阶面等复杂的平面。

3. 立轴矩台平面磨床

砂轮的主轴与工作台面垂直，工作台为矩形电磁吸盘，用砂轮的端面磨削平面（见图

5—1c)。这类磨床只能磨简单的平面零件。由于砂轮的直径大于工作台的宽度，砂轮不需要做横向进给运动，故磨削效率较高。

4. 立轴圆台平面磨床

砂轮的主轴与工作台面垂直，工作台为圆形电磁吸盘，用砂轮的端面磨削平面（见图5—1d)。磨削时，圆工作台做匀速旋转，砂轮除做高速旋转外，还定时做垂直进给。

5. 双端面磨床

该磨床能同时磨削工件的两个平行面，磨削时工件可连续送料，常用于自动生产线等场合。图5—1e所示为直线贯穿式双端面磨床，适用于磨削轴承环、垫圈和活塞环等工件的平面，生产效率极高。

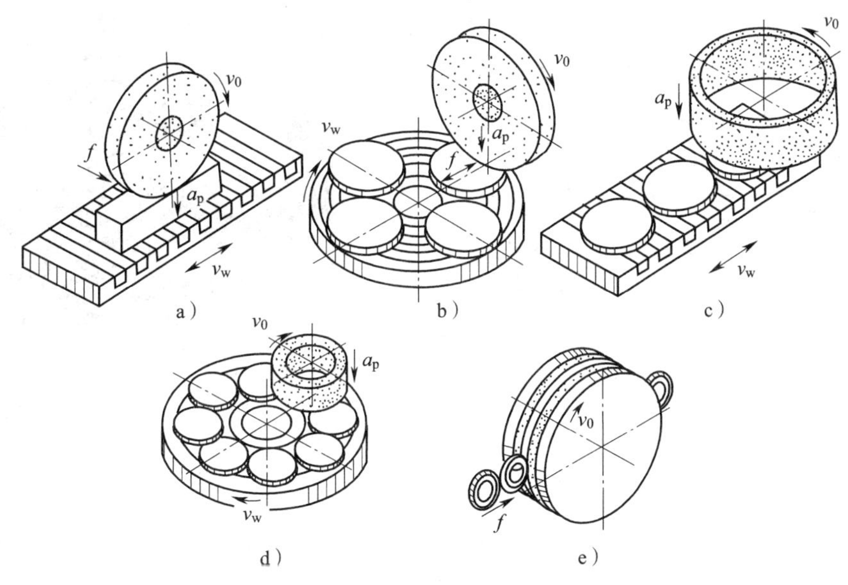

图5—1　各种平面磨床的磨削示意图

a）卧轴矩台平面磨床磨削　b）卧轴圆台平面磨床磨削　c）立轴矩台平面磨床磨削
d）立轴圆台平面磨床磨削　e）双端面磨床磨削

二、M7120D型平面磨床的主要技术参数及规格

1. 工作精度

等厚度：5个试件等厚，在300 mm长度以上为0.005 mm。

表面粗糙度：*Ra*0.63 μm。

2. 主要技术参数及规格

工作台面尺寸（长度×宽度）/mm	630×200
最大磨削工件尺寸（长度×宽度×高度）/mm	630×200×320
工作台速度/（m/min）	2～20
电磁吸盘尺寸（长度×宽度）/mm	560×200
磨头垂直最大移动量（手动）/mm	345
磨头垂直进给手轮每格刻度值/mm	0.005
磨头横向最大移动量（手动/液动）/mm	250/235

磨头横向进给手轮每格刻度值/mm	0.01
砂轮尺寸（外径×宽度×内径）/mm	$\phi250\times25\times\phi75$
砂轮圆周速度/（m/s）	40
砂轮主轴转速/（r/min）	1 500、3 000

三、卧轴矩台平面磨床的操纵和调整

1. 卧轴矩台平面磨床各部件的名称和作用

如图5—2所示，M7120D型平面磨床由床身、工作台、磨头、滑板、立柱、电气箱、电磁吸盘、电气按钮板和液压操纵箱等部件组成。

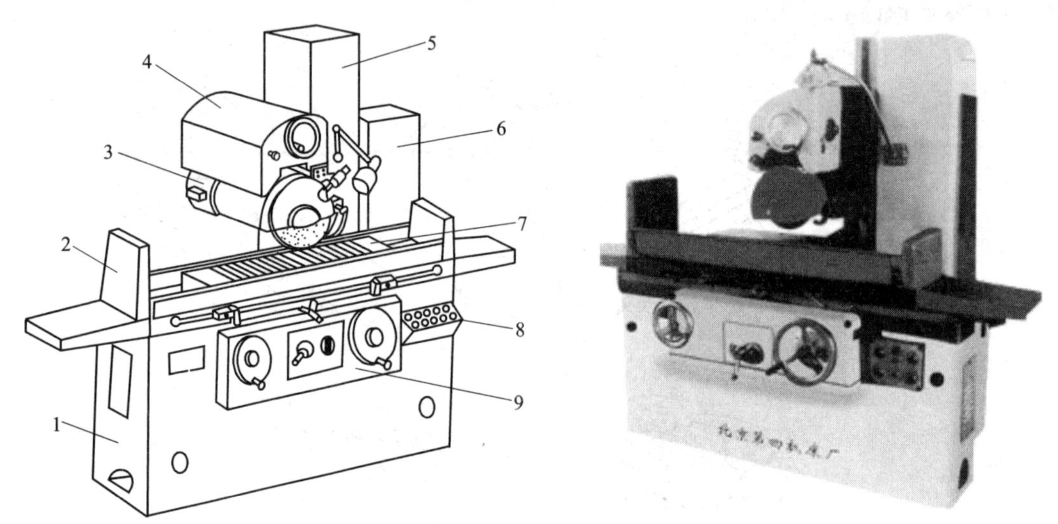

图5—2　M7120D型平面磨床

1—床身　2—工作台　3—磨头　4—滑板

5—立柱　6—电气箱　7—电磁吸盘　8—电气按钮板　9—液压操纵箱

（1）床身

床身1为箱形铸件，上面有V形导轨及平导轨；工作台2安装在导轨上。床身前侧的液压操纵箱上装有工作台手动机构、垂直进给机构、液压操纵板等，用以控制机床的机械与液压传动。电气按钮板上装有电气制按钮。

（2）工作台

工作台2为一盆形铸件，上部有长方形台面，下面有凸出的导轨。工作台上部台面经过磨削，并有一条T形槽，用以固定工作物和电磁吸盘。在台面四周装有防护罩，以防止切削液飞溅。

（3）磨头

磨头3在壳体前部，装有两套短三块油膜滑动轴承和控制轴向窜动的两套球面止推轴承，主轴尾导轨上有两种进给形式：一种是断续进给，即工作台换向一次，砂轮磨头横向做一次断续进给，进给量1～12 mm；另一种是连续进给，磨头在水平燕尾导轨上往复连续移动，连续移动速度为0.3～3 m/min，由进给选择旋钮控制。磨头除了可液压传动外，还可做手动进给。

（4）滑板

滑板 4 有两组相互垂直的导轨：一组为垂直矩形导轨，用以沿立柱做垂直移动；另一组为水平燕尾导轨，用以作磨头横向移动。

（5）立柱

立柱 5 为一箱形体，前部有两条矩形导轨，丝杆安装在中间，通过螺母，使滑板沿矩形导轨垂直移动。

（6）电气箱

M7120D 型平面磨床在电气安装上进行了改进，将原来装在床身上的电气元件等装到电气箱内。这样有利于维修和保养。

（7）电磁吸盘

电磁吸盘 7 主要用于装夹工件。

（8）电气按钮板

电气按钮板 8 主要用于安装各种电气按钮，通过操作按钮，来控制机床的各项进给运动。

（9）液压操纵箱

液压操纵箱 9 主要用于控制机床的液压传动。

2. 平面磨床的操纵和调整

图 5—3 所示为 M7120D 型平面磨床的操纵示意图。

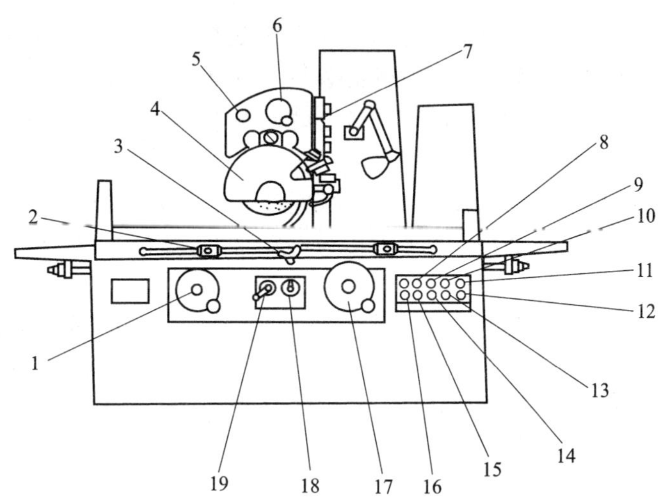

图 5—3　M7120D 型平面磨床操纵示意图

1—工作台手动进给手轮　2—挡铁　3—工作台换向手轮　4—磨头　5—磨头换向手柄
6—磨头横向手动进给手轮　7—磨头润滑按钮　8—砂轮低速启动按钮　9—砂轮停止按钮
10—砂轮高速启动按钮　11—切削液开关　12—电磁吸盘工作状态选择开关
13—磨头自动下降按钮　14—磨头自动上升按钮　15—液压泵启动按钮　16—总停按钮
17—垂直进给手轮　18—磨头液动进给旋钮　19—工作台启动调速手柄

（1）液压操纵步骤

1）按动液压泵启动按钮 15，启动液压泵。

2）调整工作台行程挡铁 2 于两极限位置。

3）在液压泵工作数分钟后，扳动工作台启动调速手柄 19，向顺时针方向转动，使工作台从慢到快进行运动。

4）扳动工作台换向手柄 3，使工作台往复换向 2 ~ 3 次，检查动作是否正常；然后使工作台自动换向运动。

（2）磨头的操纵和调整

1）向左转动磨头液动进给旋钮 18，使磨头从慢到快作连续进给；调节磨头左侧槽内挡铁的位置，使磨头在电磁吸盘台面横向全程范围内往复移动。

2）向右转动旋钮 18，使磨头在工作台纵向运动换向时作横向断续进给，进给量可在 1 ~ 12 mm 范围内调节。磨头断续或连续进给需要换向时，可操纵换向手柄 5。手柄向外拉出，磨头向外进给；手柄向里推进，磨头向里进给。

3）磨头的横向手动进给。当用砂轮端面进行横向进给磨削时，砂轮需停止横向液动进给。操作时，应将磨头液动进给旋钮 18 旋至中间停止位置；然后手摇横向手动进给手轮 6，使磨头作横向进给。顺时针方向摇动手轮，磨头向外移动；逆时针方向摇动手轮，磨头向里移动。手轮每格进给量为 0. 01 mm。

4）磨头的垂直自动升降。磨头的垂直自动升降是由电气控制的。操纵时，先把垂直进给手轮 17 向外拉出，使操纵箱内的齿轮脱开，然后按动按钮 14，滑板沿导轨向上移动，带动磨头 4 垂直上升；按动按钮 13，滑板向下移动，磨头垂直下降；松开按钮，磨头停止升降。磨头的自动升降一般用于磨削前的预调整，以减轻劳动强度，提高生产效率。

5）磨头的垂直手动进给。磨头的垂直进给是通过摇动垂直进给手轮 17 来完成的。操纵时，把手轮 17 向里推进，使操纵箱内齿轮啮合；摇动手轮 17，磨头垂直上下移动。手轮顺时针方向摇动一圈，磨头下降 1 mm，每格进给量为 0. 005 mm。

（3）砂轮的启动

为了保证砂轮主轴使用的安全，在启动砂轮前，必须先启动润滑泵，使砂轮主轴得到充分润滑。M7120D 型平面磨床油箱采用水银限位开关来延迟启动的时间，保证了砂轮启动时的安全。

操作时，在润滑泵启动约 3 min 后，水银开关被顶起，线路接通。先按动砂轮低速启动按钮 8，使砂轮做低速运转；运转正常后，再按动砂轮高速启动按钮 10，使砂轮做高速运转；磨削结束后，按动砂轮停止按钮 9，砂轮停止运转。润滑泵不启动，砂轮是无法启动的。

课题二 平面磨削

一、平面磨削的方式

根据砂轮工作表面的不同，平面磨削可分为周边磨削、端面磨削及周边 - 端面磨削三种方式。

1. 周边磨削

又称圆周磨削，是用砂轮的圆周面进行磨削。卧轴的平面磨床属于这种形式（见图5—1a、b）。

2. 端面磨削

用砂轮的端面进行磨削。立轴的平面磨床均属于这种形式（见图5—1c、d）。

3. 周边－端面磨削

同时用砂轮的圆周面和端面进行磨削。磨削台阶面时，若台阶不深，可在卧轴矩台平面磨床上，用砂轮进行周边－端面磨削。

二、平面磨削的特点

平面磨削的形式不同，其特点也各不相同。

1. 周边磨削的特点

用砂轮圆周面磨削平面时，砂轮与工件的接触面积较小，磨削时的冷却和排屑条件较好，产生的磨削力和磨削热也较小，因此能减少工件受热所产生的变形，有利于提高工件的磨削精度。适用于精磨各种工件的平面，平面度误差能控制在（0.01～0.02）mm/1 000 mm，表面粗糙度可达 $Ra0.8 \sim 0.2$ μm。但由于磨削时要用间断的横向进给来完成整个工件表面的磨削，所以生产效率较低。

2. 端面磨削的特点

在立轴平面磨床上，用筒形砂轮端面磨削时，机床的功率较大，砂轮主轴主要承受轴向力，因此弯曲变形小，刚度高，可选用较大的磨削用量。另外，由于砂轮与工件接触面积大，同时参加磨削的磨粒多，所以生产效率较高。但磨削过程中发热量较大，切削液不易直接浇注到磨削区，排屑较困难，因而工件容易产生热变形和烧伤。只适用于磨削精度不高且形状简单的工件。

为改善端面磨削加工的质量，可采用以下措施：

（1）选用粒度较粗、硬度较软的树脂结合剂砂轮。

（2）磨削时供应充分的切削液。

（3）采用镶块砂轮磨削。镶块砂轮由几块扇形砂瓦用螺钉、楔块等固定在金属法兰盘上构成。磨削时，砂轮与工件的接触面积减小，改善了排屑与冷却条件，砂轮不易堵塞，且可更换砂瓦，砂轮使用寿命长。但是镶块砂轮是间断磨削，磨削时易产生振动，因此加工表面的粗糙度值较高。

（4）将砂轮端面修成内锥形，使砂轮与工件成线接触；或调整磨头倾斜一微小的角度，减少砂轮与工件的接触，改善散热条件，如图5—4所示。但磨头倾斜后磨出的平面略呈凹形，其凹值 A 可按下式计算：

$$A = K\tan\alpha = \frac{1}{2}(D_s - \sqrt{D_s^2 - B^2})\tan\alpha \tag{5—1}$$

式中 A——中凹值，mm；

K——砂轮参与磨削部位圆弧的弦高，mm；

α——磨头倾斜角度，(°)；

D_s——砂轮直径，mm；

B——磨削表面宽度，mm。

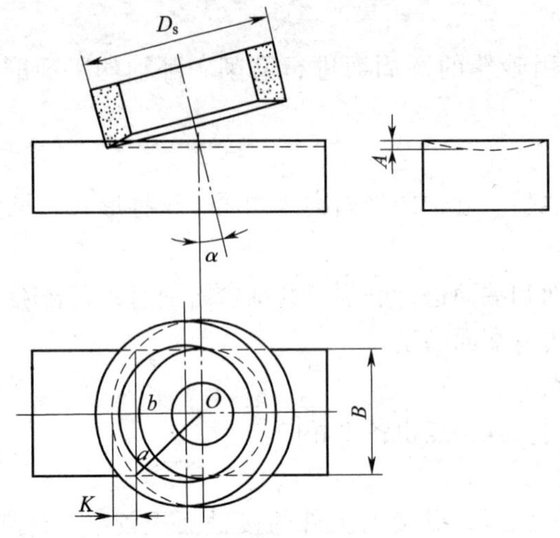

图 5—4　磨头倾斜对加工精度的影响

从上式可知，磨头倾斜角 α、磨削宽度 B 增大时，中凹值可增大；砂轮直径增大时，中凹值减小。

为了不影响磨削表面的平面度，倾斜角 α 一般不超过 30′，且此方法只适用于粗磨。精磨平面时必须使磨头轴线与工作台面相互垂直，以保证加工的平面度要求。

磨头与工作台面是否垂直一般可用两种方法检查。一种方法是用千分表测量。将千分表表座吸附在磨头砂轮架上，工作台上放一块垂直度误差极小的平垫铁，将千分表测量头顶在平垫铁侧面，磨头垂直升降，看千分表读数的变化，即可知磨头与工作台的垂直度误差。若工作台上放一块平行度误差极小的平垫铁，先移动工作台，用千分表测量一下工作台的水平，再用千分表测量一下平垫铁上平面的两端高低，将检测平垫铁的读数误差值与工作台的读数误差值相比较，也可以换算出磨头与工作台面的垂直度误差。第二种方法是直接通过观察加工面的磨削痕迹来判断。若磨头与工作台面相互垂直，则磨削痕迹为正反相交叉的双纹圆弧（见图 5—5a）；若磨头倾斜，则磨削痕迹是不相交的单纹圆弧（见图 5—5b）。

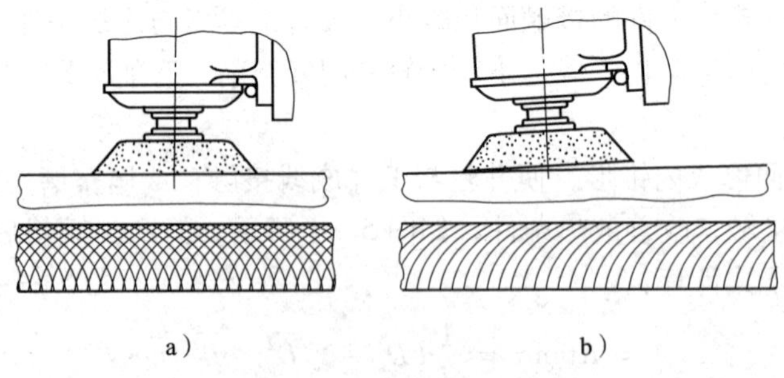

a）　　b）

图 5—5　端面磨的磨削痕迹

a）双刀花圆弧　b）单刀花圆弧

3. 周边 – 端面磨削的特点

周边 – 端面磨削最终须使砂轮的圆周面与端面同时与工件表面接触，磨削条件较差，产生的磨削热较大，所以磨削用量不宜过大。在卧轴矩台平面磨床上磨台阶面时，通常先用周边磨削磨出水平面，在接近台阶侧面处调整控制好磨头，使砂轮不与台阶端面碰撞，同时需将砂轮端面修成内凹形，用手摇工作台纵向进给手轮，缓慢均匀地进给磨削台阶面。观察端面磨削的火花，控制磨削进给量。在精磨时，适当增加光磨时间，以保证周边－端面磨削的精度，并注意供应充足的切削液进行冷却。如果工件有一定的批量，可选用粒度较粗、硬度较软的树脂结合剂砂轮。

三、平面磨削的方法

平面磨削时，尽管使用的磨床及磨削方式有所不同，但具体加工方法基本上是相同的。下面以卧轴矩台平面磨床为例，介绍平面磨削的三种基本方法：横向磨削法、深度磨削法和台阶磨削法。

1. 横向磨削法

横向磨削法是最常用的一种磨削方法（见图 5—6）。磨削时，当工作台纵向行程终了时，砂轮主轴或工作台做一次横向进给，这时砂轮所磨削的金属层厚度就是实际背吃刀量，待工件上第一层金属磨去后，砂轮重新作垂直进给，磨头换向继续作横向进给磨去工件第二层金属余量，如此往复多次磨削，直至切除全部余量为止。

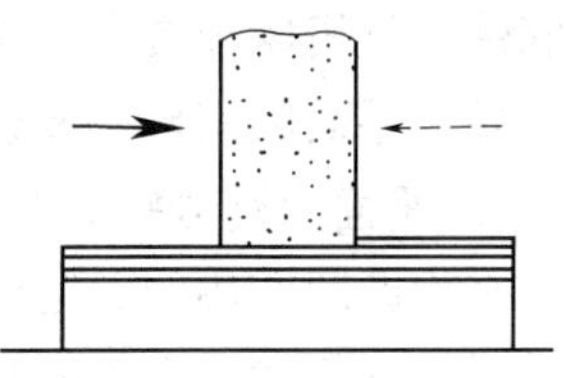

图 5—6　横向磨削法

横向磨削法适用于磨削长而宽的平面，因其磨削接触面积小，排屑、冷却条件好。因此砂轮不易堵塞，磨削热较少，工件变形小，容易保证工件的加工质量。但生产效率较低，砂轮磨损不均匀，磨削时须注意磨削用量和砂轮的正确选择。

2. 深度磨削法

深度磨削法（见图 5—7）磨削时砂轮只做两次垂直进给。第一次的垂直进给量等于粗磨的全部余量，当工作台纵向行程终了时，将砂轮或工件沿砂轮轴线方向移动 3/4～4/5 的砂轮宽度，直至切除工件全部粗磨余量；第二次的垂直进给量等于精磨余量，其磨削过程与横向磨削法相同。

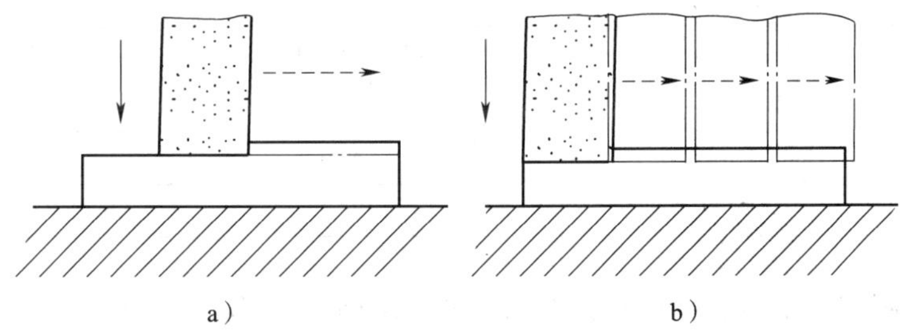

图 5—7　深度磨削法

也可采用切入磨削法，磨削时，砂轮先作垂直进给，横向不进给，在磨去全部余量后，砂轮垂直退刀，并横向移动 4/5 的砂轮宽度，然后再做垂直进给，先分段粗磨，最后用横向法精磨。

深度磨削法的特点是生产效率高，适用于批量生产或大面积磨削。磨削时须注意将工件装夹牢固，且供给充足的切削液冷却。

3. 台阶磨削法

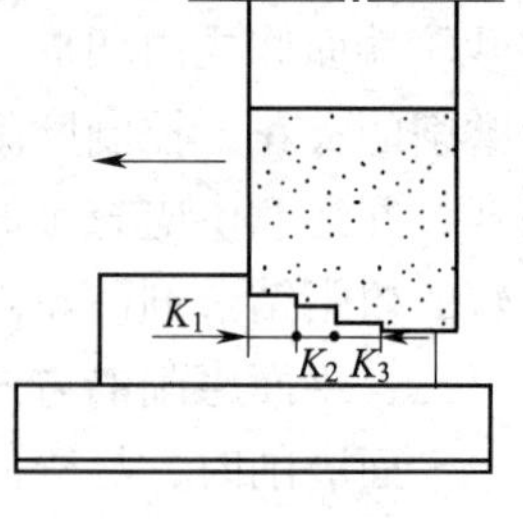

图 5—8 台阶磨削法

如图 5—8 所示，它是根据工件磨削余量的大小，将砂轮修整成阶梯形，使其在一次垂直进给中采用较小的横向进给量把整个表面余量全部磨去。

砂轮的台阶数目按磨削余量的大小确定，用于粗磨的各阶梯长度和深度要相同，其长度之和（$K_1+K_2+K_3$）一般不大于砂轮宽度的 1/2，每个阶梯的深度在 0.05 mm 左右，砂轮的精磨台阶（即最后一个台阶）的深度等于精磨余量，为 0.02 ~ 0.04 mm。

用台阶磨削法加工时，由于磨削用量较大，为了保证工件质量和提高砂轮的使用寿命，横向进给应缓慢一些。台阶磨削法生产效率较高，但修整砂轮比较麻烦，且机床须具有较高的刚度，所以在应用上受到一定的限制。

四、平面磨削砂轮及磨削用量的选择

1. 平面磨削砂轮的选择

平面磨削所用的砂轮应根据磨削方式、工件材料、加工要求等来选择。

平面磨削时，由于砂轮与工件的接触面积较大，磨削热也随之增加，尤其是磨削薄壁工件（如活塞环、垫圈等）时，容易产生翘曲变形和烧伤现象，所以应选择硬度较软、粒度较粗、组织疏松的砂轮，见表 5—1。

表 5—1　　平面磨削砂轮的选择

<table>
<tr><th colspan="6">1. 砂轮形状选择</th></tr>
<tr><th colspan="2">磨削形式</th><th colspan="2">圆周磨削</th><th colspan="2">端面磨削</th></tr>
<tr><td colspan="2">砂轮形状</td><td colspan="2">平形砂轮系列</td><td colspan="2">筒形或碗形砂轮，粗磨时可采用镶块砂轮</td></tr>
<tr><th colspan="6">2. 砂轮特性选择</th></tr>
<tr><th colspan="2">工件材料</th><th>非淬火钢</th><th>调质合金钢</th><th>淬火的碳钢、合金钢</th><th>铸铁</th></tr>
<tr><td rowspan="5">砂轮特性</td><td>磨料</td><td>A</td><td>A</td><td>WA</td><td>C</td></tr>
<tr><td>粒度</td><td colspan="4">F36 ~ F60　其中 F46 最常用</td></tr>
<tr><td>硬度</td><td>H ~ L</td><td>K ~ M</td><td>J ~ K</td><td>J ~ L</td></tr>
<tr><td>组织</td><td colspan="4">5 ~ 6</td></tr>
<tr><td>结合剂</td><td colspan="2">V</td><td colspan="2">B 或 V</td></tr>
</table>

当用砂轮的圆周磨削时，一般选用陶瓷结合剂的平形砂轮，粒度为 F36 ~ F60，硬度为 H ~ L。

当用砂轮的端面磨削时，由于接触面积大，排屑困难，容易发热，所以大多采用树脂结合剂的筒形、碗形或镶块砂轮，粒度为 F20 ~ F36，硬度为 J ~ L。

2. 磨削用量的选择

磨削用量的选择是由加工方法、磨削性质、工件材料等条件决定的。

（1）砂轮的速度

砂轮的速度不宜过高或过低，一般选择范围见表 5—2。

表 5—2　　平面磨削砂轮速度的选择

磨削形式	工件材料	粗磨/（m/s）	精磨/（m/s）
圆周磨削	灰铸铁	20～22	22～25
	钢	22～25	25～30
端面磨削	灰铸铁	15～18	18～20
	钢	18～20	20～25

（2）工作台纵向进给量

工作台为矩形时，纵向进给量选 1～12 m/min。

当磨削宽度大、精度要求高和横向进给量大时，工作台纵向进给应选得小些；反之，则选得大些。

（3）砂轮垂直进给量

其大小是依据横向进给量的大小来确定的。横向进给量大时，垂直进给量应小，以免影响砂轮和机床的寿命及工件的精度；横向进给量小时，垂直进给量应大。一般粗磨时，横向进给量为（0.1～0.48）B/双行程（B 为砂轮宽度），垂直进给量为 0.015～0.05 mm；精磨时，横向进给量为（0.05～0.1）B/双行程（B 为砂轮宽度），垂直进给量为 0.005～0.01 mm。

五、平面磨削基准面的选择原则

平面磨削基准面的选择准确与否将直接影响工件的加工精度，它的选择原则如下：

1. 在一般情况下，应选择表面粗糙度值较小的面为基准。

2. 在磨大小不等的平面时，应选择大面为基准，这样装夹稳固，并有利于以磨去较少余量达到平行度要求。

3. 在平行面有行位公差要求时，应选择行位公差较小的面为基准面。

4. 根据工件的技术要求和前道工序的加工情况来选择基准面。

六、平面磨削时工件的装夹

平面磨削时，常用电磁吸盘装夹工件。

电磁吸盘是平面磨削中最常用的夹具之一，用于钢、铸铁等磁性材料制成的有两个平行平面的工件的装夹。

电磁吸盘的外形有矩形和圆形两种，分别用于矩形工作台平面磨床和圆形工作台平面磨床。

1. 电磁吸盘装夹工件的特点

（1）工件装卸迅速、方便，并可以同时装夹多个工件。

（2）工件的定位基准面被均匀地吸紧在台面上，能很好地保证平行平面的平行度公差。

（3）装夹稳固可靠。

2. 使用电磁吸盘时的注意事项

（1）关掉电磁吸盘的电源后，有时工件不容易取下，这是因为工件和电磁吸盘上仍会保留一部分磁性（剩磁），这时需将开关转到退磁位置，多次改变线圈中的电流方向，把剩磁去掉，工件就容易取下了。

（2）从电磁吸盘上取下底面积较大的工件时，由于剩磁以及光滑表面间的黏附力较大，不容易取下，这时可根据工件形状用木棒或铜棒将工件扳松后再取下（见图5—9），切不可用力硬拖工件，以防工作台面与工件表面拉毛损伤。

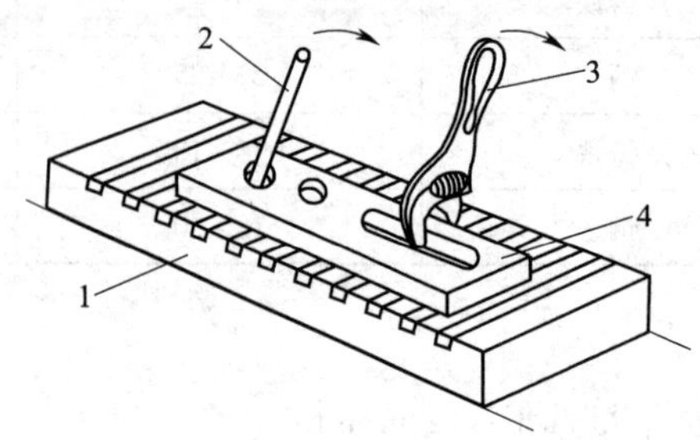

图5—9　工件的拆卸

1—电磁吸盘　2—木棒　3—活扳手　4—工件

（3）装夹工件时，工件定位表面盖住绝缘磁层条数应尽可能地多，以充分利用磁性吸力。对于小而薄的工件应放在绝缘磁层中间（见图5—10b），要避免放成图5—10a所示的位置，并在其左右放置挡板（见图5—10c），以防止工件松动。装夹高度较高而定位面积较小的工件时，应在工件的四周放置面积较大的挡块（见图5—11），其高度略低于工件，这样可避免因吸力不够而造成工件翻倒从而使砂轮碎裂的事故。

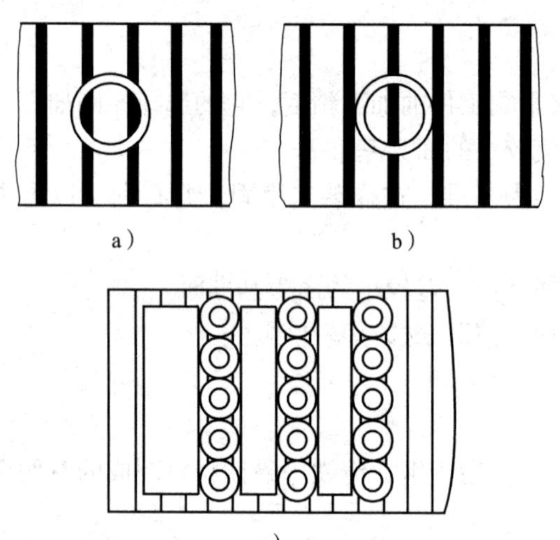

图5—10　小工件的装夹

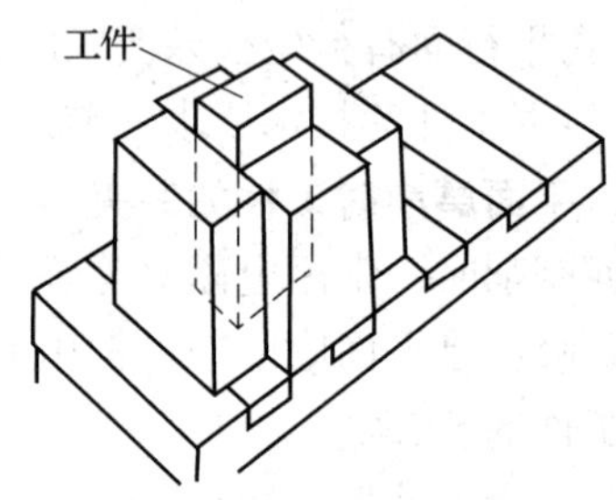

图5—11　狭高工件的装夹

（4）每次工件装夹完毕后，应用手拉一下工件，检查工件是否被吸牢，检查无误后，再启动砂轮进行磨削。

（5）电磁吸盘的台面要经常保持平整光洁，如果台面上出现拉毛，可用油石或细砂纸修光，再用金相砂纸抛光。如果台面上划痕和细麻点较多，或者台面已经不平时，可以对电磁吸盘台面作一次修磨。修磨时，电磁吸盘应接通电源，处于工作状态。磨削量和进给量要小，冷却要充分。要尽量减少修磨次数，以延长其使用寿命。

（6）工作结束后，应将电磁吸盘台面擦干净，以免切削液渗入吸盘体内，使线圈受潮而损坏。

七、平行面工件的磨削步骤

1. 用锉刀、油石、砂纸等，除去工件基准面上的毛刺或热处理后的氧化层。

2. 工件以基准面在电磁吸盘台面上定位。批量加工时，先粗略测量毛坯尺寸，按尺寸大小分类，并按顺序排列在电磁吸盘台面上，然后通磁吸住工件。

3. 启动液压泵，移动工作台挡铁，调整工作台行程距离，使砂轮越出工件表面 20 mm 左右。

4. 降低磨头高度，使砂轮接近工件表面，然后启动砂轮，作垂直进给；先从工件尺寸较大处进刀，用横向磨削法磨出上平面或磨去磨削余量的一半。

5. 以磨过的平面为基准面，磨削另一平面至图样要求。

八、技能训练

1. 图样和技术要求分析

图 5—12 所示为垫块工件。材料为 45 钢，淬火后硬度为 40～45HRC，尺寸为（50 ± 0.01）mm 和（100 ± 0.01）mm，平行度公差为 0.015 mm，*B* 面的平面度公差为 0.01 mm，磨削表面粗糙度 *Ra* 值为 0.8 μm。

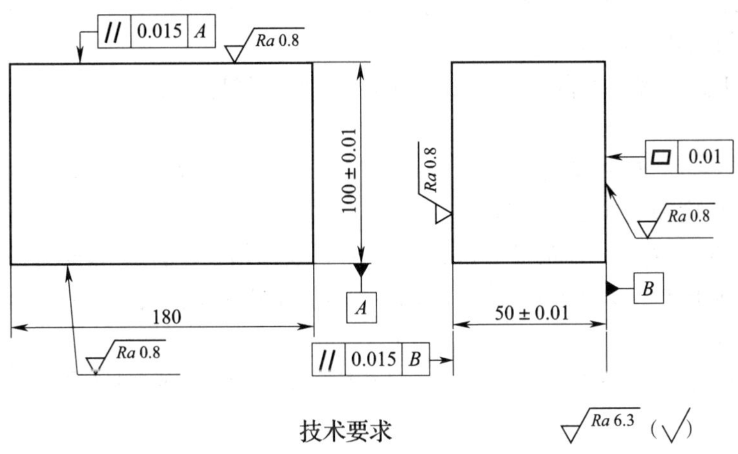

图 5—12　垫块

2. 选择设备

在 M7120D 型卧轴矩台平面磨床上进行磨削操作。

3. 选择砂轮

平面磨削应采用硬度软、粒度粗、组织疏松的砂轮。选用特性为 WAP46K5V 的平形砂轮。

4. 工件的定位夹紧

用电磁吸盘装夹，装夹前要将吸盘台面和工件的毛刺、氧化层清除干净。

5. 磨削方法

采用横向磨削法，考虑到工件的尺寸精度和平行度要求较高，应划分粗、精磨，分配好两面的磨削余量，并选择合适的磨削用量。

6. 工件磨削步骤

（1）修整砂轮。

（2）检查磨削余量。批量加工时，可先将毛坯尺寸粗略测量一下，按尺寸大小分类，并按顺序排列在台面上。

（3）擦干净电磁吸盘台面，清除工件毛刺、氧化皮。

（4）将工件装夹在电磁吸盘上，接通电源。

（5）启动液压泵，移动工作台行程挡铁位置，调整工作台行程距离，使砂轮越出工件表面 20 mm 左右。

（6）先磨削尺寸为 50 mm 的两平面。降低磨头高度，使砂轮接近工件表面，然后启动砂轮，做垂直进给，先从工件尺寸较大处进刀，用横向磨削法粗磨 *B* 面，磨出即可。

（7）翻身装夹，装夹前清除毛刺。

（8）粗磨另一平面，留 0.06 ~ 0.08 mm 精磨余量，保证平行度误差不大于 0.015 mm。

（9）精修整砂轮。

（10）精磨平面，表面粗糙度 *Ra* 值控制在 0.8 μm 以内，保证另一面的精磨余量为 0.04 ~ 0.06 mm。

（11）翻身装夹，装夹前清除毛刺。

（12）精磨另一平面。保证厚度尺寸为（50 ± 0.01）mm，平行度误差不大于 0.015 mm，表面粗糙度 *Ra* 值在 0.8 μm 以内。

（13）重复上述步骤，磨削尺寸为 100 mm 的两面至图样要求。

7. 注意事项

（1）装夹工件时，应将工件定位面毛刺去除，并清理干净；擦干净电磁吸盘台面，以免影响工件的平行度和划伤工件表面。

（2）在磨削平行面时，砂轮横向进给应选择断续进给，不能选择连续进给；砂轮在工件边缘越出砂轮宽度的 1/2 距离时应立即换向，不能在砂轮全部越出工件平面后换向，以免产生塌角。

（3）粗磨第一面后应测量平面度误差，粗磨一对平行面后应测量平行度误差，以及时了解磨床精度和平行度误差的数值。

（4）加工中应经常测量尺寸。尺寸测量后工件重新放在台面上时，必须将台面和工件基准面擦干净。

课题三 垂直面磨削

垂直面是指两表面成 90°的平面。工件在装夹时要保证相邻两平面间的垂直度要求。

一、垂直面磨削时工件的装夹

1. 用侧面有吸力的电磁吸盘装夹

有一种电磁吸盘不仅工作台的上平面能吸住工件，其侧面也能吸住工件。若被磨平面有与其垂直的相邻面，且工件体积不大时，用此装夹比较方便、可靠。

2. 导磁直角铁装夹

导磁直角铁（见图5—13）由纯铁1和黄铜片2等制成，它的四个工作面是相互垂直的。黄铜片间隔分布，距离与电磁吸盘上的绝磁层距离相等，由铜螺栓3装配成整体。使用时使导磁直角铁的黄铜片与电磁吸盘的绝磁层对齐，电磁吸盘上的磁力线就会延伸到导磁直角铁上。这样，当电磁吸盘通电时，工件的侧面就被吸在导磁直角铁的侧面上。这种方法适用于装夹比较狭长的工件。

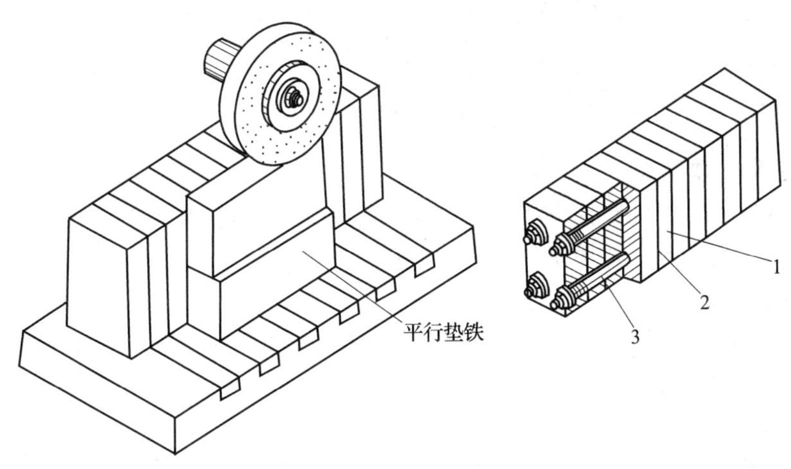

图5—13 导磁直角铁

1—纯铁 2—黄铜片 3—铜螺栓

3. 精密平口钳装夹（图5—14）

适用于装夹小型或非磁性材料的工件及被磨平面的相邻面为垂直平面的工件。

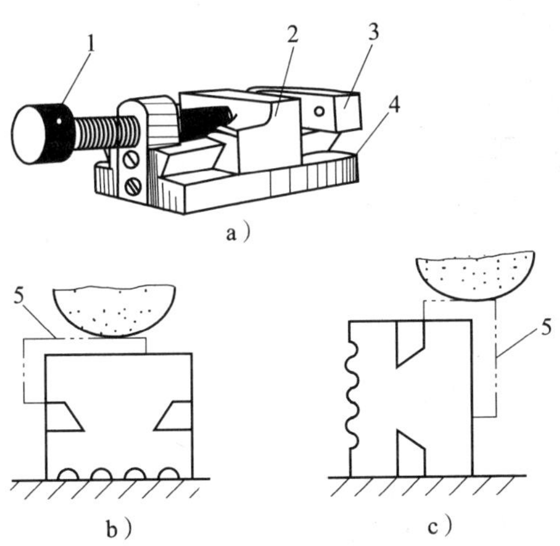

图5—14 精密平口钳

1—螺杆 2—活动钳口 3—固定钳口 4—底座 5—工件

4. 用精密角铁装夹（图5—15）

用精密角铁装夹磨削垂直平面时，工件的重量和体积不能大于角铁的重量和体积。角铁上的定位柱高度应和工件厚度基本一致，压板在压紧工件时受力要均匀，装夹要稳固。工件在未找正前，压板应压得松一些，以便校正。

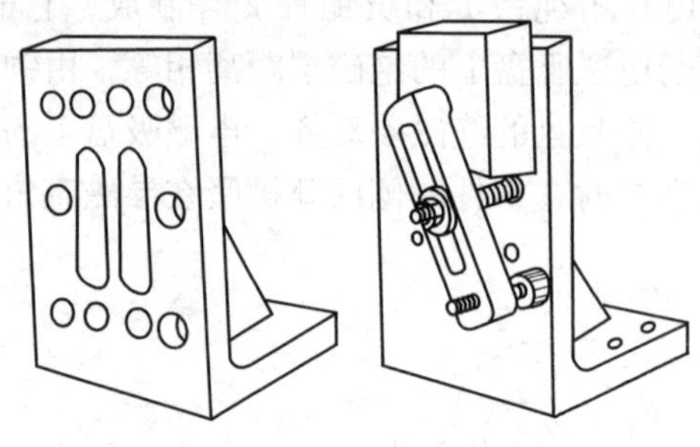

图 5—15　精密角铁

5. 用精密 V 形块装夹

如图 5—16 所示，磨削圆柱形工件端面，可用精密 V 形块装夹，这种方法可保证端面对圆柱轴线的垂直度公差，适用于加工较大的圆柱工件端面。

6. 垫纸法

在缺乏上述工夹具的情况下，可将工件的一个平面精磨后，经找正，用垫纸法磨削垂直面。

（1）用百分表找正垂直面

将百分表固定在磨头上，并使百分表测杆与平面 *A* 接触，如图 5—17 所示。升降磨头，测量 *A* 面的垂直度误差，并在工件底面适当的部位垫纸，使百分表读数为零。然后磨削 *B* 面，使 *A* 面和 *B* 面保持垂直。

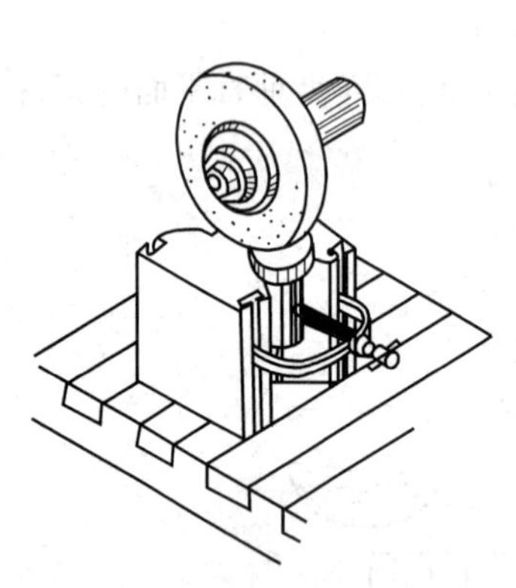

图 5—16　用精密 V 形块装夹工件

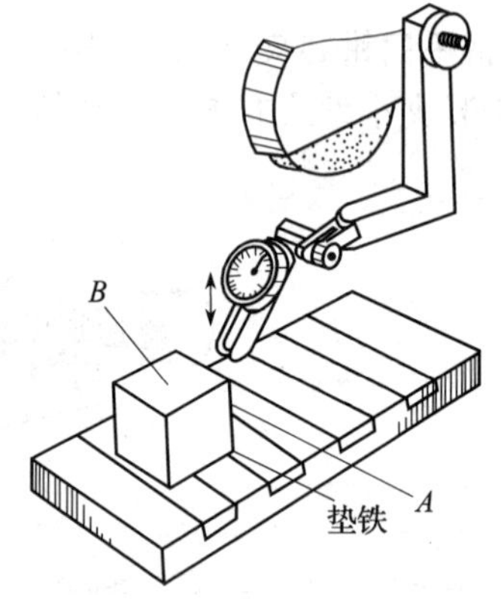

图 5—17　用百分表找正垂直面

（2）用专用百分表座找正垂直面

专用百分表座的结构特点是在百分表座上设有定位点，如图 5—18 所示。使用前须将百分表校正，把 90°圆柱角尺放在平板上，用百分表座的定位点接触 90°圆柱角尺表面，再将表座的百分表读数调到零位，此时读数值到定位点所组成空间平面与底面垂直（见图 5—19a），然后再测量工件，方法同上；百分表座定位点接触工件，再观察百分表的读数（见图 5—19b）。如果比测量 90°圆柱角尺的读数大，那就在工件的右底面垫纸，垫纸厚度可根据读数值确定。使用这种方法加工精度较高，找正时要防止百分表走动。

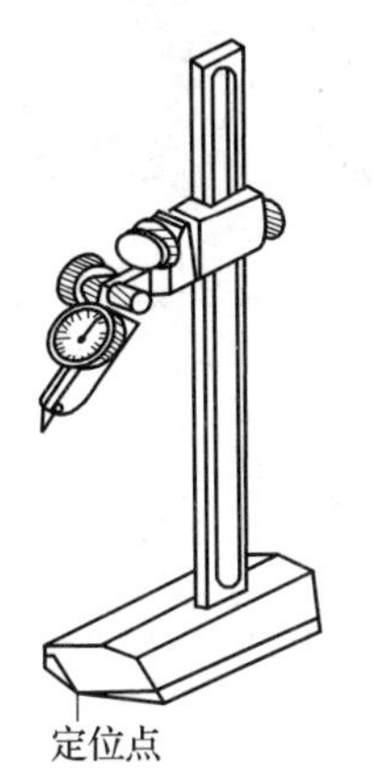

图 5—18　专用百分表座

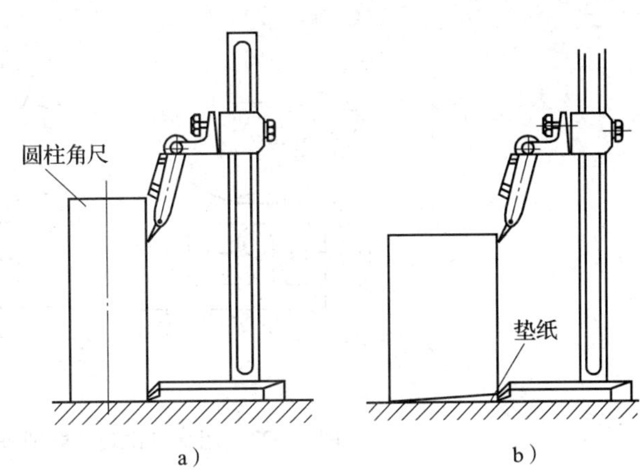

图 5—19　用专用百分表座找正垂直面
a) 校正百分表　b) 测量工件

二、常用磨削方法

1. 用精密平口钳装夹磨削垂直平面

(1) 精密平口钳的结构

如图 5—14 所示，固定钳口 3 和底座 4 制成一体，转动螺杆 1，活动钳口 2 即可夹紧工件。

精密平口钳的各个侧面和底面相互垂直，钳口的夹紧面也与底面、侧面垂直。

(2) 用精密平口钳装夹磨削垂直平面的步骤

1) 把平口钳的底面吸紧在电磁吸盘上，并使钳口夹紧平面与工作台运动方向相同；然后用百分表找正钳口夹紧平面，一般误差应在 0.05 mm 之内，如图 5—20 所示。

2) 调节平口钳传动螺杆，将工件装夹在钳口内，使工件平面略高于钳口平面；然后用百分表找正工件待磨平面，一般误差应找正在 0.03 mm 之内，如图 5—21 所示，找正后夹紧工件。

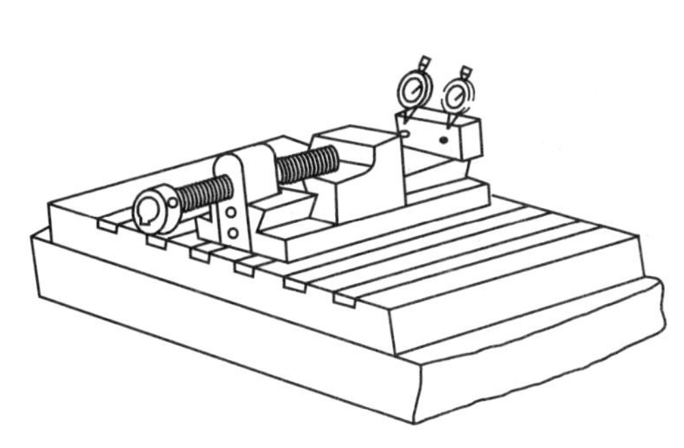

图 5—20　钳口夹紧平面的找正

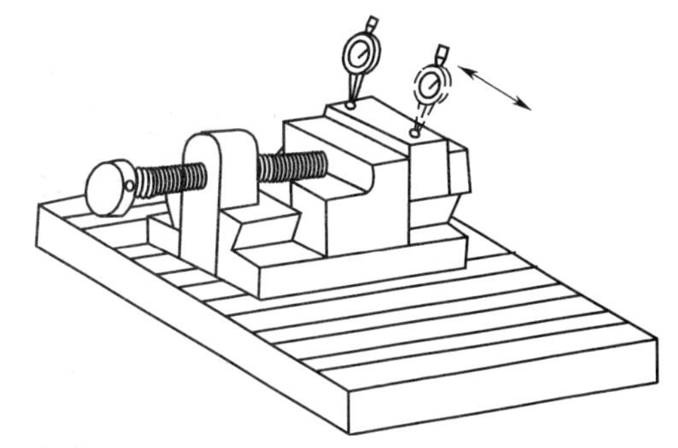

图 5—21　工件的找正

3) 调整工作台行程距离及磨头高度，使砂轮处于磨削位置。

4) 磨削工件平面，使平面度符合图样要求，如图 5—22a 所示。

5) 将平口钳连同工件一起翻转 90°，将平口钳侧面吸紧在电磁吸盘上。

6) 磨削工件的垂直面，使工件垂直度符合图样要求，如图 5—22b 所示。

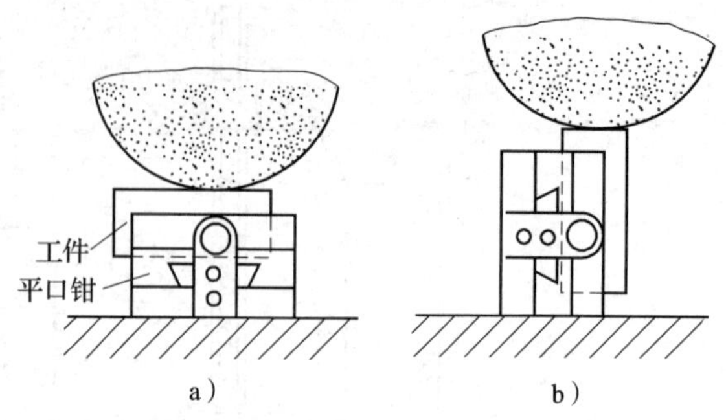

图 5—22　用平口钳装夹磨削垂直平面

2. 用精密角铁装夹磨削垂直平面

（1）精密角铁的结构

如图 5—15 所示，精密角铁具有两个相互垂直的工作平面，其垂直度公差为 0.005 mm。角铁的工作平面上有若干大小、形状不同的通孔或槽，以便装夹工件。磨削平面时，先将角铁吸紧在电磁吸盘上，再将具有相邻垂直表面的工件在角铁上定位，并用螺旋压板夹紧，这种方法可以获得较高的垂直度。

（2）用精密角铁装夹磨削垂直平面的步骤

1）把精密角铁放在电磁吸盘台面上，并使角铁垂直平面与工作台运动方向平行。

2）把工件已精加工的平面紧贴在角铁的垂直平面上，用压板、螺钉和螺母稍微压紧。

3）用百分表找正待加工平面，如果待加工平面与另一垂直平面也有垂直度要求，则也要找正另一垂直平面，使垂直度误差在公差范围内，如图 5—23 所示。

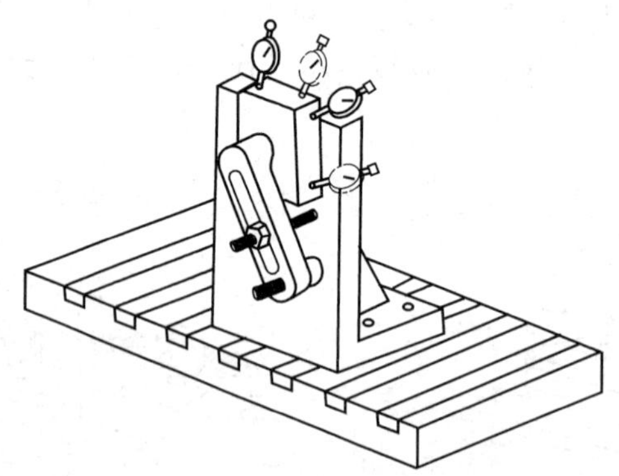
图 5—23　用精密角铁装夹与找正工件

4）旋紧压板螺钉上的螺母，使工件紧固，并用表复校一次。

5）调整工作台行程距离和磨头高度，使砂轮处于磨削位置。

6）磨削工件至图样要求。

3. 用垫纸法磨削垂直平面

在缺乏以上夹具时，可先用 90°角尺、90°圆柱角尺及百分表等量具估计或测量出垂直度误差值，然后根据垂直度误差值在工件底面和台面间垫纸，磨削垂直平面。

（1）90°圆柱角尺的结构与精度要求

90°圆柱角尺是表面光滑的圆柱体。圆柱体直径与长度之比一般为 1∶4；圆柱体的两端平面内凹，使 90°圆柱角尺以约 10 mm 宽度的圆环面与平板接触，以提高 90°圆柱角尺的测量稳定性，如图 5—24 所示。90°圆柱角尺的精度要求很高，表面粗糙度小于 $Ra0.1$ μm，圆柱度小于 0.002 mm，与端面的垂直度误差小于 0.002 mm。

（2）用垫纸法磨削垂直平面的步骤

1）将 90°圆柱角尺放在测量平板上，然后将工件基准面或已磨过的平面靠在 90°圆柱角尺的素线上，检查其透光情况。

2）根据透光大小，在工件的底面垫纸。如果工件上段透光，应在工件的右底面垫纸；下段透光，则在工件的左底面垫纸。垫至工件与圆柱的接触面基本无光为止，如图 5—25 所示。

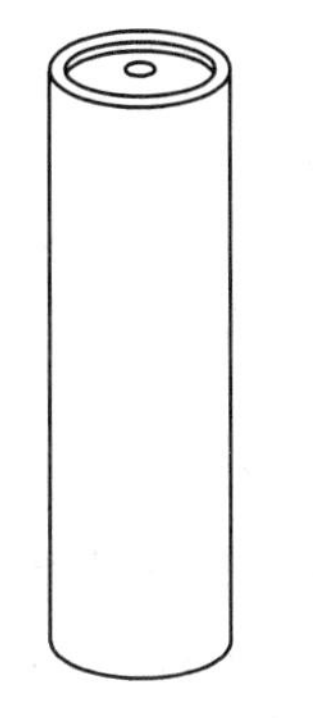

图 5—24　90°圆柱角尺

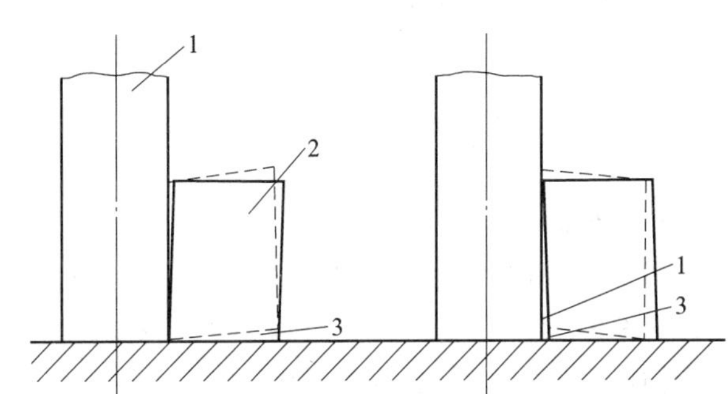

图 5—25　透光、垫纸找正垂直度

1—圆柱角尺　2—工件　3—垫纸

3）将工件与垫纸一起放在电磁吸盘台面上，通磁吸住。

4）磨出工件的上平面，以磨出的平面为基准，放在测量平板上，检查垂直平面与 90°圆柱角尺的透光情况。如有误差，应再垫纸找正，经多次反复垫纸磨削，使工件的垂直度符合图样要求。

三、技能训练

1．垂直面磨削

（1）图样和技术要求分析

图 5—26 所示为六面体工件。材料为 HT150，三组相对面的尺寸公差均为 ±0.01 mm，平行度公差均为 0.01 mm，六面间的垂直度公差均为 0.01 mm，六面的表面粗糙度 Ra 值均为 0.8 μm。

（2）选择设备

在 M7120D 型卧轴矩台平面磨床上进行磨削操作。

（3）选择砂轮

工件材料为铸铁，选择特性为 AF46K5V 的平形砂轮。

（4）磨削方法

六面体工件磨削时，磨削顺序不能颠倒，一般先磨厚度最小的两平行面，其次磨厚度较大的垂直平面，最后磨厚度最大的垂直平面，以保证磨削精度和提高效率。采用横向磨削法，由于工件尺寸精度和位置精度有较高的要求，需反复装夹与找正，并需划分粗、精加工。

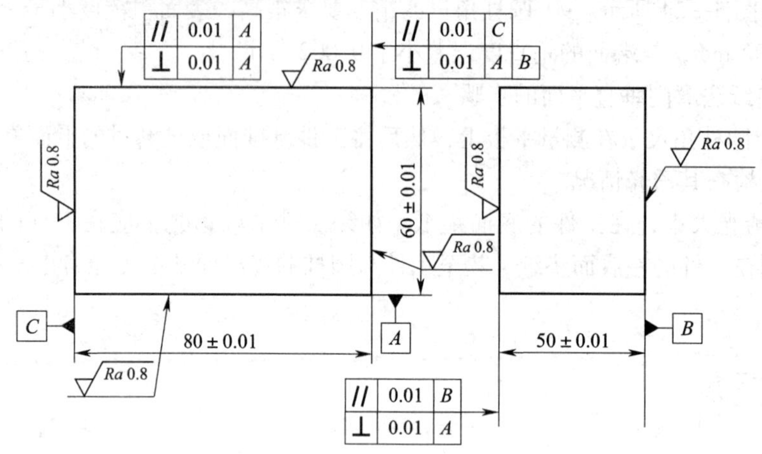

图 5—26　六面体

（5）工件的装夹

磨削平行面时用电磁吸盘装夹，磨削垂直面时用精密角铁或精密平口钳装夹，如图 5—14 或图 5—15 所示。装夹时根据加工要求找正。在平行面磨好后，准备磨削垂直面时，应清除毛刺，以保证定位精度。在电磁吸盘上磨削 80 mm 平面时，由于高度较高，需放置挡铁，挡铁高度不得小于工件高度的 2/3，挡铁与台面接触面积要大，以保证磨削的安全。

（6）工件磨削步骤

1）清理工作台和工件表面，检查磨削余量。

2）将工件装夹在电磁吸盘上，调整工作台行程挡铁位置。

3）修整砂轮。

4）以 *B* 面为定位基准，粗、精磨对面，磨出即可。

5）翻身粗精磨 *B* 面，至图样要求，即尺寸为（50 ± 0. 01）mm，平行度误差不大于 0. 01 mm。

6）清理工作台和精密角铁，以 *B* 面为定位基准装夹在精密角铁上，找正 *A* 面，粗、精磨此面，磨出即可。注意检验此面和 *B* 面垂直度误差不大于 0. 01 mm；精密角铁放在电磁吸盘上后，应使角铁垂直平面与工作台运动方向平行；装夹时避免碰伤已加工表面。

7）以 *B* 面为定位基准装夹在精密角铁上，找正 *C* 面，同时找正 *A* 面（此面已磨削），如图 5—23 所示，使待磨削面和 *A* 面的垂直度误差在公差范围内。粗、精磨此面，磨出即可。

8）用电磁吸盘装夹，以 *A* 面为基准，粗、精磨正面的对边面至图样要求。

9）用电磁吸盘装夹，以 *C* 面为基准，粗、精磨 *C* 面的对边面至图样要求。

以上是用精密角铁装夹磨削垂直面，如果用精密平口钳装夹磨削垂直面，其中步骤 6）、7）相应改为：

6）以 B 面为定位基准装夹在精密平口钳中，找正 A、C 两面，粗精磨 A 面，磨出即可。

7）将精密平口钳连同工件一起翻转 90°，粗、精磨 C 面，磨出即可。A、B、C 三面的垂直度由精密平口钳本身的精度保证。

2. 凹槽的磨削

（1）图样和技术要求分析

图 5—27 所示为一底座工件。材料为 45 钢，长（120 ± 0.01）mm，高度为（50 ± 0.01）mm，右侧对底面的垂直度公差为 0.01 mm，凹槽宽度为 $100^{+0.04}_{0}$ mm，槽右侧对底面的垂直度公差为 0.01 mm，凹槽深 $12^{+0.02}_{0}$ mm，槽两侧与中心的对称度为 0.02 mm，槽底对底面的平行度公差为 0.01 mm。加工面的表面粗糙度 Ra 值均为 0.8 μm。

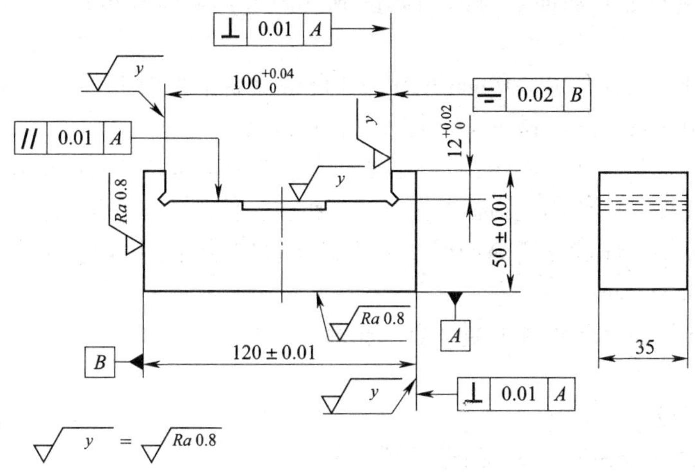

图 5—27　底座

（2）选择设备

选用 M7120D 型卧轴矩台平面磨床磨削。

（3）选择砂轮

选用特性为 AF46K5V 的平形砂轮。

（4）磨削方法

磨 50 mm 及 120 mm 两面用横向磨削法；凹槽粗磨用深度磨削法，精磨用横向磨削法。磨削时，砂轮的两端面必须修成内凹形，以保证侧面垂直度。

（5）工件的装夹

磨削 50 mm 两平面，用电磁吸盘装夹；磨削长 120 mm 右侧面，用精密机用虎钳装夹；磨削长 120 mm 左侧面，用电磁吸盘加挡块装夹；磨凹槽仍用电磁吸盘装夹。装夹时应进行找正。

（6）工件磨削步骤

1）修整砂轮。

2）检查磨削余量。批量加工时，可先将毛坯尺寸粗略测量一下，按尺寸大小分类，并按顺序排列在台面上。

3）擦干净电磁吸盘台面，清除工件毛刺、氧化皮。

4）将工件装夹在电磁吸盘上，接通电源。

5）启动液压泵，移动工作台行程挡铁位置，调整工作台行程距离，使砂轮越出工件表面 20 mm 左右。

6）粗、精磨 50 mm 底面至图样要求。

7）翻身，粗、精磨 50 mm 上平面至图样要求。

8）清除工件毛刺，以 A 面为定位基准，用精密机用虎钳装夹，找正工件 120 mm 右侧面。

9）粗、精磨工件 120 mm 右侧面，分配好凹槽两边的余量，至图样要求。

10）用电磁吸盘加挡块装夹，粗、精磨工件 120 mm 左侧面，至图样要求。

11）修整砂轮周边和端面，将两端面修成内凹形，端面外缘修成 3 mm 左右宽的圆环。

12）去除工件毛刺，测出 120 mm 尺寸的实际值（供磨凹槽时控制对称度使用），清理电磁吸盘台面和工件表面，将底面 A 装夹在电磁吸盘上。

13）用百分表找正工件 120 mm 右侧基准面，使之与工作台纵向进给方向平行。

14）移动砂轮架及工作台，调整工作台行程距离，使砂轮在凹槽内作纵向运动。

15）移动砂轮架，使砂轮紧靠凹槽一侧面，作垂向进给，用切入法磨削凹槽底面，留精磨余量 0.03 ~ 0.05 mm。

16）分段磨削其他几段槽底平面，当砂轮靠近凹槽另一侧面时，注意观察接触火花状况。

17）精修整砂轮。

18）用横向磨削法精磨凹槽底面至图样要求。

19）砂轮架在垂直方向退出 0.05 ~ 0.10 mm，使砂轮与槽底平面保持一定距离。

20）转动砂轮架横向进给手柄，使砂轮做横向进给，用砂轮端面磨削凹槽右侧面，至 120 mm 右侧面 $10_{-0.015}^{\ 0}$ mm，表面粗糙度 Ra 值在 0.8 μm 以内。

21）砂轮做反向横向进给，磨凹槽另一侧面，至 120 mm 左侧面 $10_{-0.015}^{\ 0}$ mm，同时检测槽宽为 $10_{\ 0}^{+0.04}$ mm，对中心的对称度误差小于 0.02 mm，表面粗糙度 Ra 值在 0.8 μm 以内。

（7）注意事项

1）在磨削凹槽侧面时，注意控制凹槽的对称度，一般先控制凹槽右侧面至 120 mm 右侧面的尺寸，然后控制凹槽尺寸 100 mm，同时也应测量凹槽左侧面至 120 mm 左侧面的尺寸，以免顾此失彼。

2）在磨削凹槽侧面时，砂轮的两端面必须修成内凹形，以保证侧面的垂直度误差和平面度误差。

3）在磨削凹槽侧面时，应将砂轮架主轴锁紧，防止主轴轴向窜动，影响加工精度。

4）凹槽的两个侧面必须在一次装夹中磨出，以保证平行度要求。

5）在磨削凹槽侧面时，应采用较小的横向进给量，并把砂轮端面外缘的磨削环修得窄一些，以减少砂轮的侧面压力，保证工件侧面的加工精度。

6）在精磨凹槽底平面时，只能采用手动横向进给，以免砂轮碰撞工件侧面。

课题四 斜面工件的磨削

一、斜面及其在图样上的表示方法

斜面是指零件上与基准面成任意一个倾斜角度的平面。斜面相对基准面倾斜的程度用斜度来衡量，在图样上有两种表示方法。

1. 用倾斜角度β（°）表示

主要用于倾斜程度大的斜面。斜角β即两面间的夹角，如图5—28a所示，斜面与基准面之间的夹角$\beta=30°$。

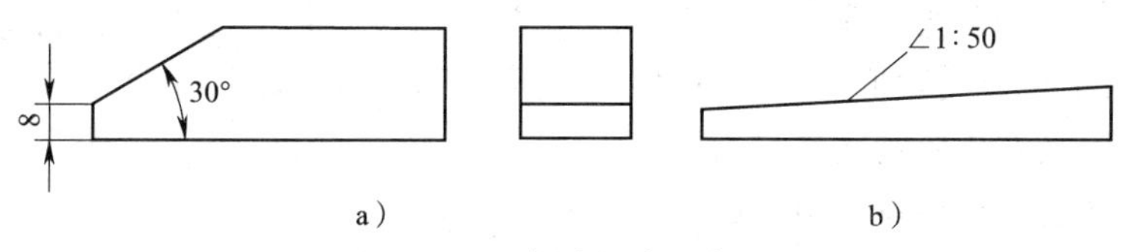

图5—28 斜度的表示方法

2. 用斜度S表示

主要用于倾斜程度小的斜面。如图5—28b所示，在50 mm长度上，斜面两端至基准面的距离相差1 mm，用“∠1:50”表示。斜度S是表示棱体斜面大、小端高度之差与棱体长度的比，即：

$$S=(H-h)/L \qquad (5\text{—}2)$$

式中 H——斜面大端高度，mm；

h——斜面小端高度，mm；

L——长度，mm。

斜度符号的下横线与基准面平行，上斜线的倾斜方向应与斜面的倾斜方向一致，不能画反。

斜度S与斜角β之间的关系为：

$$S=\tan\beta \qquad (5\text{—}3)$$

二、斜面的磨削方法

1. 用正弦精密平口钳装夹磨削斜面

（1）正弦精密平口钳的结构

正弦精密平口钳主要由带精密平口钳的正弦规与底座组成，如图5—29所示。将工件装夹在平口钳中，在正弦规圆柱4和底座1的定位面之间垫入量块组5，使正弦规与工件一起倾斜成需要的角度，即待磨削平面处于水平位置（见图5—29b），将正弦圆柱2用锁紧装置紧固在底座的定位面上，同时拧紧螺钉3，通过撑条6把正弦规紧固，这样便可进行磨削。这种装置最大的倾斜角为45°。

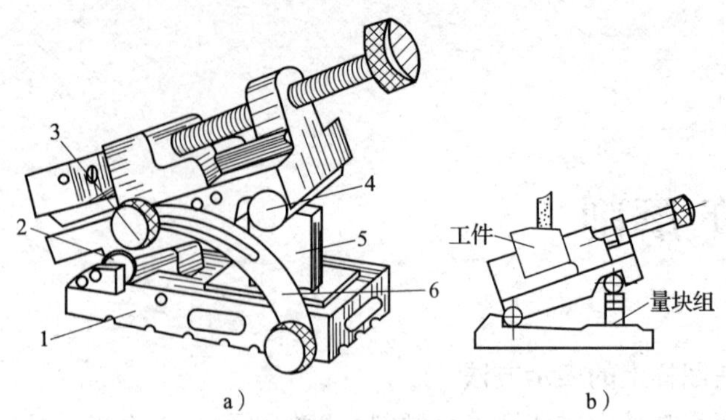

图 5—29　用正弦精密平口钳装夹

1—底座　2、4—正弦圆柱　3—螺钉　5—量块组　6—撑条

（2）用正弦精密平口钳装夹磨削斜面的步骤

1）清理工作台、正弦精密平口钳及工件表面。

2）将正弦精密平口钳吸紧在电磁吸盘上，并使钳口夹紧平面与工作台运动方向相同；然后用百分表找正钳口夹紧平面，一般误差应在 0.05 mm 之内。

3）将工件装夹在正弦精密平口钳中。

4）按工件角度计算出量块组的高度 H，即：

$$H = L\sin\beta \qquad (5\text{—}4)$$

式中　H——量块组高度，mm；

L——正弦圆柱的中心距，mm；

β——工件斜角，(°)。

5）在正弦规圆柱下垫入经计算后的量块组，锁紧。

6）调整工作台行程距离及磨头高度，使砂轮处于磨削位置。

7）磨削工件至图样要求。

2. 用正弦电磁吸盘装夹磨削斜面

（1）正弦电磁吸盘的结构

把正弦精密平口钳的平口钳换成电磁吸盘，便成了正弦电磁吸盘，如图 5—30 所示。这种装置最大的倾斜角同样为 45°，适用于磨削扁平工件。

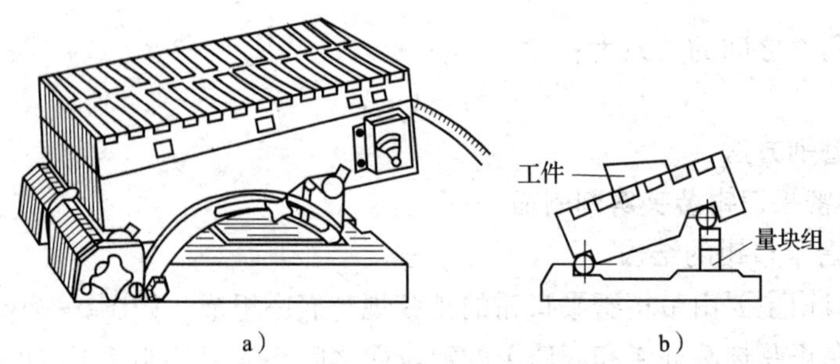

图 5—30　用正弦电磁吸盘装夹

（2）用正弦电磁吸盘装夹磨削斜面的步骤

1）清理工作台、正弦电磁吸盘及工件表面。

2）将正弦电磁吸盘放在磨床工作台上。

3）将工件装夹在正弦电磁吸盘上。

4）按式（5—4）计算量块组高度，并将量块组垫入正弦电磁吸盘的正弦圆柱下，锁紧。

5）用百分表找正工件端面，使其与工作台运动方向平行。

6）调整工作台行程距离及磨头高度，使砂轮处于磨削位置。

7）磨削工件至图样要求。

3. 用导磁 V 形块装夹

导磁 V 形块（见图 5—31a）的构造和工作原理与导磁铁相似，它的两工作面的夹角应根据工件要求制成。图 5—31b、c 是磨削斜面时装夹工件的示意图。

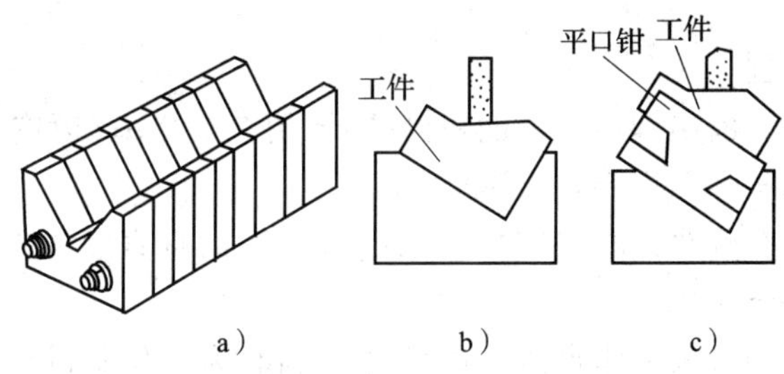

图 5—31　用导磁 V 形块装夹

三、技能训练

1. 图样和技术要求分析

图 5—32 所示为斜垫块工件。材料为 45 钢，热处理调质后硬度为 220 ~ 250HBW，底面 *A* 为基准平面，顶面为斜面，斜角为 15° ± 3′，右侧面为测量基准面，斜面大端高度为（50 ± 0.05）mm，加工面的表面粗糙度 *Ra* 值均为 0.8 μm。

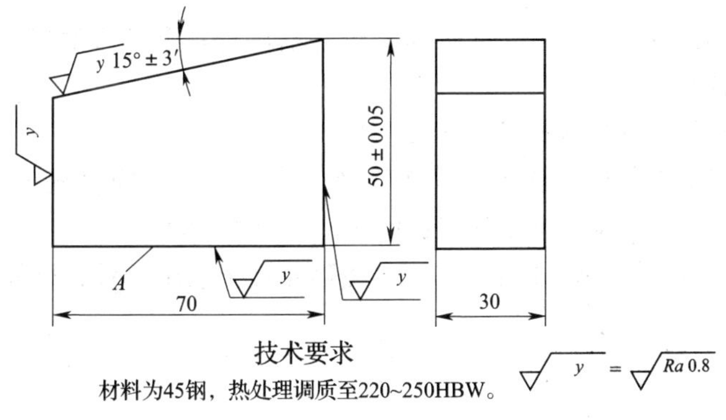

图 5—32　斜垫块

2. 选择设备

在 M7120 型平面磨床上进行磨削操作。

3. 选择砂轮

选择特性为 AF46K5V 的平形砂轮。

4. 工件的装夹

磨削底面 *A* 和右侧面用精密平口钳装夹。磨削斜面时，用正弦电磁吸盘（或正弦精密平口钳）装夹，装夹的侧面与定位挡板靠平。因加工斜面长度大于工件厚度，斜面长度方向应与工作台运动方向平行放置，并用百分表校正。为使斜面与工作台面平行，需在电磁吸盘的圆柱体下垫入量块组。量块组的高度 $H = L\sin\beta$。

5. 磨削方法

采用横向磨削法，先粗、精磨外形三面，最后磨斜面。由于斜面高度有公差要求，所以斜面也须划分粗、精加工。

6. 工件磨削步骤

（1）清理精密平口钳和工件表面，检查加工余量。

（2）用精密平口钳装夹工件，斜面朝下，并使工件右侧面伸出钳口 5 mm 以上，找正 A 面为水平位置。

（3）调整工作台行程。

（4）粗、精磨 A 面，磨出即可，表面粗糙度 Ra 值在 0.8 μm 以内。

（5）将平口钳转动 90°，使工件右侧面朝上。

（6）粗、精磨工件右侧面，磨出即可，保证对 A 面的垂直度误差不大于 0.01 mm，表面粗糙度 Ra 值在 0.8 μm 以内。

（7）卸去平口钳，用机床工作台面、以工件右侧面为定位基准，辅以挡块，粗、精磨工件左侧面至要求。

（8）清理工作台、正弦电磁吸盘及工件表面。

（9）将工件装夹在正弦电磁吸盘上，垫入经计算后的量块组。用百分表找正工件端面，使其与工作台运动方向平行。

（10）粗、精磨斜面至图样要求，大端高度（50 ± 0.01）mm，斜角 15° ± 3′，表面粗糙度 Ra 值在 0.8 μm 以内。

7. 注意事项

（1）工件的两端面在图样中无加工要求，但在磨削外形和斜面时定位、找正时要用到，因此必须经过磨削加工。

（2）工件斜面经粗磨后应及时测量斜度。

（3）正弦电磁吸盘在机床工作台上位置调整固定后，在磨削过程中不能移动；工件在装夹时必须靠紧定位挡板，以保证工件斜面的角度和尺寸精度。

（4）在正弦电磁吸盘上装卸工件时，必须将砂轮退出磨削位置，以保证装卸时的安全。

课题五
精度检验及误差分析

一、平面精度的检验

平面工件的精度检验包括尺寸精度、形状精度、位置精度和表面粗糙度四项，尺寸精度和表面粗糙度的检验方法已在前几章中讲过，而平面工件的形位精度主要有平面度、平行度、垂直度和角度等，下面分别介绍几种常规的检验方法。

1．平面度误差的检验

（1）涂色法

在工件的平面上涂一层极薄的显示剂（红油或蓝油），然后将工件放在精密平板上，前后左右平稳地呈 8 字形移动几下，再取下工件仔细地观察摩擦痕迹分布情况，就可以确定工件平面度误差的大小。

（2）透光法

工件的平面度误差也可以用样板平尺测量。样板平尺有刀刃式、宽面式和楔式等几种，其中以刀刃式最为准确，应用最广，这种样板平尺也叫作直刃尺，如图 5—33 所示。

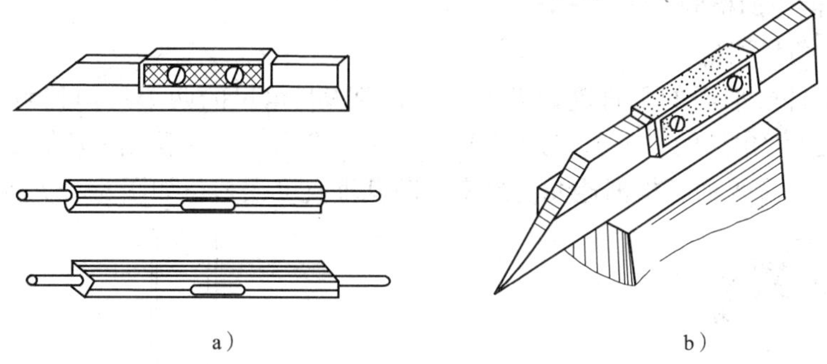

图 5—33　样板平尺

a）样板平尺的形式　b）直刃尺的使用

测量时将样板平尺刃口放在被检验平面上并且对着光源，观察刃口与工件平面之间的缝隙透光是否均匀。若各处都不透光，表明工件平面度误差很小；若有个别段透光，则可凭操作者的经验，估计出平面度误差的大小。

（3）用千分表检验

如图 5—34 所示，在精密平板上用三只千斤顶顶住工件，并且用千分表把工件表面 A、B、C、D 四点调至高度相等，误差不大于 0.005 mm。然后再用千分表测量整个平面，其读数的变动量就是平面度误差值。测量时，平板和千分表底座要清洁，移动千分表时要平稳。这种方法测量精度较高，而且可以得到平面度误差值，但测量时需有一定的技能。

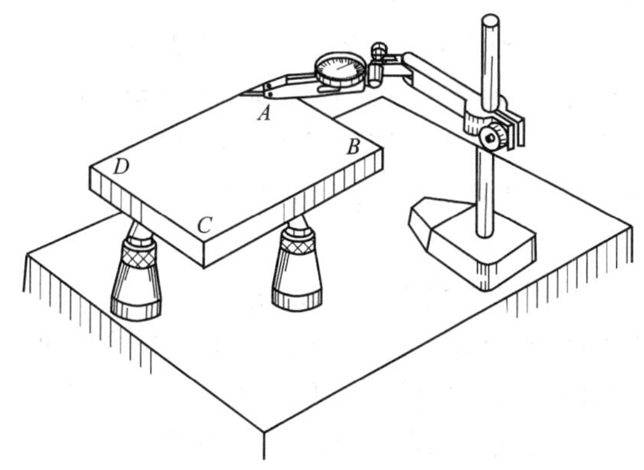

图 5—34　用千分表检查平面度误差

2. 平行度误差的检验

（1）用外径千分尺（或杠杆千分尺）测量

在工件上用外径千分尺测量相隔一定距离的厚度，测出几点厚度值，其差值即为平面的平行度误差值，如图5—35所示。测量点越多，测量值越精确。

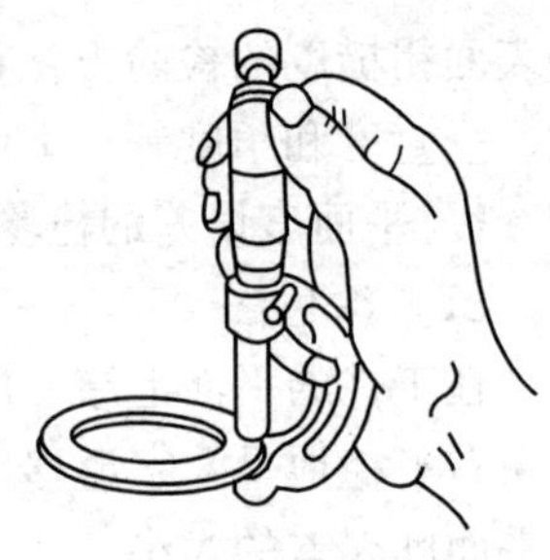

图5—35 用外径千分尺测量平行度

（2）用千分表（或百分表）测量

将工件和千分表支架都放在平板上，把千分表的测头顶在平面上，然后移动工件，让工件的整个平面均匀地通过千分表测头，其读数的差值即为工件平行度的误差值，如图5—36所示。测量时，应将工件、平板擦拭干净，以免拉毛工件平面或影响平行度误差测量的准确性。

3. 垂直度误差的检验

（1）用90°角尺测量

检验小型工件两平面的垂直度误差时，可以把90°角尺的两个尺边接触工件的垂直平面。测量时，把90°角尺的一个尺边贴紧工件的一个平面，然后移动90°角尺，让另一个尺边靠上工件的另一个平面，根据透光情况来判断其垂直度误差，如图5—37所示。

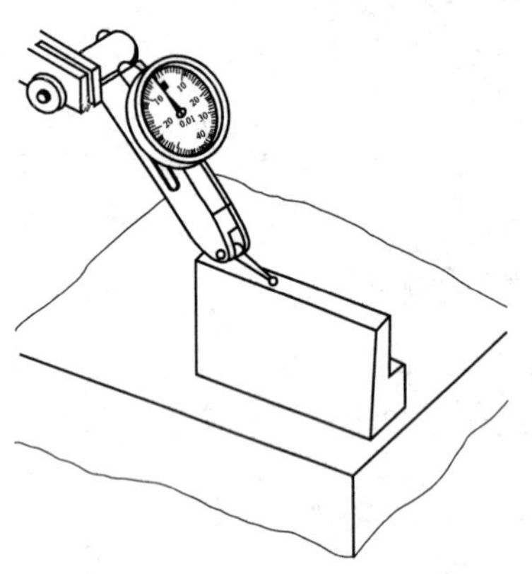

图5—36 工件平行度误差的测量

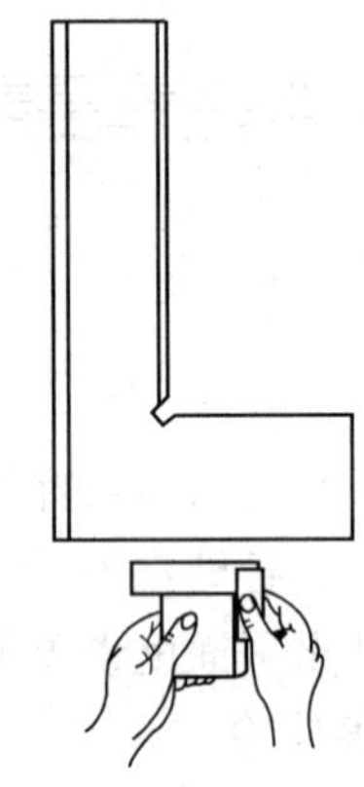

图5—37 用90°角尺检验垂直度误差

工件尺寸较大时，可以将工件和90°角尺放在平板上，90°角尺的一边紧靠在工件的垂直平面上，根据尺边与工件表面间的透光情况判断其垂直度误差，如图5—38所示。

（2）用90°圆柱角尺测量

在实际生产中，广泛采用90°圆柱角尺测量工件的垂直度误差，如图5—39所示。将90°圆柱角尺放在精密平板上，被测量工件慢慢向90°圆柱角尺的素线靠拢，根据透光情况判断其垂直度误差。这种测量法，基本上消除了由于测量不当而产生的误差。由于90°圆柱角尺的高度一般都要超过工件高度一至几倍，因而测量精度高，测量也方便。

（3）用百分表（或千分表）测量

为了确定工件垂直度误差的具体数据，可以采用百分表（或千分表）测量（见图5—40a）。测量时，应事先将工件的平行度误差测量好，将工件的平面轻轻向圆柱测量棒靠紧，此时，可从百分表上读出数值。将工件转动180°，将另一平面也轻轻靠上圆柱测量棒，从百分表上又可读出数值（工件转向测量时，要保证百分表、圆柱测量棒的位置固定不变），两个读数差值的1/2即为底面与测量平面的垂直度误差（见图5—40b）。

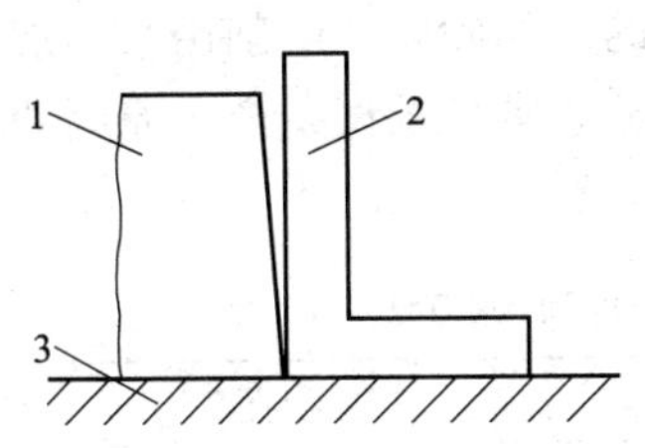

图 5—38　用 90°角尺在平板上测量垂直度

1—被测工件　2—90°角尺　3—精密平板

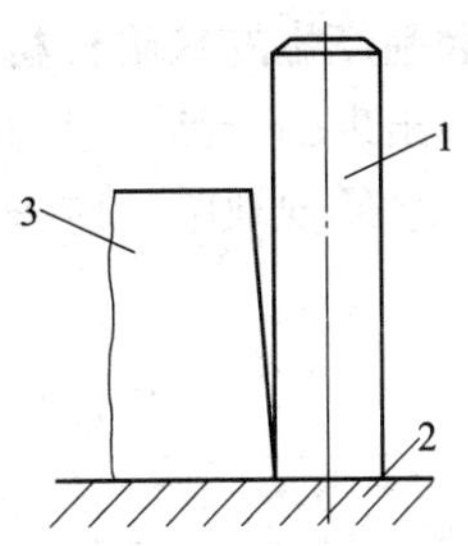

图 5—39　用 90°圆柱角尺测量垂直度

1—90°圆柱角尺　2—精密平板　3—被测工件

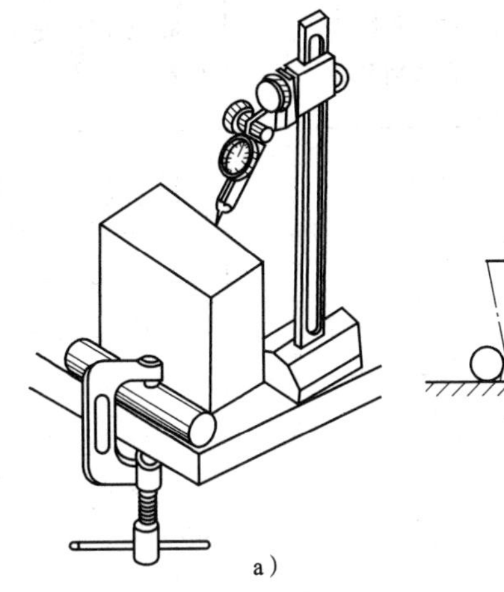

图 5—40　用百分表测量垂直度误差

两平面的垂直度误差也可以用百分表和精密角铁在平板上进行检验。测量时，将工件的一面紧贴在精密角铁的垂直平面上，然后使百分表测头沿着工件的一边向另一边移动，百分表在全长两点上的读数差，就等于工件在该距离上的垂直度误差值，如图 5—41 所示。检验垂直度误差时，应注意清除工件的毛刺，擦拭测量平板及有关测量工具，以免影响测量精度。

4. 角度的检验

倾斜面与基准面的夹角，如果要求不太高时，可以用角度尺或万能角度尺检验。精度要求高时可以用正弦规检验。小型工件的斜角，可以用角度量块比较测量，如图 5—42 所示。

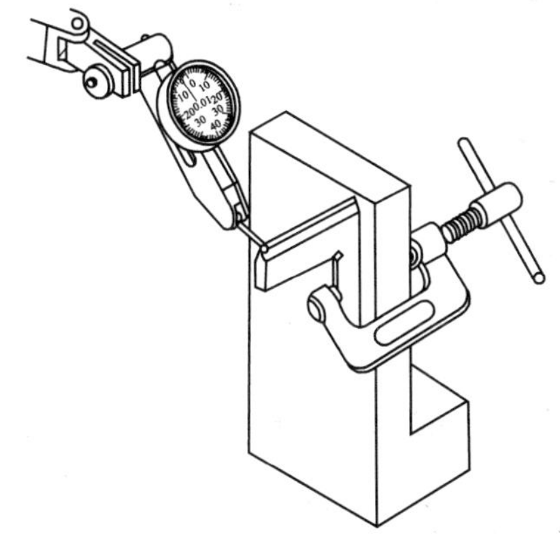
图 5—41　用精密角铁测量垂直度误差

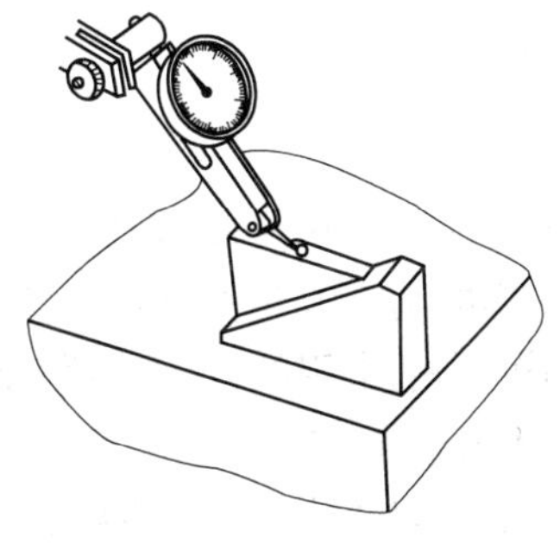
图 5—42　用角度量块测量角度

二、平面磨削产生的缺陷分析

平面磨削中出现的废品，是由各方面因素所造成的，如砂轮、磨削用量、加工工艺和机床等。磨削中一旦发现缺陷，应查找原因，并加以消除。常见的误差产生原因和消除方法见表5—3。

表5—3　　平面磨削中常见的误差产生原因和消除方法

误差项目	产生原因	消除方法
表面粗糙度不符合要求	1. 砂轮横向或垂直进给量过大 2. 冷却不充分 3. 砂轮钝化后没有及时修整 4. 砂轮修整不符合磨削要求	1. 选择合适的进给量 2. 保证磨削时充分冷却 3. 磨削中要及时修整砂轮，使砂轮经常保持锋利
尺寸超差	1. 量具选用不当 2. 测量方法不正确 3. 没有控制好进给量	1. 选用合适的量具 2. 掌握正确的测量方法 3. 磨削中测出剩下余量后，应仔细控制进给量，并经常测量
平面度超差	1. 工件变形 2. 砂轮垂直或横向进给量过大 3. 冷却不充分	1. 采取适当措施减小工件变形 2. 选择合理的磨削用量，适当延长无进给磨削时间 3. 经常保持砂轮锋利，提高砂轮磨削性能 4. 保持充分冷却，减小热变形
工件边缘塌角	砂轮越出工件边缘太多	正确选择砂轮换向时间，使砂轮越出工件边缘为砂轮宽度的1/3～1/2
平行度超差	1. 工件定位面或工作台面不清洁 2. 工作台面或工件表面有毛刺，或工件本身平面度已超差 3. 砂轮磨损不均匀	1. 加工前做好清洁、修毛刺工作 2. 做好工件定位面的精度检查，如平面度超差应及时修正 3. 重新修整砂轮

复习思考题

1. 平面磨床有哪几种类型？各有什么特点？

2. 平面磨削有哪几种方式？各有什么特点？

3. 平面磨削常用的方法有哪几种（以卧轴矩台平面磨床为例）？各有什么特点？每种磨削方法适用于什么范围？

4. 平面磨削的装夹方法有哪几种？各适用于什么场合？

5. 在电磁吸盘上如何装夹狭而高的零件？

6. 简述磨削平行平面的操作步骤。
7. 简述磨削垂直平面的操作步骤。
8. 磨削斜面有哪些装夹方法？各有什么特点？
9. 磨削凹槽零件时，如何找正外侧基准面？
10. 平面工件的精度检验包括哪些内容？

第六单元

无心外圆磨削

课题一 无心外圆磨床的操纵与调整

一、无心外圆磨床的结构

无心外圆磨床有多种型号，如 M1010 型、M1040 型和 M1080 型等，本书只介绍 M1040 型无心外圆磨床的使用。如图 6—1 所示，M1040 型无心外圆磨床主要由床身 1、修整器控制开关 2、磨削轮架 3、磨削轮修整器 4、工件支架 5、导轮修整器 6、导轮架 7、横向进给手轮 8、快速手柄 9 和电气开关 10 等组成。

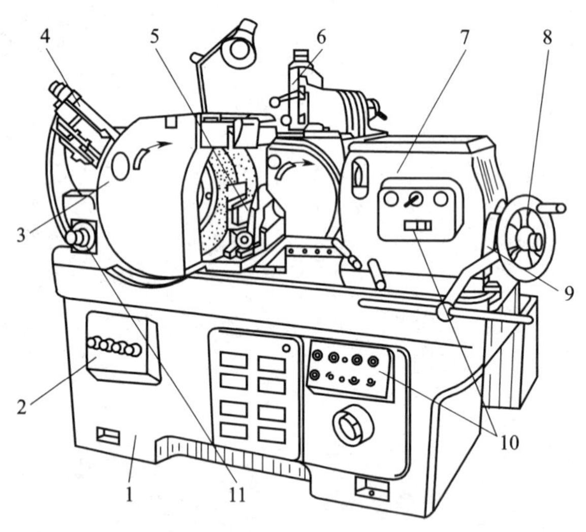

图 6—1 M1040 型无心外圆磨床

1—床身 2—修整器控制开关 3—磨削轮架 4—磨削轮修整器 5—工件支架 6—导轮修整器 7—导轮架 8—横向进给手轮 9—快速手柄 10—电气开关 11—切削液开关

M1040 型无心外圆磨床能作贯穿磨削和切入磨削，最大磨削直径为 40 mm。

二、M1040 型无心外圆磨床的主要技术参数及规格

1. 工作精度

圆度：0.02 mm。

圆柱度：0.03 mm。

2. 主要技术参数及规格

项目	参数
最大磨削直径/mm	
通磨法	40
切入法	40
最大磨削长度/mm	
通磨法	140
切入法	120
导轮回转角度/（°）	
垂直面内	-2 ~ 4
水平面内	0 ~ 3
砂轮与导轮中心连线到托架面高度/mm	190
砂轮规格（外径×宽度×孔径）/mm	350×125×127
导轮规格（外径×宽度×孔径）/mm	250×125×75
砂轮转速/（r/min）	1 870
导轮转速/（r/min）	20 ~ 180
机床功率/kW	9.2

三、无心外圆磨床的操纵与调整

无心外圆磨床的调整包括磨削轮、导轮板、托板和导板的选择与调整。

1. 磨削轮的选择与调整

（1）磨削轮的选择

磨削轮的特性选择主要决定于工件材料、磨削性质和工件热处理情况。通常磨削轮特性为：棕刚玉、粒度号 F60 ~ F100、硬度为 J ~ N 的陶瓷结合剂双面凹砂轮，其尺寸由机床决定。

（2）磨削轮的安装、平衡

如图 6—2 所示，磨削轮用法兰盘安装，法兰盘主要由法兰盘底座 1、衬垫 4 和 5、法兰盘 6、内六角螺钉 7 组成。磨削轮的安装平衡步骤如下：

1）用法兰盘安装磨削轮。

2）静平衡磨削轮。

3）用螺母 8 将磨削轮安装在磨削轮主轴上。

安装注意事项：

1）安装时，纸质衬垫要完整，并要注意砂轮内孔与法兰盘定心圆柱间的间隙要适当。

2）安装时法兰盘键槽与主轴键的位置要对准。

3）主轴螺纹的旋向为左旋，螺母应按逆时针方向拧紧。

4）将磨削轮作粗修整后，磨削轮再作第二次平衡。

5）磨削轮在使用一段时间后，仍会发生不平衡现象，磨削轮的不平衡将使机床产生振动，轴承发热和磨削不良。在这种情况下应重新平衡磨削轮。

（3）磨削轮的修整

磨削轮修整器安装在磨削轮架的左上方，修整器的液压传动旋钮如图 6—3 所示。金刚石的修整方向由旋钮 1 控制，修整时逆时针方向转动旋钮 1，金刚石向前移动修整；顺时针方向转动旋钮 1，金刚石则向后移动修整。

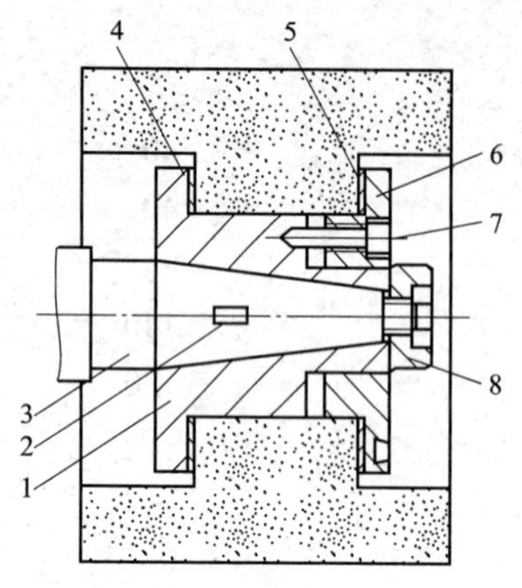

图 6—2　磨削轮的安装

1—法兰盘底座　2—键　3—主轴

4、5—衬垫　6—法兰盘　7—内六角螺钉　8—螺母

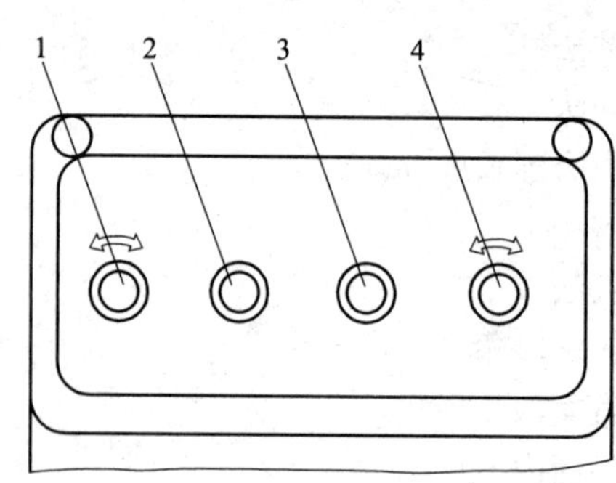

图 6—3　修整器液压传动旋钮

1—磨削轮修整方向调节旋钮　2—磨削轮修整速度调节旋钮

3—导轮修整速度调节旋钮　4—导轮修整方向调节旋钮

金刚石的修整速度可由旋钮 2 调整，顺时针方向转动旋钮 2，金刚石快速移动；反之，金刚石慢速移动。

图 6—4 所示为磨削轮修整器，修整时，可转动螺母 1，控制修整深度。

磨削轮修整器的滑板 2 可倾斜角度，用贯穿法磨削圆柱面时，可将磨削轮的前部（工件入口处）及后部（工件出口处）修成小的角度（30′左右），以便工件能平稳地进入和离开磨削区域，以提高工件的加工精度。经修整的磨削轮如图 6—5 所示。

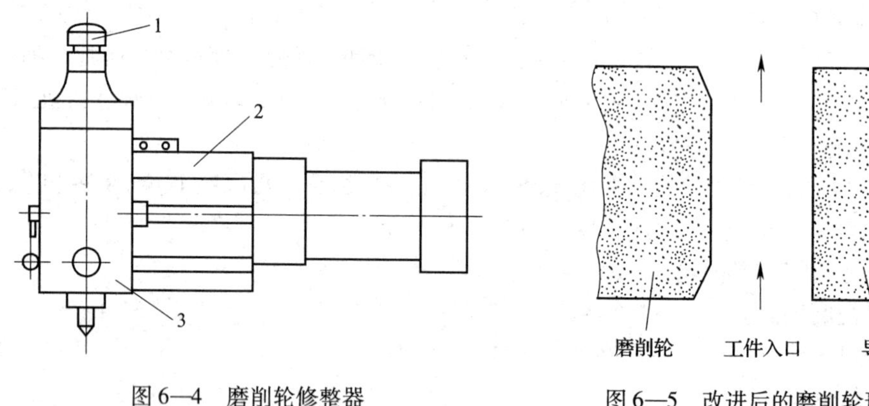

图 6—4　磨削轮修整器

1—螺母　2—滑板　3—修整器

图 6—5　改进后的磨削轮形状

2. 导轮的选择与调整

（1）导轮特性的选择

导轮的功用是在磨削过程中带动工件做旋转运动和贯穿运动。工件与导轮间有较大的摩擦力，导轮与工件接触后，导轮实际上起了限制工件圆周速度的作用，从而使工件向导轮相反方向旋转。导轮用橡胶结合剂制成，具有较大的摩擦因数和适当的弹性。导轮的其他特性与磨削轮基本相同。

（2）导轮架在垂直平面内的倾角调整

调整方法及步骤：用贯穿法磨削时，为了能使工件纵向自动进给，导轮轴线需在垂直平面内倾斜一定角度，如图 6—6 所示。导轮的倾角（ α ）越大，工件的贯穿速度越快。工件经淬火后，往往发生弯曲变形，常常需要多次纵向贯穿才能磨直。粗磨时，为了使工件能以较大的速度通过磨削区域，取 $\alpha\approx4°$；精磨时，则倾角取小些，一般取 $\alpha\approx2°$。

如图 6—7 所示，导轮架的调整步骤如下：

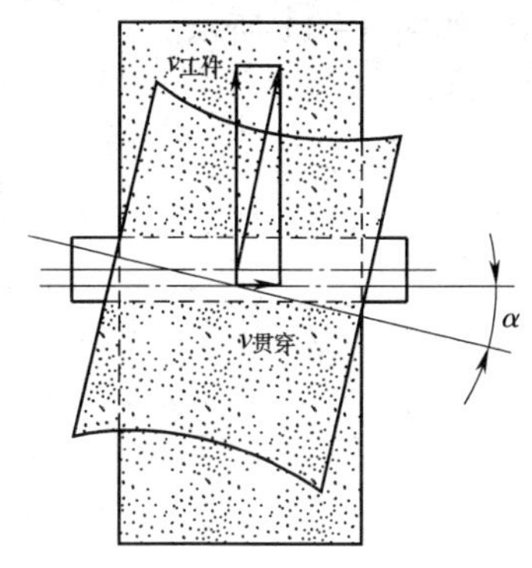

图 6—6 导轮在垂直平面内的倾角

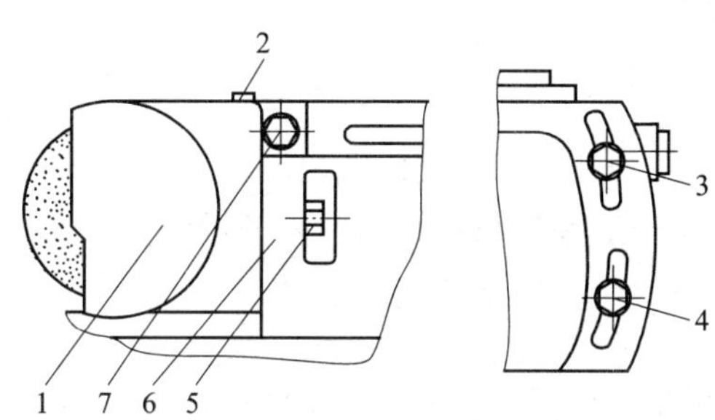

图 6—7 导轮架的调整

1—导轮架转体 2—刻度盘 3、4—螺钉 5—螺母 6—导轮座 7—螺杆

1）拧松螺钉 3、4 和螺母 5。

2）调整螺杆 7，回转导轮架转体 1 至所需角度。角度值由刻度盘 2 读出。

3）紧固螺钉 3、4 和螺母 5。

（3）导轮架水平转角的调整

1）切入磨削时的调整。用切入法磨削小锥度圆锥时，可将导轮架在水平面内回转适当角度。调整方法如图 6—8 所示，首先放松螺钉 3，然后转动螺杆 1，即可使导轮回转座 2 回转适当角度。调整后需锁紧螺钉 3。

2）贯穿磨削时的调整。用贯穿法磨削圆柱零件时，导轮回转座应调至零位，并使工件在托板上的位置与磨削轮轴线相平行。

（4）导轮的安装

如图 6—9 所示，安装用法兰盘主要由法兰盘底座、法兰盖、衬垫等组成，导轮安装后再用螺母紧固。紧固时需注意，导轮主轴端螺纹为左旋。

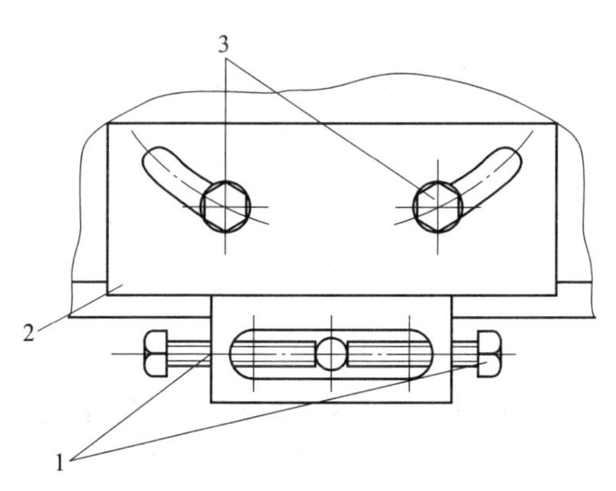

图 6—8 导轮架水平转角的调整

1—螺杆 2—导轮回转座 3—螺钉

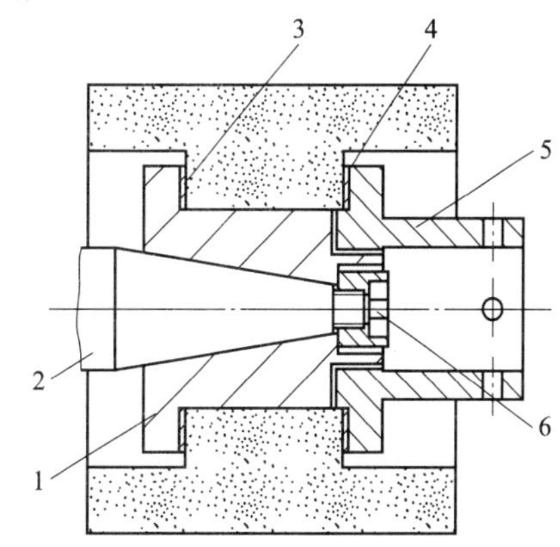

图 6—9 导轮的安装

1—法兰盘底座 2—主轴 3、4—衬垫 5—法兰盖 6—螺母

（5）导轮的修整

修整时的有关调整：导轮轴线在垂直平面内倾斜一个角度以后，为了保证工件与导轮有良好的接触，在修整导轮时，需将导轮修整器的金刚石滑座在水平面内相应回转一定角度，如图 6—10 所示。此外，金刚石在水平方向还要偏移 h_1 值，如图 6—11 所示。

金刚石滑座的回转角度可按下式计算，也可按表 6—1 选取。

$$\alpha_1 = \frac{\alpha}{\sqrt{D/d}} \tag{6—1}$$

式中 α_1——滑座的回转角度，(°)；

α——导轮在垂直平面内的倾角，(°)；

d——工件直径，mm；

D——导轮直径，mm。

金刚石的偏移量可按下式计算：

$$h_1 = \frac{D}{D+d}h \tag{6—2}$$

式中 h_1——金刚石的偏移量，mm；

h——工件安装中心高度，mm；

D——导轮直径，mm；

d——工件直径，mm。

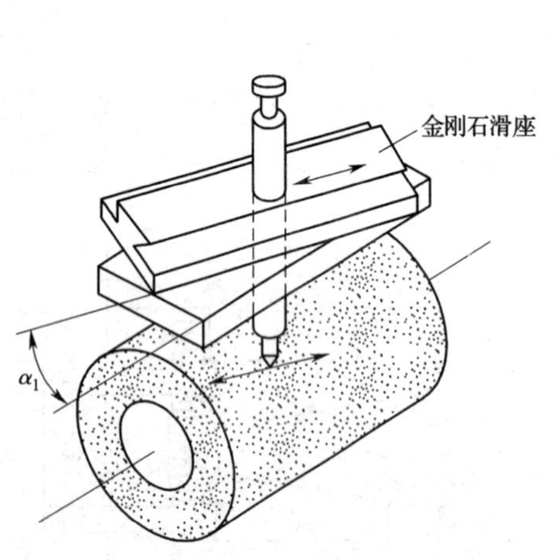

图 6—10 导轮修整器滑座的回转角度

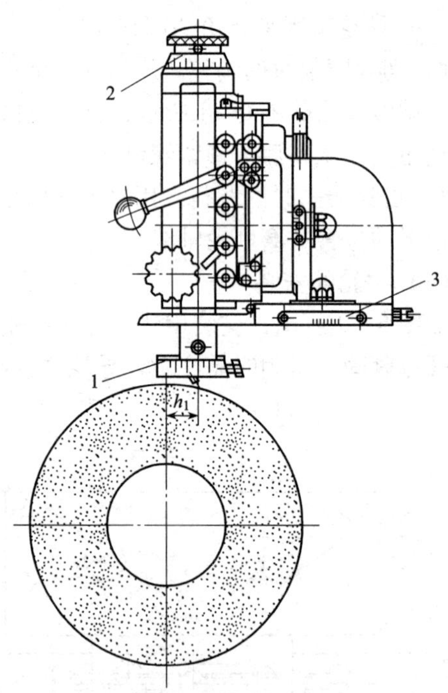

图 6—11 导轮修整器及金刚石的偏移量

1、3—刻度板 2—刻度盘

导轮的修整步骤如下：

1）调整导轮修整器在水平面内的角度，数值由刻度板 3 读出，如图 6—11 所示。

2）调整金刚石的偏移量，数值由刻度板 1 读出，调整后紧固金刚石。

3）启动导轮，使导轮处于修整状态转速。

4）旋转手轮使金刚石切入导轮，并启动液压旋钮进行修整。

表 6—1　　修整导轮时金刚石滑座的回转角度

导轮转角（°）	导轮直径与工件直径比值（D/d）									
	3	3.5	4	5	6	7	12	18	24	48
	金刚石滑座的回转角度									
1	50′	50′	55′	55′	55′	55′	55′	1°	1°	1°
2	1°45′	1°45′	1°50′	1°50′	1°50′	1°55′	1°55′	2°	2°	2°
3	2°35′	2°40′	2°40′	2°45′	2°50′	2°50′	2°55′	2°55′	3°	3°
4	3°30′	3°30′	3°35′	3°40′	3°45′	3°45′	3°50′	3°55′	4°	4°
5	4°20′	4°25′	4°30′	4°35′	4°40′	4°40′	4°50′	4°55′	5°	5°
6	5°15′	5°15′	5°25′	5°30′	5°35′	5°40′	5°45′	5°55′	5°55′	5°55′
7	6°10′	6°10′	6°20′	6°25′	6°30′	6°35′	6°45′	6°50′	6°55′	6°55′

3. 托板的选择与调整

（1）托板的选择

托板形状如图 6—12 所示，托板的材料可用优质钢或高速钢制成。如工件硬度很高时，可在托板的斜面上镶嵌硬质合金。磨软金属时，托板可用铸铁制成。

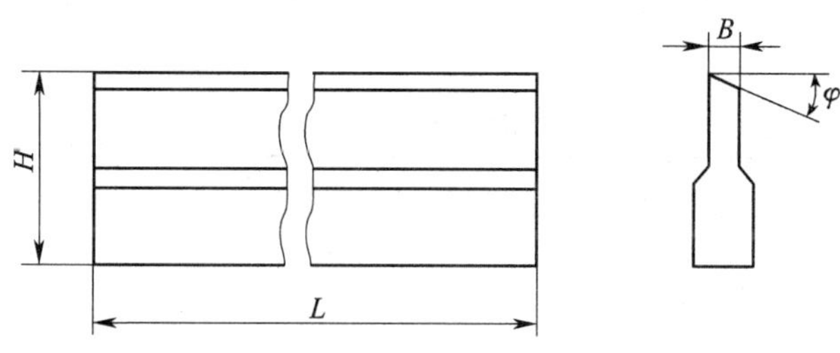

图 6—12　托板

托板的支撑面倾斜角 $\varphi=20°\sim30°$。工件直径大于 40 mm 时，φ 取小值；工件直径小于 40 mm 时，φ 取大值。其作用是加速工件成圆和减小工件对托板的压力。

托板厚度 B 影响托板的刚性及磨削过程的平稳性，托板厚度应比工件直径小 1.5 ~ 2 mm。

用贯穿法磨削时，托板的长度 L 用下式计算（见图 6—13）：

$$L = B + L_1 + L_2 \qquad (6—3)$$

式中　L_1——磨削区前伸出长度，为工件长度的 1 ~ 2 倍，mm；

L_2——磨削区后伸出长度，为工件长度的 0.75 ~ 1 倍，mm；

B——砂轮宽度，mm。

用切入法磨削时，托板比工件长 5 ~ 10 mm 即可。

（2）托板的调整

托板的高度可按下式粗略计算（见图6—14）：

$$H = 194 + h + d/2 \tag{6—4}$$

式中 H——由支架基准面至工件顶端高度，mm；

d——工件直径，mm；

h——工件中心高出砂轮中心的数值，mm；

194——机器常数，mm。

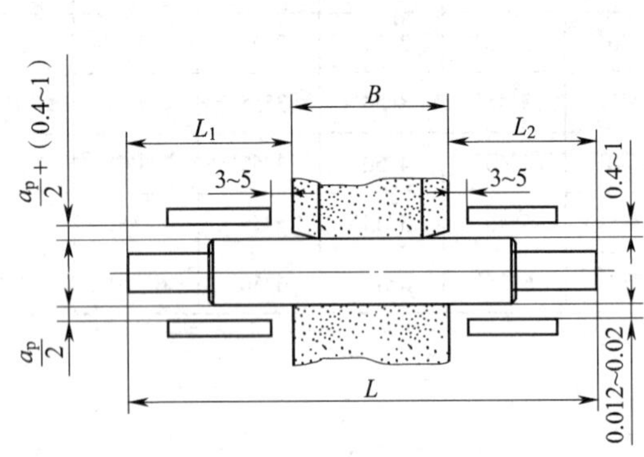

图6—13　托板的长度

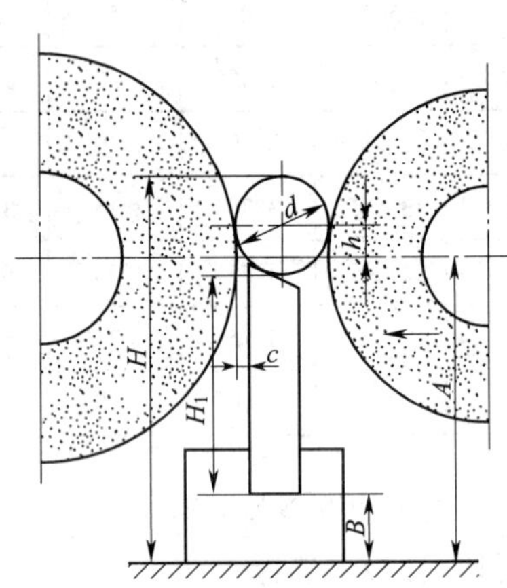

图6—14　托板高度的调整

一般情况下，都是工件中心高于砂轮中心，当 h 值取得太大时，工件会产生周期性跳动。当加工细长工件时，为了防止磨削过程中工件上下跳动，可将工件中心低于砂轮中心。h 的大小可按表6—2选取。

表6—2　　无心外圆磨削时 h、B、c 的值　　mm

工件直径 d	托板厚度 B	工件中心高 h	托板与磨削轮距离 c
5 ~ 12	4 ~ 4.5	2.5 ~ 6	1 ~ 2.4
12 ~ 15	4.5 ~ 10	6 ~ 10	1.65 ~ 4.75
25 ~ 40	10 ~ 15	10 ~ 15	3.75 ~ 7.5
40 ~ 80	15 ~ 20	15 ~ 20	7.5 ~ 10

安装托板时，应调整托板的两端在同一个水平面上，否则，磨出的工件将是圆锥形。

调整托板左侧面在水平面内与磨削轮圆周切线的距离 c 也是不可忽视的，否则会影响冷却和排屑。

托板的调整步骤如下：

1）如图6—15a所示，拧紧螺钉1，经压板4将托板2紧固在支架上。

2）按表6—2选取工件中心高 h，然后调整托板高度。当托板尺寸较小时，可使用垫片3。调整时用钢直尺测量工件最高点至底板的距离。

3）如图6—15b所示，锁紧螺母5，放松螺母6，转动横向进给手轮，把托板引向磨削轮；调整托板左侧至磨削轮圆周切线的距离 c。

4）锁紧螺母6，放松螺母5，转动横向进给手轮，调整导轮与托板间的距离。

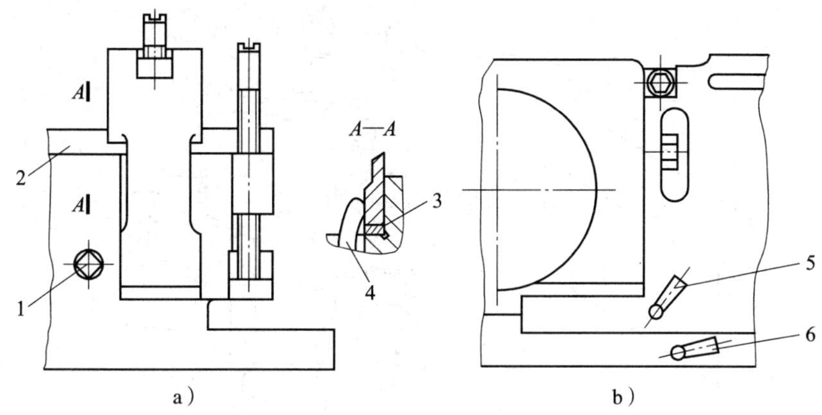

图 6—15　托板的安装与调整

1—螺钉　2—托板　3—垫片　4—压板　5、6—螺母

4. 导板的选择与调整

（1）导板的选择

导板的作用是把工件正确引进及退出磨削区域。导板的长度一般不宜过长，可按工件长度选择。如果工件长度大于 100 mm，导板长度为工件长度的 0.75 ~ 1.5 倍；如果工件长度小于 100 mm，则导板长度为工件长度的 1.5 ~ 2.5 倍；若工件长度比直径小，则导板的长度可选得大些。

导板的形状如图 6—16 所示。

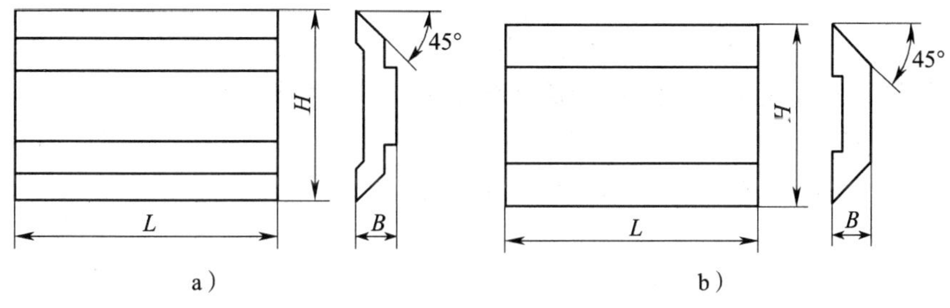

图 6—16　导板

工件直径小于 12 mm 时，采用凸形导板，如图 6—16a 所示；工件直径大于 12 mm 时，则采用平行导板，如图 6—16b 所示。导板的高度和厚度分别由托架的结构和工件直径来决定。

（2）导板的调整

导板应正确安装在机床上，四块导板调整位置不同，故应分别进行调整。

导板的调整如图 6—17 所示，导板用螺钉 3、4 紧固在支架上，旋转螺杆 1、2，即可调整导板 6、7。

靠导轮一侧的前导板应相对导轮工作面后退一个距离，其值为工件一次磨削余量的 1/2 左右，一般为 0.01 ~ 0.025 mm。靠导轮一侧的后导板，则与导轮的工作面平齐。靠磨削轮一侧的前、后导板，因不受到工件的压力，故均可比磨削轮的工作面后退 0.4 ~ 0.8 mm。

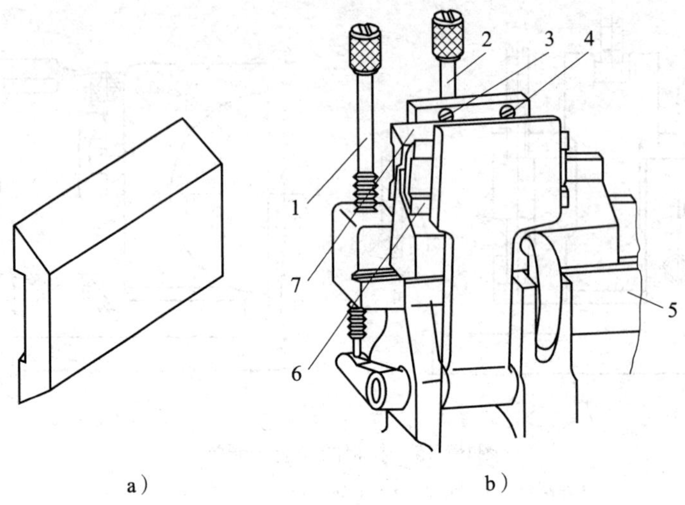

图 6—17 导板的调整

a）导板 b）导板的调整

1、2—螺杆 3、4—螺钉 5—支架 6、7—导板

调整导板的要求如下：

1）调整靠导轮一侧的前导板，应比导轮圆周后退 0.01 ~0.025 mm。

2）调整靠导轮一侧的后导板与导轮圆周平齐。

3）调整靠磨削轮一侧的前后导板，均比磨削轮圆周后退 0.4 ~0.8 mm。

（3）注意事项

1）导板不能突出导轮圆周面。当前导板突出导轮圆周面时，工件前部将被切去一块；当后导板突出导轮圆周面时，工件的贯穿受到阻碍，工件后部将被切去一长条。

2）导板不得偏斜。当导板偏向磨削轮时，工件将被磨成细腰形，如图 6—18a 所示；偏向导轮时，则工件被磨成腰鼓形，如图 6—18b 所示。

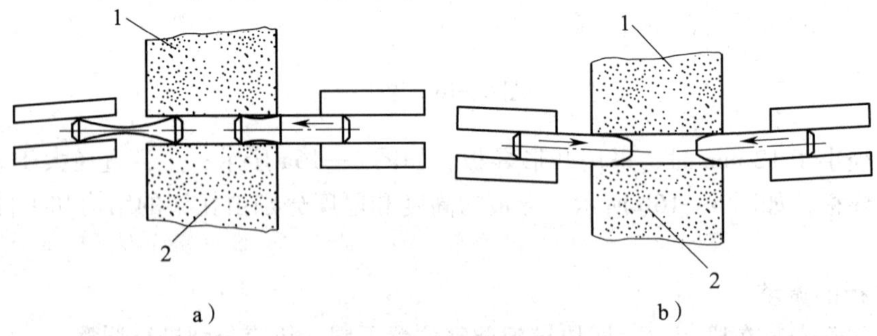

图 6—18 导板的偏斜

a）偏向磨削轮 b）偏向导轮

1—导轮 2—磨削轮

课题二 无心外圆磨削

一、无心外圆磨削的特点

无心外圆磨削时，工件安装在无心磨床上的两个砂轮之间，其中一个砂轮起磨削作用称为磨削轮；另一个砂轮起传动作用，称为导轮。工件下部有托板支撑。导轮由橡胶结合剂制成，其轴线在垂直方向上与磨削轮倾斜成 φ 角，带动工件做旋转运动和进给运动。

无心磨削时，磨削轮以大于导轮 75 倍左右的圆周速度旋转，由于工件与导轮间的摩擦力大于工件与磨削轮间的摩擦力，所以工件被导轮带动并与它成相反方向旋转；而磨削轮则对工件进行磨削。

无心外圆磨削与普通外圆磨削相比较，有下列特点：

1. 工件两端不钻中心孔，磨削的生产效率高，可以使磨削的基本时间与安装时间完全重合。适宜于大批量磨削圆柱销、滚针等形状简单的外圆零件。
2. 磨削细长光轴时支撑的刚度好，工件不易发生弯曲变形。
3. 磨削时，由于工件的圆周面须紧靠导轮，因此不能磨削带有纵向直槽的零件。
4. 机床的调整时间较长，调整的技术要求也较高。
5. 磨削套类零件时，由于零件是以自身的外圆为定位基准，因此不能减小内外表面间原有的同轴度误差。

二、无心磨削工件成圆的原理

无心磨削工件的成圆是一个复杂的过程，工件的原始形状误差将会影响工件的圆度。当工件的中心高于磨削轮和导轮的中心连线时，工件才能磨圆。

假设托板的顶面为平面，且调整工件中心与磨削轮及导轮的中心处于同一高度（见图 6—19a），当工件上有一凸点与导轮相接触时，则凸点的对面就被磨成一个凹面，其深度等于凸点的高度；工件回转 180°后，凸点转到与磨削轮相接触，此时，凹面也正与导轮相接触，工件被推向导轮，凸点无法被磨去。虽然磨出的工件直径在各方向上都相等，但工件不是一个圆形，而是一个等直径的棱圆，如等直径的三角形棱圆，如图 6—19b 所示。

工件不能被磨圆的原因是由于工件的中心与磨削轮和导轮的中心等高，使得工件的凹凸点在同一直线上。因此，只要使工件的中心高于磨削轮和导轮的中心，并采用顶端为斜面的托板（见图 6—19c），就能消除这种现象。由图可见，工件凹凸点不在同一直径上，当磨削继续进行时，凸点不断被磨平，而凹面也逐渐变浅，工件逐渐被磨圆，如图 6—19d 所示。

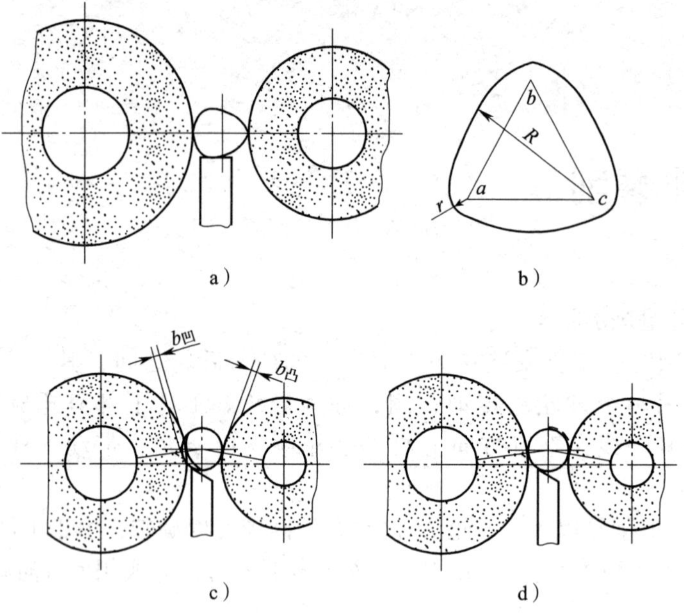

图 6—19　工件的成圆原理

三、无心外圆磨削的方法

1. 贯穿法

磨削时工件一边旋转一边纵向运动，穿过磨削区域而落入工件盒中。此种方法用于磨削没有台阶的光轴，如图 6—20 所示。

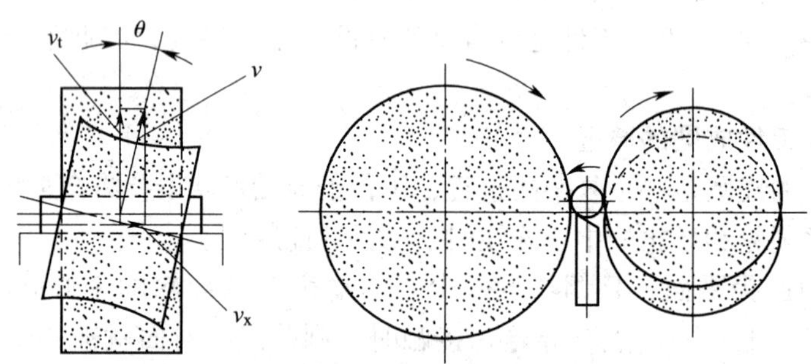

图 6—20　用贯穿法磨削

导轮在垂直方向扳转斜角 θ，导轮的圆周速度即分解为切向分速度 v_t 和纵向分速度 v_x，则有：

$$v_t = v\cos\theta \tag{6—5}$$

$$v_x = v\sin\theta \tag{6—6}$$

式中　θ——导轮在垂直方向的倾斜角，(°)。

因而工件的纵向进给速度等于导轮纵向的分速度，工件的圆周速度等于导轮切线方向的分速度。导轮的圆周速度为：

$$v = \frac{\pi Dn}{1\,000} \tag{6—7}$$

则有：

$$v_x = \frac{\pi Dn\sin\theta}{1\ 000} \tag{6—8}$$

$$v_t = \frac{\pi Dn\cos\theta}{1\ 000} \tag{6—9}$$

如果导轮与工件表面之间无滑动，且导轮直径一定时，工件的纵向进给速度就决定于导轮的转速（n）和倾斜角（θ）的大小。

导轮的倾斜角增大时，工件的纵向进给速度增加，生产效率提高，但工件表面粗糙度值增大。通常精磨时取 $\theta = 1°30' \sim 2°30'$，粗磨时取 $\theta = 2°30' \sim 4°$；背吃刀量，粗磨时取 0.02～0.06 mm，精磨时取 0.005～0.01 mm。用贯穿法时，最好将砂轮前部和后部修成 30′的斜角，以使工件能逐步切入和切出。

2. 切入法

此种磨削方法适用于加工带台阶的圆柱形工件或成形旋转体（见图 6—21），磨削时工件不做贯穿运动。一般可使导轮轴线与磨削轮轴线平行或交叉一较小的角度（$\theta = 30'$），工件在磨削过程中有一微小轴向力，使工件紧靠挡销。

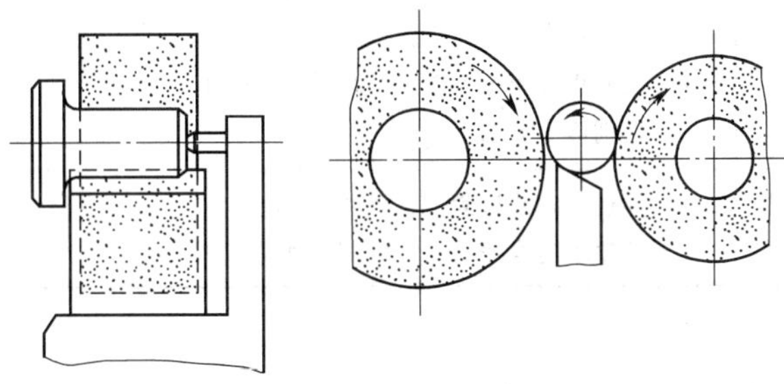

图 6—21　切入法磨削

3. 强迫贯穿法

导轮修整成与工件相适应的螺旋槽，并使磨削轮的工作素线与工件的素线平行，此种方法适宜于大批量贯穿磨削成形表面，如图 6—22 所示。

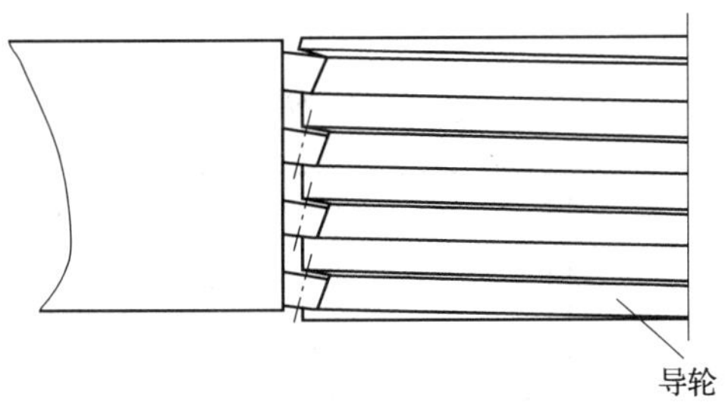

图 6—22　强迫贯穿法

四、磨削产生的缺陷分析

无心外圆磨削中常发生一些缺陷，如圆度、圆柱度误差、表面粗糙度误差以及表面外观缺陷等。产生缺陷的主要原因如下：一是由于机床调整不当，如砂轮的选择不合适、工件安装的中心高不恰当、托板和导板的调整不太合理等。如图 6—18 所示，当导板偏向磨削轮时，工件将被磨成细腰形；当导板偏向导轮时，则工件被磨成腰鼓形。再就是工艺方法不当，如磨削余量分配不均匀，工件的贯穿速度太快等。还有则是由工件本身的缺陷所引起的，如几何形状误差太大、材质不均匀等。对于产生的缺陷要认真分析其原因，并采取切实有效的防止和解决办法，以利于提高磨削质量。无心外圆磨削中常见缺陷及其预防方法见表6—3。

表 6—3　　　　无心外圆磨削中常见缺陷及其预防方法

工件缺陷	产生原因及预防方法
圆度误差	1. 工件中心高度不恰当。奇数棱圆时可增加工件中心高度，偶数棱圆时可降低工件中心高度 2. 砂轮太硬 3. 导轮不圆，需用较低转速重新修整导轮 4. 砂轮不平衡 5. 毛坯误差太大。可增加磨削次数
圆柱度误差	1. 前后导板位置调整不当。重新调整导板 2. 磨削区域火花不正常。重新调整、修整砂轮
表面粗糙度误差	1. 砂轮粒度太粗，修整速度太快 2. 工件贯穿速度太快。可减小导轮倾角 3. 切削液不清洁
表面外观缺陷（带状、直条状、螺旋状直条纹）	1. 导板松动或过紧。重新调整导板 2. 砂轮不圆或振动。重新调整砂轮

五、技能训练

1. 贯穿磨削法磨削圆柱销

（1）图样和技术要求分析

图6—23 所示为一圆柱销工件。材料为45 钢，淬火后硬度为48 ~ 52HRC，磨削余量为0. 2 ~ 0. 25 mm。要求用通磨法磨削至尺寸 $\phi 30_{-0.013}^{0}$ mm，表面粗糙度达到 $Ra0.4$ μm，圆柱度公差为0. 003 mm。

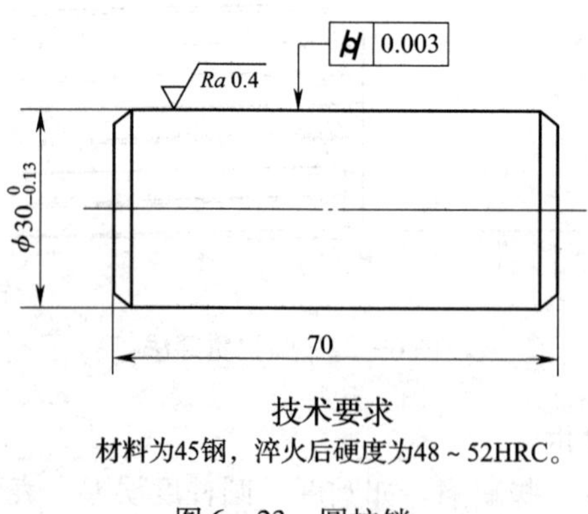

图 6—23　圆柱销

（2）选择设备

采用 M1080D 无心外圆磨床。

（3）磨削轮、导轮的选择和调整

磨削轮：WAF80L5V。

导轮：WAF80L5R。

修整砂轮用金刚石笔，因工件技术要求较高，砂轮需多次修整。

磨削前，应调整和修整导轮。先调整导轮在垂直平面内的倾斜角 $\theta=4°$，再调整导轮修整器金刚石笔滑座在水平面的角度 $\alpha=3°50'$。根据导轮和工件直径及查表6—2，工件安装中心高取 $h=10$ mm，计算出金刚石笔偏移量 $h_1=\dfrac{D}{D+d}h=9$ mm，将导轮调整至修整速度，修整导轮，并用磨削轮修整器粗修整磨削轮。

（4）装夹方法

工件不需要特别的装夹，但需要调整好托板和导板的位置，具体方法如下：

调整托板时，将工件放在托板和导板之间，查表6—2，取 $h=10$ mm，计算出托板安装高度 $H=219$ mm，用钢直尺测量。

调整导轮一侧前、后导板时，可取一个待磨工件放在托板上，将工件靠着前导板推向导轮，检查导板的位置是否正确，前导板应比导轮表面退后0.02 mm左右，调整后导板与导轮圆周面平齐。

调整磨削轮一侧的前、后导板比磨削轮圆周面退后0.4～0.8 mm。

调整好托板和导板后即可安放工件。

（5）磨削方法

采用贯穿磨削法磨削，分配好粗、精磨余量。工件的磨削余量为0.20～0.25 mm，分三次粗磨，每次磨削余量为0.05 mm，留精磨余量0.05 mm左右。

粗磨前应试磨工件，横向进给量取0.02～0.05 mm。仔细观察磨削火花的分布情况，以判断磨削是否正常。若磨削火花是均匀变化的，且在磨削区的后半部，火花逐渐减少至消失，则表明磨削正常，说明上述有关调整符合要求。

（6）磨削步骤

1）操作前的检查、准备

①调整导轮倾斜角：取 $\theta=4°$。

②修整导轮：导轮修整器金刚石笔滑座在水平面角度 $\alpha=3°50'$，金刚石笔偏移量 $h_1=9$ mm。

③粗修整磨削轮。

④调整托板：工件安装中心高 $h=10$ mm，托板安装高度 $H=219$ mm。

⑤调整导板：前导板比导轮表面退后0.02 mm，后导板与导轮圆周面平齐。

2）试磨

观察火花状况，若正常，可开始粗磨；若磨削火花不均匀，则重新修整磨削轮和导轮。

3）粗磨

分三次粗磨，每次磨削余量为0.05 mm，留精磨余量0.05 mm左右。检查圆柱度误差不大于0.003 mm，表面粗糙度 Ra 值达到0.8～0.4 μm。

4）精修整磨削轮

必要时调整、修整导轮，并调整托板和导板。

5）精磨外圆至尺寸要求

外圆 $\phi 30_{-0.013}^{\ 0}$ mm 的圆柱度误差不大于0.003 mm，保证表面粗糙度 $Ra0.4$ μm。为保证表面粗糙度，最后可作一次光磨。

2. 磨滚针

（1）图样和技术要求分析

图6—24 所示为滚针轴承的滚动体。材料为GCr6，淬火后硬度为60HRC。$\phi 5_{-0.005}^{\ 0}$ mm 外圆的表面粗糙度 Ra 值为 0.1 μm，外圆的圆度公差为0.002 mm，外圆素线的直线度公差为0.002 mm。

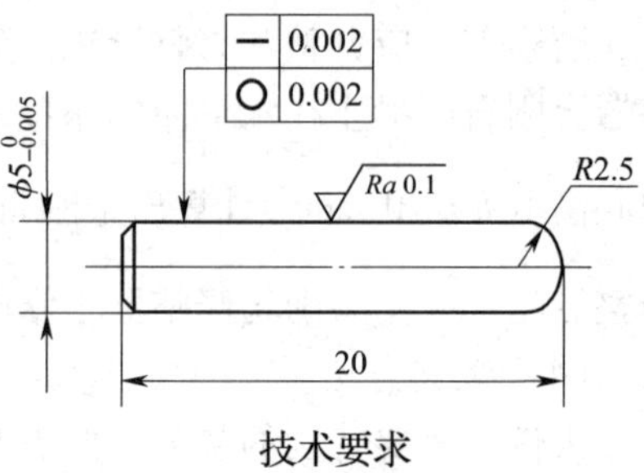

图6—24　滚针

（2）选择设备

粗磨采用 M1040 无心外圆磨床，精磨采用MGT1050高精度通磨无心磨床。

（3）磨削轮、导轮的选择和调整

磨削轮：粗磨用 AF60H6V，精磨用 WA100J5V。

导轮：AF80L5V。

调整导轮时，粗磨 $\theta=3°$，金刚石笔偏移量取 $h_1=3.9$ mm，导轮修整器滑座水平面角度 $\alpha=3°$；精磨时 $\theta=1°30'$，金刚石笔偏移量取 $h_1=3.3$ mm，导轮修整器滑座水平面角度 $\alpha=1°30'$。

（4）磨削方法

采用贯穿磨削法，将加工划分为粗磨、半精磨、精磨三个阶段。滚针的磨削总余量为0.2～0.25 mm，粗磨两次，共磨去0.15～0.20 mm，半精磨余量为0.04～0.045 mm，精磨余量为0.005～0.01 mm。

（5）装夹方法

工件放在托板和导板之间，按表6—2 取 $h=4$ mm，计算出粗磨托板安装高度 $H=200.5$ mm。取托板支撑面斜角 $\varphi=30°$。由于滚针的圆度和素线的直线度公差要求很高，精密磨削时，托板的高度按下式计算（见图6—25）：

$$N = h - \frac{d}{2}\cos\varphi + g\tan\varphi$$

式中　N——托板顶端至砂轮中心高度距离，mm；

h——工件安装中心高度，mm；

d——工件直径，mm；

φ——托板支撑面斜角，（°）；

g——工件与托板支撑面接触点距离，取托板厚度的1/2，mm。

取精磨用托板厚度 $B=4$ mm，即 $g=2$ mm，$\varphi=30°$，则 $N=3$ mm。

（6）工件磨削步骤

1）M1040 型无心外圆磨床磨削步骤如下：

①调整导轮倾斜角：取 $\theta=3°$。

②修整导轮：导轮修整器金刚石笔滑座在水平面角度 $\alpha=3°$，金刚石笔偏移量 $h_1=3.9$ mm。

③粗修整磨削轮。

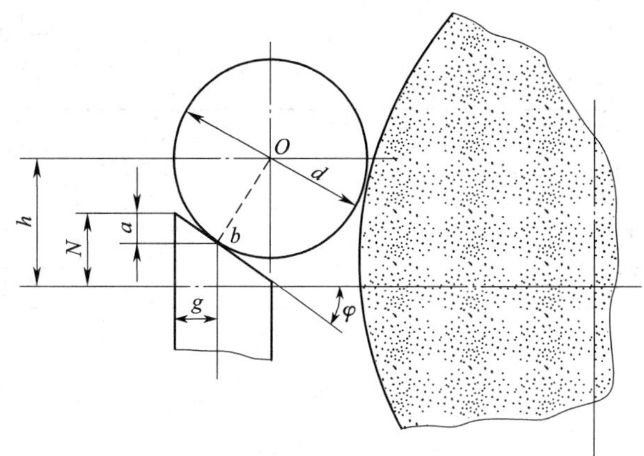

图 6—25　托板高度的精确计算

④调整托板：工件安装中心高 $h=4$ mm，托板安装高度 $H=200.5$ mm。

⑤调整导板：前导板比导轮表面退后 0. 02 mm，后导板与导轮圆周面平齐。

2）试磨。观察火花状况，若正常，可开始粗磨；若磨削火花不均匀，则重新修整磨削轮和导轮。

3）粗磨工件，分两次粗磨，留余量 0. 06 mm。

4）修整磨削轮。

5）半精磨工件，留精磨余量 0. 005 ~0. 01 mm。

6）MGT1050 高精度通磨无心磨床磨削步骤如下：

①调整导轮倾斜角：取 $\theta=1°30'$。

②修整导轮：导轮修整器金刚石笔滑座在水平面角度 $\alpha=1°30'$，金刚石笔偏移量 $h_1=3.3$ mm。

③修整磨削轮。

④调整托板：工件安装中心高 $h=4$ mm，托板安装高度 $N=2.8$ mm。

⑤调整导板：前导板比导轮表面退后 0. 02 mm，后导板与导轮圆周面平齐。

7）试磨工件至图样要求。

8）精磨工件。

3. 磨活塞杆

（1）图样和技术要求分析

图 6—26 所示为空心活塞杆。材料为 45 钢，外圆尺寸为 ϕ30h7，表面粗糙度 Ra 值为 0. 8 μm，外圆轴线的直线度公差为 0. 02 mm。工件长度为 950 mm。

（2）选择设备

采用 MS1080 高速无心外圆磨床。

（3）磨削轮、导轮的选择

磨削轮：WAF80L5V。

导轮：WAF80L5R。

（4）磨削方法

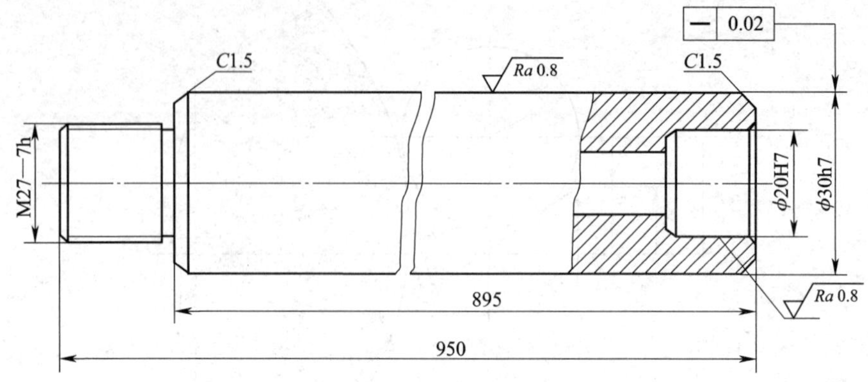

图 6—26　空心活塞杆

采用贯穿磨削法，将加工划分为粗磨、精磨。磨削的总余量为 0. 25 ~ 0. 30 mm。分三次粗磨，每次磨削余量 0. 05 mm。留精磨余量为 0. 05 mm。

（5）装夹方法

将工件放在托板和导轮之间，为防止工件产生振动，使工件中心低于砂轮中心 1 mm。在前、后导板两端配置扶架。调整扶架时，可先从工件入口一边从远到近逐个调整，使工件能顺畅贯穿。

（6）工件磨削步骤

1）调整导轮在垂直平面内的倾斜角 $\theta = 3°$。试磨工件，仔细观察磨削火花的分布情况，待磨削正常后粗磨工件。

2）重复上述调整过程，且修整磨削轮，精磨工件至尺寸要求。

（7）注意事项

1）高速无心磨削砂轮的圆周速度 $v_s = 45$ m/s。应选择砂轮最高工作速度 $v_s = 45$ m/s，这是高速砂轮，不能选错，否则砂轮会爆裂，容易发生安全事故。

2）砂轮要经过精细的静平衡，以消除离心力对加工的影响。

3）若磨削时仍有细微振动，可适当降低导轮转速，或重新调整导轮倾斜角使导轮倾斜角 θ 再减小 1°左右，振动会随之消失。

4）高速磨削时，磨削热较高，要注意工件的冷却，防止产生表面烧伤。

复习思考题

1. 试述无心外圆磨削的特点。

2. 试述无心外圆磨削工件成圆的原理。

3. 用贯穿法磨削时，如何选择导轮的倾斜角？如何计算工件的纵向进给速度和圆周进给速度？

4. 切入法和强迫贯穿法各适用于磨削哪些零件？

5. 在无心外圆磨床上修整直径为 350 mm 的导轮，试求修整器调整参数：金刚石笔偏移量和金刚石笔滑座转角（已知工件直径为 30 mm，工件安装中心高为 10 mm，导轮转角 5°）。

6. 已知无心外圆磨床导轮直径为 350 mm，转速为 50 r/min，导轮转角 3°。试求工件的圆周速度和纵向贯穿速度。

7. 如何选择导轮？为什么导轮应修整成双曲面？修整导轮时如何调整机床？

8. 如何选择、调整托板和导板？

9. 无心磨削时，工件常产生哪些缺陷？应如何防止？

第七单元

刃具磨削

课题一 万能工具磨床的操纵与调整

一、MQ6025A 型万能工具磨床主要部件的名称和作用

刃磨刀具的机床种类很多，这里简单介绍最常用的 MQ6025A 型万能工具磨床。

MQ6025A 型万能工具磨床是性能优良的先进型工具磨床。装上附件后，除了可以刃磨铰刀、铣刀、斜槽滚刀、拉刀、插齿刀等常用刀具和各种特殊刀具外，还能磨削外圆、内圆、平面以及样板等，加工范围比较广泛。

如图 7—1 所示，MQ6025A 型万能工具磨床主要由床身 11、磨头架 16、工作台 6、横向拖板 7 等部件组成。

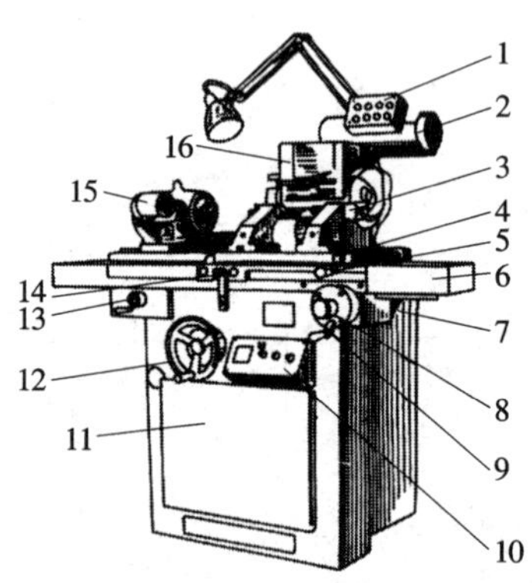

图 7—1　MQ6025A 型万能工具磨床

1—电气操作板　2—砂轮架垂直进给手轮　3—左、右顶尖座　4—工作台定位手轮　5—调整角度手柄　6—工作台　7—横向拖板　8—结合子　9、13—工作台纵向进给手轮　10—电气控制面板　11—床身　12—横向进给手轮　14—限位挡铁　15—万能夹头　16—磨头架

1. 床身

床身 11 是一个箱形整体结构的铸件，其上部前面有一组纵向 V 形导轨和平导轨，在后面有一横向的 V 形导轨和平导轨。纵向导轨上装有工作台，横向导轨上装有横向拖板，床身左侧门及后门内装有电气元件等。

2. 工作台

工作台 6 分上工作台与下工作台两部分。下工作台装在床身纵向导轨上，导轨上装有圆

柱滚针，使工作台能轻便、均匀地快速移动。工作台前后共有四个操纵手轮，便于在不同位置操纵工作台进行磨削。当工作台需要以较慢速度移动时，可将结合子 8 拉出，摇动手轮 9 通过行星结构减速，使工作台慢速移动。慢速时，手轮转一圈，工作台移动约 12 mm。这时摇动其他手轮，工作台不会移动。当工作台需要快速移动时，可将结合子 8 推进，摇动手轮 13 或 9，工作台做快速移动。手轮转一圈，工作台移动 126 mm。

上工作台装在下工作台上面，转动手柄 5 可使上工作台绕轴心转 ±9°；当需要磨削锥度很大的工件或刀具时，可转动手柄 4，使上工作台的插销上升脱开滑板，上工作台就可以绕轴心转 ±60°。在上工作台上可装万能夹头 15、顶尖座 3、齿托片等附件，以刃磨各种刀具及进行其他加工。

3. 横向拖板

横向拖板 7 装在床身横向导轨上，导轨之间有圆柱滚针。横向传动由手轮 12 通过梯形螺杆和螺母传动。手轮转一圈为 3 mm，一小格为 0.01 mm。由于手轮 12 装在同一根丝杆上，因此站在机床前面和后面均可进行操作。在横向拖板上装有磨头架及升降机构；摇动手轮 12，磨头架做横向进给。

4. 磨头及升降机构

磨头电动机采用标准型 A1—7132 电动机。零件套装而成，机壳与磨具壳体铸成一个整体；电动机定子由内压装改成外压装，采用微型三角皮带带动磨头主轴转动。磨头主轴两端锥体均可安装砂轮进行磨削。转速为 4 200 r/min、5 600 r/min 两挡。磨头电动机可根据磨削需要，做正反向运转，由操纵板 10 转向选择开关控制。

磨头的升降机构采用圆柱形导轨，由斜键导向。磨头升降分手动和机动两种。手动时，转动手轮 2，通过蜗轮副 1 减速及一对工正齿轮升速，通过螺母 5、螺杆 4 使导轨 3 上升或下降。机动时，按升降按钮（操纵板上的机动按钮），电动机 8 启动，通过一齿差减速，经结合子 7 连接螺杆 4，经螺母 5 使导轨升或降。

在圆柱形导轨顶面装有接盘，接盘与磨头体的偏心盘连接，磨头装在偏心盘上面；偏心盘可绕接盘轴在 360°范围内转任意位置。圆柱形导轨在套筒 6 中上下移动，套筒外面装有防护罩，以防止灰尘侵入。

二、MQ6025A 型万能工具磨床的主要技术参数及规格

加工范围	
加工工件最大直径/mm	250
加工工件最大长度/mm	630
工作台	
台面尺寸（长度×宽度）/mm	950×135
最大行程/mm	450
磨头	
水平方向移动量/mm	200
垂直方向移动量/mm	300
头架	
主轴锥孔	莫氏 No. 5
主轴转速（无级）/（r/min）	30～280

电动机功率

总功率/kW 1.6

磨头电动机功率/W 750

三、机床附件与使用方法

MQ6025A 型万能工具磨床的附件较多，分常用附件与特殊附件两类。常用附件有左顶尖座、右顶尖座、万能夹头、万能齿托架（又叫万能支片架）、中心规等。特殊附件有万向顶尖座、正弦规、万向平口钳、内圆磨具等。下面主要介绍常用附件的作用和使用方法。

1. 左、右顶尖座

左、右顶尖座主要用来装夹带中心孔的刀具及需要用心轴装夹的刀具。

如图 7—2 所示，左顶尖 2 可在顶尖座 1 的孔中移动，并可用螺钉 3 锁紧。如图 7—3 所示，右顶尖 4 在弹簧 5 的作用下向外顶紧工件，手柄 6 可使顶尖缩进座孔内，因此装卸工件比较方便。螺钉 7 可锁紧顶尖。工作台定位槽是斜 T 形，在固定顶尖座时，在槽内放进定位螺母 9，用螺钉 8 旋进螺纹孔内拉紧，使顶尖座紧靠 T 形槽一侧，固定在工作台上。

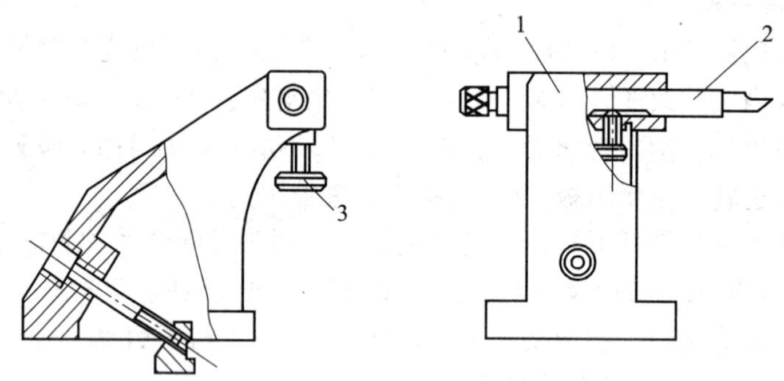

图 7—2　左顶尖座

1—顶尖座　2—左顶尖　3—螺钉

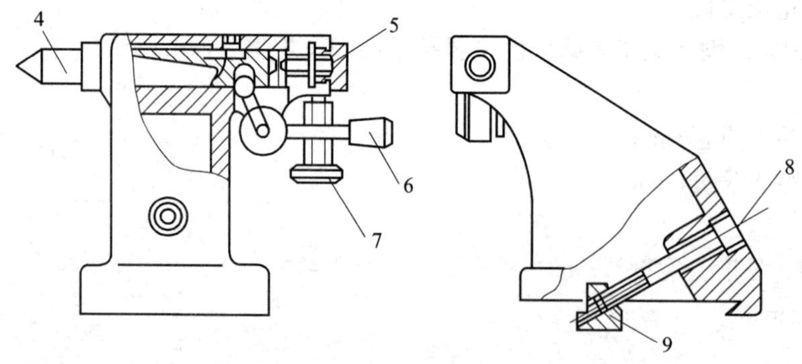

图 7—3　右顶尖座

4—右顶尖　5—弹簧　6—手柄　7、8—螺钉　9—螺母

2. 万能夹头

万能夹头主要用来装夹端铣刀、立铣刀、三面刃铣刀、角度铣刀等刀具，以刃磨其端面齿或锥面齿。

装上电动机后，由皮带带动万能夹头主轴旋转，用来磨削内、外圆及插齿刀的前刀面。如图 7—4 所示，万能夹头主要由底座 2、支架 7、夹头体 4、主轴 1 等组成。

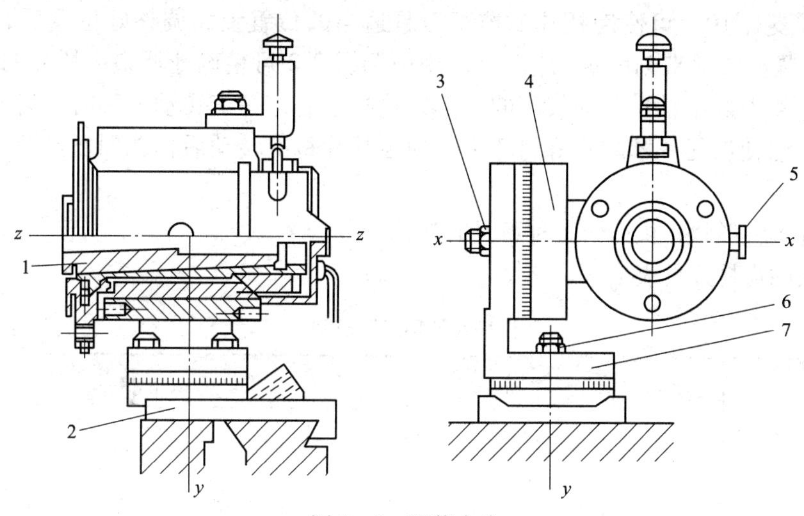

图 7—4　万能夹头

1—主轴　2—底座　3—螺母　4—夹头体　5—螺栓　6—螺钉　7—支架

底座 2 在工作台上定位压紧的方法与顶尖座压紧方法相同。夹头体 4 可在支架 7 上绕 x—x 轴线回转 360°，并用螺钉 6 固定其位置。装夹工件的主轴 1 又可在夹头体中绕 z—z 轴线回转 360°，并用螺钉 6 固定其位置。这样，装在主轴上的刀具就能在空间转任意角度。万能夹头主轴锥孔为莫氏 5 号锥度，供装夹顶尖及其他心轴具。万能夹头除了在刃磨刀具时使用外，还可以在磨外圆和内孔时代替头架。它由 9DSZ52 直流伺服电动机通过皮带带动主轴旋转，可作 30 ~ 280 r/min 的无级变速调节。

3．万能齿托架

如图 7—5 所示，万能齿托架由支架 14、支杆 10、齿托片 8 等组成。

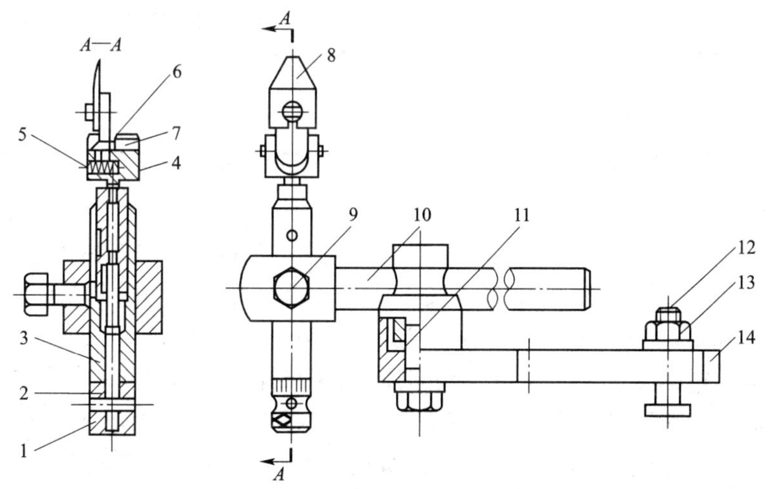

图 7—5　万能齿托架

1—把手　2—螺杆　3—杆　4—座　5—弹簧　6—小轴　7—螺钉

8—齿托片　9、11、12—螺钉　10—支杆　13—螺母　14—支架

万能齿托架的用途是使刀具的刀齿相对于砂轮处于正确的位置上，以刃磨出正确的刀具角度。支架14用螺钉12、螺母13固定在磨床工作台、磨头顶面或万能夹头上。转动或移动杆3或支杆10，可使齿托片8撑至刀具适当的位置上，调整好位置后，可用螺钉9、11将其锁紧。转动带刻度盘的把手1，用微调螺杆2可精确地调整齿托片的高低位置。齿托片可绕座4上的小轴6转动较小的角度，这样，磨好一齿转动刀具时，齿轮片可稍后让出。弹簧5能使齿托片紧靠在螺钉7上，使齿托片每次转动后仍能回复至原来正确的位置上。

齿托片有多种形状，供刃磨各种刀具时选用。

几种常用的齿托片见表7—1。

表7—1　　齿托片的种类及应用

名称	图示	应用
直齿齿托片		适合刃磨直槽尖齿刀具，如铰刀、角度铣刀、锯片铣刀等
斜齿齿托片		适合刃磨各种交错齿三面刃铣刀等
螺旋齿齿托片		适用于刃磨各种螺旋槽刀具，如柱面铣刀、锥柄立铣刀等

4. 中心规

如图7—6所示，中心规是用来确定砂轮或顶尖中心高度的工具，由主体3、定中心片1等组成。主体3的*A*、*B*两个平面经过精加工，其平行度误差较小。定中心片可装成图7—6a所示位置，也可以调转180°安装。中心规的*A*面贴住磨头顶面时（见图7—6b），定中心片所指高度即为砂轮中心高度h_A（等于头架顶面至砂轮轴线的距离），升降磨头把定中心片对准顶尖的尖端时，即可将砂轮中心与工作中心调整到同一高度上。如果将中心规的*B*面放在磨床工作台上（见图7—6c），定中心片所指高度h_B即为左、右顶尖的中心高度，将它与钢直尺配合就可以用来调整齿托架齿托片的高度。

四、机床的操纵与调整

图7—7所示为MQ6025A型万能工具磨床的操纵示意图。

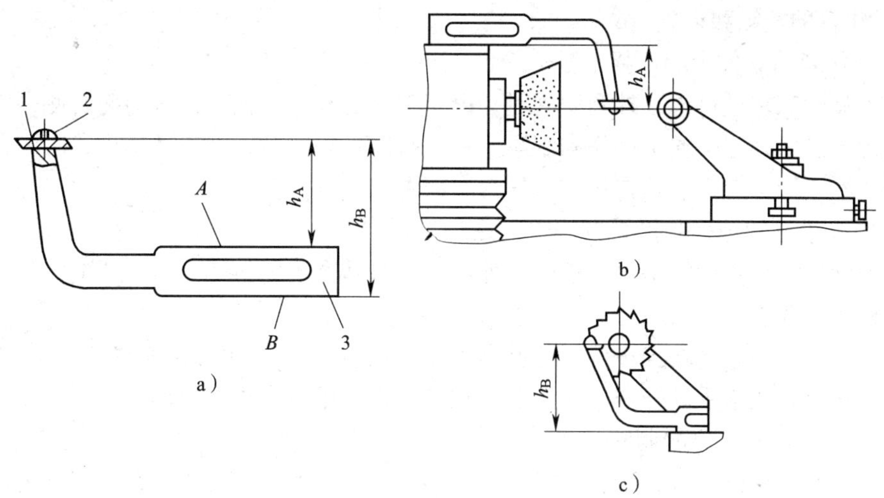

图 7—6　中心规及其应用

1—定中心片　2—螺钉　3—主体

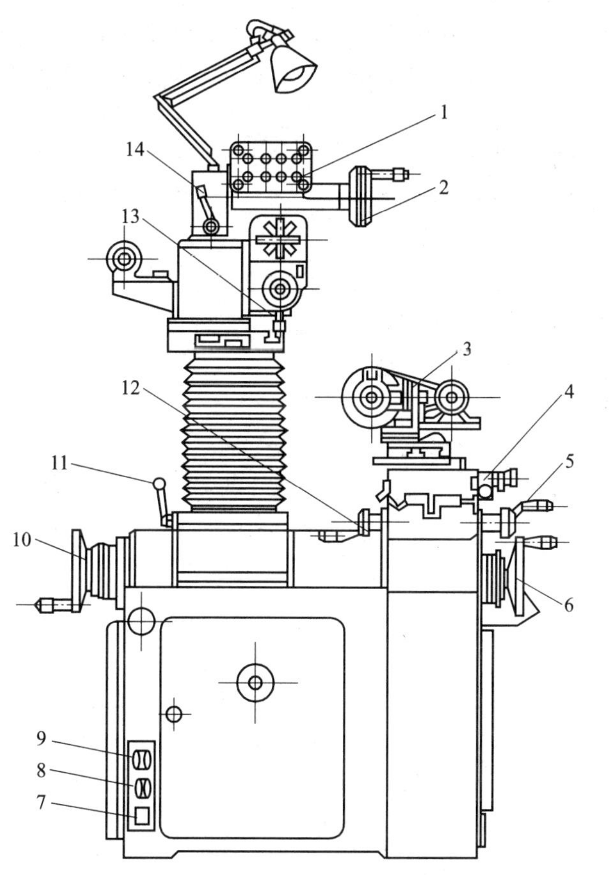

图 7—7　MQ6025A 型万能工具磨床操纵示意图

1—电气操纵板　2—磨头升降手轮　3—万能夹头　4—限位挡铁　5、12—工作台纵向进给手轮　6、10—工作台横向进给手轮　7—头架电动机的电源插座　8—切削液泵电动机插座　9—吸尘器电源插座　11—手柄　13—锁紧销　14—锁紧手柄

1. 工作台的操纵和调整

（1）操作者站立位置的选择

万能工具磨床在进行内、外圆磨削时，由于工作台操纵手柄在机床前面右侧，因此操作者应站在机床前面，这样便于操作和观察。在进行刀具刃磨时，由于磨削形式不同，为了便于操作和观察，操作者一般站在机床工作台后面左侧或右侧。

（2）操纵手轮的选择和操纵方法

根据磨削形式选择操纵手轮，磨内、外圆时，将结合子 8 拉出，操纵手轮 9，工作台做慢速均匀移动（见图 7—1）。

刃磨刀具时，结合子在推进位置，操纵手轮 5 或者 12，工作台快速移动（见图 7—7）。刃磨时，工作台是快速手动操作，因此要注意各手指的用力大小和协调。

（3）工作台行程距离的调整

由于工作台采用圆柱滚针导轨，操纵时稍不注意就会使行程过头；在磨削时为了控制行程，可用限位挡铁 4 来限位（见图 7—7）。挡铁使用方法与外圆磨床挡铁使用方法基本相同。

2. 磨头位置的调整和操纵

在进行刀具刃磨时，磨头应从图 7—7 位置（外圆磨削位置）按顺时针方向转 90°，使磨头主轴轴线垂直于工作台轴线。磨头升降手轮 2 和电气操纵板 1 可根据操作需要在水平方向做任意角度转动，转动完毕，可转动手柄 14 锁紧。转动手柄 11，可断开磨头的上下升降，以避免操作时产生错误动作。

3. 砂轮与法兰在磨头主轴上的装拆

安装步骤如下：

（1）把砂轮装到法兰盘上，用专用扳手将螺母拧紧。

（2）把法兰盘连同砂轮一起套入磨头主轴。

（3）插入锁紧销 13，使磨头主轴锁紧。

（4）旋上内六角螺钉，用内六角扳手拧紧。

（5）装上防护罩壳，拔出锁紧销，砂轮安装完毕。

拆卸法兰盘时，须将磨头主轴锁紧，然后将法兰盘内六角螺钉卸下，旋上拆卸扳手，将法兰盘从磨头主轴上顶出。图 7—8 所示为砂轮和法兰盘装拆示意图。

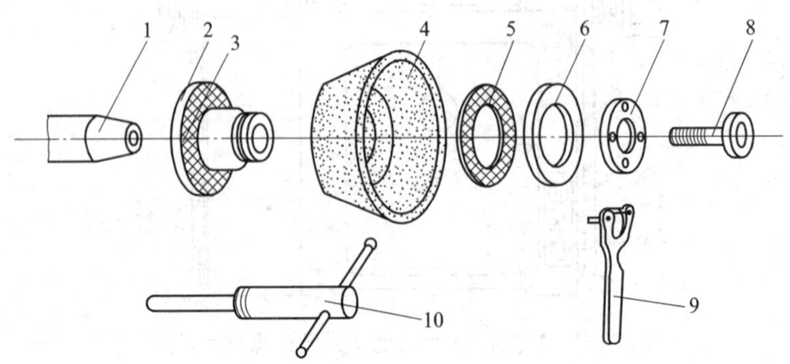

图 7—8　砂轮与法兰盘装拆示意图

1—主轴　2—法兰体　3、5—纸垫　4—砂轮　6—法兰盖　7—螺母　8—螺钉　9—专用扳手　10—拆卸扳手

4. 吸尘器的安装

MQ6025A 型万能工具磨床吸尘器为圆形筒体。内装有功率为 0.55 kW 的电动机，转速为 2 800 r/min。使用时，将电源插头插入机床插座内，将电气控制面板 10（见图 7—1）上的吸尘、冷却预选开关转到吸尘位置，再按电气操作板 1 上的吸尘启动按钮，使吸尘器工作。吸尘管固定在磨头架偏心盘的 T 形槽内，管口对准火花，使大部分灰尘被吸去。机床床身左下角三只插座 7、8、9 分别为头架电动机、切削液泵电动机、吸尘器的电源插座（见图 7—7）。使用时，可根据需要将电源插入相应的插座内。

五、容易产生的问题和注意事项

1. 拖板横向进给手轮前后可以操纵，由于两手轮连接在一根螺杆上，因此，两手轮进给方向相反，操纵时方向不能搞错。

2. 当上工作台偏转角度大于9°时，微调手柄无法调整，此时应将插销定位手柄转一个角度，使定位销上升离开滑板槽，然后移动上工作台至需要角度，切不可硬敲工作台，使机床损坏。

3. 在摇动手轮工作台纵向进给时，要将手轮向里推紧，使结合子紧密啮合，以防止手轮在转动过程中结合子脱开，工作台停止移动，影响磨削精度。

课题二 刀具简介

金属切削过程中，用于切除工件表面上多余金属层的工具，称为刀具。刀具的种类很多，有铰刀、车刀、铣刀、钻头和插齿刀等。

一、刀具的结构

刀具由工作部分及连接部分组成。

1. 工作部分

刀具的工作部分由切削和校准两部分组成。有的刀具工作部分即为切削部分，有的刀具工作部分由切削部分和校准部分组成。切削部分用于切除工件上多余的金属层，校准部分起修光已加工面或引导刀具前进的作用。铰刀、丝锥等既有切削部分又有校准部分，而盘铣刀、切刀等仅有切削部分而无校准部分。

2. 连接部分

连接部分起固定刀具位置及把机床的动力（力或转矩）传递给刀具的工作部分。连接部分有杆状、圆锥体等形式。

二、刀具切削部分的几何参数

各种刀具在结构和形式上虽各不相同，但都有一个共同的规律，即不论刀具结构如何复杂，它们的切削部分总是近似地以外圆车刀切削部分为基本形态。各种复杂刀具或多齿刀具，拿出其中一个刀齿，它的几何形状都相当于一把车刀的刀头。因此，以普通外圆车刀为基础，确立刀具切削部分各参数的基本定义。

1. 刀具切削部分构成要素及其定义（见图7—9）

（1）前刀面。刀具上切屑流过的表面。

（2）后刀面。与工件上切削中产生的表面相对的表面。

（3）主后刀面。刀具上同前刀面相交形成主切削刃的后刀面。

（4）副后刀面。刀具上同前刀面相交形成副切削刃的后刀面。

（5）主切削刃。起始于切削刃上主偏角为零的点，并至少有一段切削刃拟用来在工件上切出过渡表面的那个整段切削刃。

（6）副切削刃。切削刃上除主切削刃以外的刃，亦起始于主偏角为零的点，但它向背离主切削刃的方向延伸，是前刀面与副后刀面的交线。

（7）刀尖。主切削刃与副切削刃的连接处相当少的一部分切削刃。

2. 标注刀具角度的参考平面

标注刀具角度的参考平面是用于确定刀具切削部分的空间位置和测量刀具角度的依据。现假设刀具在静止状态下，通过切削刃上某一选定点，以构成刀具标注角度的参考系（见图7—10），它们的定义如下：

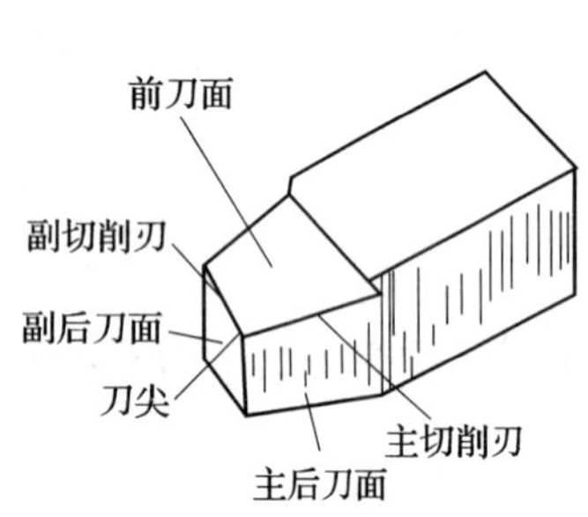

图7—9　刀具切削部分构成要素

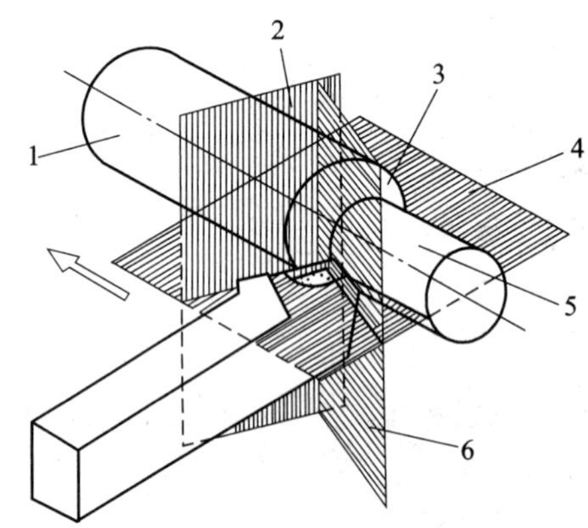

图7—10　刀具标注角度的参考系

1—待加工面　2—主切削平面　3—加工面

4—基面　5—已加工面　6—正交平面

（1）基面。通过切削刃上选定点的平面，它平行或垂直于刀具在制造、刃磨及测量时适合于安装或定位的一个平面或轴线。一般说，其方向要垂直于假定的主运动方向。

（2）切削平面。通过切削刃上选定点与切削刃相切并垂直于基面的平面。

（3）主（副）切削平面。通过主（副）切削刃上选定点与主（副）切削刃相切并垂直于基面的平面。

（4）正交平面。通过切削刃选定点并同时垂直于基面和切削平面的平面，分前面正交平面和后面正交平面。

3. 刀具的标注角度

如图7—11 所示，在前面正交平面内测量的角度有：

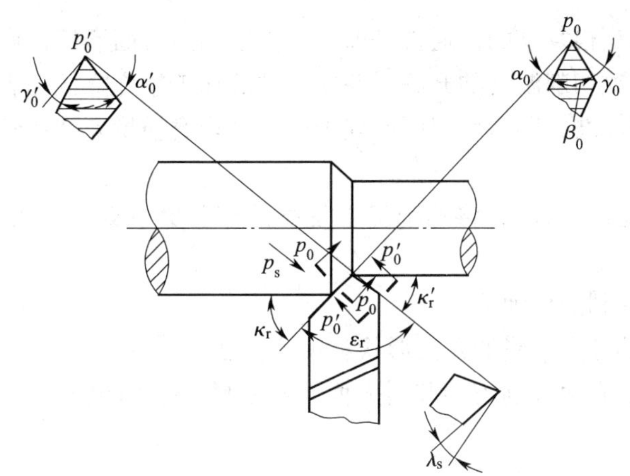

图 7—11　外圆车刀的标注角度

（1）前角 γ_0。前刀面与基面之间的夹角。前角的作用是减小切削变形，并使切屑容易流出。

（2）后角 α_0。主后刀面与主切削平面之间的夹角。主要作用是减少主后刀面与加工面之间的摩擦。

（3）楔角 β_0。前刀面与主后刀面之间的夹角。楔角的大小主要影响刀头截面的大小，与刀头强度有很大关系。

由上述定义可知：

$$\gamma_0 + \alpha_0 + \beta_0 = 90° \tag{7—1}$$

在基面上投影测出的角度有：

（4）主偏角 κ_r。主切削平面与假定工作平面间的夹角。主偏角对切削力的影响很大，对刀具的寿命也有很大的影响。

（5）副偏角 κ_r'。副切削平面与假定工作平面间的夹角。副偏角对加工表面粗糙度影响很大。

（6）刀尖角 ε_r。主切削平面和副切削平面间的夹角。

副切削刃正交平面内测量的角度有：

（7）副前角 γ_0'。前刀面与基面间的夹角。

（8）副后角 α_0'。副后刀面与副切削平面间的夹角。

在主切削平面内测量的角度有：

（9）刃倾角 λ_s。主切削刃与基面的夹角。当刀尖是切削刃上最低一点时，λ_s 为负值；当刀尖是切削刃上最高一点时，λ_s 为正值。

刃倾角可以控制切屑排出方向，对刀尖强度也有一定的影响。

三、刀具的磨损

在切削过程中，刀具失去切削能力的现象称为钝化。磨损的形式有卷刃、崩刃和磨损三种。卷刃是指刃口受挤压后发生塑性变形；崩刃是指刀刃的脆性破裂；磨损是指前刀面和后刀面上的微粒被切屑和工件带走的现象。在一般情况下，刀具主要是由于磨损而钝化。

刀具磨损的原因是很复杂的，通常是前刀面磨损和后刀面磨损，而刀具磨损值的大小将直接影响切削力，导致切削温度的升高，并使工件的加工精度降低和表面粗糙度值增大。因此规定了刀具的磨钝标准，即指后刀面磨损带中间平均磨损量允许达到的最大磨损尺寸，以符号 VB 表示。

刀具磨损后必须进行刃磨，将切削刃上发亮的部分磨去即可。刃磨刀具主要是为了达到:

1. 使刀具恢复锋利的切削刃。
2. 使刀具切削部分有正确的几何形状和尺寸精度。
3. 使刀具的切削表面（前刀面和后刀面）有足够的表面粗糙度，无退火、烧伤、裂纹等瑕疵。

课题三 铰刀的刃磨

铰刀是精加工孔的刀具之一。常用的圆柱孔铰刀有机铰刀和手铰刀之分。

一、直齿圆柱形铰刀的结构和几何角度

常用的直齿圆柱形铰刀如图 7—12 所示，由工作部分、柄部及颈部组成。其中主要参数有直径 D、切削锥角 κ_r、前角 γ_0、后角 α_0、齿数 z 等。

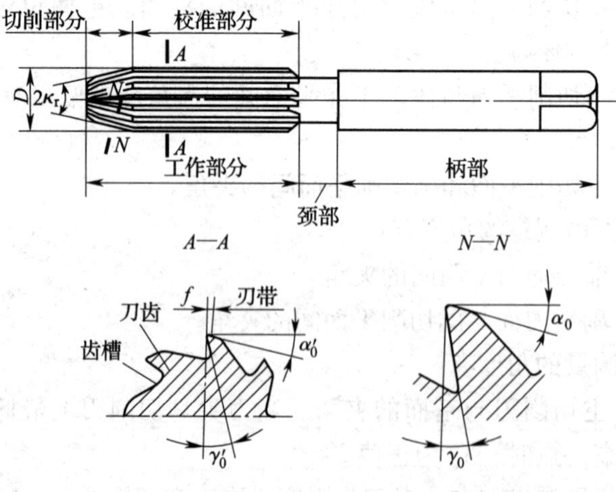

图 7—12　直齿圆柱形铰刀

工作部分最前端的 45°倒角，便于把铰刀放进孔内，并使切削刃不易碰坏。紧接 45°倒角的斜角为 κ_r 的刀刃是切削刃，铰削主要由这段切削刃进行。一般机铰刀 $\kappa_r = 5° \sim 15°$，手

铰刀 $\kappa_r = 30' \sim 1°30'$。校准部分（机铰刀有圆柱校准部分和倒锥校准部分两段，手铰刀只有一段倒锥校准部分）起修光孔壁、校准尺寸的作用，校准部分也是切削部分的后备部分。机铰刀的倒锥量（$D - D_1$）一般为 0.04 ~ 0.08 mm，手铰刀的倒锥量一般只有 0.005 ~ 0.008 mm。

铰刀的前角 γ_0 一般为 0°。切削部分的后角 $\alpha_0 = 10° \sim 14°$，校准部分后角 $\alpha_1 = 8° \sim 12°$。校准部分刀刃上留有宽 0.1 ~ 0.2 mm 的圆弧。

二、刃磨铰刀时的定位与装夹

1. 铰刀的装夹

铰刀一般用左右顶尖装夹，装夹步骤如下：

（1）把左、右顶尖座装到工作台上，并根据铰刀的长度，调整顶尖座的距离。

（2）紧固左顶尖座，将左顶尖伸出一半长度，拧紧锁紧螺钉。

（3）调整右顶尖座位置，使右顶尖顶到铰刀中心孔内，并有一定的弹簧压力，然后紧固右顶尖座，如图 7—13 所示。

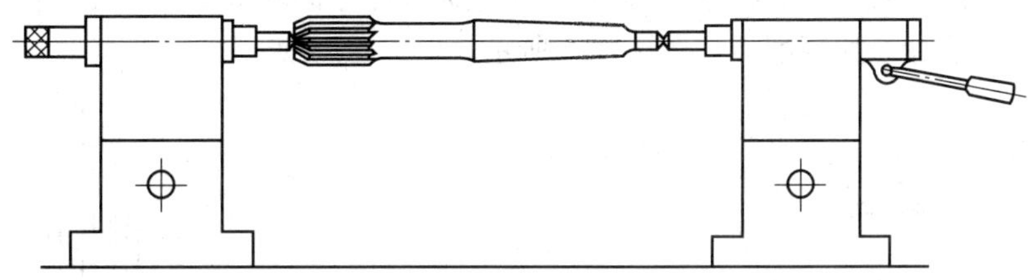

图 7—13 铰刀的装夹

2. 工作台位置的调整

刃磨铰刀前，必须先找正工作台零位。找正步骤如下：

（1）选择一根长度与铰刀基本相同的圆柱试棒（也可用铰刀调整）装到左右顶尖座上，百分表吸在磨头（砂轮架）壳体上，使测头与试棒（或铰刀的颈部）侧母线接触。

（2）摇动工作台，观察百分表指针所示数值，确定调整方向。

（3）松开工作台压紧螺钉，转动工作台调整手柄，使上工作台绕轴心旋转。

（4）摇动工作台，观察调整后的误差情况，根据误差值继续进行调整。通过多次调整，使误差值基本为零，如图 7—14 所示。

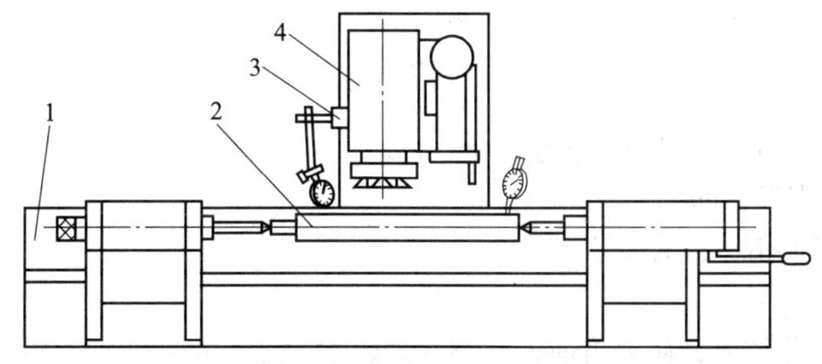

图 7—14 工作台位置的调整

1—工作台 2—试棒 3—磁性表架 4—磨头

三、前刀面的刃磨

1. 砂轮的选择和修整

（1）砂轮特性的选择

刃磨刀具用的砂轮，应使刃磨后的刀具具有锋利的切削刃、较小的表面粗糙度值、齿面无退火烧伤现象等。针对刀具材料的高硬度特性，要选择好砂轮的磨料、粒度和硬度。当磨削面积大、磨削余量多时，宜采用粗粒度；当磨削面积小、磨削余量少、刀具尺寸小及表面精度要求高时，一般采用细粒度砂轮。

（2）砂轮形状的选择

通常情况下，刃磨前刀面用碟形砂轮。

（3）砂轮的修整

砂轮的修整分两步：第一步，先用砂条粗修砂轮端面，将砂轮端面修成边缘高、内侧低的锥面，如图 7—15 所示；第二步，用金刚石精修砂轮端面至要求。

2. 磨头位置的调整

在刃磨铰刀前刀面时，应将磨头在水平面内逆时针方向转 0.5°左右，使砂轮在齿槽间磨削时只有一个边缘参加磨削，如图 7—16 所示。

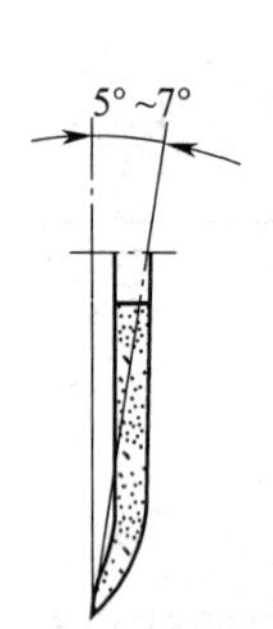

图 7—15　碟形砂轮的修整

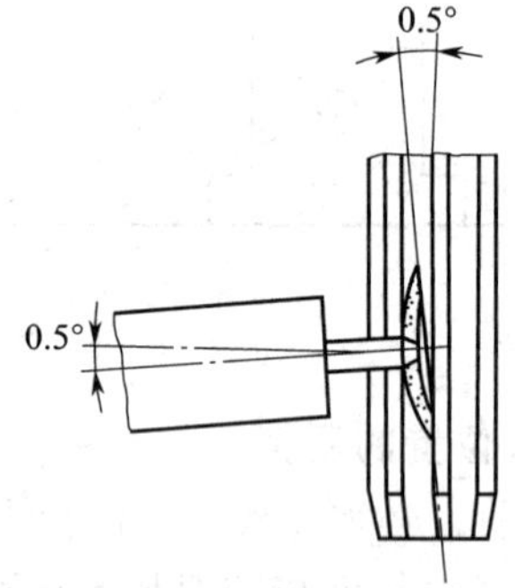

图 7—16　磨头位置的调整

3. 铰刀与砂轮相对位置的调整

当前角 $\gamma_0 = 0°$时，砂轮端面应通过铰刀中心（见图 7—17a）。调整时，可用校正规来校正砂轮位置（见图 7—17b）；如果没有校正规，也可以利用两顶尖的中心来校正砂轮端面至切削刃的位置。当前角 $\gamma_0 > 0°$时，砂轮端面应与铰刀中心线偏移一个距离 H（见图 7—17c）。H 值由下式计算：

$$H = \frac{D}{2}\sin\gamma_0 \tag{7—2}$$

式中　H——砂轮端面对铰刀中心的偏移量，mm；

D——砂轮直径，mm；

γ_0——铰刀前角，(°)。

4. 刃磨方法

刃磨时右手扶住铰刀，使刀齿前刀面靠在砂轮端面上，左手转动手轮，使工作台做纵向运动；启动砂轮，手给铰刀一个横向作用力，使砂轮刃磨前刀面。磨完一齿后再磨另一齿，直到磨完全部刀齿为止，如图 7—18 所示。

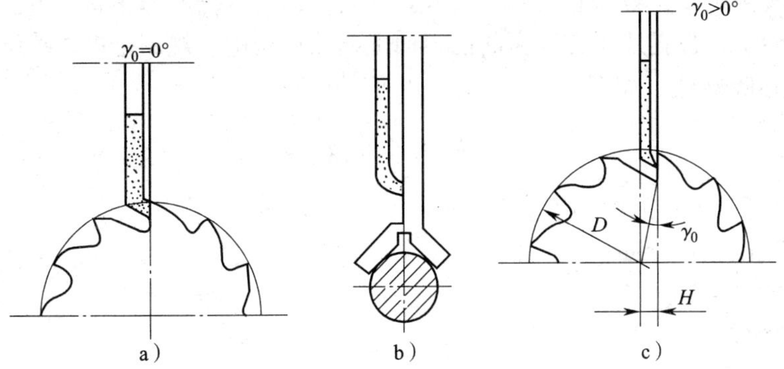

图 7—17　铰刀与砂轮相对位置的调整

a）$\gamma_0=0°$时的刃磨位置　b）用校正规调整砂轮位置　c）$\gamma_0>0°$时的刃磨位置

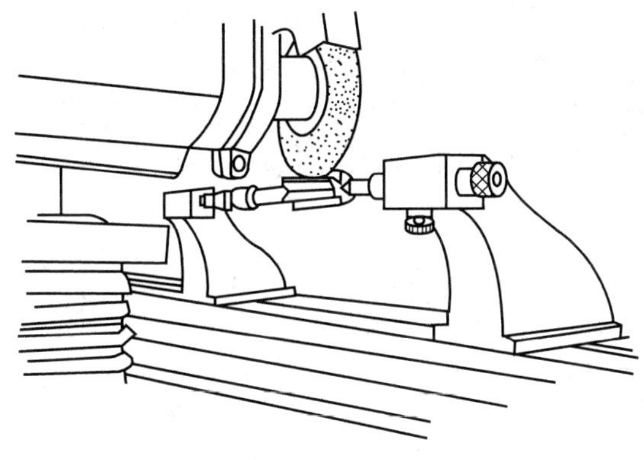

图 7—18　前刀面的刃磨

四、后刀面的刃磨

1. 砂轮的选择和修整

刃磨铰刀的后刀面一般选用碗形（或杯形）砂轮，砂轮特性的选择与碟形砂轮相同。修整前，将磨头在水平面内逆时针转 1°～3°。然后修整砂轮，使砂轮修整成向中心倾斜的外锥面，如图 7—19 和图 7—20 所示。

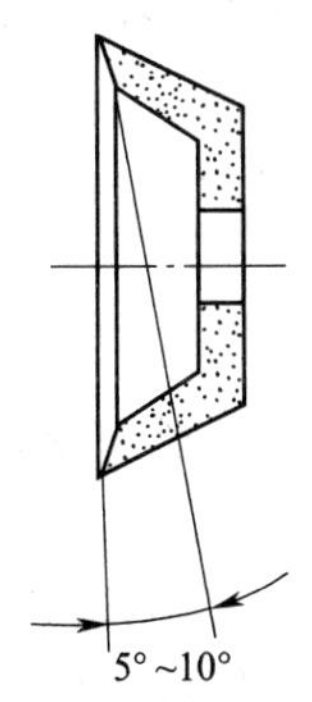

图 7—19　碗形砂轮的修整

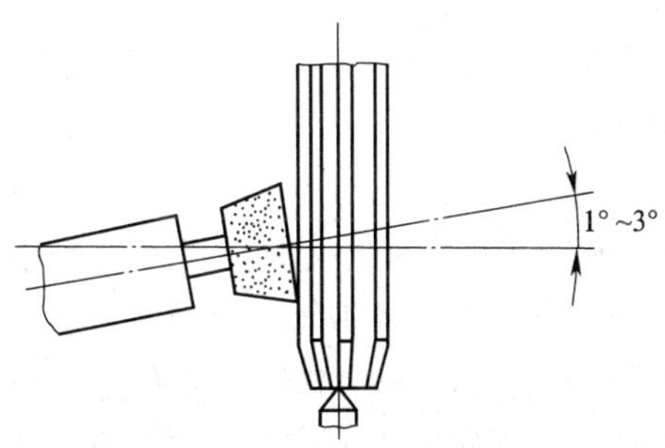

图 7—20　刃磨铰刀后刀面磨头位置的调整

2. 齿托片选择、安装和调整

齿托片的种类很多，刃磨直齿圆柱形铰刀的后刀面时，一般采用直齿齿托片支撑。将托架固定在工作台上，齿托片撑在刀齿的前刀面上，然后用中心规调整齿托片位置，使待磨的刀刃比铰刀中心低 H 值，如图 7—21 所示。H 值的计算公式如下：

$$H = \frac{D}{2}\sin\alpha_0 \tag{7—3}$$

式中 H——齿托片比铰刀中心下降值，mm；

D——砂轮直径，mm；

α_0——铰刀后角，(°)。

3. 刃磨方法

先刃磨校准齿后角，再刃磨切削齿后角。

(1) 校准部位的刃磨

将铰刀装夹于左右顶尖座间，刃磨时右手扶住铰刀，使刀齿的前刀面紧贴齿托片的顶端；左手转动横向进给手轮，使砂轮逐渐接近刀齿后刀面；接触后停止横向进给，左手换握到工作台纵向进给手轮上，转动手轮，使工作台作纵向进给。一齿磨好后，铰刀向顺时针方向转动，使齿托片脱开已磨好刀齿的前刀面，转到相邻的第二个刀齿，并利用齿托片的弹力，撑到第二个齿的前刀面上；移动工作台，刃磨第二个齿的后刀面，逐齿刃磨，直至符合要求，如图 7—22 所示。

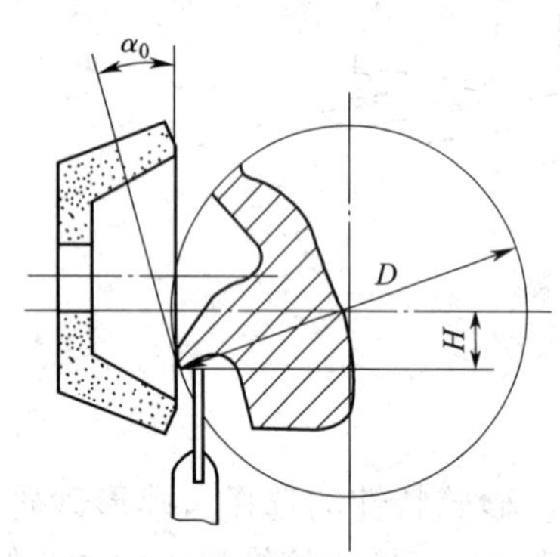

图 7—21 齿托片的安装位置

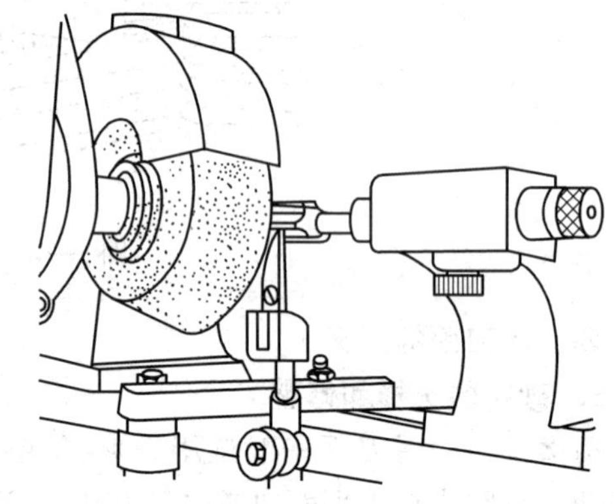
图 7—22 铰刀后刀面的刃磨

刃磨时，在校准部分的刀齿上应留有刃带 f，一般取 f = 0.1 ~ 0.2 mm。

(2) 切削部分的刃磨

将工作台顺时针方向转一个 κ_r 角，并调整齿托片比刀具中心低 H，然后用同样的方法磨削切削部分的后刀面。

五、注意事项

1. 铰刀在两顶尖之间装夹时，顶紧力大小要适当。因为顶得过紧，铰刀转动不灵活，会影响刃磨；顶得过松，铰刀轴向有窜动，会影响刃磨质量。

2. 刃磨铰刀前刀面时，砂轮架偏转角度不宜很大，否则砂轮刃磨点偏移，影响刃磨后的前刀面几何形状和角度。刃磨时，手扶在铰刀的底部，横向作用力要适中，不宜过大。特别是在两端出头处，要防止塌角和烧伤刀面。刃磨过程中手不能离开铰刀，以防止铰刀转动，磨坏刀齿。

3．刃磨后刀面时，要使刀齿始终紧贴在齿托片顶端。齿托片要尽可能装在靠近刀刃处，不要将齿托片撑在刀齿根部。刃磨时，砂轮高度调整要适当，以免磨伤相邻的刀齿。

4．刃磨时，工作台纵向移动速度要均匀，要避免磨削中途突然停止，以防止刀面局部烧伤及停留处产生凹痕。

5．选择齿托片时要注意齿托片顶面的平整；弹簧齿托片的弹力要适中，复原性能好。

六、铰刀的质量检查

1．铰刀前角的检查

前角可用多刃角尺（见图 7—23a）检测，或用游标高度尺计算得出角度值。

多刃角尺类似于万能角度尺，把量块 1 和靠尺 5 放在铰刀相邻的两齿上，量块与铰刀的轴线垂直，转动扇形刻度游标 3，使量尺 2 的测量面与刀齿的前刀面全部接触，即可从刻度游标上读出铰刀前角的度数。

用游标高度尺测量铰刀的前角，如图 7—23b 所示，将游标高度尺的弯头测量面与刀齿的前刀面吻合，然后测出 A 和 B 的尺寸，再按下式计算前角 γ_0 的值：

$$\sin\gamma_0 = \frac{2(A-B)}{D} \tag{7—4}$$

式中 A——铰刀中心距平板的高度，mm；

B——刀齿前刀面距平板的高度，mm；

D——铰刀直径，mm；

γ_0——铰刀前角，(°)。

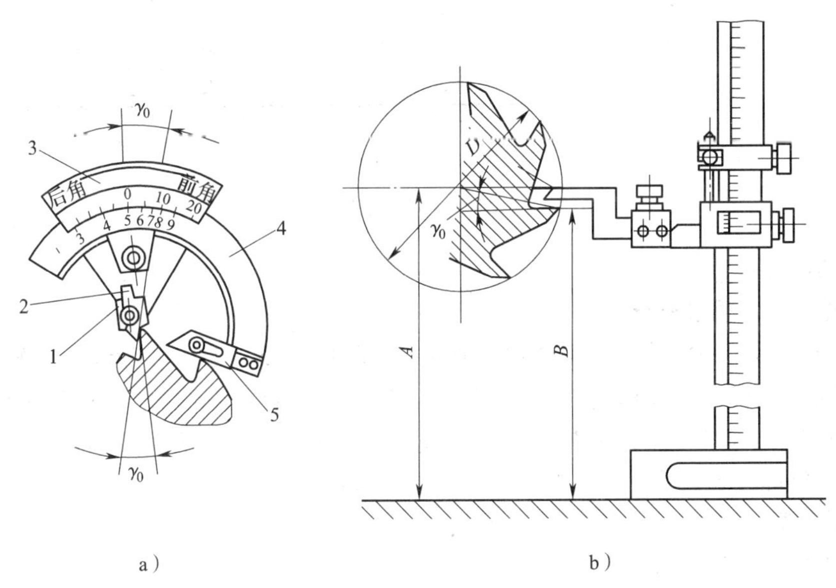

图 7—23　铰刀前角的测量

1—量块　2—量尺　3—游标　4—半圆尺　5—靠尺

2．铰刀后角的检查

后角也可以用多刃角尺或游标高度尺检查测量，如图 7—24 所示。用多刃角尺测量铰刀后角与测量前角的方法基本相同，只是量块 1 的工作面需和后刀面呈吻合状态，再从扇形游标刻度上读出后角的度数，如图 7—24a 所示。

用游标高度尺测量铰刀后角如图 7—24b 所示。当测得高度 A 和 C 时，即可按下式计算：

$$\sin\alpha_0 = \frac{2(C-A)}{D} \tag{7—5}$$

式中 A——铰刀中心距平板的高度，mm；

C——刀齿刃部距平板的高度，mm；

D——铰刀直径，mm；

α_0——铰刀后角，(°)。

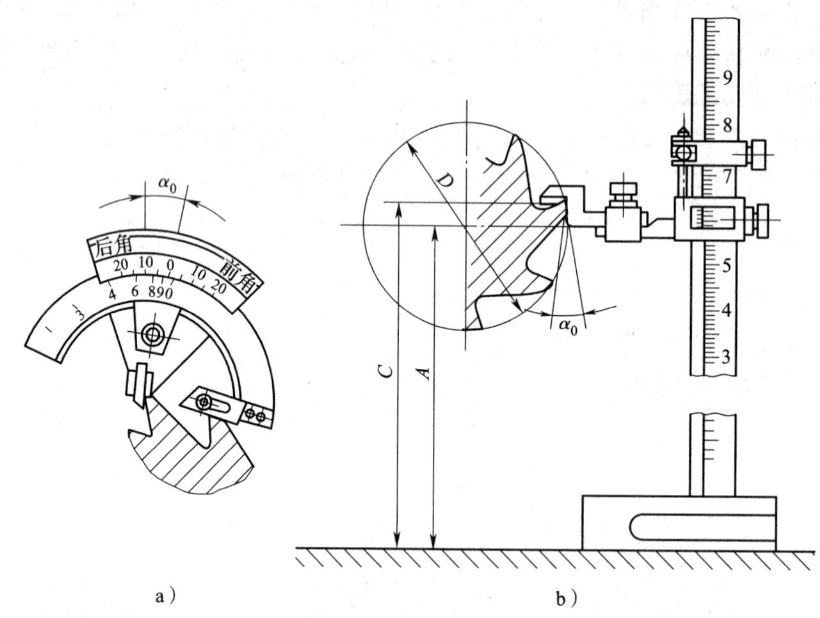

图 7—24　铰刀后角的测量

七、技能训练

1. 图样和技术要求分析

图 7—25 所示为一机铰刀，工作部分材料为 W18Cr4V2，工作部分淬火后硬度为 60 ~ 63HRC，尺寸为 $\phi15^{+0.042}_{+0.036}$ mm，切削锥角 $2\kappa_r=20°$，刀齿前角 $\gamma_0=3°$，切削齿后角 $\alpha_0=10°$，校准齿后角 $\alpha'_0=8°$，圆弧刃带宽 $f=0.25$ mm，齿数 $z=6$，刀齿表面粗糙度 Ra 值为 0.63 μm，工作部分和柄部径向圆跳动公差为 0.03 mm。

2. 选择机床

选用 MQ6025A 型万能工具磨床。

3. 选择砂轮

选用特性为 WA60J5V 的碟形砂轮和杯形砂轮。

4. 磨削方法

先在工具磨床上磨前刀面，然后在外圆磨床上磨校准部分的外圆、倒锥及切削部分锥面，最后在工具磨床上磨后刀面。

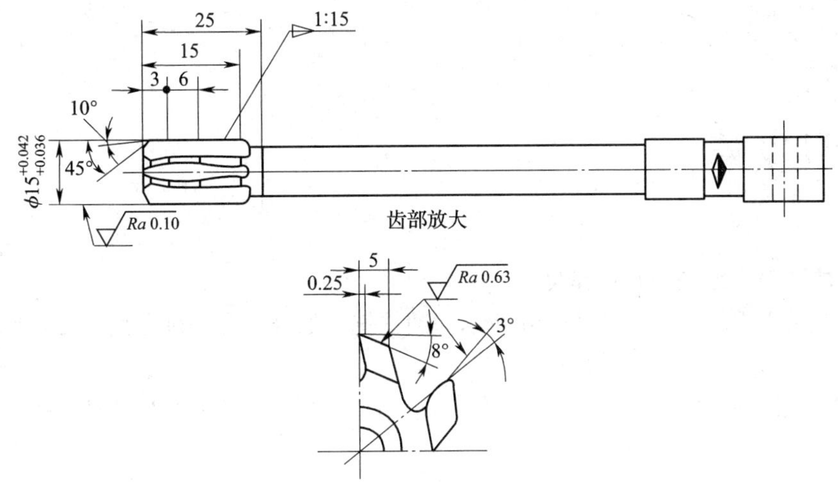

技术要求

1. 工作部分材料为W18Cr4V2，工作部分淬火后硬度为60~63HRC。
2. 齿数$z=6$。
3. 切削齿后角α_0=10°，校准齿后角α_0=8°，圆弧刃带宽f=0.25mm。
4. 工作部分和柄部径向圆跳动公差为0.03mm。
5. 刀齿表面粗糙度Ra值为0.63μm。

图 7—25　机铰刀

5. 装夹方法

将铰刀装夹在左右顶尖之间，装夹前检查中心孔，顶尖的顶紧力大小要适当。

6. 操作步骤

（1）修整砂轮，端面修成内锥面。

（2）装夹工件于两顶尖之间，装夹前检查中心孔。

（3）调整砂轮位置，将磨头转过 2°左右。

（4）调整砂轮位置，砂轮端面与铰刀中心线偏移 0. 39 mm。

（5）检查刃磨余量。

（6）刃磨前刀面，逐齿粗磨。

（7）精修整砂轮。

（8）精磨前刀面，保证前角 $\gamma_0=3°$，表面粗糙度 Ra 值在 0. 63 μm 以内。

（9）外圆磨削校准部分、切削锥和倒锥，保证径向圆跳动误差不大于 0. 03 mm，外圆留研磨量 0. 01 ~ 0. 02 mm。

（10）更换砂轮，并修整砂轮，端面修成内凹形。装夹工件，调整砂轮架和砂轮位置，将砂轮端面转过约 2°的斜角。

（11）安装齿托架，使齿托片顶端低于铰刀中心 1. 043 mm。

（12）刃磨校准齿后角，保证后角 $\alpha_0'=8°$；圆弧刃带宽 $f=0.25$ mm，前后宽窄一致；表面粗糙度 Ra0. 63 μm。

（13）将工作台顺时针方向转过 10°，调整齿托片低于刀具中心 1. 303 mm。

（14）刃磨切削部分后角，保证后角 $\alpha_0=10°$，表面粗糙度 Ra 值在 0. 63 μm 以内。

课题四 铣刀的刃磨

一、圆柱铣刀的结构和几何角度

圆柱铣刀用于铣削平面。图 7—26 所示为圆柱铣刀的外形和切削角度，常用圆柱铣刀只在圆柱面上有刀齿，切削刃是螺旋线。

加工铸铁的法向前角 $\gamma_n=5°\sim15°$，后角 $\alpha_t=12°\sim16°$，螺旋角 $\beta=40°\sim45°$。

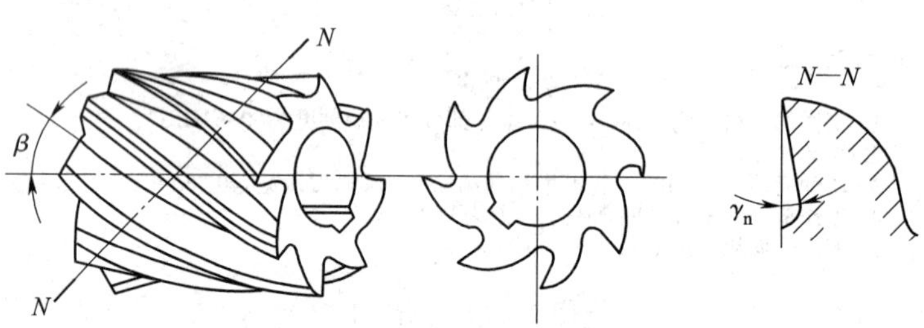

图 7—26　圆柱铣刀

二、圆柱铣刀的装夹

1. 圆柱铣刀的装夹

圆柱铣刀一般选用内孔定位、端面夹紧的心轴进行装夹，心轴定位外圆与铣刀定位孔为间隙配合。装夹时，把铣刀套进心轴内，铣刀端面与心轴台阶端面靠平，再套上调整垫圈，然后用螺母夹紧，如图 7—27 所示。铣刀装好后连同心轴一起装在左、右顶尖座之间，装夹前需检查心轴中心孔。

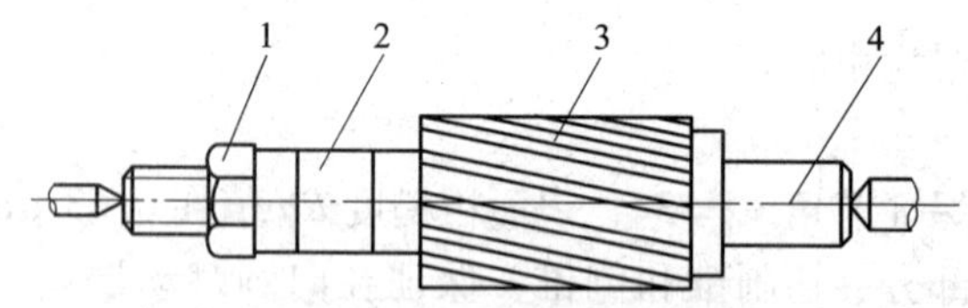

图 7—27　圆柱铣刀的装夹

1—螺母　2—垫圈　3—圆柱铣刀　4—心轴

2. 工作台位置的调整

刃磨前，应将砂轮架转 2°～3°，避免已磨好的切削刃碰到砂轮边缘。

三、后刀面的刃磨

圆柱铣刀用钝后，一般只修磨后刀面。

1. 砂轮的选择和修整

砂轮的选择和修整与刃磨铰刀后刀面相同。

2. 齿托片的安装和调整

刃磨圆柱铣刀后刀面一般采用螺旋齿齿托片，齿托片装在固定支架上。支架固定在砂轮架上。齿托片的高低位置应调整到支撑点 A 比铣刀中心低 H 值的位置，如图 7—28 所示。齿托片的横向位置应与砂轮很贴近，但不能磨到齿托片。这样，砂轮在磨到铣刀后刀面时，齿托片正好撑在前刀面靠近切削刃处。

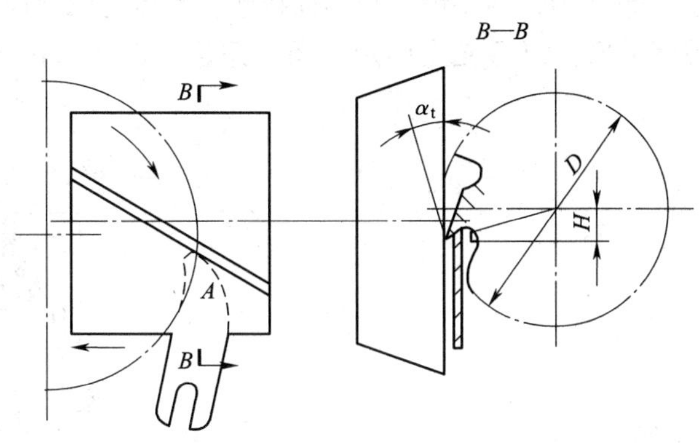

图 7—28　圆柱铣刀齿托片的安装和调整

3. 刃磨方法

圆柱铣刀由于齿托片安装位置与铰刀相比有所不同，因此，刃磨方法也有所不同，如图 7—29 所示。具体刃磨步骤如下：

（1）摇动横向进给手轮，使砂轮靠近铣刀后刀面。

（2）右手握心轴，左手摇动工作台纵向进给手轮，使齿托片撑在待磨刀齿的前刀面上。

（3）启动砂轮，缓慢地进行横向进给，使砂轮磨到刀齿后刀面。

（4）左手摇动手轮，使工作台做纵向进给，右手扶住铣刀心轴，使刀齿前刀面紧贴齿托片，并做螺旋运动。

（5）磨完一齿后，将刀齿退出齿托片。

（6）将铣刀转过一齿，继续刃磨后面刀齿，逐齿刃磨。

（7）砂轮磨完一周齿后，做一次横向进给，然后继续刃磨，直至后刀面留出的圆弧刃带符合要求为止。

4. 注意事项

（1）在刃磨后刀面之前，应先在外圆磨床上将刀齿外圆磨圆，然后再刃磨后刀面，以保证各切削刃在同一圆周上。

（2）在刃磨圆柱铣刀后刀面时，铣刀前刀面要紧贴齿托片。在工作台移动的同时，手要扶住铣刀顺着螺旋角进行旋转，动作要协调。铣刀螺旋面要在一次转动中磨出，中途不能停顿。在磨到刀齿边缘时，要谨慎操作，防止铣刀前刀面突然离开齿托片，磨坏铣刀刀齿。

（3）所用的圆弧形齿托片顶面宽度不宜过大，支撑面要平滑，与铣刀前刀面的接触要小，并支撑在靠近切削刃处，但不能磨到齿托片。

四、圆柱铣刀的质量检查

圆柱铣刀有端面后角 α_t 和法向后角 α_n，它们与螺旋角 β 有关，其关系式为：

$$\tan\alpha_t = \tan\alpha_n \times \cos\beta \quad (7—6)$$

一般刃磨后只检查端面后角 α_t，检查后角可用多刃角尺测量，也可用专用后角量具测量，如图 7—30 所示。

后角量具由底座 1，调节螺钉 2、3，支架 4，靠板 6，V 形块 8 等组成。支架的垂直平面与 V 形块对称中心线重合。螺钉 3 可调节支架高低位置，以适应测量不同直径的铣刀。

测量时，铣刀置于 V 形块内，使一齿尖与 *A* 面接触，然后把角度样板 7 左侧平面贴紧 *A* 面，一个测量面与齿刀背贴紧，以透光度确定后角的角度。图 7—30 所示 $\alpha_t = 90° - 78° = 12°$。

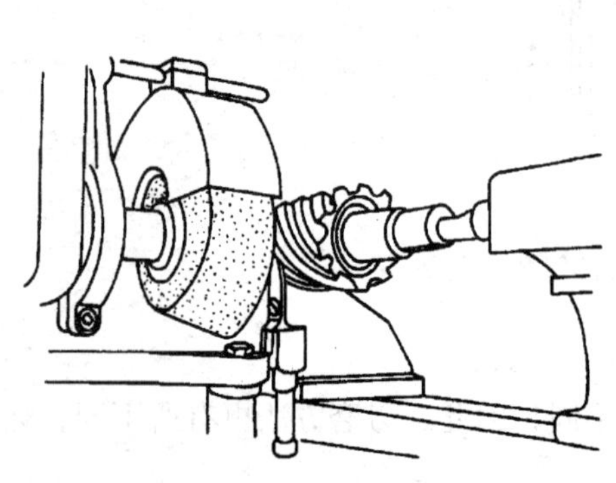

图 7—29　圆柱铣刀的刃磨

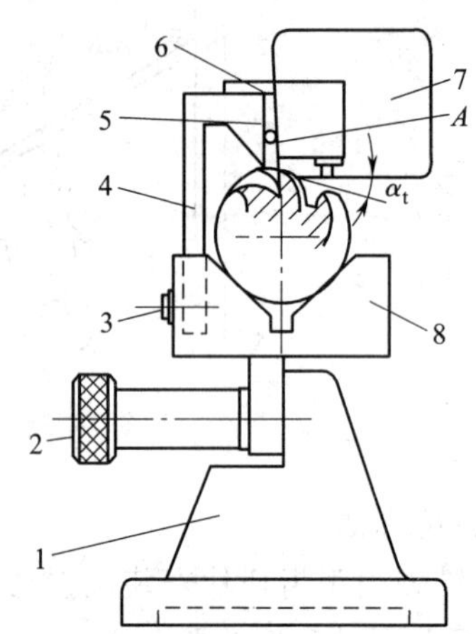

图 7—30　圆柱铣刀后角的测量

1—底座　2、3—螺钉　4—支架　5—水平撑块

6—靠板　7—角度样板　8—V 形块

五、技能训练

1. 刃磨圆柱铣刀

（1）图样和技术要求分析

图 7—31 所示为一圆柱铣刀，因磨损需刃磨后刀面。工作部分材料为 W18Cr4V2，淬火后硬度为 63 ~ 66HRC，铣刀尺寸为 $\phi63_{-0.05}^{\ 0}$ mm，螺旋角 $\beta = 40°$，端面前角 $\gamma_t = 15°$，端面后角 $\alpha_t = 12°$，齿数 $z = 8$，切削刃对中心线的径向圆跳动公差：相临为 0.03 mm、一周为 0.06 mm，刃磨面的表面粗糙度 *Ra* 值为 0.63 μm。

（2）选择机床

选用 M1320A 型外圆磨床，MQ6025A 型万能工具磨床。

（3）选择砂轮

选用特性为 WA60J5V 的杯形砂轮。

（4）磨削方法

先在外圆磨床上磨削铣刀外圆，保证切削刃对中心径向圆跳动公差要求，再逐齿磨削后刀面，保证后角及表面粗糙度要求。

（5）装夹方法

选用端面夹紧、内孔定位的心轴进行装夹，铣刀在心轴上紧固后装在前、后顶尖之间。装夹前需检查心轴中心孔。

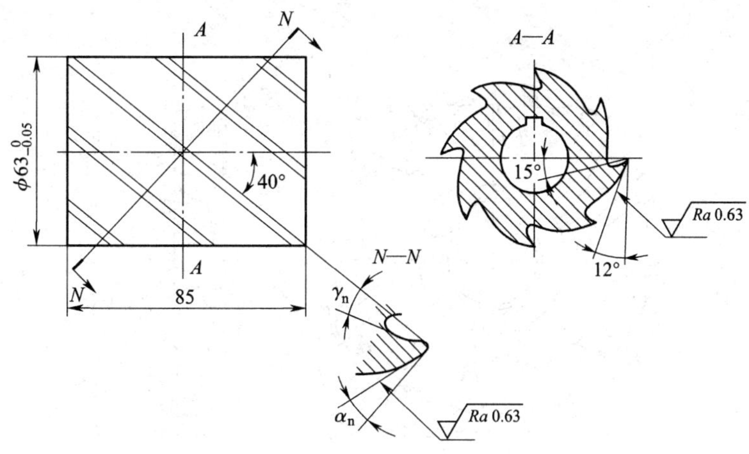

技术要求

1. 工作部分材料 W18Cr4V2，工作部分淬火后硬度为 63～66HRC。
2. 齿数 $z=8$。
3. 切削刃对中心线的径向圆跳动公差：相临为 0.03mm，一周为 0.06mm。
4. 刀齿表面粗糙度 $Ra0.63\mu m$。

图 7—31　圆柱铣刀

（6）操作步骤

1）将铣刀装夹在心轴上，磨削铣刀外圆，保证切削刃对铣刀中心径向圆跳动公差要求。装夹前检查修研中心孔，外圆磨出即可。

2）刃磨后刀面前的检查和准备包括：

①修整砂轮，端面修成内凹形。

②装夹安装好铣刀的心轴于两顶尖间。

③调整砂轮架及砂轮与铣刀的相对位置，砂轮架转动 2°～3°，避免已磨好的切削刃碰到砂轮边缘。

④安装调整齿托片，使其顶端比铣刀中心低 $H=\frac{D}{2}\sin\alpha_0=6.55$ mm，使齿托片支撑在待磨刀齿前刀面上。

3）刃磨后刀面，逐齿刃磨。

4）精修整砂轮。

5）精磨刀齿后刀面，逐齿刃磨至要求，保证后角 $\alpha_t=12°$，表面粗糙度 Ra 值为 0.63 μm。

2. 刃磨交错齿三面刃铣刀

（1）图样和技术要求分析

图 7—32 所示为一镶片交错齿三面刃铣刀。其圆周齿前角 $\gamma_0=15°$，后角 $\alpha_0=10°$，刀片斜角为 30°，端面齿后角 $\alpha_t=6°$，副偏角 $\kappa_r'=1°$。

（2）选择机床

选用 MQ6025A 型万能工具磨床。

（3）选择砂轮

选用特性为 WAF60J 的碗形或平形的陶瓷砂轮。

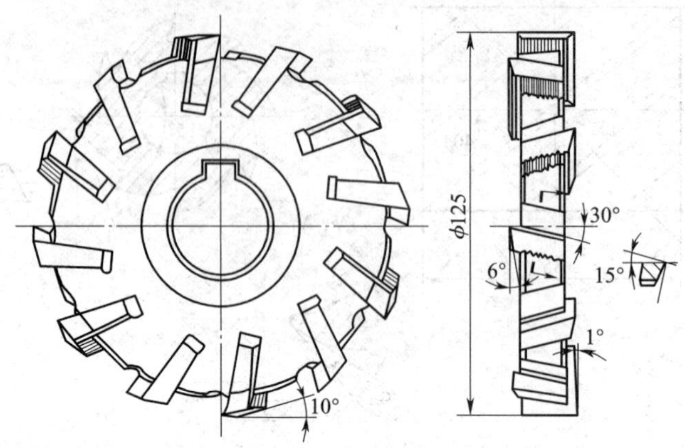

图 7—32　镶片交错齿三面刃铣刀

（4）装夹方法

铣刀可安装在万能夹头上或用心轴安装在两顶尖之间。交错齿三面刃铣刀的刀片斜角相当于长度较短的螺旋齿铣刀，所以齿托片安装在磨头体上，以便磨出 30°斜角。

（5）磨削方法

1）交错齿三面刃铣刀圆周切削刃的磨削方法

磨削前将铣刀装上心轴并置于两顶尖之间（见图 7—33），将齿托架装在磨头体上。磨削时，三面刃铣刀的前刀面在齿托片上移动，并将齿托片的顶点调整到比铣刀中心低 H 值，并使齿托片的顶点正好在砂轮的磨削圆周上。这样，交错齿三面刃铣刀的左旋刀片、右旋刀片可以一起磨削。

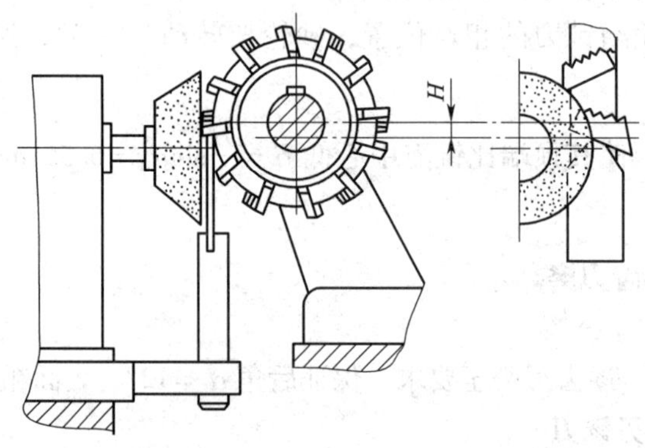

图 7—33　三面刃铣刀圆周切削刃的磨削

2）交错齿三面刃铣刀端面切削刃的磨削方法

磨削端面切削刃的后角要用万能夹头装夹，磨削时铣刀与砂轮的相对位置如图 7—34 所示。把待磨刀齿的端面切削刃转成水平，先将万能夹头主轴绕 x—x 轴线转一个端面齿后角 α_t，再将万能夹头的支架绕 y—y 轴线转过角 κ_r'。齿托架装在工作台上或万能夹头体上，将齿托片撑在前刀面上。

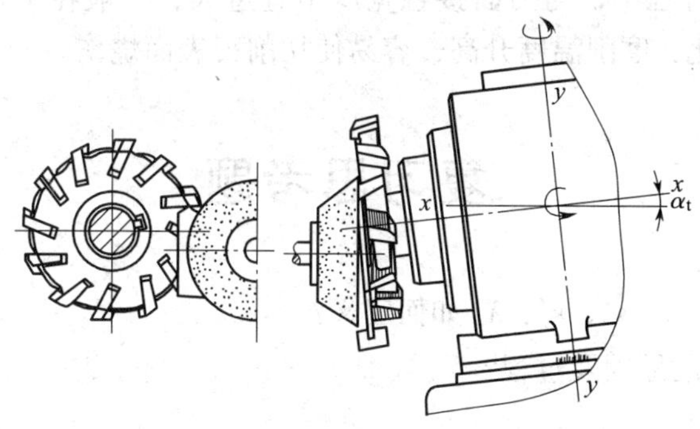

图 7—34　三面刃铣刀端面切削刃的磨削

磨削另一端副切削刃时，由于刀齿的倾斜方向不同，齿托片位置要重新调整。

（6）操作步骤

1）圆周齿后刀面磨削操作步骤

三面刃铣刀的后刀面较大，常采用碗形砂轮或用平形砂轮磨削。

①装夹工件。将铣刀装上心轴并装夹于两顶尖之间。

②安装齿托架。将齿托架安装在磨头架上，所选齿托片两侧斜角应稍大于刀齿斜角。调整齿托片使其顶点比铣刀中心低 H 值，并使齿托片顶点正好与砂轮圆周上的磨削点在同一位置（这样，铣刀的左旋刀片和右旋刀片可以一起磨削）。

计算出齿托片偏移距离 $H=\frac{D}{2}\sin\alpha_0=10.85$ mm，把齿托片偏移 H 值后，即可磨削后刀面。为了保证刀齿的圆跳动公差，可在磨削前先磨出圆周切削刃的棱边，然后再在磨削时磨去。磨削时要注意两手操作协调，要防止刀齿突然与齿托片脱开。

③磨削后刀面。启动砂轮，用手轮转动铣刀，使刀齿和齿托片始终贴紧，工作台做纵向进给，直至磨出外圆切削刃的后刀面。

2）端齿后刀面的磨削操作步骤

如图 7—34 所示，将铣刀用万能夹头装夹，先把铣刀的端面切削刃调整至水平位置，然后将万能夹头在垂直方向旋转后角 $\alpha_t=6°$，再将万能夹头在水平方向转过一副偏角 $\kappa_r'=1°$，启动砂轮开始磨削。磨完一个齿以后，应将夹头的主轴转动，使齿托片支撑在相邻刀齿的前刀面上继续磨削。磨另一端面的刀齿时，由于刀齿倾斜的方向不同，故需重新调整齿托片，磨削的步骤则相同。磨端面齿时，由于没有棱边可以控制端面齿的圆跳动误差，故通常应划分粗、精磨来控制加工精度，使端面刀齿的圆跳动误差控制在 0.03 mm 内。

3. 注意事项

（1）在磨削圆柱形铣刀和交错齿三面刃铣刀圆周齿的后刀面时，应先在外圆磨床上将刀齿外圆磨圆，然后再磨削后刀面，以保证各切削刃在同一圆周上。

（2）在磨头架上安装齿托片磨削铣刀时，砂轮与铣刀相对位置调整好以后，在磨削过程中不能升降磨头，否则磨出来的切削刃角度会改变。

（3）磨削交错齿三面刃铣刀端齿后刀面时，铣刀角度调整好以后，要锁紧万能夹头主轴，以防止磨削时铣刀转动，磨坏刃齿。端齿后刀面一般不留刃带，但一端的端齿高低要基本一致，轴向跳动误差小于 0.05 mm。

（4）砂轮在磨削过程中，与刀面接触宽度不宜过大，一般在 1 mm 左右；接触宽度过大，砂轮容易塞头钝化，磨削温度升高，容易使切削刃表面烧伤。

复习思考题

1. 刀具角度 γ_0、α_0、κ_r、κ_r'、λ_s 如何定义？
2. 试述刀具磨损的原因及过程？
3. 怎样刃磨铰刀？
4. 怎样刃磨圆柱铣刀？
5. 怎样刃磨交错齿三面刃铣刀？
6. 刃磨铰刀前刀面时，已知直径 $D=\phi25$ mm，$\gamma_0=3°$。试求砂轮端面的偏移量 H。
7. 刃磨铰刀后刀面时，已知直径 $D=\phi30$ mm，$\alpha_0=10°$。试求齿托片的偏移量 H。
8. 怎样测量铰刀的前角、后角？

第八单元

螺 纹 磨 削

课题一 螺纹及蜗杆的基础知识

一、螺纹的基础知识

1. 螺纹的形成和种类

（1）螺旋线

如图 8—1 所示，直角三角形斜边与底边的夹角为 ψ，以直角三角形底边长度 πd，作一个直径为 d 的圆柱体，将该直角三角形按图 8—1 所示卷绕在圆柱体的表面上，则其斜边形成一条螺旋线。

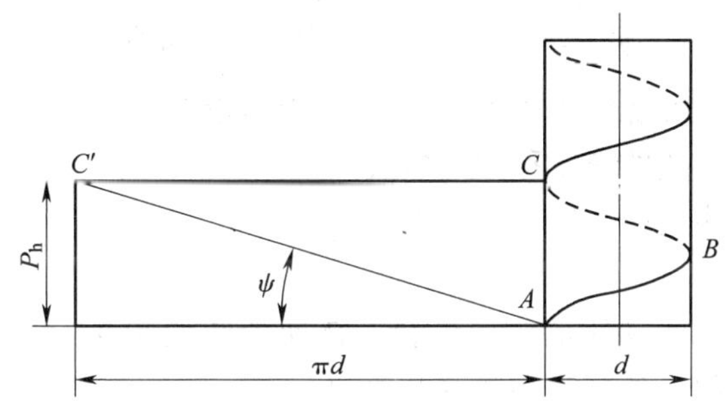

图 8—1　螺旋线的形成

（2）螺纹的形成

螺纹就是在圆柱或圆锥表面上，沿着螺旋线所形成的具有规定牙型的连续凸起和沟槽。凸起是指螺纹两侧面的实体部分，又称为牙。在圆柱体或圆锥体上形成的螺纹称为圆柱螺纹或圆锥螺纹。

（3）螺纹的种类

螺纹的种类很多，根据螺旋线的数目可分为单线螺纹和多线螺纹。

单线螺纹：沿一条螺旋线所形成的螺纹称为单线螺纹，如图 8—2a 所示。

多线螺纹：沿两条或两条以上，在轴向等距分布的螺旋线所形成的螺纹称为多线螺纹，如图 8—2b、c 所示。

根据螺旋线旋绕方向的不同，螺纹可分为右旋和左旋两种。当螺纹的轴线垂直于水平面时，正面的螺纹向右上方倾斜上升，则为右旋螺纹，如图 8—2a、c 所示；反之为左旋螺纹，如图 8—2b 所示。一般机械中大多采用右旋螺纹。

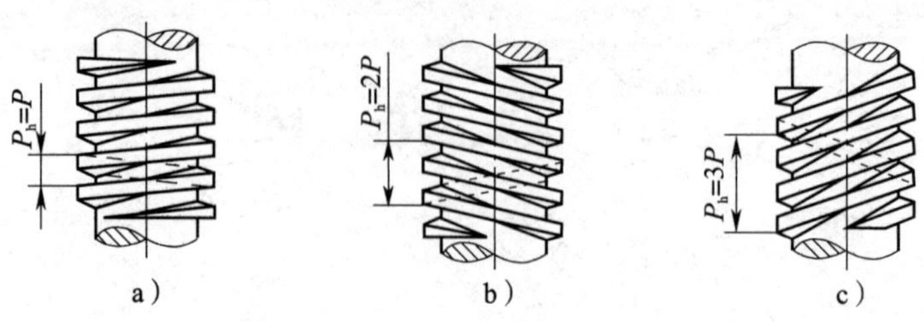

图 8—2　螺纹的旋向和线数

在通过螺纹轴线的剖面上，螺纹的轮廓形状称为牙型。根据牙型不同，螺纹分为三角形、矩形、梯形和锯齿形等几种，如图 8—3 所示。

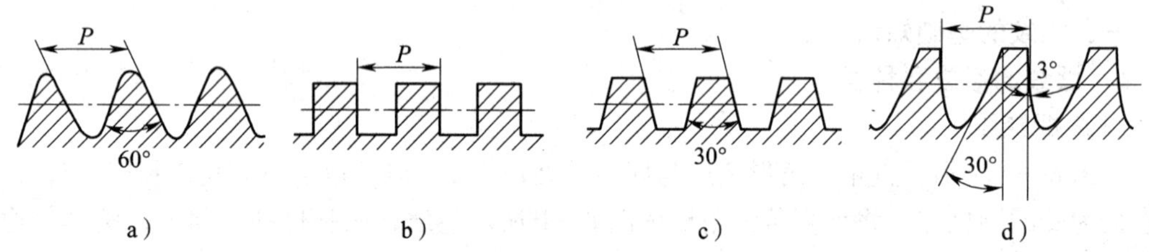

图 8—3　螺纹的牙型

a）三角形　b）矩形　c）梯形　d）锯齿形

根据螺纹的部位分为外螺纹和内螺纹。在圆柱或圆锥外表面上形成的螺纹称为外螺纹，在圆柱或圆锥孔内壁上形成的螺纹称为内螺纹。

根据螺纹的用途分为连接螺纹和传动螺纹。

2. 螺纹的主要参数

现以普通螺纹为例说明螺纹的主要参数。普通螺纹如图 8—4 所示，主要参数有大径、小径、中径、螺距、导程、牙型角和螺纹升角七个。

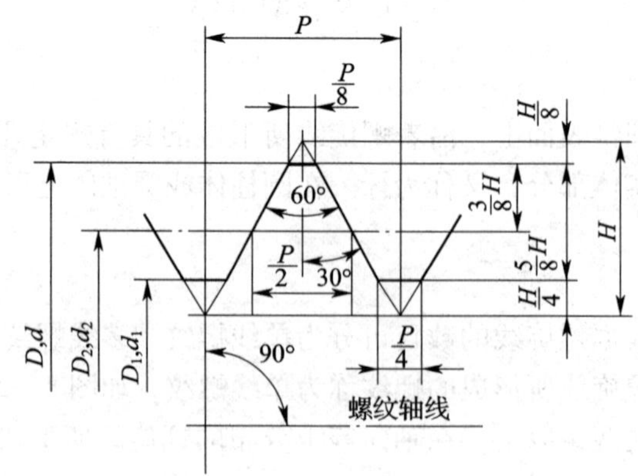

图 8—4　普通螺纹的主要参数

（1）螺纹大径（D，d）

普通螺纹的大径是指与外螺纹牙顶或内螺纹牙底相切的假想圆柱的直径。内螺纹大径用 D 表示，外螺纹大径用 d 表示。螺纹的公称直径是指代表螺纹尺寸的直径，普通螺纹的公称直径为大径（D，d）。

（2）螺纹小径（D_1，d_1）

普通螺纹的小径是指与外螺纹牙底或内螺纹牙顶相切的假想圆柱的直径。内螺纹小径以 D_1 表示，外螺纹的小径用 d_1 表示。

（3）螺纹中径（D_2，d_2）

普通螺纹的中径是指一个假想圆柱的直径，该圆柱的素线通过牙型上沟槽和凸起宽度相等的地方。内螺纹的中径用 D_2 表示，外螺纹的中径用 d_2 表示。

（4）螺距（P）

螺距是指相邻两牙在中径线上对应两点间的轴向距离，用 P 表示。

（5）导程（P_h）

导程是指同一条螺旋线上相邻两牙在中径线上对应两点的轴向距离，用 P_h 表示。单线螺纹的导程等于螺距，多线螺纹的导程等于螺旋线数与螺距的乘积。

（6）牙型角（α）

牙型角是指在螺纹牙型上，两相邻牙侧间的夹角，用 α 表示。普通螺纹的牙型角为 60°。牙型半角是牙型角的一半，用 $\alpha/2$ 表示。

（7）螺纹升角（ψ）

螺纹升角又称为导程角，普通螺纹的螺纹升角是指在中径圆柱上，螺旋线的切线与垂直于螺纹轴线的平面的夹角，如图 8—1 所示，用 ψ 表示。

二、蜗杆的基础知识

蜗杆用于蜗轮蜗杆传动中，可获得较大的传动比。例如，减速器中常采用蜗杆蜗轮传动，蜗杆蜗轮空间两轴线交错成 90°角。

1. 蜗杆的种类

按齿形角的不同，蜗杆分为米制蜗杆和英制蜗杆两大类，常用的为米制蜗杆。

米制蜗杆按齿形分为轴向直廓蜗杆和法向直廓蜗杆两种。

（1）轴向直廓蜗杆

轴向直廓蜗杆的齿形在蜗杆轴平面内为直线，在法平面内为曲线，在端平面内为阿基米德螺旋线，因此又称阿基米德蜗杆。

（2）法向直廓蜗杆

法向直廓蜗杆的齿形在法平面内为直线，在蜗杆的轴平面内为曲线。

如图 8—5 所示，轴向直廓蜗杆和法向直廓蜗杆在螺纹磨床上都能加工。蜗杆是螺纹磨床较难加工的零件之一。

2. 蜗杆的主要参数和尺寸

蜗杆是与蜗轮相啮合的，蜗杆的齿形要与蜗轮的齿形相啮合，因为蜗轮的齿形大小是由模数确定的，所以模数也是蜗杆的基本参数。

以中间平面为基准，米制蜗杆的参数和尺寸（中间平面为蜗杆轴向截面）如下：

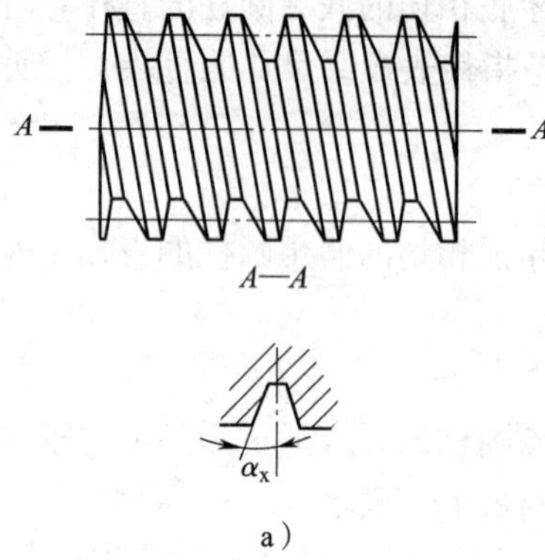

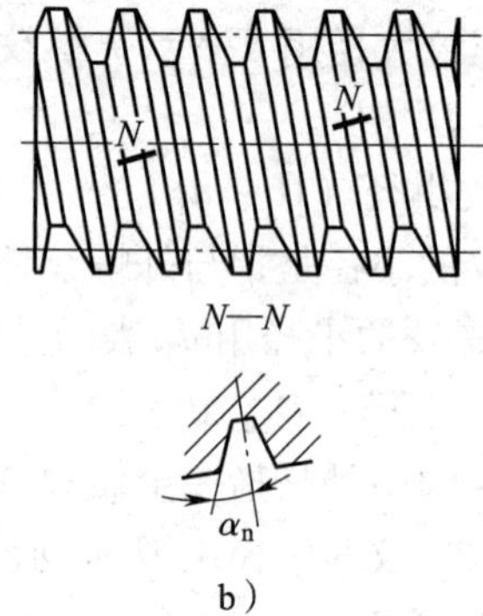

图 8—5　米制蜗杆的种类

a）轴向直廓蜗杆　b）法向直廓蜗杆

模数（轴向模数）：m

直径系数：q（确定分度圆直径的系数）

齿形角：$\alpha = 20°$

头数：z

齿距：$P_x = \pi m$

导程：$P_z = zP_x$

齿高：$h = 2.2m$

齿顶高：$h_a = m$

齿根高：$h_f = 1.2m$

分度圆直径：$d_1 = qm = d_{a1} - 2m$

齿顶圆直径：$d_{a1} = d_1 + 2m$

齿根圆直径：$d_{f1} = d_1 - 2.4m$

齿根槽宽：$e_f = 0.697m$

导程角：$\tan\gamma = \dfrac{P_z}{\pi d_1} = \dfrac{zm}{d_1}$

课题二 螺纹磨床

常用的螺纹磨床有 S7332、S7432、S7520W 等。S7520W 型万能螺纹磨床能磨削螺纹塞规和环规、精密丝杠、蜗杆、小模数滚刀等。

一、S7332 型螺纹磨床的部件

S7332 型螺纹磨床的主要部件有砂轮架、头架、对线和螺距找正装置、砂轮修整器、尾座等。

二、部件结构

1. 砂轮架主轴

主轴轴承采用静压轴承，静压轴承可获得较高的旋转精度。如图 8—6 所示，主轴 1 与轴承 6 之间的间隙为 0.02 ~0.04 mm。静压轴承在圆周上有 4 个油腔，输入的液压油使主轴浮在轴承的中心处。主轴的回转是通过带轮 4 传动的，带轮由一对滚动轴承安装在后端盖 5 上。这种带轮可使主轴卸荷，使主轴不受 V 带拉力产生的弯曲力矩，从而保持高的旋转精度。静压轴承是新型的轴承。

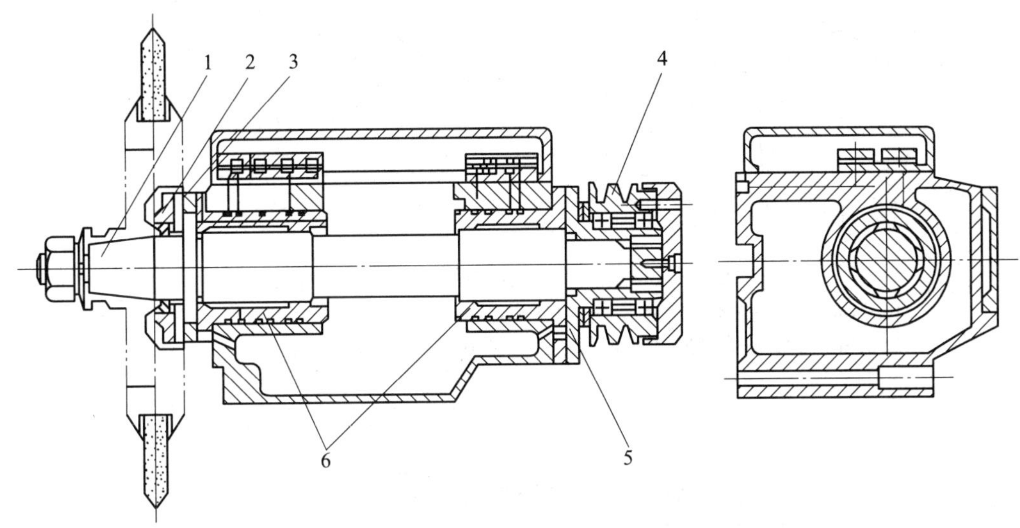

图 8—6　S7332 型螺纹磨床砂轮架主轴部件的结构

1—主轴　2—轴承盖　3—调整环　4—带轮　5—后端盖　6—轴承

2. 头架

图 8—7 所示为 S7332 型螺纹磨床头架部件结构。头架主轴 7 由直流无级变速电动机经 V 带轮传动蜗杆 14、蜗轮 15，由传动轴 17 上的双联滑移齿轮 13 和 12 传动齿轮 11 和 10，通过拨盘 4 和拨杆 5 拨动工件旋转。分度时，操作手柄使齿轮 13 与 11 脱开，转动分度盘 9 即可。螺距扩大传动比为 1∶4。变换加大螺距手柄，当使齿轮 12 与 10 啮合时，则工件螺距增大至 4 倍。轴 17 左端齿轮 18 接交换齿轮。磨内螺纹时，主轴上可安装卡盘，主轴的轴承为 1∶20 锥度的滑动轴承。

3. 对线和螺距找正装置

图 8—8 所示为 S7332 型螺纹磨床对线和螺距找正装置。对线时，通过蜗杆 2 带动齿轮套 3 旋转，使工件螺纹与砂轮对准，以使砂轮能均匀地磨削。找正机构的螺母 4 在拉簧作用下，通过杠杆 7，使触点 6 紧压在找正尺 5 的下面，在工作台移动时，即可找正螺距误差。找正尺可按机床误差调整，尺面可修正。

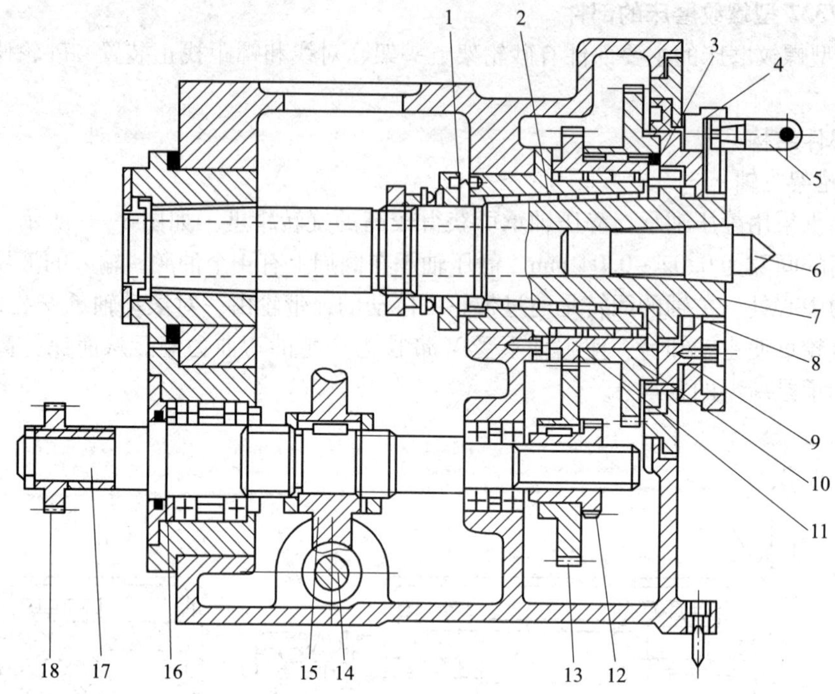

图 8—7　S7332 型螺纹磨床头架部件的结构

1—弹簧　2、3—轴承　4—拨盘　5—拨杆　6—顶尖　7—主轴　8—圆盘　9—分度盘　10、11、18—齿轮　12、13—滑移齿轮　14—蜗杆　15—蜗轮　16—轴承　17—轴

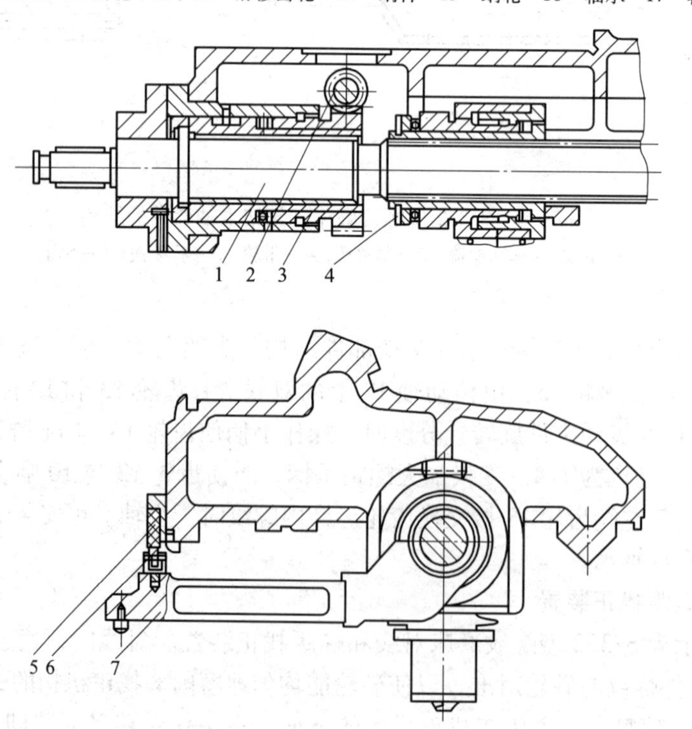

图 8—8　S7332 型螺纹磨床对线和螺距找正装置

1—丝杠　2—蜗杆　3—齿轮套　4—螺母　5—找正尺　6—触点　7—杠杆

三、螺纹磨床的传动及交换齿轮

1. 主轴传动

S7332 型螺纹磨床的传动系统如图 8—9 所示，磨床头架主轴由直流无级调速电动机驱动，经带轮、蜗杆蜗轮传动齿轮，并带动主轴旋转，其传动关系式为：

$$\text{电动机}\ 40\sim 2\ 400\ \text{r/min}—\begin{Bmatrix}\frac{106}{106}\\ \frac{70}{140}\end{Bmatrix}—\frac{1}{40}\begin{Bmatrix}\frac{60}{60}\\ \frac{24}{96}\end{Bmatrix}—\text{主轴} \tag{8—1}$$

主轴可得到四种调速范围：0. 125 ~ 7. 5 m/min、0. 25 ~ 15 m/min、0. 5 ~ 30 m/min、1 ~60 m/min。关系式中，$\frac{60}{60}$、$\frac{24}{96}$为螺距扩大机构的传动比。磨削小螺距时用$\frac{60}{60}$。用$\frac{24}{96}$时则螺距加大 4 倍，可磨削较大的螺距。螺纹磨削时主轴转速较低。

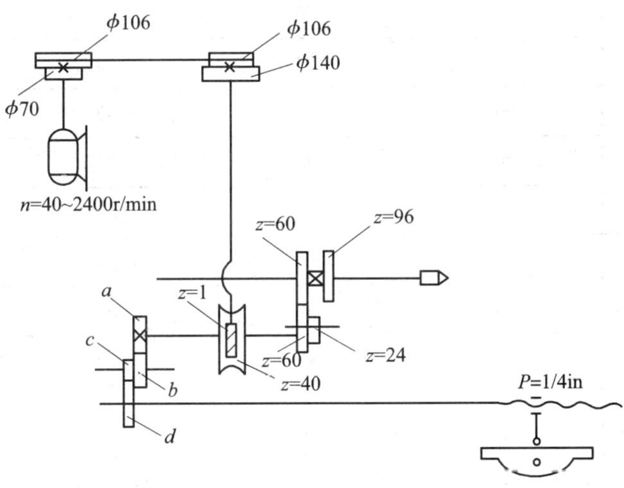

图 8—9　S7332 型螺纹磨床的传动系统

2. 交换齿轮

螺纹磨削的成形运动是工件旋转一周，工作台由丝杠螺母传动，使工件相应移动一个导程的距离。根据图 8—9，其传动关系式为：

$$1\times\begin{Bmatrix}\frac{60}{60}\\ \frac{96}{24}\end{Bmatrix}\times\frac{a\times c}{b\times d}\times\frac{25.4}{4}=P_h \tag{8—2}$$

式中　a、b、c、d——交换齿轮的齿数；

P_h（P）——被磨螺纹的螺距，多线螺纹按导程计算，mm；

$\frac{25.4}{4}$——机床丝杠的螺距，计算时 25. 4 用$\frac{127}{5}$代替，mm。

由式（8—2）可得交换齿轮传动比公式为：

$$i_{\text{交换齿轮}}=\frac{a\times c}{b\times d}=\frac{4P_h}{25.4}\quad\left(\text{螺距扩大机构传动比为}\frac{60}{60}\right) \tag{8—3}$$

或
$$\frac{a \times c}{b \times d} = \frac{P_h}{25.4} \quad \left(\text{螺距扩大机构传动比为}\frac{96}{24}\right) \tag{8—4}$$

操作时可按表 8—1 选取交换齿轮。

表 8—1　　S7332 交换齿轮表

$i = 4P/25.4$				
P	a	b	c	d
1	40	120	60	127
1.5	45	90	60	127
1.75	40	96	84	127
2	40	90	90	127
2.25	90	70	35	127
2.5	60	72	60	127
3	60	80	80	127
3.5	70	72	72	127
4	80	60	60	127
4.5	90	60	60	127
5	80	48	60	127
6	80	48	72	127
8	80	40	80	127
10	100	40	80	127
$i = P/25.4$				
P	a	b	c	d
12	60	80	80	127
16	80	60	60	127
20	80	48	60	127
24	80	48	72	127
32	80	40	80	127
40	100	40	80	127

例 8—1　已知被磨单线螺纹螺距 $P = 2$ mm，求交换齿轮齿数。

解： 根据公式 $i_{交换齿轮} = \frac{a \times c}{b \times d} = \frac{4P_h}{25.4}$得：

$$i_{交换齿轮} = \frac{a \times c}{b \times d} = \frac{4P_h}{25.4} = \frac{4 \times 2}{25.4} = \frac{4 \times 2 \times 5}{25.4 \times 5} = \frac{40 \times 90}{90 \times 127}$$

即 $a=40$，$b=90$，$c=90$，$d=127\left(\text{螺距扩大机构传动比为}\frac{60}{60}\right)$。

例 8—2 已知被磨双线螺纹螺距 $P=2$ mm，求交换齿轮齿数。

解： 被磨螺纹的导程为 $P_h=2\times2=4$ mm。

根据公式 $i_{交换齿轮}=\frac{a\times c}{b\times d}=\frac{4P_h}{25.4}$得：

$$i_{交换齿轮}=\frac{a\times c}{b\times d}=\frac{4P_h}{25.4}=\frac{4\times4}{25.4}=\frac{4\times4\times5}{25.4\times5}=\frac{80\times60}{60\times127}$$

即 $a=80$，$b=60$，$c=60$，$d=127\left(\text{螺距扩大机构传动比为}\frac{60}{60}\right)$。

课题三 螺纹及蜗杆磨削

一、螺纹的磨削

1. 螺纹的磨削方法

螺纹磨削在螺纹磨床上进行。

螺纹磨削的方法有单线砂轮磨削法、多线砂轮切入磨削法、多线砂轮纵向磨削法三种，如图 8—10 所示。

(1) 单线砂轮磨削法

磨削前将砂轮修成牙型相符的形状，并使砂轮轴线相对工件轴线倾斜一个螺纹升角。螺纹磨削成形运动是工件的旋转运动和工作台的移动保持一定的比例关系，即工件每转一周，工作台相应移动一个导程，如图 8—10a 所示。

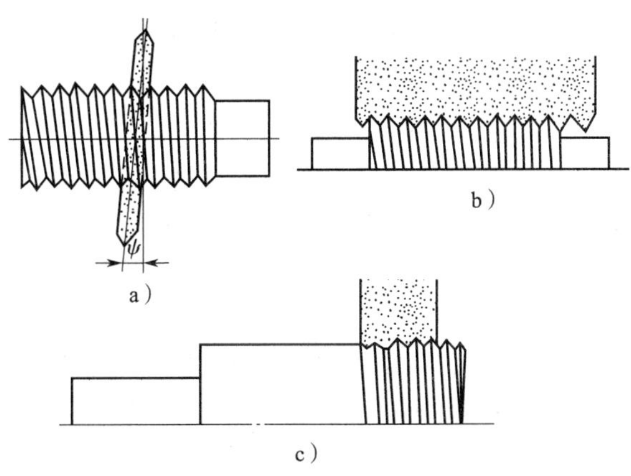

图 8—10 螺纹磨削方法

a）单线砂轮磨削法 b）多线砂轮切入磨削法 c）多线砂轮纵向磨削法

（2）多线砂轮切入磨削法

磨削前用滚轮将砂轮圆柱面修成和工件牙型相同的多线环形槽。采用切入法磨削，当砂轮完全切入牙深后，工件回转两周即可。工件和工作台之间也应保持速度比例关系。多线法磨削螺纹生产效率较高，适合成批磨削普通螺纹；但加工精度较低。如图 8—10b 所示，多线砂轮切入磨削法时，砂轮的宽度应大于螺纹面的总长度。

（3）多线砂轮纵向磨削法

如图 8—10c 所示，将砂轮修整成多线环形槽，用纵向法成形磨削螺纹表面。砂轮前面的环形槽主要起粗磨作用，后部的环形槽则起半精磨、精磨作用，采用较大的背吃刀量在一次纵向进给中磨去工件的全部磨削余量，并将螺纹磨至精度要求。这种磨削法的特点是将环形砂轮再修整成台阶形，其类似于外圆深度磨削法所使用的台阶砂轮，使砂轮前部至后部的吃刀量逐步减小，最后的台阶则将螺纹磨削至尺寸。多线砂轮纵向磨削法具有极高的生产效率，加工精度也较高。

如上所述三种螺纹磨削方法中，单线砂轮磨削法是螺纹磨削的基础。在各企业的螺纹精加工过程中，都要应用螺纹的单线砂轮磨削技术。多线砂轮磨削法在企业中很少使用。

2．螺纹磨削时砂轮的修整

（1）单线砂轮的修整

S7332 型螺纹磨床采用专用自动修整器修整砂轮两侧，如图 8—11 所示。修整器固定在砂轮架的上方。修整时，先调整角度螺母，使修整器内的样板倾斜 $\alpha/2$，然后将螺母 5 紧固。调整螺母 6 可控制两侧金刚石笔的位置，使修整砂轮的宽度小于螺纹牙底的宽度，其计算式为：

$$B < \frac{P}{2} - (d_2 - d_1)\tan\frac{\alpha}{2} \approx 0.336P \qquad (8—5)$$

式中 B——砂轮宽度，mm；

P——螺距，mm；

d_1——螺纹小径，mm；

d_2——螺纹中径，mm；

α——螺纹牙型角，(°)。

砂轮左右两侧面的修整量较小，调整螺母 2，可控制金刚钻的修整行程。砂轮的外圆则由转轴 7 上的金刚石进行修整。

（2）多线砂轮的修整

多线砂轮常用滚轮修整。多线砂轮的滚压可在螺纹磨床上进行。拆卸自动修整器体壳，安装滚压器。如图 8—12 所示，滚压时砂轮以 93 r/min 的速度低速旋转，带动滚轮旋转，从而实现砂轮的滚压成形。

为了保证滚压砂轮的精度，需备置粗、精两种滚压器。滚压时必须用切削液充分冷却润滑，且切削液需经过净化处理。滚轮常用高速钢、硬质合金或金刚石制成，其螺距应与工件螺纹的螺距相同。砂轮滚压后会破坏原有的平衡，为此，砂轮必须再做一次静平衡。

滚压时，滚轮的进给量不宜过大，当滚压好全齿深以后，可停止进给，让砂轮精滚压数圈后再退出滚轮。

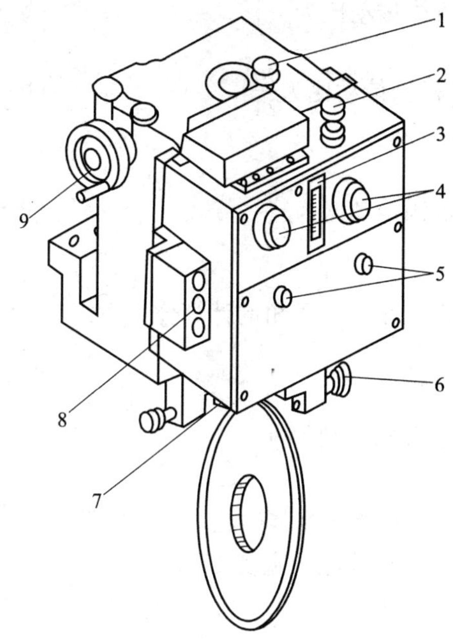

图 8—11　砂轮修整器

1—进给量调节螺母　2—修整行程螺母
3—修整行程刻线　4—调整角度螺母
5—紧固螺母　6—调整砂轮宽度螺母
7—转轴　8—调整修整速度螺母
9—手动进给手轮

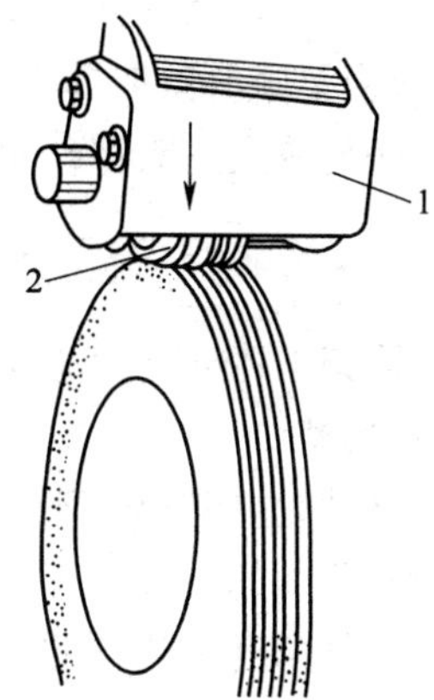

图 8—12　用滚轮修整多线砂轮

1—滚轮座　2—滚轮

3. 螺纹磨削时砂轮架倾斜角的调整及螺纹对线

（1）螺纹磨削时砂轮架倾斜角的调整

砂轮架的倾斜角可按工件中径处的螺纹升角选取，将砂轮架倾斜相应的角度，砂轮架的倾斜方向必须与工件螺纹升角的方向相同，以防止砂轮与工件螺旋面发生干涉。调整时，松开砂轮架下体壳的偏心压紧轴，转动手轮即可。螺纹升角按下式计算：

$$\tan\psi = \frac{P_h}{\pi d_2} \tag{8—6}$$

式中　P_h——螺纹导程，mm；

d_2——螺纹中径，mm；

ψ——螺纹升角，（°）。

（2）螺纹对线（也称对刀）

磨削螺纹时，为了使砂轮正确地、均匀地磨削螺纹两侧面，必须进行对刀。对刀时，转动砂轮横向进给手轮，使砂轮逐渐进入工件螺旋槽。如砂轮偏离螺旋槽，则可旋转对线手轮，使砂轮与螺旋槽对正，然后再退出砂轮，工作台回程切入砂轮，复查砂轮的位置是否正确。

二、蜗杆的磨削

1. 蜗杆磨削时交换齿轮的计算

在 S7332 型螺纹磨床上磨单头蜗杆时，交换齿轮的计算公式为：

$$\frac{a \times c}{b \times d} = \frac{4\pi m}{25.4} \quad \left(\text{螺距扩大机构传动比为}\frac{60}{60}\right) \tag{8—7}$$

$$\text{或}\frac{a \times c}{b \times d} = \frac{\pi m}{25.4} \quad \left(\text{螺距扩大机构传动比为}\frac{96}{24}\right) \tag{8—8}$$

磨多头蜗杆时，交换齿轮的计算公式为：

$$\frac{a \times c}{b \times d} = \frac{\pi mz}{25.4} \quad \left(\text{螺距扩大机构传动比为}\frac{96}{24}\right) \tag{8—9}$$

2. 调整砂轮架倾斜角度

蜗杆的导程角较大，需将砂轮架倾斜一个导程角大小，导程角的计算公式为：

$$\tan\gamma = \frac{P_z}{\pi d_1} = \frac{zm}{d_1} \tag{8—10}$$

调整时松开砂轮架下体壳的偏心压紧轴，转动手轮使砂轮架倾斜 γ。

3. 砂轮的修整

按齿形修整砂轮。S7332 型螺纹磨床采用专用自动修整器修整砂轮。修整时调整样板座的角度及外圆和侧面的修整速度，使砂轮的宽度小于蜗杆牙底的宽度。

样板座的调整角度为蜗杆的法向齿形角，计算公式为：

$$\tan\alpha_n = \tan\alpha_x \cos\gamma \tag{8—11}$$

式中　α_n——法向齿形角，(°)；

α_x——轴向齿形角，(°)；

γ——导程角，(°)。

三、螺纹中径的三针测量与计算

螺纹中径是影响螺纹配合的关键尺寸，必须对其严格控制和正确测量。测量螺纹中径的方法很多。一般精度的螺纹可用螺纹量规进行综合测量；精度要求不高的外螺纹，可用外螺纹千分尺测量，也可用三针测量法和精密测量仪器，如万能工具显微镜或大型工具显微镜、三坐标测量仪等，对螺纹中径作普通测量和精密测量。

在生产实践中，应用最广泛的是用三针测量法测量螺纹中径，可达到较高的测量精度。

1. 三针测量外螺纹中径的计算公式

三针测量螺纹中径，就是将三根直径相等的量针，分别放在螺纹的牙槽中间，如图 8—13 所示，用接触式仪器（测长仪、比较仪、杠杆千分尺等）或千分尺测量出 M 值，再通过计算求出中径 d_2。三针测量法是一种间接测量方法。

对于普通螺纹及螺旋角比较小的英制螺纹等，可以把量针看成在螺纹轴向截面牙槽上相接触的无限薄圆片。根据如图 8—14 所示的几何关系，可得出如下公式：

$$d_2 = M - d_0\left(1 + \frac{1}{\sin\alpha/2}\right) + \frac{P}{2}\cos\alpha/2 \tag{8—12}$$

式中　d_2——螺纹中径，mm；

d_0——三针直径，mm；

P——螺距，mm；

α——牙型角，(°)；

M——测量出的值，mm。

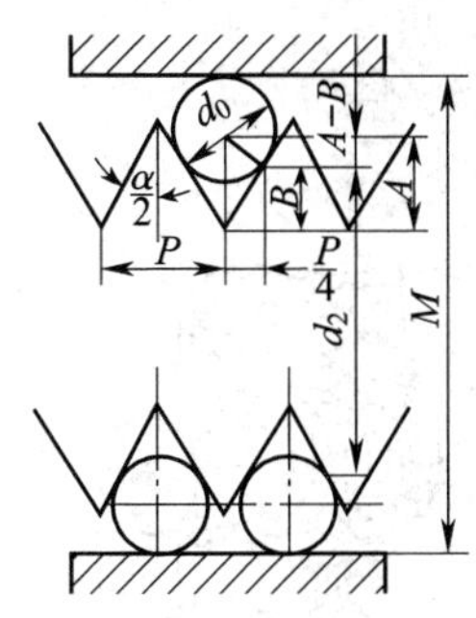

图 8—13　三针测量外螺纹中径

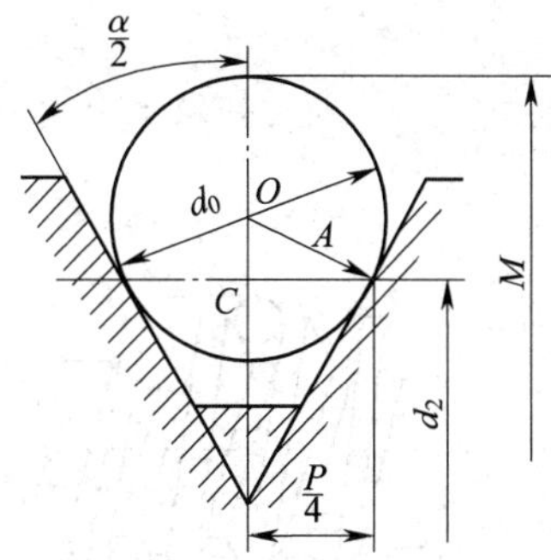

图 8—14　选择最佳三针直径

根据不同的螺纹参数，60°牙型角的普通螺纹，d_2 的简化式为：

$$d_2 = M - 3d_0 + 0.866P$$

55°牙型角英制螺纹，d_2 的简化式为：

$$d_2 = M - 3.1657d_0 + 0.9605P$$

30°牙型角梯形螺纹，d_2 简化式为：

$$d_2 = M - 4.864d_0 + 1.866P$$

2. 三针的选择

在测量中，为避免由于牙型角误差影响测量结果，所选用的三针直径，放置在螺纹牙型的沟槽中，与螺纹牙型角的接触点应恰好在中径线的牙侧位置上，如图 8—14 所示。此时，该三针的直径称为最佳三针直径，可由下式求出：

$$d_0 = \frac{P}{2\cos(\alpha/2)} \tag{8—13}$$

式中　d_0——三针直径，mm；

P——螺距，mm；

α——牙型角，(°)。

在测量中，若没有最佳三针时，一般选用三针直径接触点允许在中径与牙面交点上、下 1/8 的牙面长度范围内。

3. 三针测量中采用的计量器具

用三针和外径千分尺测量螺纹中径，方法简便、准确，适应生产现场的需要。测量的具体步骤如下：

(1) 根据被测螺纹的中径、螺距、牙型角选择最佳三针直径和外径千分尺。

(2) 把选好的三针分别放在被测螺纹的牙槽间，其中两根放在千分尺砧座端，一根放在千分尺微分筒的测量杆端，并注意处于两根针对应的沟槽中，如图 8—15 所示。

(3) 转动微分筒，使三针、测量面、螺纹三者之间紧密接触，并轻轻摆动千分尺，使之找出螺纹径向最大值。当确认三针在螺纹沟槽中与千分尺之间无松动时，则可读取千分尺的数值，即 M 值。

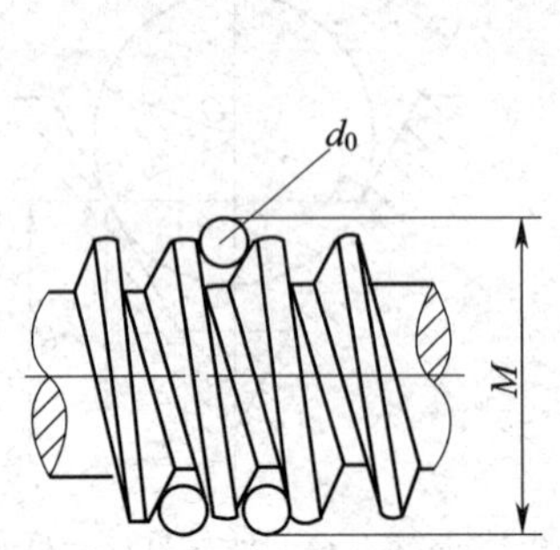

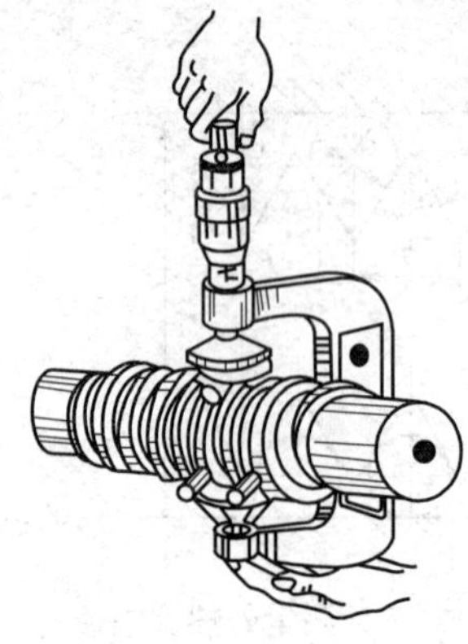

图 8—15　三针测量外螺纹中径的方法

测量时应注意：三针的位置必须放正确，测量位置要在螺纹的两端、中间及转 90°截面上进行。测量螺距较大的螺纹时，千分尺测砧端不能与两根量针都正确接触，可在放两根量针处放 2 mm 或 3 mm 的量块，作为过渡接触面，然后测出的值减去量块的厚度即为 M 值。同时应使千分尺与被测螺纹的温度尽量一致，以减少因温差不同而造成的测量误差。

例 8—3　用三针法测量 M30—6h 螺纹，已知中径 $d_2=\phi 27.727$ mm，螺距 $P=3.5$ mm。求三针直径和 M 值。

解：（1）计算量针直径

$$d_0=\frac{P}{2\cos(\alpha/2)}=\frac{3.5}{2\times 0.866}\approx 2.021\ \text{mm}$$

（2）计算 M 值

$$M=d_2+3d_0-0.866P=27.727+3\times 2.021-0.866\times 3.5=30.759\ \text{mm}$$

四、技能训练

1. 磨机床丝杠

（1）图样和技术要求分析

图 8—16 所示的机床丝杠，除螺纹外，各表面经过车削、磨削已至尺寸要求。梯形螺纹的磨削要求是表面粗糙度 Ra 值为 0.2 μm，中径尺寸为 $\phi 19.5_{-0.462}^{-0.052}$ mm，螺距累积公差 0.018 mm，丝杠精度为 7 级。

（2）选择设备

选用 S7332 型螺纹磨床。

1）螺距交换齿轮的选择

螺纹的螺距 $P=5$ mm，根据式（8—3），将加大螺距手柄置于 60/60 的位置，交换齿轮的计算结果为 $a=80$，$b=48$，$c=60$，$d=127$。选取交换齿轮后，检查各齿轮齿面有无毛刺，再将齿轮清洗干净，用心轴将齿轮安装在交换齿轮架上。齿轮的啮合间隙应控制在 0.1 mm 左右为宜。注意主动轮和从动轮不要装反，啮合的间隙也不要过大，以免增加传动链的展成误差。齿轮心轴必须紧固在交换齿轮板上，不能有松动现象。

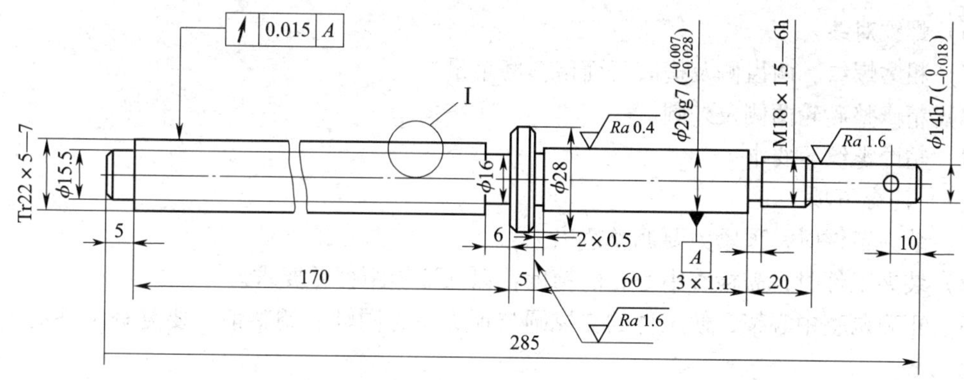

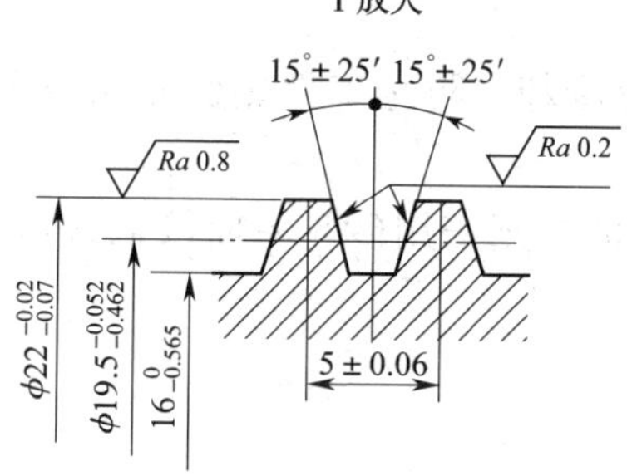

图 8—16　机床丝杠

2）调整砂轮架倾斜角

根据工件螺纹的螺纹升角 ψ 将砂轮架同向倾斜相应的角度。

$$\tan\psi = \frac{p_h}{\pi d_2} = \frac{5}{19.5\pi} = 4.66°$$

（3）砂轮的选择

为了保证砂轮有准确的截面形状，螺纹磨削砂轮的粒度较外圆砂轮细，硬度也较硬。选择砂轮为 WAF100J5V。

（4）磨削工艺

采用单线砂轮纵向进给法磨削。按工件加工余量划分粗、精磨阶段。粗磨时可双向吃刀，并仔细进行对刀，使砂轮正确、均匀地磨削螺纹两侧面。精磨时用单向吃刀，并保证两边磨削量一致。

（5）工件的装夹

工件采用两顶尖装夹。由于工件较长，可用中心架支撑，以提高工件刚度。

（6）工件磨削步骤

1）选择和安装螺距交换齿轮。

2）调整砂轮架倾斜角，倾斜角度为 4.66°。

3）修整砂轮两侧及外圆，砂轮宽度小于 1.6 mm。

4）装夹工件。装夹前修研中心孔，用两顶尖装夹，工件中间用中心架支撑，并找正外圆的径向圆跳动，误差不大于 0.01 mm。

5）检查磨削余量。主要检查中径尺寸，用外螺纹千分尺检测。

6）螺纹对线。

7）粗磨螺纹，两齿侧及槽底每面留精磨余量。

8）精修整砂轮两侧及外圆。

9）精磨螺纹至要求。

（7）注意事项

1）装夹工件时，顶紧力要调整适当。

2）装夹工件时，需检查中心孔的精度，以保证螺距公差要求。

3）正确调整中心架，使工件的支撑圆与顶尖中心同轴。调整前，要复查工件的支撑圆精度。

4）注意对线的安全。通常可在停机时作粗对线，然后再作磨削对线，并对螺纹表面磨削最高点进行磨削。

5）螺纹磨削常用的切削液为切削油。注意充分冷却，防止工件热变形或烧伤工件表面。

6）粗磨可采用双面接触磨削；修整砂轮后精磨时，则采用砂轮单面接触磨削的方法。牙型两侧的磨削量要均匀。

7）校正螺纹磨床螺距传动链的误差。

2. 磨削蜗杆

（1）图样和技术要求分析

图 8—17 所示为一法向蜗杆。材料为 GCr15，淬火后硬度为 61HRC，蜗杆的法向模数为 $m_n=4$ mm，头数为 $n=2$，旋向为右旋，导程为 25. 133 mm，导程角为 10°18′27″，分度圆直径为 44 mm，表面粗糙度为 *Ra*0. 2 μm，同轴度公差为 0. 008 mm。

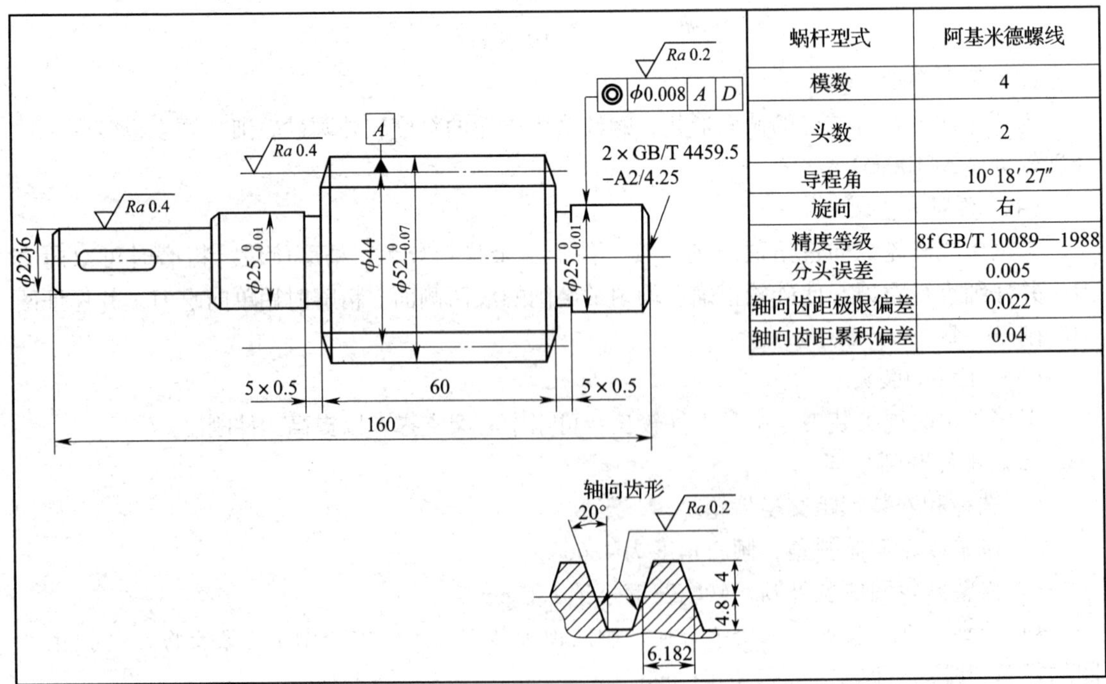

蜗杆型式	阿基米德螺线
模数	4
头数	2
导程角	10°18′27″
旋向	右
精度等级	8f GB/T 10089—1988
分头误差	0.005
轴向齿距极限偏差	0.022
轴向齿距累积偏差	0.04

图 8—17　蜗杆

（2）选择设备

选用 M1432A 型万能外圆磨床、S7332 型螺纹磨床或蜗杆磨床。

（3）选择砂轮

选择螺纹磨削砂轮：WEAF100J5V。

选择外圆砂轮：PAF80K60V。

（4）磨削工艺

蜗杆在螺纹磨床上用单线法磨削。为达到加工要求，划分粗磨、半精磨、精磨三个阶段。

（5）工件的定位夹紧

工件采用两顶尖装夹。

（6）工件的磨削步骤

1）研磨中心孔。用涂色法检验，60°量规的接触面积大于 85%。

2）粗磨 $\phi25_{-0.01}^{0}$ mm，找正工作台，使圆柱度误差在 0.001 mm 内，留精磨余量 0.05 ~ 0.06 mm。

3）粗磨另一端 $\phi25_{-0.01}^{0}$ mm，留精磨余量 0.05 ~ 0.06 mm。

4）粗磨 $\phi52_{-0.07}^{0}$ mm 至尺寸。

5）在 S7332 型螺纹磨床上装交换齿轮。查相关交换齿轮选取手册，取 $a=94$，$b=72$，$c=72$，$d=95$。

6）修整单线砂轮。

7）调整砂轮架倾斜角。调整时松开砂轮架下壳体的偏心压紧轴，转动手轮使砂轮架倾斜 $\gamma=10.3°$。调整后将偏心轴压紧，以防止砂轮架振动（$\tan\gamma=\frac{2\times4}{44}=0.1818$，$\gamma=10.3°$）。

8）螺纹对线。先在停机时作粗对线，然后转动砂轮横向进给手轮，使砂轮逐渐进入螺旋槽中。调整对线手轮，使砂轮对正螺旋槽。再退出砂轮，工作台回程切入砂轮，复查砂轮位置是否正确。

9）粗磨蜗杆。分别粗磨两螺旋槽，且分度，留精磨余量 0.15 ~ 0.25 mm。

10）精磨蜗杆至尺寸要求。

11）在 M1432B 型万能外圆磨床上精磨 $\phi25_{-0.01}^{0}$ mm 至尺寸要求。

复习思考题

1. 什么是单线砂轮磨削法？
2. 什么是多线砂轮切入磨削法、多线砂轮纵向磨削法？
3. 螺纹磨削的成形运动应该是怎样的？
4. 已知在 S7332 型螺纹磨床上磨削 $P=8$ mm 螺纹，求交换齿轮齿数。
5. 如何测量螺纹的中径尺寸？
6. 如何磨削梯形螺纹？

7. 磨削米制蜗杆时应知道蜗杆的哪些参数？其中主要参数有哪些？

8. 磨削单头蜗杆，已知模数 $m=3$ mm，试计算轴向齿距。

9. 法向齿形角是螺纹磨床砂轮的修整角，操作时如何计算？

10. 按图说明 S7332 型螺纹磨床头架部件、砂轮架主轴部件、对线及螺距找正装置的结构。

11. 如何磨削米制阿基米德螺线蜗杆？

12. 磨削单头蜗杆，已知模数 $m=4$ mm，分度圆直径 $d_1=44$ mm。试求导程角及交换齿轮。

第九单元

复杂零件磨削

课题一
细长轴磨削

一、细长轴磨削的特点

细长轴通常是指长度与直径的比值（以下简称长径比）大于 10 的轴。

细长轴磨削的特点：

1. 细长轴的刚度差、易变形。其长径比越大，刚度越差，磨削的难度也越大。在磨削力的作用下，工件会产生较大的弯曲变形，使工件产生较大的几何形状误差，如直线度误差、圆柱度误差、圆度误差和同轴度误差等。

2. 工件的重力和夹紧力，也会使工件产生弯曲变形，影响磨削加工精度。

3. 细长轴对磨削热和材料本身的应力反应也很敏感，容易产生磨削变形。

4. 当砂轮磨钝时，如工件的转速与其激振频率接近，就会产生振动，工件表面产生多角形振痕，从而影响工件的表面粗糙度。

二、减小细长轴弯曲变形的方法

磨削细长轴的关键问题是，如何减小磨削力和提高工件的支撑刚度，从而尽量减小工件的变形。以下是磨削细长轴时应对操作和安装方法所做的改进：

1. 消除工件残余应力。工件在磨削前，应增加校直和消除应力的热处理工序，避免磨削时由于内应力而使工件弯曲。

2. 合理选择砂轮。选用粒度较粗、硬度较软的砂轮，以提高砂轮的自锐性。为了减少磨削力，也可将较宽的砂轮修窄。

3. 合理修整砂轮。粗磨的砂轮一定要修整得锋利，要选用尖角的金刚钻用较大的纵向进给量修整。磨削过程中，还要经常使砂轮保持锋利状态。

4. 减小尾座顶尖压力。尾座顶尖压力应比一般磨削小些，这样可以减小顶紧力所引起的弯曲变形，同时还可减小工件在磨削时因热膨胀伸长所引起的弯曲变形。

5. 中心孔有良好的接触面。工件中心孔应经过研磨；为了减少中心孔和顶尖间的摩擦，磨削过程中还要经常添加润滑油。

6. 合理选择磨削用量，刚开始磨削时，工件呈弯曲状态，砂轮作间断的磨削，因此最初的几次进给速度要慢而且进给量要小，以减小冲击力，粗磨时取 0.01 ~ 0.02 mm，精磨时取 0.002 5 ~ 0.005 mm。工件的转速可选得低些，以防止磨削时振动。磨削细长轴全长时，靠近轴的两端可用稍大些的纵向进给量；磨削中间部位时，进给可慢些，并可适当增加行程次数。

7. 当工件加工精度较高、长度又较长时，可采用中心架支撑（见图9—1）。中心架的构造如图9—2所示，架体8用螺钉9固定在磨床工作台上，工件由垂直支撑块6和水平支撑块5支撑着。水平支撑块5可用螺母1经螺杆和套筒调整到需要的位置，垂直支撑块6可用螺母2经螺杆3、套筒4和双臂杠杆7调整到需要位置。垂直支撑块和水平支撑块分别由尼龙或硬木块制成。

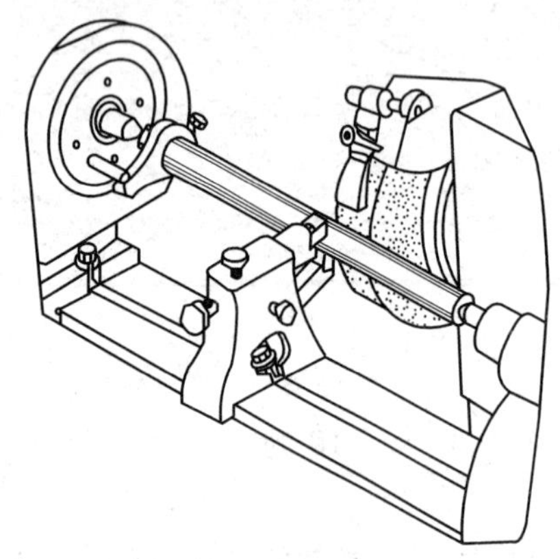

图9—1 用中心架支撑磨细长轴

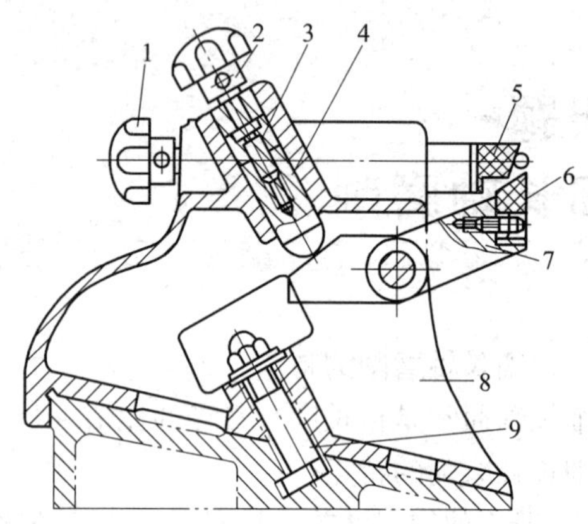

图9—2 中心架的结构

1、2—螺母 3—螺杆 4—套筒 5—水平支撑块 6—垂直支撑块 7—双臂杠杆 8—架体 9—螺钉

8. 磨削过程中要充分冷却。

9. 工件磨好后要吊直存放，以免因自重产生弯曲变形。

三、细长轴磨削的方法

1. 不用中心架支撑磨削细长轴

长径比较小的细长轴可不用中心架支撑。磨削时将砂轮修成凹形（见图9—3a），即在砂轮周边的中间开一个为砂轮宽度2/3左右的凹槽，以减小磨削时的切削力。仔细修研工件的中心孔，使之与顶尖有良好的接触。采用双拨杆拨盘带动，并找正工作台，使两顶尖的轴心线在同一直线上。装夹后，调整尾架顶尖的顶紧力，尾架顶尖可采用特殊的小弹性后顶尖（见图9—3b）。其磨削工艺步骤为：研磨中心孔→粗磨外圆，留精磨余量0.2 mm→校直、时效处理，工件弯曲小于0.03 mm→半精磨外圆，留精磨余量0.05 mm→校直工件，并时效处理→精磨外圆至尺寸要求。

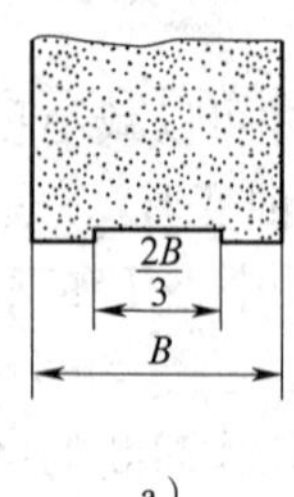

a)

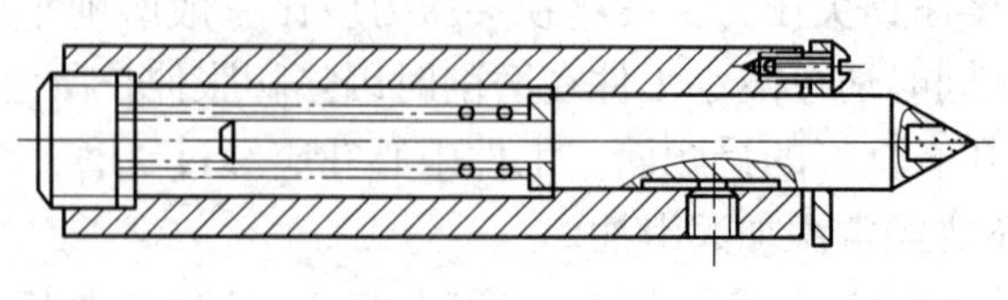

b)

图9—3 凹形砂轮和小弹性后顶尖

2. 用中心架支撑磨削细长轴

对于长径比较大的细长轴需使用中心架支撑。

(1) 粗磨时工件的装夹与磨削

1) 将工件中心孔擦干净，并涂上润滑油。安装工件时需保证两顶尖在同一轴线上，同时调整尾架顶紧力，使工件在两顶尖之间能灵活转动且无轴向窜动。

2) 安装开式中心架，使中心架固定在机床的工作台上。

3) 检查开式中心架的垂直支撑块和水平支撑块的位置是否正确，垂直支撑块和水平支撑块与工件外圆的接触部分要光滑，而且接触点位置要在同一径向截面上，如图9—4所示。

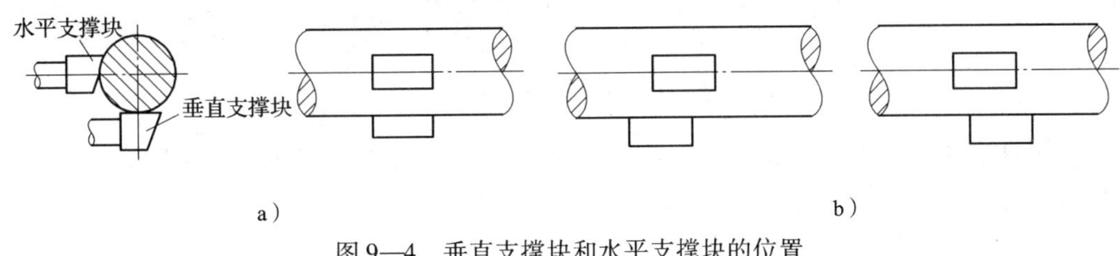

图9—4 垂直支撑块和水平支撑块的位置

a) 正确 b) 不正确

4) 先用切入法磨削工件与开式中心架垂直支撑块和水平支撑块接触处——C处外圆（见图9—5）。支撑圆的长度应略大于中心架垂直支撑块的宽度。磨削时砂轮切入的速度要慢，磨好后其外圆的径向圆跳动量小于0.005 ~0.01 mm，表面粗糙度为Ra0.8 ~0.4μm，外圆留0.2 mm余量为宜。

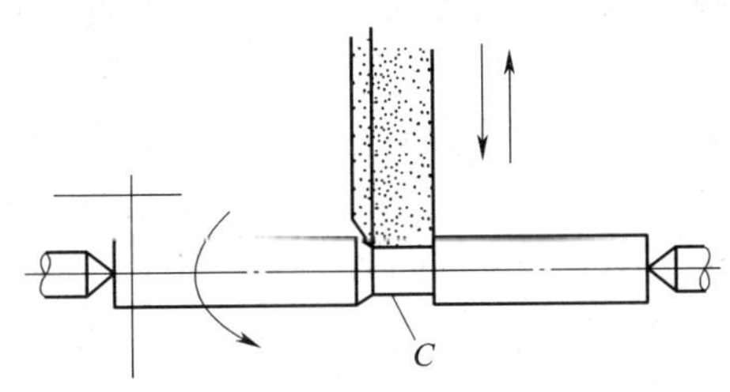

图9—5 磨削开式中心架接触处——C处外圆

5) 调整开式中心架垂直支撑块与水平支撑块。调整水平支撑块和垂直支撑块时，可用百分表来控制水平支撑块和垂直支撑块的移动量。图9—6a所示为调整水平支撑块的方法。把指示表的测头放在支撑圆的侧素线上，转动螺母使水平支撑块移动。当指示表指针偏摆时，则说明水平支撑块已与工件接触，指示表的偏摆量以1 ~2格为宜。图9—6b所示为调整垂直支撑块的方法，将指示表的测头放在工件支撑圆的上素线上，转动螺杆使垂直支撑块与工件接触，指示表的偏摆量以1 ~2格为宜（见图9—6）。

6) 用纵磨法粗磨工件外圆，要尽量少磨，将工件两端磨圆即可，测量工件两端尺寸是否一致。若有锥度并超过图样允许值时，则应调整工作台。

7) 机床调整好之后，即可再次用纵磨法磨削工件外圆，当支撑圆和工件全长接平齐后，再磨去0.01 mm。

8) 再磨C处外圆，方法同步骤4)，将C处外圆磨去0.01 mm。重新调整开式中心架垂直支撑块与水平支撑块，方法与步骤5）的一样，调整量表上读数均为0.02 mm。

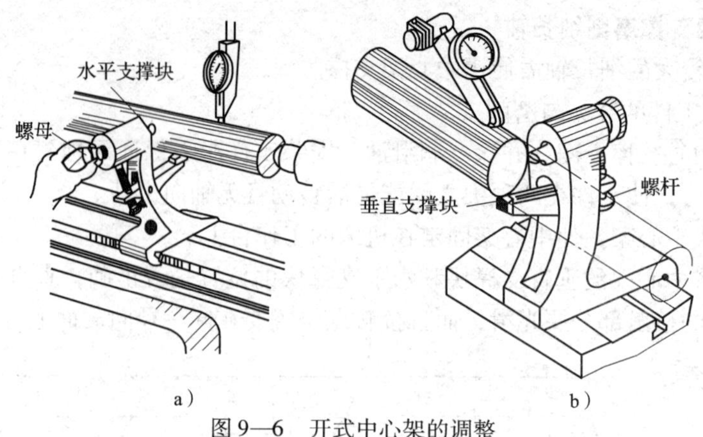

图 9—6　开式中心架的调整

9）用纵磨法磨削工件外圆与中心架支撑圆平齐，方法同步骤 7)，然后重复上面的相关步骤，直到把工件外圆磨削至粗磨工序要求的尺寸和精度。

（2）精磨时工件的装夹与磨削

1）修整砂轮。为了减少磨削力，应将砂轮先修整成凹形，修整周面时金刚石杆的位置应使金刚石尖与工件外圆基本一致。

2）放松尾架顶尖，调整顶尖对工件的顶紧力，调整时转动手轮，使尾架内的弹簧适当放松，以减小尾架顶紧力对工件变形的影响。

3）磨削开式中心架支撑 C 处外圆，磨去量为 0.005 mm。

4）调整中心架垂直支撑块和水平支撑块，方法与前面粗磨的步骤 5）相同，表上读数均为0.01 mm。

5）用纵磨法精磨工件外圆与 C 处外圆平齐，方法与粗磨相同，磨平齐后整个外圆再磨去 0.005 mm，然后重复步骤 3）、4）、5），直至把工件外圆尺寸磨削至只剩 0.008 mm 余量。

6）最后一次精磨开式中心架支撑处外圆 C，方法同前，磨去量为 0.003 mm。

7）重新调整开式中心架垂直支撑块和水平支撑块，方法同前，调整量表上读数为 0.005 mm。

8）用纵磨法精磨工件外圆与 C 处外圆平齐。此时工件尺寸已到要求尺寸，砂轮不再进给，反复用纵向磨削法来回进行磨削，直至不见火花时为止。

四、技能训练

（一）磨精密细长轴

1. 分析图样和技术要求

图 9—7 所示为小直径的精密细长轴。ϕ10h7 外圆轴线的直线度公差为 ϕ0.02 mm，表面粗糙度为 Ra0.2 μm。工件材料为 45 钢，热处理淬火硬度为 48HRC。

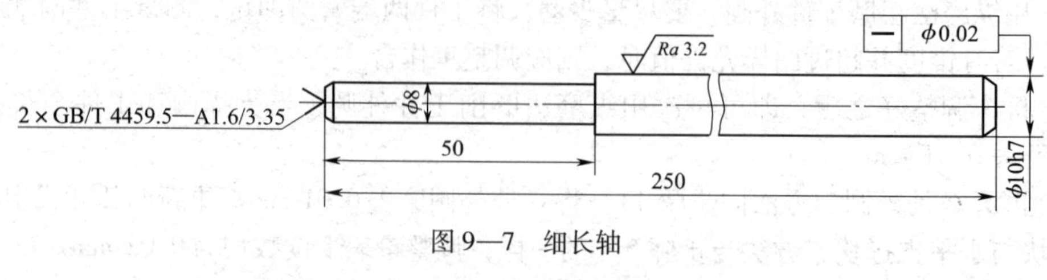

图 9—7　细长轴

2. 选择设备

选用 M1432B 型万能外圆磨床。

3. 选择砂轮

砂轮特性：PAF60K6V。

4. 工件的定位夹紧

该工件长径比较大，刚性较差，磨削时极易产生弯曲变形，但由于工件外径小，不宜用中心架支撑，故磨削时采用两顶尖装夹。

5. 磨削方法

加工的关键工艺是在不用中心架的条件下，使工件的弯曲变形减至最小的程度。磨削力是引起细长轴弯曲变形的主要因素。

磨削的总余量为 0.45 ~0.50 mm。工件经热处理后已弯曲校直。用粗磨、半精磨、精磨加工工件至尺寸要求。

6. 工件磨削步骤

（1）研磨中心孔。

（2）修整砂轮。在砂轮宽度一定的条件下，可修改砂轮工作面的宽度，以减小磨削的背向力。

（3）装夹工件并调整顶紧力。

（4）粗磨 ϕ10h7 外圆，留半精磨余量 0.15 mm。

（5）半精磨 ϕ10h7 外圆，复测工件轴线的直线度误差在 0.015 mm 内。留精磨余量 0.05 ~0.06 mm。

（6）修整砂轮。

（7）精磨 ϕ10h7 外圆至尺寸要求。

注意事项：

（1）当工件弯曲变形仍很明显时，可再减小砂轮的实际磨削宽度。

（2）半精磨时，如轴线的直线度误差大于 ϕ0.02 mm，则需增加校直工序。

（3）半精磨时，要检查中心孔的精度，发现中心孔磨损要及时修研再使用。

（4）半精磨需把工件轴线的直线度控制在 ϕ0.01 mm 内。

（二）磨镗刀杆

1. 分析图样和技术要求

图 9—8 所示为镗刀杆。材料为 40Cr，热处理淬火硬度为 59HRC。外圆 ϕ60h8 的表面粗糙度为 *Ra*0.4 μm，圆度公差 0.002 mm。Morse No.5 圆锥的表面粗糙度为 *Ra*0.4 μm，圆锥用涂色法检验，接触面大于 80%。工件长径比为 1:20，属细长轴。

2. 选择设备

选用 M1432B 型万能外圆磨床。

3. 选择砂轮

砂轮特性：PAF60K6V。

4. 工件的定位夹紧

采用两顶尖装夹，由于工件较长，为增加工件刚性用中心架支撑。用硬质合金顶尖装夹工件，以防止顶尖磨损影响加工精度。

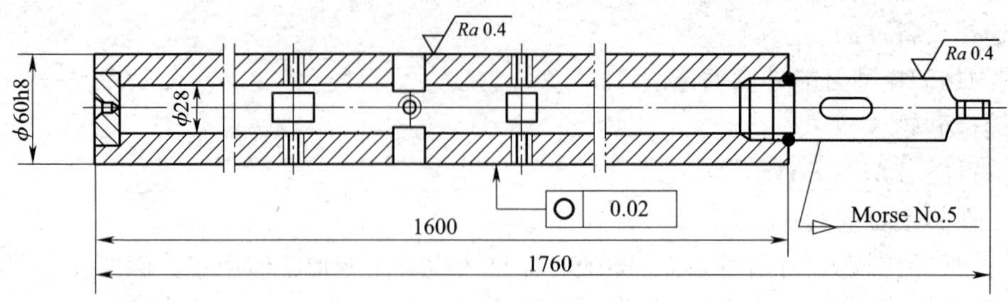

技术要求

材料为40Cr，热处理淬火硬度为59HRC。

图 9—8　镗刀杆

5. 磨削方法

磨削的关键工艺是设法减小工件的弯曲变形。

采用一个中心架支撑，磨削 ϕ60h8 外圆。将中心架支撑在工件的中部。使用中心架支撑时，工件的支撑部位要先磨圆，径向圆跳动误差在 0.002 mm 内。外圆分粗磨、精磨。

6. 工件磨削步骤

（1）研磨中心孔。

（2）粗磨外圆。粗磨外圆 ϕ60h8。留余量 0.06 ~ 0.08 mm。径向圆跳动及圆柱度误差小于 0.01 mm。

（3）粗磨外圆锥。磨 Morse No. 5 圆锥，留余量 0.07 ~ 0.09 mm。径向圆跳动误差小于 0.005 mm。

（4）精磨外圆。磨外圆至尺寸 ϕ60h8，圆度误差小于 0.002 mm，圆柱度误差小于 0.003 mm。工艺要求径向圆跳动小于 0.002 mm。

（5）精磨外圆锥。磨 Morse No. 5 圆锥至尺寸，径向圆跳动误差小于 0.002 mm，圆锥用量规涂色法检验，接触面大于 80% 。

注意事项：

（1）磨削前找正磨床头架、尾座中心，不允许有明显的偏斜。

（2）粗磨时要对砂轮作粗修整，以减少磨削力对加工的影响。金刚石尖角为 80°左右，以保证修整后的砂轮磨粒磨刃具有较强的磨削性能，减小磨削力的影响。

（3）粗磨分两次进行，在第二次磨粒粗磨时，要再粗修整砂轮，使砂轮磨粒磨刃保持锋利，减小工件弯曲变形。

（4）精磨也分两次进行。半精磨时，砂轮可修得略粗些。

（5）精磨时吃刀量要小，中心架支撑跟踪磨削。

（6）注意充分冷却润滑工件，以减少磨削热，减小工件的热变形。

（7）磨削时，在中心架支撑部位加注适量的润滑油，以减小中心架支撑处的摩擦阻力对加工的影响。

（8）磨削时注意防止振动，防止工件表面产生磨削振痕。

课题二
薄壁套和薄片零件的磨削

一、薄壁零件磨削的特点

薄壁套和薄片零件都是刚度较差，加工时容易产生变形。磨削时需了解各自特点，掌握减小变形的方法，以保证工件的加工精度。

1. 薄壁套类工件的磨削特点

薄壁零件一般是指孔壁厚度为内径 1/10～1/8 的套类零件。它的特点是沿半径方向刚性很差，容易在磨削过程中因夹紧力、磨削力、内应力及磨削热等因素的影响产生变形，从而造成加工误差。

图 9—9a 所示为工件在三爪卡盘上装夹时所产生的夹紧变形。磨削内孔时虽然孔被磨圆，如图 9—9b 所示；但松开卡爪后，工件由于弹性变形，内孔呈三角形圆，如图 9—9c 所示。

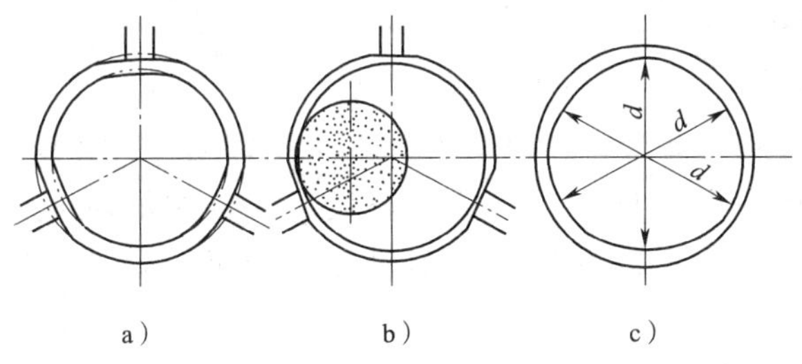

a） b） c）

图 9—9 薄壁工件在三爪卡盘上的变形

2. 薄片工件的磨削特点

厚度不超过最小横向尺寸 1/5 的薄而狭长的片（板）状工件称为薄片（板）工件。常见的薄片（板）工件如垫圈、摩擦片、垫板及镶钢导轨的镶钢片等。这类工件纵向刚度差，磨削时容易产生受热变形和受力变形，其变形形式主要为翘曲。如图 9—10 所示，由于工件不均匀线膨胀，在磨削热的影响下，工件产生中凸，磨削完毕冷却后，工件实际被磨成中凹面。夹紧力和磨削力以及磨削前工件的误差，也是引起磨削薄片工件变形的原因。装夹时如果直接用电磁吸盘吸住进行磨削，则由于工件刚性较差，吸紧时会产生弹性变形，而当工件磨削完毕松开时，它又回跳形成翘曲。特别是在工件磨削前就已具有平面度误差时（这类误差主要来自淬火变形和前道工序所造成的弯曲变形），这种回跳现象尤为明显。

二、薄壁套类工件的磨削方法

为减小薄壁套类工件在磨削时因夹紧力、磨削力和磨削热等所产生的变形，在加工过程中必须选择合理的磨削方法，包括：改进工件的装夹方法；细化加工工艺，划分粗磨、半精磨和精磨工序；合理选择砂轮与磨削用量；减少热变形，消除内应力等。

1. 改进工件的装夹方法

工件在内外圆磨削时尽可能采用夹具装夹，以减小工件的受力变形，其中内孔磨削最关键。主要装夹方法有：

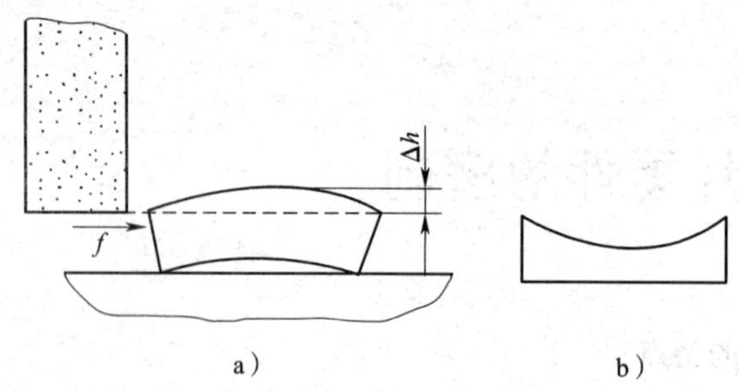

图 9—10　工件的热变形

a）工件不均匀线膨胀　b）工件被磨成中凹面

（1）胀松套装夹

图 9—11 所示为用胀松套装夹来增加夹紧接触面积的方法。根据力学原理可知，用三爪自定心卡盘夹紧时，夹紧力集中在三个卡爪上；而在卡爪和工件之间衬一个胀松套后，由于胀松套内圆与工件外圆能很好地接触，则使工件的受力状态得到改善，将三个卡爪的集中夹紧力变成均匀分布的夹紧力，从而减小了工件的变形。此法主要用于单件生产时内外圆磨削及批量生产时内孔的粗磨。

（2）外圆心轴装夹

在薄壁套类工件的批量生产时，粗磨外圆常采用如图 9—12 所示的装夹方法。心轴的二锥面和心轴的回转中心应具有很高的同轴度。工件由心轴上的二锥面通过螺母夹紧，夹紧力不能太大，以免工件变形，磨削时磨削用量要合适，以防止加工中工件松动。

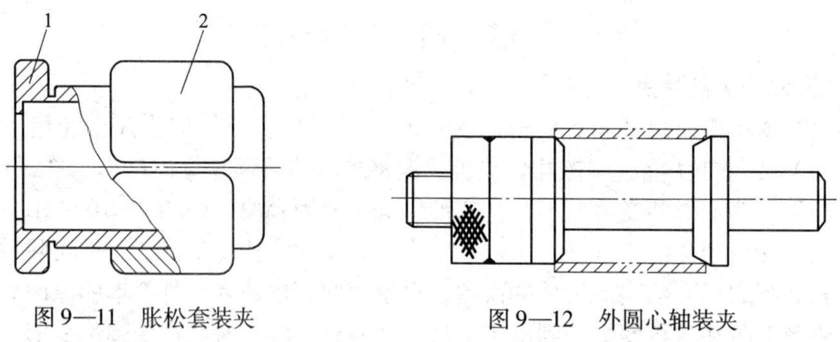

图 9—11　胀松套装夹

1—工件　2—胀套

图 9—12　外圆心轴装夹

（3）专用夹具装夹

薄壁零件能承受较大的轴向力，受力后内孔变形小，根据这一特点，用专用夹具装夹，可对工件进行轴向压紧。如图 9—13 所示，力作用在工件刚度较高的轴向部位，而且工件两端面经过磨削，基准面 4 经过研磨，从而避免和减少了工件的径向变形量。此种装夹要求锁紧螺母的内端面与机床的回转轴线相垂直。

（4）电磁盘装夹

如图 9—14 所示，利用电磁夹具将工件吸在电磁盘上。电磁无心磨削法即为其应用。此种装夹适用于较短的零件，以端面作定位基准进行内孔磨削。

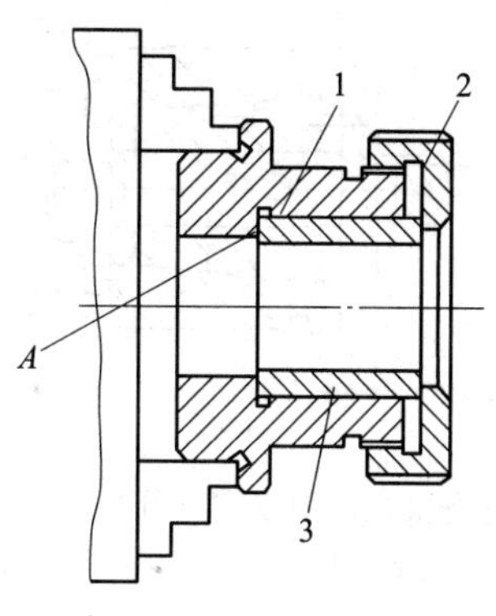

图 9—13　专用夹具装夹

1—定位套　2—锁紧螺母　3—工件　A—基准面

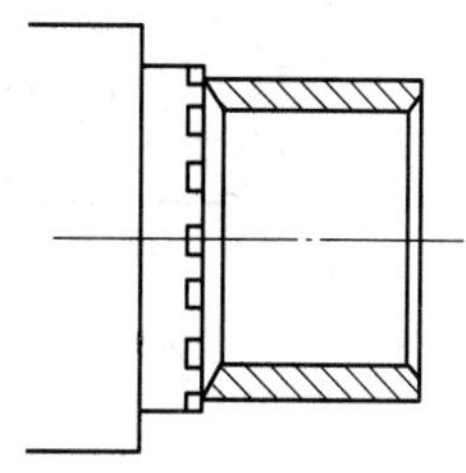

图 9—14　电磁盘装夹

（5）用通用夹具装夹

图 9—15 所示为用花盘装夹薄壁工件的方法，工件被压板压紧在定位面 2 上。安装时压板压紧力要均匀一致，压板要放平整，夹紧力方向应垂直于工件的定位基面。此法常用于单件小批量生产。

（6）心轴胀套装夹

图 9—16 所示为心轴胀套装夹，心轴 1 制成 1∶20 锥度，其上装可胀弹性套 2。胀套装夹可使工件外圆受力均匀，以减少工件变形。它的直径可在一定范围内调整，定位精度高，夹紧可靠。用胀套心轴夹紧时要注意进给方向，只能向大径端方向进给，以免造成事故。

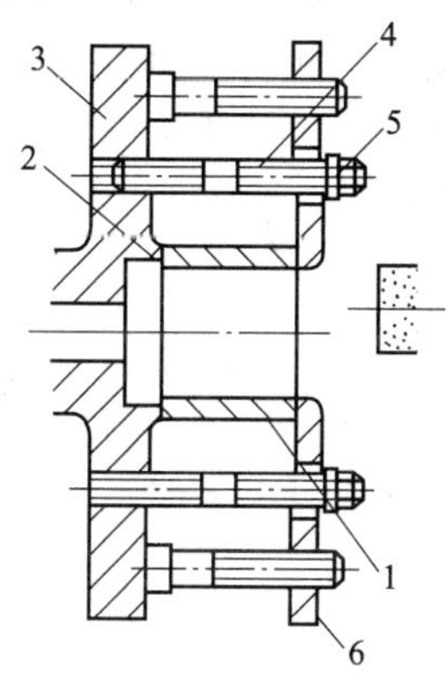

图 9—15　通用夹具装夹

1—工件　2—定位面　3—圆盘

4—螺栓　5—螺母　6—压板

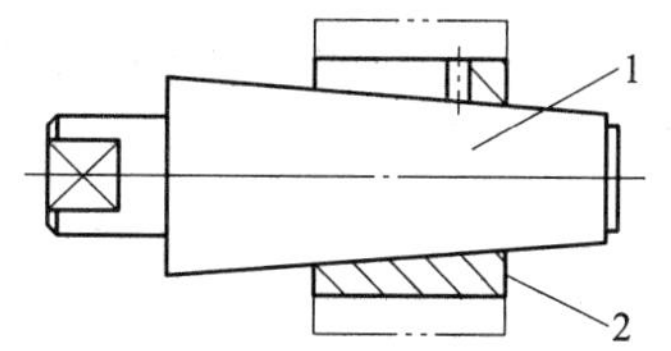

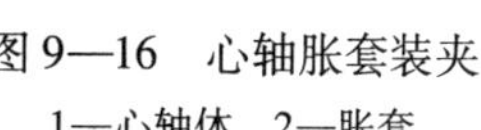

图 9—16　心轴胀套装夹

1—心轴体　2—胀套

（7）用微锥心轴装夹

心轴锥度一般可取 $C=1:5\ 000$。

（8）用心轴装夹磨有锥孔的薄壁套外圆

图 9—17a 所示为薄壁套在心轴上的装夹情况。工件在夹紧力的作用下，由于锥体的作用而产生径向分力，会使工件变形。图 9—17b 为改进后的心轴，其定位锥体可沿轴向浮动，以使端面 A 承受夹紧力，消除工件的径向变形。

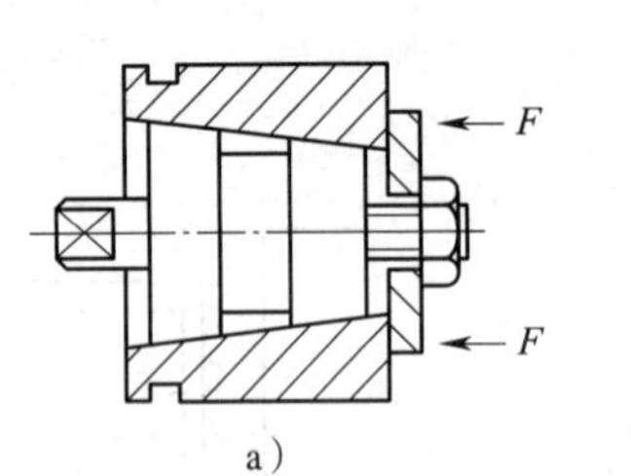

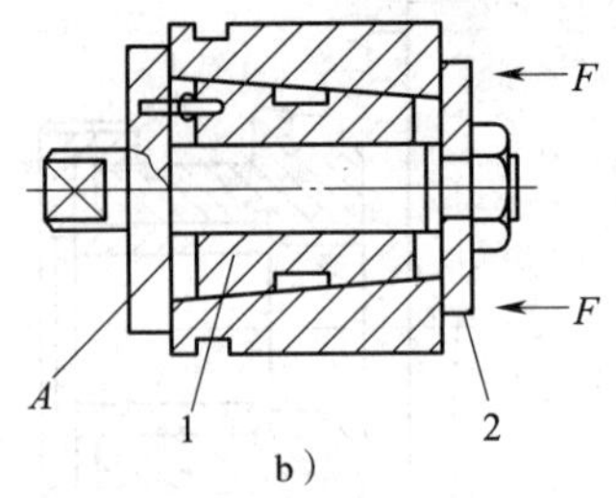

图 9—17　用心轴装夹磨有锥孔的薄壁套外圆

1—浮动锥体　2—球面垫圈

2. 减小磨削力和磨削热的变形

（1）合理选择砂轮

薄壁套类工件内孔磨削时，散热和冷却较差，因此宜选择磨削性能好的白刚玉（WA）或铬刚玉（PA）砂轮，粒度宜粗些。粗磨、半精磨选 F36 或 F46 粒度，精磨选 F46 或 F60 粒度。硬度宜选较软砂轮，可相应减小磨削力和磨削热，使砂轮有较好的自锐性。一般选 K 级，或根据情况选 J 和 L 级。

（2）细化加工工艺，合理选择磨削用量

细化加工工艺，对提高薄壁套零件的质量很重要，应划分粗磨、半精磨和精磨工序，合理分配加工余量，以逐步提高工件的加工精度。精磨时尽可能选用小的背吃刀量，使工件的各种变形和质量缺陷在多次加工工序中消除，以达到最终的精度要求。

内圆粗磨时，磨削速度 $v_0=25\sim30$ m/s；精磨时可低些，可选 $v_0=20$ m/s，以减少振动。工件速度 $v_w=25\sim50$ m/s，精磨时工件速度可比粗磨时稍高一些，以加快磨削区的温度与磨削液的交换周期，有利于减少磨削热向工件内部传递。精磨时尽可能减慢工作台移动速度，工作台纵向移动速度在 50 ~ 80 m/min 较合适。

（3）改善冷却效果

磨削热是引起薄壁套类工件变形的原因之一，由于工件内壁磨削热不易散失，工件外圆会磨成中凹面。因此，磨削时应增大磨削液的压力和流量，改进喷注方法，以改善冷却效果。

对长薄壁套类工件可采用图 9—18 所示的带有内冷却的心轴，可大大改善工件的受热情况，保证工件精度。

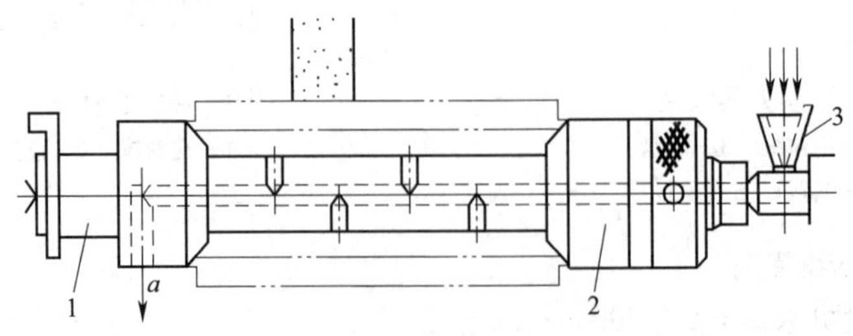

图 9—18　内冷却心轴

1—心轴　2—顶尖滑套　3—水斗

3. 消除工件的内应力

在粗精磨前后，工件均应进行除应力处理，以消除工件由于热处理、磨削力和磨削热引起的内应力。

三、薄片工件的磨削方法

针对薄片工件的磨削特点，可采取各种措施来减小工件的受热和受力变形，主要是：选用硬度较软的砂轮，并使其经常保持锋利；采用较小的背吃刀量和较高的工作台纵向速度；供应充分的切削液以改善冷却条件；减小磨前工件的平面度误差和平行度误差；改进装夹方法等。其中改进装夹方法是减小工件受力变形最有效的方法。

1. 垫弹性垫片

在电磁吸盘和工件之间垫上一层厚为 0.5 ~ 3 mm 的橡胶或海绵等弹性物质。当工件被吸紧时，由于弹性垫片被压缩，从而使工件的弹性变形减小，磨出较平整的工件（见图 9—19）。将工件反复翻身磨削几次，在工件的平面度和平行度得到改善后，再直接吸在电磁吸盘上磨削。

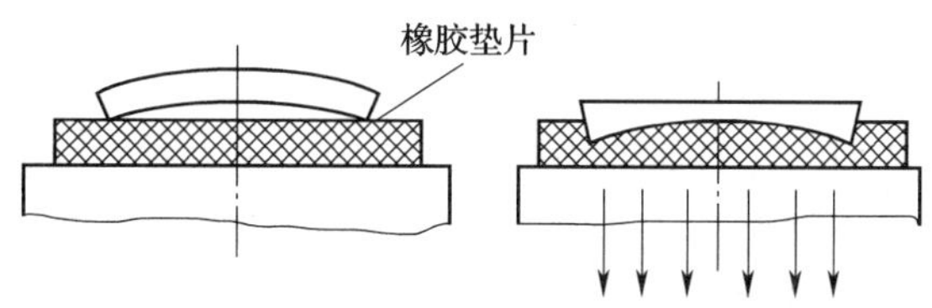

图 9—19　垫弹性垫片

2. 涂白蜡

先在工件翘曲的部位表面涂上一层白蜡，然后放在砂轮端面上摩擦，使工件凸出部位上的白蜡磨去，凹部的白蜡磨平，从而暂时形成无翘曲的定位面。此时，就可将工件装在电磁吸盘上磨削第一面，再以第一面为基准磨削第二面，最后反复翻身磨削两平面，直至达到所要求的平行度为止。

3. 垫纸

这是一种常见的简易办法。将工件放在平板上，用橡胶或木榔头轻轻敲击，分辨出空音处（即工件与平板接触的空隙），再用纸垫入空隙处，使纸和工件填平。以垫平的一面作定位基准吸在电磁吸盘上，磨另一面。磨出后，再以磨好的平面为基准直接装夹在电磁吸盘上或再垫纸磨另一面。以后再反复翻身磨削几次，直至达到图样要求。此法只能用于磨削翘曲不大的工件。

4. 低熔点材料黏附装夹

一些低熔点材料如石蜡、松香及低熔点合金等，具有一定的黏结力，用这些材料作为黏结剂，熔化后可粘固薄片工件，几乎没有弹性变形（见图 9—20）。石蜡的熔点为 52℃，松香熔点略高些，低熔点合金熔点为 150 ~ 180℃。黏附力以低熔点合金为最高，松香次之，石蜡最小。

黏结时，使用一板状夹具，上面开有多个凹槽的腔体，将事先在容器内加热熔化后的低熔点材料浇入腔体（若用低熔点合金，则需将腔体预热到 150 ~ 200℃），把已经清洗干净的工件放在低熔点材料上，用木榔头敲平（可用划线盘或百分表校正），冷却后即可粘固。由于低熔点材料冷却速度较快，粘固时需一次浇填满，以免影响粘固程度。磨削时，应充分冷却，以防高温引起低熔点材料熔化。

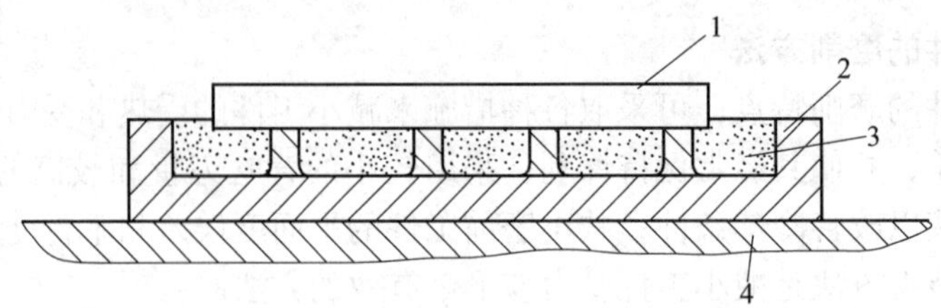

图 9—20　低熔点材料黏附装夹

1—工件　2—夹具　3—黏结剂　4—磁性工作台

磨削后，可清除掉黏结剂。石蜡稍加温后就能够清除；松香性脆，不需加热就能清除；低熔点合金则需再度加热到 150 ~ 180℃ 熔化后才能清除，它可以被反复多次使用。

用此法磨削可获得平整平面，然后以此面为基准再磨削另一面。若工件为非导磁性材料如黄铜等，则需要再次黏附装夹。

5. 改变夹紧力方向

磨削长条形薄片工件时，工件弯曲变形大，在批量生产时，可采用专用角铁式夹具装夹（见图 9—21）。工件用压板从侧面夹紧（夹紧力为 F），由于工件的侧面宽度方向刚度高，不会产生较大的夹紧变形。待磨平一面后，再将工件吸在电磁吸盘上磨削另一面。

6. 减小电磁吸盘的吸力

减小电磁吸盘吸力的目的也是为了减小工件的弹性变形，常用的方法是利用改变通过电磁线圈的电流强度来调整电磁吸盘的吸力，但使用此法时必须重新调整吸盘的电路并采用一定的安全技术措施。

图 9—22 所示为减小电磁吸盘吸力的另一种方法，即在电磁吸盘上再放置一个导磁铁。由于磁力线长度增加，使磁力减弱，从而减小了工件的翘曲变形。导磁铁的绝缘层应与电磁吸盘的绝缘层对齐，导磁铁的高度应适当，保证工件能吸牢。精磨时，可去掉导磁铁，在电磁吸盘上直接装夹磨削。

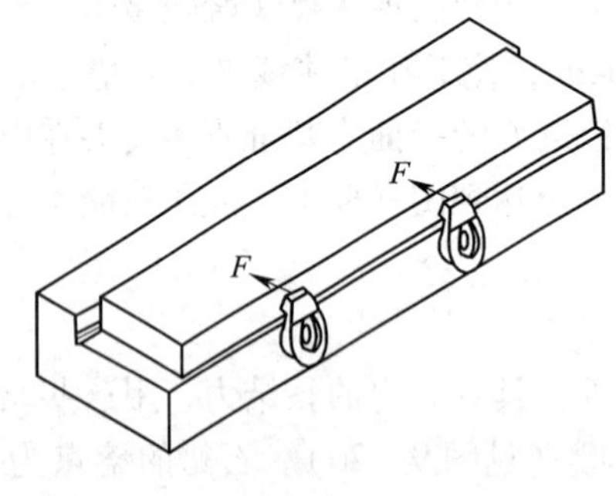

图 9—21　专用角铁式夹具

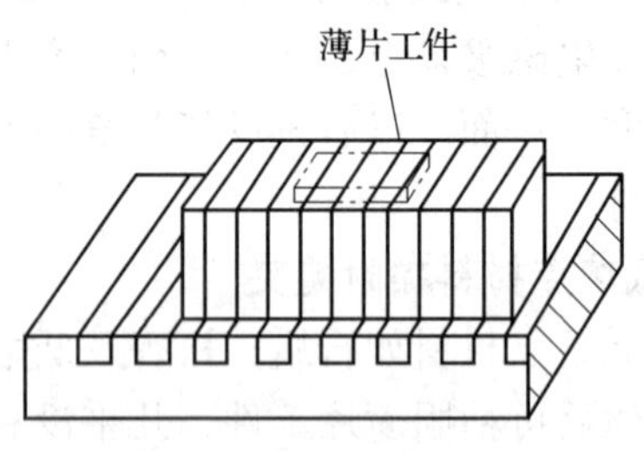

图 9—22　减小电磁吸盘的吸力

四、技能训练

（一）磨削薄壁套

1. 分析图样和技术要求

图 9—23 所示为薄壁套工件。材料为 60Si2Mn，热处理淬硬至 62HRC，外圆为 ϕ106h7，内孔为 ϕ100H6，内、外圆同轴度为 ϕ0. 01 mm，内孔圆度为 0. 005 mm，ϕ105 mm 端面的表面粗糙度为 Ra0. 1 μm，内、外圆的表面粗糙度均为 Ra0. 2 μm。

2. 选择设备

平面在 M7120A 型磨床上进行磨削，内外圆在 M1432A 型磨床上进行磨削。

3. 选择砂轮

为减小工件磨削时因受热、受力而引起的变形，磨削内、外圆及平面时均需选用粒度较粗、较软的砂轮。砂轮特性：磨料 WA（PA），粒度 F36～F46，硬度 J～K，结合剂 V。

4. 工件的定位夹紧

磨两端面时用电磁吸盘装夹，粗磨内、外圆时用简易箍套（见图 9—24）装夹。精磨内孔时用如图 9—15 所示的通用夹具装夹。精磨外圆时，用微锥心轴装夹。装夹时必须仔细找正。

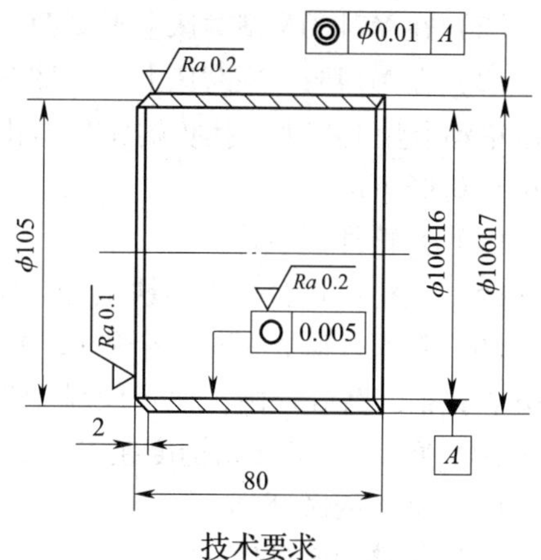

图 9—23 薄壁套

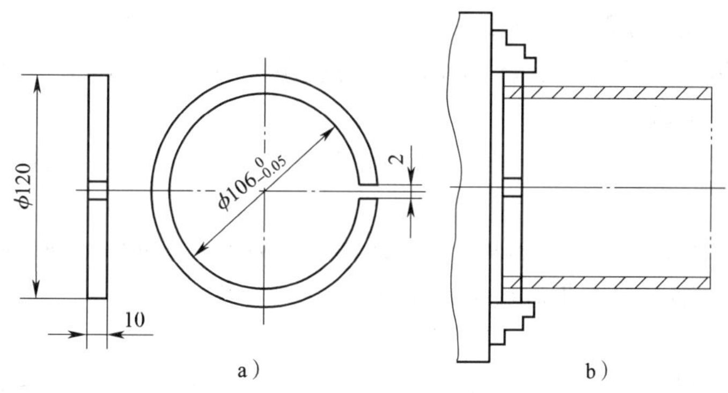

图 9—24 简易箍套

a）简易箍套 b）用箍套在卡盘上装夹

5. 磨削方法

平磨采用横向磨削法，内、外圆均采用纵向磨削法，按工件的余量划分粗、精磨，尽量采用较小的背吃刀量，以防变形。粗磨后精磨前应安排除应力工序，以消除磨削时产生的内应力。

根据工件的生产批量，工件的装夹、磨削加工的方法和步骤应有所不同。若为单件生产，先平磨两端面，再用箍套（或胀松套）装夹，用接刀磨削法先粗磨出外圆，再粗磨内孔。磨外圆时也可带磨一端面，然后卸下工件，在平磨上磨出两端面，视端面和内外圆精度而定，最后用图 9—15 所示的通用夹具装夹精磨内孔，再用微锥心轴装夹精磨外圆。若为批量生产，先平磨两端面，再粗磨内孔，然后用图 9—16 所示心轴装夹粗磨外圆，最后用专用夹具装夹精磨内孔。

6. 工件的磨削步骤

（1）检查毛坯余量。薄壁套类零件车削和热处理时都存在变形，磨削前必须仔细检查毛坯余量，即内外圆尺寸、圆度和同轴度等。

（2）在 M7120A 型磨床上平磨两端面，磨出即可，平行度误差小于 0.02 mm。

（3）在 M1432A 型磨床上，用图 9—24 所示的箍套，箍住直径为 ϕ105 mm 的一侧，在四爪单动卡盘上装夹。找正端面与内孔，端面圆跳动误差小于 0.01 mm，内孔径向圆跳动误差小于 0.05 mm。

（4）修整外圆砂轮。

（5）调整工作台行程挡铁位置，控制磨削长度。

（6）粗磨外圆，留精磨余量 0.04 ~ 0.06 mm，表面粗糙度为 Ra0.2 μm。调头装夹，用百分表找正已磨好外圆，使径向跳动误差小于 0.01 mm，接刀磨另一段外圆，留精磨余量 0.04 ~ 0.06 mm，表面粗糙度在 Ra0.2 μm 以内。

（7）翻下内圆磨具。

（8）修整内圆砂轮。

（9）调整工作台行程挡铁位置，控制砂轮越出孔口长度。

（10）粗磨内孔，留精磨余量 0.05 ~ 0.07 mm，圆度误差小于 0.005 mm，表面粗糙度在 Ra0.2 μm 以内。

（11）除应力处理，处理时防止变形。

（12）在 M7120A 型磨床上精磨两端面，平行度误差小于 0.01 mm，直径为 ϕ105 mm 端面的表面粗糙度在 Ra0.2 μm 以内。

（13）研磨直径为 ϕ105 mm 端面，平面度误差小于 0.003 mm，表面粗糙度在 Ra0.1 μm 以内。

（14）在 M1432A 磨床上，用图 9—15 所示的通用夹具，以 ϕ105 mm 端面为定位基准装夹工件。在工件装夹前需找正花盘端面圆跳动量。

（15）精修整内圆砂轮。

（16）精磨内圆 ϕ100H6 至尺寸要求，圆度误差小于 0.005 mm，表面粗糙度在 Ra0.2 μm 以内。

（17）用微锥心轴装夹、校正。

（18）精修整外圆砂轮。

（19）精磨外圆 ϕ106h6 至尺寸要求，同轴度误差小于 ϕ0.01 mm，表面粗糙度在 Ra0.2 μm 以内。

注意事项：

（1）用普通夹具装夹工件时，夹紧力不宜太大，否则工件仍会产生变形。

（2）磨削中合理分配粗精磨磨削余量，背吃刀量要小；砂轮磨钝后要及时修整，使砂轮保持良好的磨削性能。

（3）磨削中多作测量，且手势要正确；测量时要从多个角度进行，以及时发现工件的形状误差。

（4）磨削时冷却要充分，以减少磨削热变形。

（二）尺寸较大薄片零件的磨削

1. 分析图样和技术要求

图 9—25 所示为尺寸较大的薄片零件。材料为 45 钢，厚度为 1.5 mm ± 0.01 mm，平行度为 0.01 mm，表面粗糙度为 Ra0.4 μm。

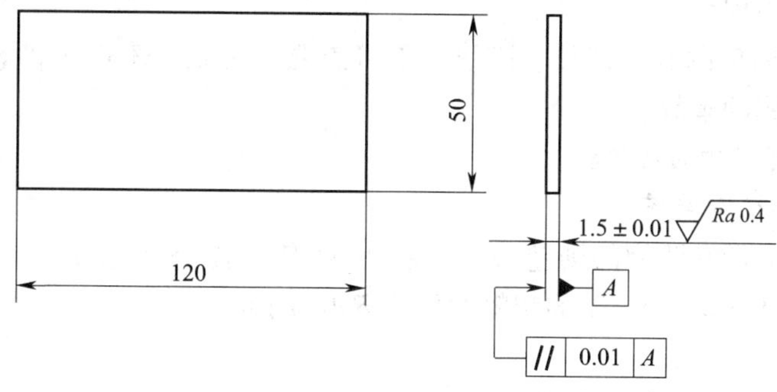

图 9—25　薄片

2. 选择设备

在 M7120A 型磨床上进行磨削操作。

3. 选择砂轮

砂轮特性：磨料 WA（PA），粒度 F36 ~ F46，硬度 J ~ K，结合剂 V。

4. 工件的定位夹紧

用电磁吸盘装夹工件，粗磨时以平面度较好的一面作为基准面，并在空隙处垫纸。

5. 磨削方法

采用横向磨削法，划分粗、精磨，磨削时应合理控制磨削用量，工作台纵向进给开到最快挡；砂轮背吃刀量在粗磨时每次不超过 0.01 mm，精磨时每次不超过 0.005 mm；砂轮横向进给量，粗磨时每次进给 3 ~ 4 mm，精磨时每次进给 2 ~ 3 mm。

6. 工件磨削步骤

（1）检查工件磨削余量并初校平面度误差。若工件翘曲较大，则将工件放在平板上，用铜棒敲击凸起部位校平（直），直至两面低凹处的距离有磨削余量为止。检查和校平后应清除毛刺。

（2）选择基准面及垫纸。将已校平（直）的工件放在精密平板上，用千分表（或杠杆百分表）测量工件的平面度误差，选择误差较小的一面作为粗基准，并根据误差值及弯曲部位，垫入相应大小和厚度的纸片（一般用电容纸），用橡胶锤或手指敲击工件，应无空音声。

（3）修整砂轮。为使砂轮锋利，可修得粗些。

（4）将垫入纸片的工件放在电磁吸盘上，粗磨上平面，磨出即可。翻身，再磨另一面。磨出后，检查工件两平面的平面度误差，若误差较大，再垫纸磨削。若平行度误差在公差范围内，则继续磨削。磨削时仍反复翻身，控制厚度尺寸，留精磨余量 0.05 ~ 0.07 mm。

（5）精修整砂轮。

（6）先精磨一面，然后翻身精磨削另一面，反复翻身磨削，至图样要求。

注意事项：

（1）在磨削薄片前，检查机床电磁吸盘台面有无毛刺或划痕。

（2）磨削中严格掌握磨削进给量，以控制磨削力和磨削热。

（3）薄片磨削中应保持充分的冷却，切削液流量要大，要覆盖整个磨削平面，以免磨削热过大而产生变形。

（4）在磨削过程中，砂轮应始终保持锋利，发现磨钝应及时修整。如磨钝后仍继续磨削，很容易产生梗刀现象。

（5）磨削薄片时应耐心、细致、谨慎，不可急躁，否则，不但工件容易报废，而且容易产生其他意想不到的事故。

（三）磨削带有凹槽的薄垫板

1. 分析图样和技术要求

图9—26所示为带有凹槽的薄垫板。材料为45钢，需磨削厚度为5 mm ± 0.01 mm两面，平行度公差为0.005 mm，基面粗糙度值为*Ra*0.4 μm。

2. 选择设备

在M7120A型磨床上进行磨削操作。

3. 选择砂轮

砂轮特性：磨料WA（PA），粒度F36～F46，硬度J～K，结合剂V。

4. 工件的定位夹紧

该工件在*A*面有凹槽，厚度仅为3 mm，应力容易集中，会产生较大的变形。若直接用电磁吸盘吸住*A*面磨削*B*面，则会产生更大的变形。因此可采用低熔点材料黏附法装夹，先粘固凹槽及*A*面，磨出*B*面，然后以*B*面为基准，用电磁吸盘装夹磨出*A*面。

5. 磨削方法

采用横向磨削法，先磨削*B*面，再以*B*面为基准磨削*A*面。磨削时应采用较小的磨削用量。

6. 工件磨削步骤

（1）清洗擦净毛坯及定位板腔体，浇注熔化后的低熔点材料，将工件凹槽及*A*面置于熔化的黏结剂中，校平*B*面，冷却后即粘牢，如图9—27所示。

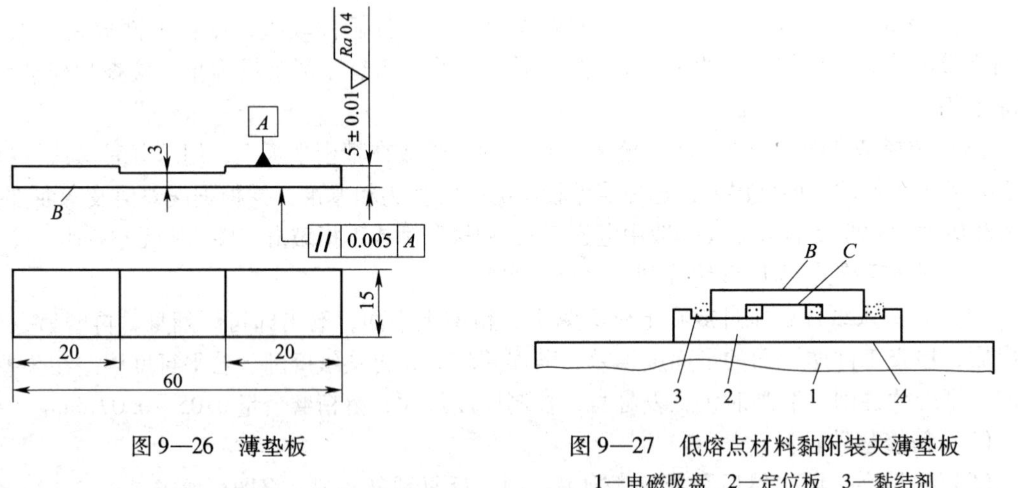

图9—26 薄垫板

图9—27 低熔点材料黏附装夹薄垫板
1—电磁吸盘 2—定位板 3—黏结剂

（2）将定位板连同粘固的工件放在电磁吸盘上装夹。用百分表找正*B*面与工作台的平行度，若误差较大，可用垫纸法找正。

（3）修整砂轮。

（4）粗磨*B*面，留精磨余量0.02～0.04 mm。

（5）精修整砂轮。

（6）精磨*B*面，表面粗糙度为*Ra*0.4 μm。

（7）拆下工件，清除黏结剂和毛刺，以 *B* 面为基准，在电磁吸盘上装夹。

（8）粗、精磨 *A* 面至尺寸要求，厚度 5 mm ± 0.01 mm，平行度误差小于 0.005 mm，表面粗糙度为 *Ra*0.4 μm。

注意事项：

（1）粘固前应将工件清洗干净，不得有油污，以免影响黏结力。

（2）在黏结时，需将低熔点材料放在容器内加热，熔化温度应略高于熔点。

（3）由于低熔点材料冷却速度较快，在浇填黏结时应一次浇满，以免影响黏结的牢固程度。

（4）黏结的牢固程度与粘结的面积成正比，黏结时要使黏结剂均匀地浇填在工件的下部及四周。

（5）定位板的上下两平面的平行度误差应控制在 0.005 mm 内。

（6）磨削时应充分冷却，以防止高温使黏结剂熔化。

（7）虽然这种装夹方法消除了工件装夹的变形，但磨削力和磨削热仍会使工件产生一定的变形，磨削时应减小磨削用量。

（8）工件磨削完毕后，将工件取出，并清除黏结材料。黏结面积大的工件一般用加热法取出。

课题三
偏心零件的磨削

一、偏心零件的特点

在机械传动中，把回转运动变为往复直线运动或把直线运动变为回转运动，一般都是利用偏心轴或曲轴来完成的，例如汽车发动机中的曲轴等。我们通常把工件的几何中心与旋转中心不重合的工件称为偏心工件。两者之间的距离叫偏心距，偏在工件旋转中心线旁的外圆叫偏心圆。常见的偏心工件有偏心轴和偏心套两种。

磨削偏心工件，除有一般内、外圆的磨削要求外，还应达到以下加工要求：

1. 保证偏心部分中心线与旋转中心线之间的距离，即偏心距 e 的尺寸精度。
2. 保证偏心部分中心线与旋转中心线之间相互平行。
3. 保证各个偏心部分的位置精度。

由于工件的偏心，旋转时还会产生不平衡的离心力，引起工件的扭曲和弯曲变形。因此，偏心工件磨削的关键是做好工件的装夹、找正和平衡处理。

二、偏心工件的磨削方法

1. 用两顶尖装夹磨削偏心轴

图 9—28 所示工件为有两个偏心圆柱的偏心轴，在工件的两端钻有三对中心孔，磨削轴颈 1 和 4 时，用中心孔 B；磨偏心圆柱 2 时，用中心孔 A；磨偏心圆柱 3 时，用中心孔 C。

这种方法的特点是偏心距较小，在偏心轴的两端钻有中心孔，故工件的装夹较简单，但其加工消除偏心距尺寸误差是无效的，偏心距尺寸由原中心孔的偏心距尺寸确定。

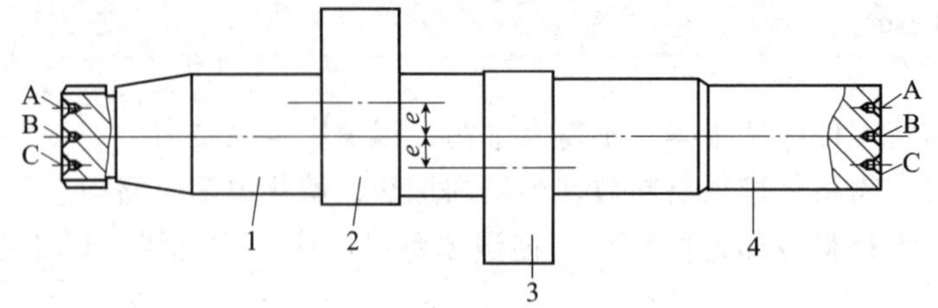

图 9—28　用顶尖装夹偏心工件

1、4—轴颈　2、3—偏心圆

2. 用专用夹具装夹磨削偏心零件

图 9—29 所示为一种带有中心孔的偏心夹具，套装在工件已磨好的两端外圆上，用夹具上的中心孔 A 和 C 定位，磨削偏心圆柱 2 和 3。偏心夹具在套装时，两端分别放在平板上使中心对准，并用螺纹将夹紧套夹紧在工件的轴颈上。

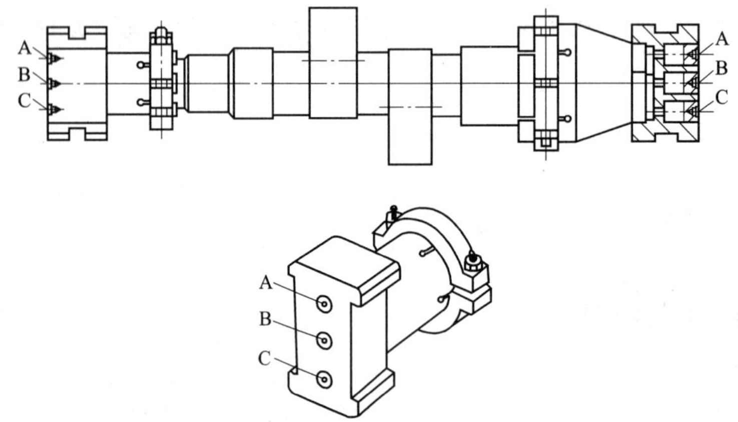

图 9—29　用偏心夹具装夹偏心工件

3. 在花盘上装夹磨削偏心零件

当工件较大、较重，偏心距大，而形状又不规则时，可用花盘装夹。用压板压紧工件时，应使压紧力均匀，压紧力方向应通过工件定位支撑基面，如图 9—30 所示。装夹时注意一定要加平衡块，使花盘在任意位置都能静止。

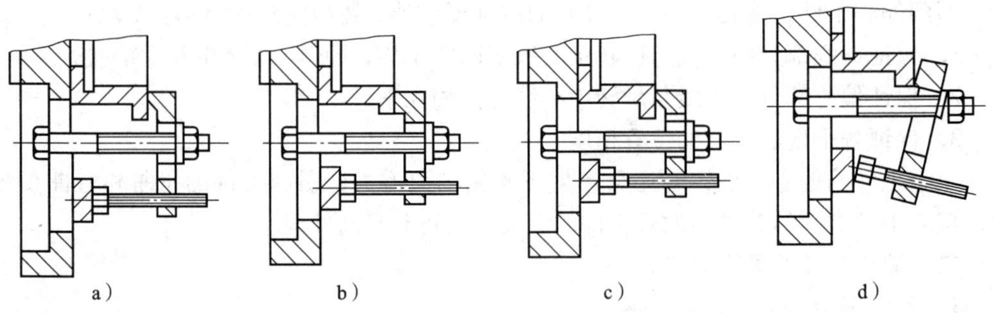

图 9—30　压板的正确使用

a）压板使用正确　b）压紧力没通过支撑基面　c）压板伸出太长　d）压板歪斜

4. 用偏心卡盘装夹磨削偏心零件

如图 9—31 所示，偏心卡盘分两层，花盘 2 用螺钉固定在磨床头架主轴法兰上，偏心体 3 与花盘燕尾槽相配合。偏心体 3 上装有三爪自定心卡盘 5。利用螺杆 1 来调整卡盘的中心距，偏心距 e 的大小可在两个测头 6、7 之间测得。当偏心距为零时，测量头 6 和 7 正好相碰。转动螺杆 1 时，测量头 7 逐渐离开 6，离开的尺寸即是偏心距。由于偏心卡盘的偏心距可用量块或百分表测得，因此可获得较高的加工精度。偏心卡盘的特点是通用性强，调整方便，加工精度高。

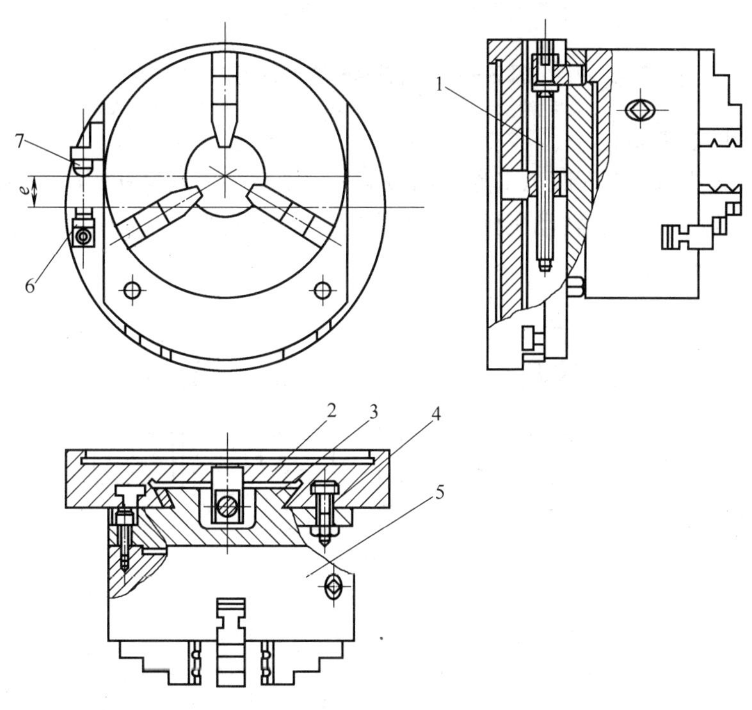

图 9—31 偏心卡盘

1—螺杆 2—花盘 3—偏心体 4—螺钉 5—三爪自定心卡盘 6、7—测量头

磨削偏心工件时的注意事项：

(1) 注意偏心工件与机床运动部件的相互位置，避免碰撞而发生事故。

(2) 要做好装夹时的配重平衡工作，尽量减少由于工件不平衡而产生的离心力，否则对工件加工精度和机床精度都不利。

(3) 无法作配重平衡的工件，则应适当降低工件转速。

(4) 偏心件的磨削余量往往不均匀，为减少磨削热和切削力，要相应减少磨削深度。

5. 用单动卡盘装夹磨削偏心工件

(1) 偏心套的装夹找正

如图 9—32 所示，根据偏心距初步将工件装夹在四爪卡盘上，然后用划针找正内孔，调整四爪，再用杠杆百分表找正内孔和端面，精调四爪，使内孔轴线与头架轴线重合。

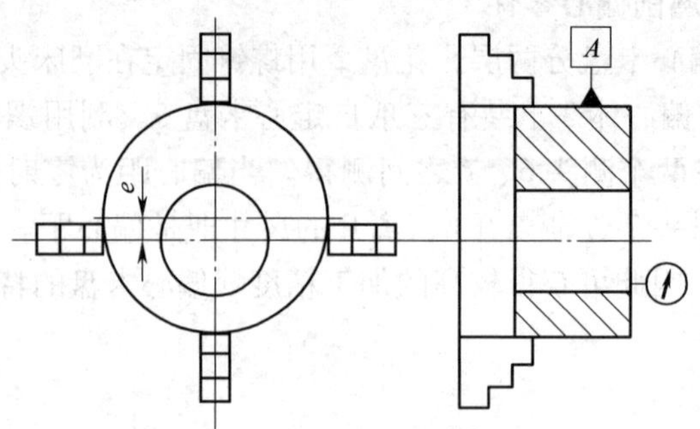

图 9—32　偏心套的装夹找正

（2）偏心轴的装夹找正

将已精加工的外圆面夹入四爪卡盘，调整卡盘，用百分表测量外圆面，跳动应为两倍偏心距 e，如图 9—33 所示。再转动工件至任意位置，检查外圆面的母线都应与工作台移动方向平行，保证工件不歪斜。

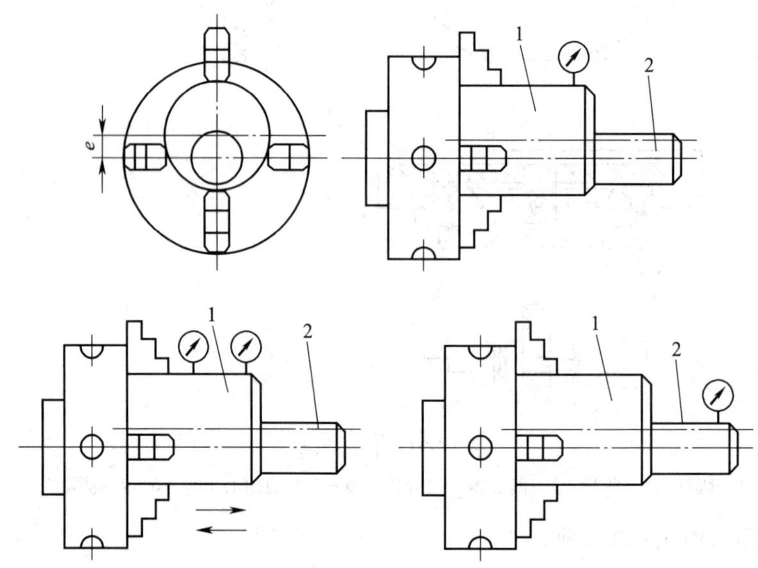

图 9—33　偏心轴的装夹找正

1—已加工外圆　2—待加工外圆

三、技能训练

1. 分析图样和技术要求

图 9—34 所示的工件为偏心套。工件材料为 40Cr，热处理淬火硬度 60HRC。ϕ85 mm ± 0.012 mm 外圆的表面粗糙度为 Ra0.8 μm，偏心孔 $\phi 60_{0}^{+0.018}$ mm 的表面粗糙度为 Ra0.4 μm，偏心距尺寸为 1.8 mm ± 0.2 mm，位置公差为 ϕ0.01 mm。两平面尺寸为 $34_{+0.015}^{+0.025}$ mm，表面粗糙度为 Ra0.8 μm，平行度公差为 0.01 mm。

2. 选择设备

采用 M1432A 型万能外圆磨床、M7120D 型卧轴矩台平面磨床。

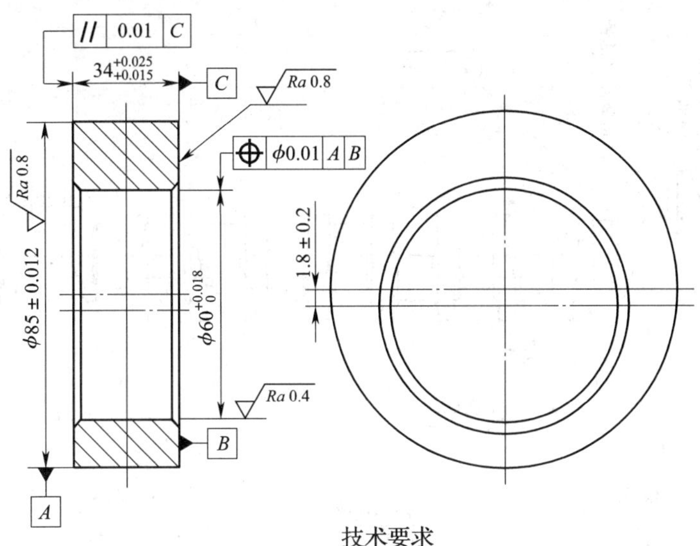

技术要求

工件材料为40Cr，热处理淬火硬度60HRC。

图 9—34　偏心套

3. 选择砂轮

内圆砂轮特性：WAF36K，外圆砂轮特性：PAF80K，平面砂轮特性：WAF60K。

4. 磨削方法

偏心距尺寸是以 $\phi\,60^{+0.018}_{0}$ mm 内圆为定位基准，用偏心心轴装夹磨削外圆达到加工精度要求。

5. 工件的定位夹紧

磨内圆时采用四爪单动卡盘装夹，并用百分表找正偏心圆的位置。磨外圆时采用专用心轴装夹。

6. 工件磨削步骤

（1）在平面磨床上，粗、精磨平行平面至尺寸$34^{+0.025}_{+0.015}$ mm，平行度公差为0.01 mm。

（2）磨削内圆。工件用四爪单动卡盘装夹，找正轴向跳动在0.005 mm以内，内圆径向圆跳动为0.02 mm，磨削 $\phi\,60^{+0.018}_{0}$ mm 达图样要求。

（3）磨削外圆。工件用专用心轴装夹，磨 ϕ85 mm ±0.012 mm 外圆达图样要求。

注意事项：

（1）用偏心心轴装夹工件时，工件要夹紧，不能松动。

（2）两平面的磨削余量要均匀分配。

四、曲轴及曲轴磨床

用于汽车、拖拉机和柴油机的曲轴是一种形状复杂的偏心零件，其曲柄颈和主轴颈均有较高的加工精度和表面粗糙度要求。图 9—35 所示为曲轴简图。磨削主轴颈尺寸为 ϕ75h6，曲柄颈尺寸为 ϕ62h6，六节曲柄颈分三组互成 120°角度。其中 *A—A* 剖视表示 1、6 曲柄颈；*B—B* 剖视表示 2 和 5 曲柄颈；*C—C* 剖视表示 3 和 4 曲柄颈。各轴颈均有轴肩宽度尺寸和 *R*3 ±0.5 mm 圆弧。为保证曲轴上几个曲柄颈的相互位置精度，必须在曲轴磨床上磨削。

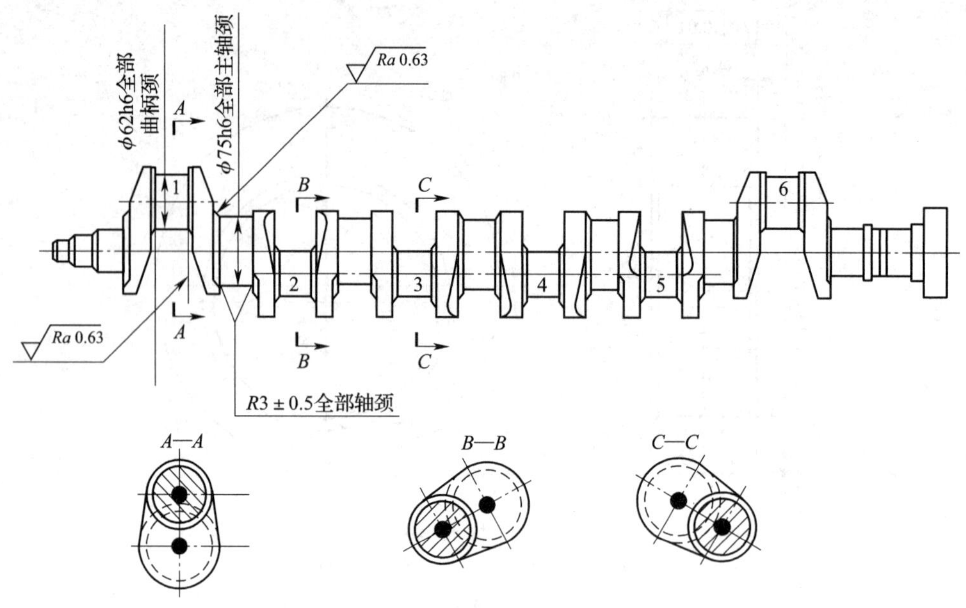

图 9—35　曲轴

图 9—36 所示为 MQ8240 曲轴磨床，适用于大批量磨削各种曲轴。磨床由床身 1、工作台 16、头架 2、尾座 10、左卡盘 5 和右卡盘 8 等部件组成。安装工件时用卡盘定位插销 4、9 将卡盘固定。砂轮架 6 的快速进退和工作台 16 的纵向移动，均由液压驱动。机床具有安全的联锁，当加工曲轴时，将选择开关旋在“曲轴”位置上，砂轮架在磨削位置时，工作台只能由手轮 15 手动，不能液动；当操作手柄 12 使砂轮架后退位置时，工作台可液动。砂轮架进给由手轮 11 操纵。当磨削一般外圆时可启动手柄 14，并用旋钮 13 调节工作台速度。在曲轴磨床上，可配置在线自动测量装置，实现自动测量曲轴的尺寸。

下面介绍 MQ8240 型曲轴磨床主要部件及附件。

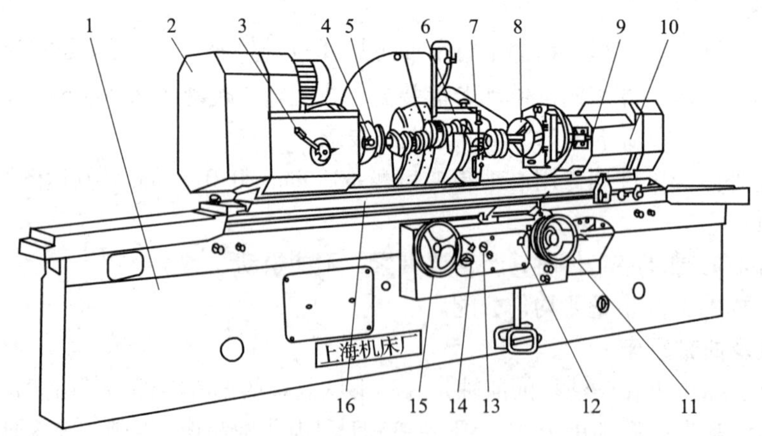

图 9—36　MQ8240 型曲轴磨床（上海机床厂制造）

1—床身　2—头架　3—磨削曲轴启动手柄　4、9—卡盘定位插销　5—左卡盘
6—砂轮架　7—中心架　8—右卡盘　10—尾座　11—横向进给手轮　12—砂轮架快速退刀手柄
13—工作台调速旋钮　14—工作台液压开停手柄　15—工作台纵向手轮　16—工作台

（1）头架

图 9—37 所示为 MQ8240 型曲轴磨床的头架结构。头架传动是由双速电动机经带轮 13、11、9，再通过摩擦片 4 带动带轮 8、12 使主轴 2 转动，主轴转速为 42 r/min、84 r/min、65 r/min、130 r/min。主轴 2 装在精密的角接触球轴承上。当磨削曲轴时应装上带爪卡盘，为了不使工件在启动时受冲击力的作用而造成错位，操作时应逐步将手柄 7 压紧，使套 6 逐步压紧滚珠，传动轴 5 向右移动，并由三根轴 3 压紧摩擦片。曲轴平衡由平衡块 10 来完成，以使曲轴磨削时平稳。

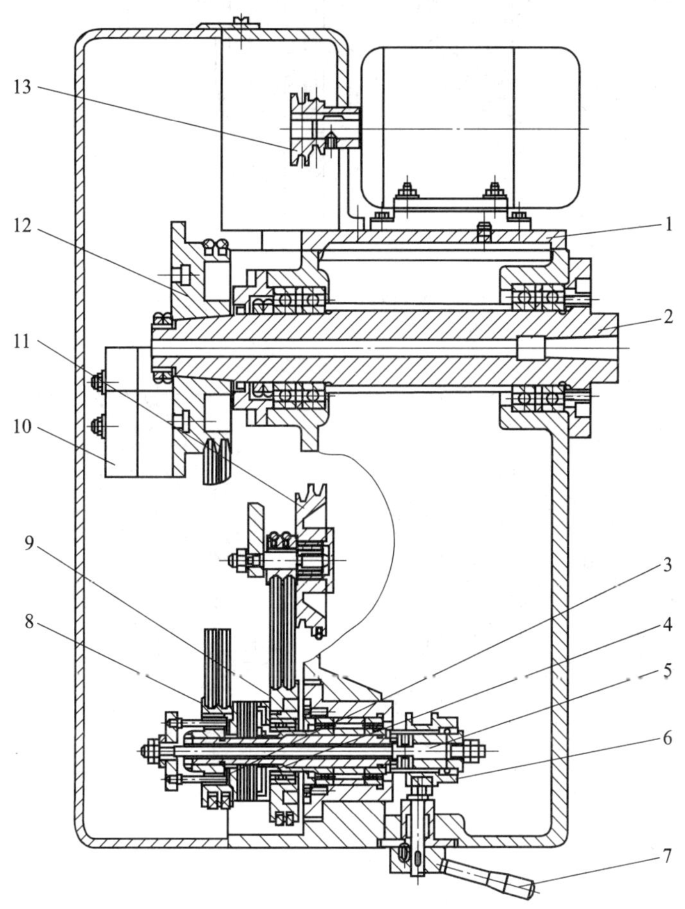

图 9—37　MQ8240 型曲轴磨床的头架

1—壳体　2—主轴　3—轴　4—摩擦片　5—传动轴　6—套　7—手柄
8、9、11、12、13—带轮　10—平衡块

（2）左右卡盘

左右卡盘安装在头架、尾座上（见图 9—38）。被磨曲轴装夹在三爪自定心卡盘上。调整曲轴回转半径时，先拧松四只螺钉 2，转动螺杆 1 使卡盘移动到所需位置。

（3）十字左右卡盘

十字左右卡盘的结构如图 9—39 所示。被加工曲轴装夹在自定心卡盘上，调整曲轴半径时，先调整卡盘体 6 的垂直位置，转动螺杆 7 可调整横向位置。磨好一挡曲柄颈后，只需松开螺钉 2，卡盘即可作 360°旋转，调整到所需位置后，锁紧螺钉 2 即可锁紧另一挡曲柄颈。

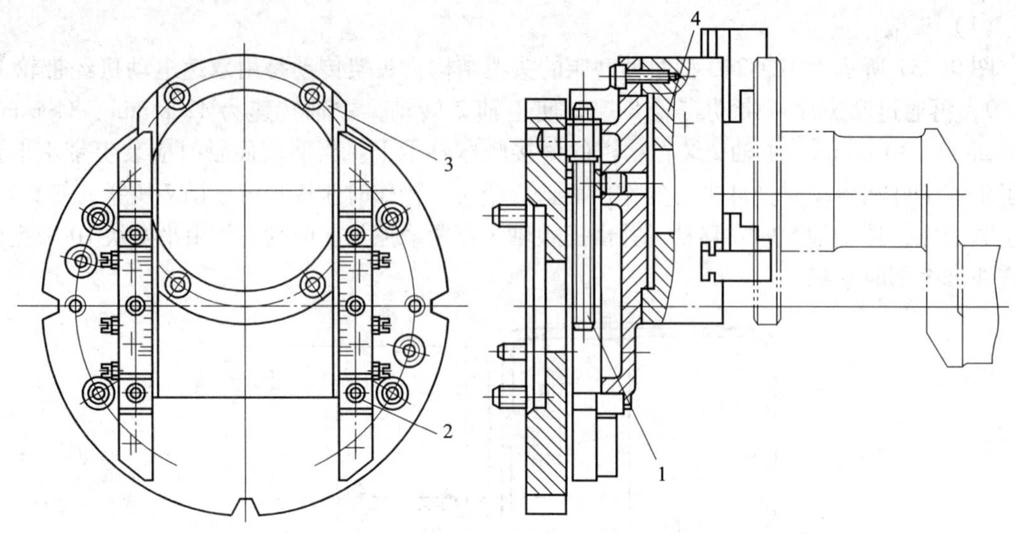

图 9—38　左右卡盘

1—螺杆　2—螺钉　3—滑板　4—卡盘座

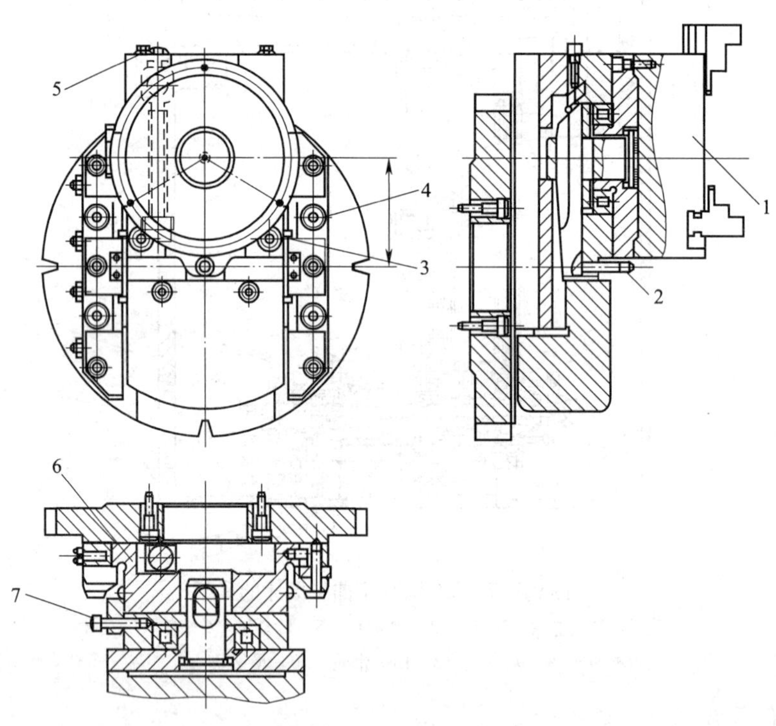

图 9—39　十字左右卡盘

1—自定心卡盘　2、4—螺钉　3—六角螺母　5、7—螺杆　6—卡盘体

（4）垂直样板和水平样板

工件位置由样板调整。图 9—40a 所示为垂直样板，用来校正轴颈的上下位置；图 9—40b 所示为水平样板，用来校正轴颈的前后位置。校正轴颈的轴线与头架主轴中心重合后，才能磨削曲轴的曲柄颈。

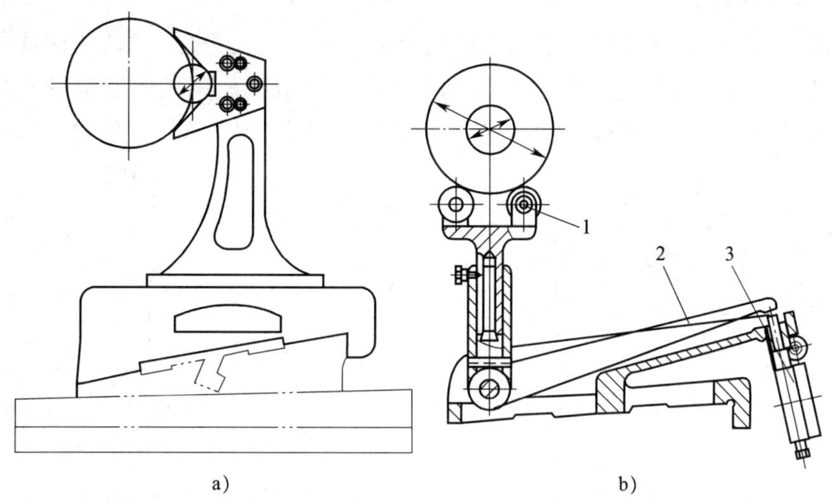

图 9—40　垂直样板和水平样板
a）垂直样板　b）水平样板
1—滚轮　2—杠杆　3—百分表

课题四 成形面的磨削

一、成形面的种类

成形面一般可分为三类。

（1）旋转体成形面

它是由一条平面曲线（直线加曲线）围绕某一轴线回转而成的成形面。其立体形状多为圆柱体（或圆锥体）加球体（或其他曲线回转体）组成（见图 9—41a），常见的如手柄、阀杆等。

（2）直素线成形面

它是由一条直线沿某一曲线运动形成的成形面。其立体形状是由多个圆柱面（或圆锥面）与平面相切、相交而组成（见图 9—41b），如样板、圆柱凸轮、凸模、凹模拼块等。

（3）立体成形面

它是由多个曲面体组成的空间曲面，常见的如齿轮、成形模等（见图 9—41c）。

磨削加工中比较常见的是旋转体成形面和不封闭的直素线成形面，立体成形面的磨削比较复杂。

二、成形面的磨削方法

成形面的磨削方法很多，主要有成形砂轮磨削法、工件轨迹运动磨削法（靠模法和成形夹具磨削法）、展成磨削法、专用磨床（坐标磨床、曲线磨床、齿轮磨床等）磨削法和数控磨床磨削法等。

1．成形砂轮磨削法

成形砂轮磨削法是将砂轮修整成与工件形面完全吻合的成形面，然后用砂轮切入磨削，以获得所需要的工件形状（见图9—42）。如简单直素线成形面用成形砂轮在平面磨床或工具磨床上进行磨削，简单旋转体成形面用成形砂轮在外圆磨床上进行磨削等。

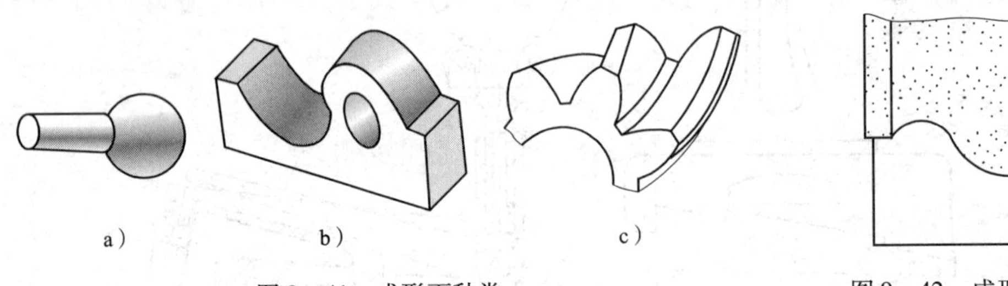

图9—41　成形面种类

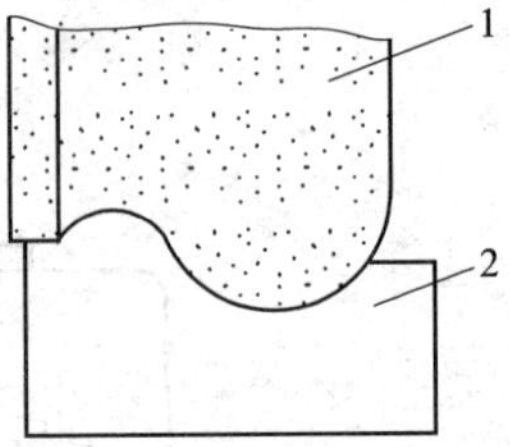

图9—42　成形砂轮磨削法
1—砂轮　2—工件

成形砂轮磨削法生产效率高，磨削精度稳定。但磨削时砂轮接触面较大，因此冷却要充分，选择砂轮要合理，以使砂轮磨损均匀。

2．工件轨迹运动磨削法

将工件安装在通用或专用夹具上，使工件作回转等轨迹运动，以获得所需成形面。该法可分为靠模法和成形夹具磨削法两种。

（1）靠模法

将工件安装在带有靠模装置的夹具上，使工件根据靠模的工作成形面作轨迹运动而得到所需的成形面。靠模装置的主要零件是靠模凸轮，它的工作面是根据工件形面以及进给运动的方向来设计的。此方法常用于批量磨削成形零件。

（2）成形夹具磨削法

使用通用或专用成形夹具，在磨床上对工件的成形面进行磨削，如磨削模具的分度夹具和万能夹具等。

3．展成磨削法

成形面的展成磨削法是一种高精度的成形磨削方法。其使用的加工设备简单、操作简便，常用于球面的磨削。砂轮通过修整可以得到一个正确的磨削圆，当工件相对回转时，可以展成一个球面形体。请参阅后面章节的球面磨削方法。

4．专用磨床磨削法

用专用磨床如光学曲线磨床、坐标磨床、齿轮磨床和花键磨床等，磨削工件的成形面。

5．数控磨床磨削法

在数控磨床及磨削加工中心上加工各种成形表面是先进的磨削加工方法。与普通磨床相比，数控磨床的特点是十分突出的，尤其是计算机数控技术和砂轮自动平衡、自动检测技术等新技术的综合应用，使得磨床不仅在加工精度、工作效率方面取得质的飞跃，而且在机床的稳定性、可靠性、灵活性、易维护等方面也得到很大的提高，特别适用于多品种、小批量、形状复杂、高精度零件的磨削。

数控磨床具有数控机床的一般结构，另外它还具有磨床所特有的一些装置。磨床本身的种类很多，如外圆磨床、内圆磨床、平面磨床、螺纹磨床、凸轮轴磨床、无心磨床、工具磨床等，各种磨床的结构也有很大的不同，但是由于采用了数控技术，即相同的控制手段，决定了它们在结构上相同的基本特征。

数控磨床的结构一般由下面几个部分组成：床身、数控系统、主轴机构、进给机构、砂轮平衡装置、砂轮修整装置、在线测量系统、润滑及冷却系统等。其中数控系统包括控制系统、伺服驱动系统、测量系统。

三、球面的展成磨削法

球面磨削一般用成形砂轮磨削或展成磨削两种方法。本章着重介绍展成磨削球面。

1. 球面磨削原理

展成磨削球面是一种高精度的成形面磨削法，不需要特殊设备。可用普通磨床等进行磨削，砂轮也需要特殊的成形修整，应用较普遍。如图 9—43 所示，杯形砂轮与工件安装成轴线相交 α 角，砂轮与工件同时绕各自的轴线旋转。根据平面与球面相截，所得截面始终是个圆的基本原理，例如截面 J—J 所截形为 J—J 圆，其圆心与球面 O 重合，所截圆直径 D_j 大小与截平面至球面距离 e 大小有关。

磨削时，当工件绕轴线旋转，砂轮与工件接触点 J 的轨迹为水平的 J—J 圆周，同时砂轮绕自身轴线高速旋转，对球面产生磨削作用，砂轮圆周覆盖在全部球面上，当砂轮沿轴线进给时，就能展成磨出符合要求的球面。球面磨削的基本要求是：

（1）砂轮轴线必须通过工件球心，使工件上某点（例如 J 点）的运动轨迹与球面这点的截形圆相重合。

（2）砂轮轴线与工件球面轴心线夹角为 α，以确定球面的加工位置。

2. 外球面磨削方法

（1）外球面磨削砂轮的选择和修整

外球面磨削常用杯形砂轮（代号 6）或单面凹砂轮（代号 5）。砂轮内孔直径大小与工件球面大小有关。由图 9—44 可知，砂轮内孔直径 d 应等于工件截面中的弦长 BC。在加工前，应根据工件的尺寸计算出砂轮的内孔直径。计算公式如下：

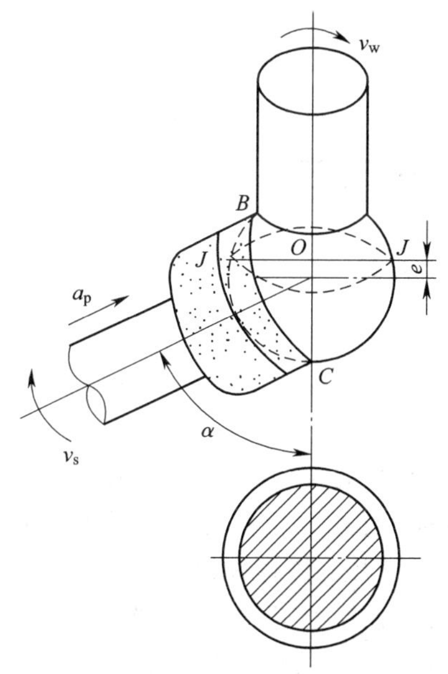

图 9—43　展成磨削球面原理

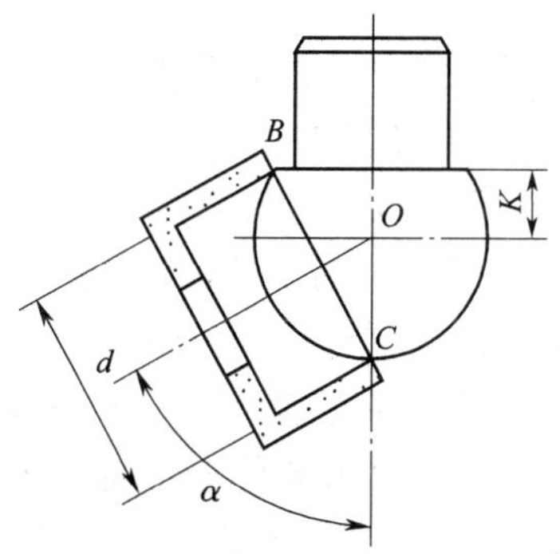

图 9—44　磨外球面时砂轮的直径和安装角度

$$d = \sqrt{D(D/2 + K)} \qquad (9\text{—}1)$$

式中 d——砂轮磨削圆直径，mm；

D——球面直径，mm；

K——球肩部至球心 O 的距离，mm。

式（9—1）中的 K 值，当工件球部大于半圆时为正值，小于半圆时为负值，等于半圆时为零。

砂轮的内孔，用金刚石笔修整。磨削外球面时，砂轮孔径可选得较计算值稍小一些，以便精确修整到要求的尺寸。如果没有合适规格的砂轮，可选尺寸接近的砂轮，然后用金刚石笔加以修整即可。

砂轮宜选用较软的砂轮（K、L），一般选用 WAF60LV 砂轮。磨削用量也宜选小些，$v_s = 15 \sim 20$ m/s，$v_w = 1 \sim 5$ m/min，粗磨时 $a_p = 0.02 \sim 0.04$ mm，精磨时 $a_p = 0.005 \sim 0.01$ mm。

（2）砂轮轴线和工件球面轴线的夹角 α

砂轮轴线和工件球面轴线的夹角 α 可按下式计算：

$$\sin \alpha = \frac{d}{D} \qquad (9\text{—}2)$$

转动磨床头架使其倾斜 α 角。一般球面磨削时，砂轮的安装倾角比较大，调整时由于头架偏离磨削位置太远，砂轮架退不出去，无法进行磨削加工。所以，在实际调整时，往往采取转动砂轮架和磨头的方法来解决（见图 9—45）。

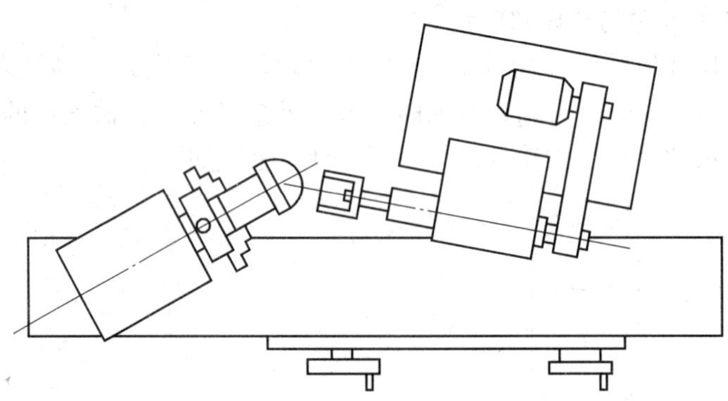

图 9—45 磨外球面机床的调整

（3）外球面磨削时的注意事项

为获得图样要求的外球面，磨削时，在修整好砂轮磨削圆直径、调整好砂轮轴线和工件球面轴线的夹角的同时，应注意：

1）应使砂轮轴线与工件轴线等高，以保证加工球面的圆度。两者是否等高可根据磨削花纹形状来判别，如图 9—46 所示。如果工件球体磨削表面呈凹状花纹（见图 9—46a），说明砂轮的下半周参加磨削，砂轮中心高于工件中心；如果工件球体磨削表面呈凸状花纹（见图 9—46b），说明砂轮的上半周参加磨削，砂轮的中心低于工件中心，此时应调整砂轮的中心位置，使砂轮轴线与工件中心等高。当工件球面上呈交叉状花纹（见图 9—46c）时，说明砂轮轴线已与工件中心等高，其不等高误差在 0.003 ~ 0.004 mm 内。

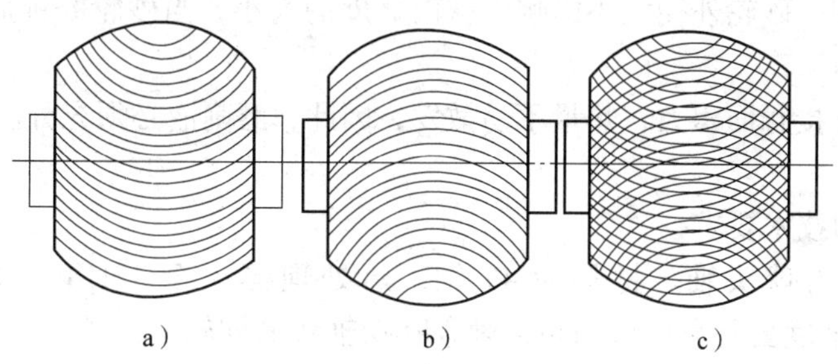

图 9—46　球面的磨削花纹

2）由于外球面磨削时砂轮架转动了一定角度，所以，砂轮内孔尺寸的修整应在机床调整前完成。砂轮在磨削过程中产生磨钝现象后不必修整内孔，只要用砂条修整砂轮的端面就可使砂轮既恢复锋利又保证尺寸不变。

3）当砂轮磨钝后，砂轮与工件接触弧宽度增加，影响磨削质量，应及时用砂条修整砂轮端面，以提高加工精度。

4）在进行球面磨削时，砂轮轴线与工件轴线不等高，反映在工件上会产生一个很小的台阶，影响加工精度，故要精确调整。

3. 内球面的磨削方法

（1）内球面磨削砂轮的选择和修整。内球面磨削常采用平形砂轮（代号 1），砂轮外径的大小直接与工件球面大小有关。砂轮的直径 d 应等于工件内圆截面的弦长 BC（见图 9—47）。计算直径的公式同外球面磨削公式（9—1）。

砂轮外径可选择比计算值稍大一些，然后用金刚石笔修整至要求尺寸。

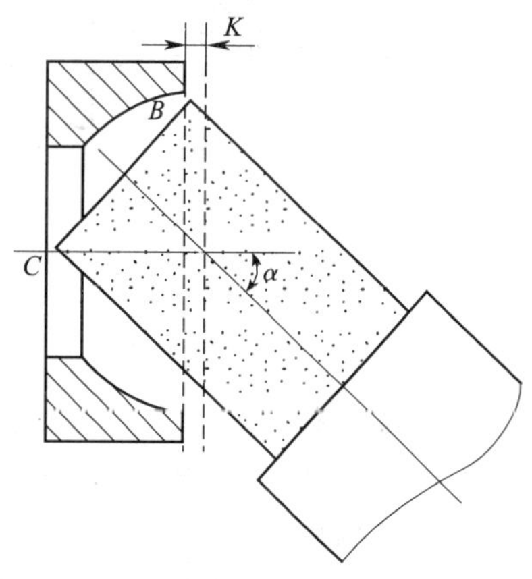

图 9—47　磨内球面时砂轮的直径和角度

（2）砂轮轴线和工件球面轴线的夹角仅根据公式（9—1）求出砂轮安装斜角，然后转动砂轮架和头架，使砂轮轴线与工件内球面轴线的相对角度等于砂轮安装斜角 α（见图 9—48）。

（3）内球面磨削时注意事项：

1）检查磨削花纹，调整中心位置，使砂轮轴线与工件球面中心等高。

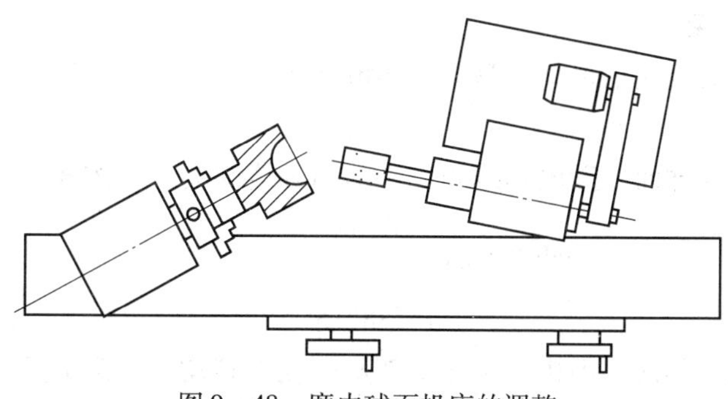

图 9—48　磨内球面机床的调整

2）内球面磨削，砂轮外径大小影响内球面弧度的大小，当砂轮磨钝后，一般不修整外圆，而修整端面。

3）砂轮与工件接触面积大，热量不易散发，因此，磨削液必须充分。

四、技能训练

1. 分析图样和技术要求

图 9—49 所示为球头轴。材料为 45 钢，热处理淬火至 42HRC，端部球面尺寸为 *SR*30 mm、表面轮廓度公差为 0.03 mm、对 ϕ40g6 轴线的同轴度公差为 ϕ0.01 mm、表面粗糙度为 *Ra*0.4 μm。ϕ58h6 和 ϕ40g6 两外圆已磨至要求。

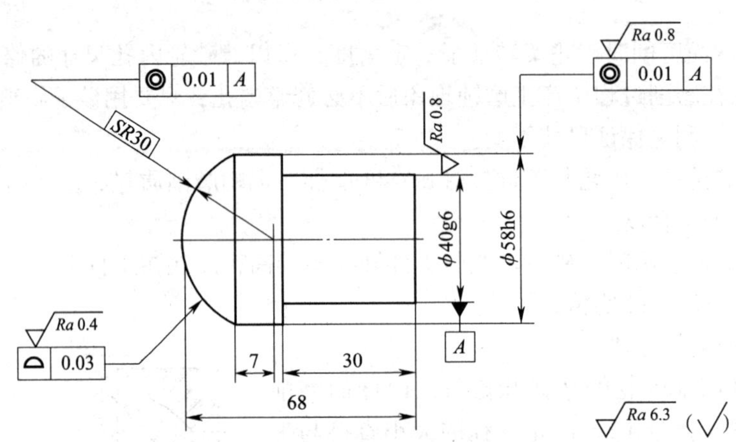

技术要求

材料为45钢，热处理淬硬42HRC。

图 9—49 球头轴

2. 选择设备

选用 M1432B 型万能外圆磨床。

3. 选择砂轮

选择特性为磨料 WA（PA）、粒度 F60 ~ F80、硬度 J ~ L、结合剂 V 的杯形砂轮。砂轮内孔直径按式（9—1）计算，由于工件球面小于半圆，故有：

$$d=\sqrt{D\ (D/2+K)}\text{mm}=\sqrt{60\times\ (60/2-7)}\ \text{mm}=37.148\ \text{mm}$$

选择直径稍小些的杯形砂轮，修整砂轮用金刚石笔。

4. 工件的定位夹紧

用三爪自定心卡盘或四爪单动卡盘夹持 ϕ40g6 外圆。

5. 磨削方法

采用展成法磨削外球面，砂轮轴线和工件球面轴线间夹角可按式（9—2）计算：

$$\sin\alpha=\frac{d}{D}=\frac{37.148}{60}=0.6191$$

$$\alpha=38°15'$$

磨削时采用切入磨削法，但由于机床头架和砂轮架转动了一定的角度，刻度盘数值和进给值不一致。划分粗、精磨，逐步提高尺寸精度和改善表面粗糙度。

6. 工件的磨削步骤

（1）检查球面磨削余量。

（2）修整砂轮磨削圆直径，使磨削圆直径 $d = 37.148$ mm。

（3）装夹工件，找正 $\phi40g6$ 外圆，径向圆跳动误差应小于 0.005 mm。

（4）转动砂轮架和头架，使砂轮轴线和工件轴线间夹角 $\alpha = 38°15'$。

（5）移动工作台和砂轮架，使工件外球面接近砂轮磨削位置。

（6）启动砂轮进行对刀磨削，如果靠近球面外缘部分先磨到，则砂轮架应横向微量退刀；如果球面靠近球心部分先磨到，则砂轮应横向微量进刀。通过多次调整，砂轮将均匀地磨削工件球面。

（7）检查磨削痕迹，使砂轮中心和工件球面中心等高。

（8）试磨球面，并用球面套规涂色检验外球面的尺寸和表面轮廓度。

（9）粗磨球面，留精磨余量 0.03 ~ 0.05 mm。

（10）精修整砂轮（修整砂轮外端面）。

（11）精磨外球面至尺寸，保证 $SR30$ mm，对 $\phi40g6$ 轴线的同轴度误差应小于 $\phi0.01$ mm，表面轮廓度误差应小于 0.03 mm，表面粗糙度低于 $Ra0.4$ μm。

注意事项：

（1）磨削球面前必须先将 $\phi40g6$ 和 $\phi58h6$ 外圆磨至尺寸。$\phi58h6$ 外圆可以和球面在一次装夹中磨削，以减少累积误差。

（2）应使砂轮轴线与工件轴线等高，以保证加工球面的圆度。

（3）砂轮磨钝后不必修整内孔，只需要用砂条修整砂轮的端面。

（4）磨削中必须充分冷却，砂轮切入速度要缓慢。

（5）由于砂轮架已转动一定的角度，进给刻度盘刻度值和实际进给值已不一致。

课题五 花键轴磨削

一、概述

花键轴属于特种轴类，常用在定中心的连接或传递扭矩的传动中。花键按齿形可分为矩形齿、三角形齿、梯形齿和渐开线齿等多种。其中矩形齿花键齿形简单，加工工艺性较好，应用广泛。矩形齿有三种定心方式：即大径定心、小径定心和键侧定心（见图 9—50）。以大径定心的花键轴通常只磨削其外径。以小径定心的花键或花键经淬火后，其小径和键侧均需磨削。在 GB/T 1144—2001《矩形花键尺寸、公差和检验》中规定以小径 d 为定心尺寸。

矩形花键主要有三个尺寸，即大径 D、小径 d、键宽 B。GB/T 1144—2001 规定，花键键数为偶数，有 6、8、10 三种。按承载能力，将尺寸分为轻、中两个系列。

矩形花键轴的参数标记如下：

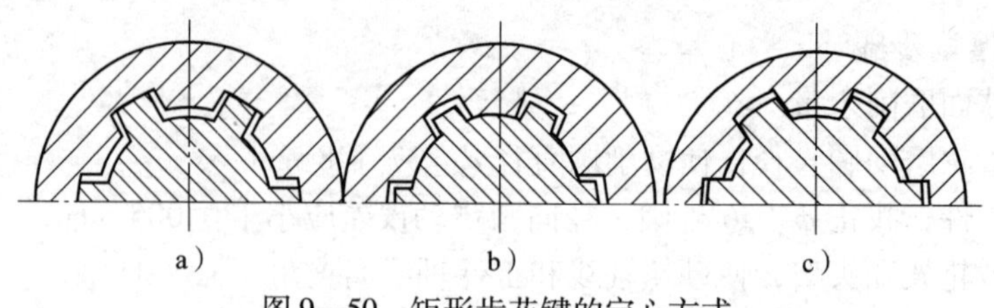

图 9—50　矩形齿花键的定心方式

a）大径定心　b）小径定心　c）键侧定心

$$N \times d \times D \times B$$

其中　N——键数；

d——小径；

D——大径；

B——键宽。

例如，花键轴 6×23f7×26a11×6d10，表示键数为 6，小径尺寸为 23f7，大径尺寸为 26a11，键宽尺寸为 6d10，是小径定心的花键轴。

二、花键轴磨床

图 9—51 所示为 M8612A 型花键轴磨床，主要由头架 1、磨头 4、工作台 6、工作台移动手轮 9 和床身 7 等组成。机床由液压传动。调节分度选择旋钮 3 和调整分度手轮 2 可实现自动周期分度。砂轮垂直进给由手轮 8 控制，砂轮修整器 5 用于修整砂轮。

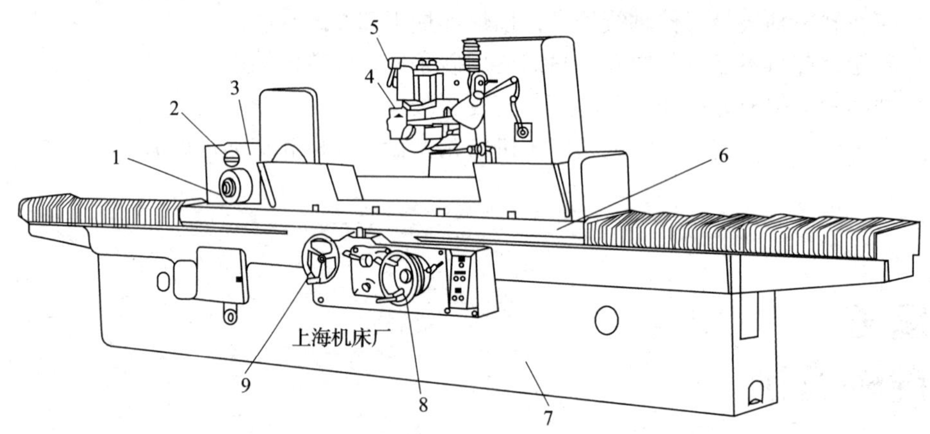

图 9—51　M8612A 型花键轴磨床（上海机床厂制造）

1—头架　2—分度手轮　3—分度选择旋钮　4—磨头　5—砂轮修整器

6—工作台　7—床身　8—垂直进给手轮　9—工作台移动手轮

M8612A 型花键轴磨床的主要部件是头架和砂轮修整器。

图 9—52 所示为 M8612A 型花键轴磨床头架部件结构。主要由主轴 14 和分度板 17 组成。其分度机构由液压传动，分度过程如下：

当工作台行程至左端时，压力油经 13 至工作缸左腔，推动齿条活塞 7 向右移动，超越离合器 15 打滑。分度阀 8 使油路分成两路，一路油经 10、9、11 将插销 12 拨出；另一路油至工作缸右腔 3 推动齿条活塞 7 左移并带动齿轮 16、超越离合器 15 使主轴 14 回转分度。其后插销插入另一分度槽中，自动完成一次分度。

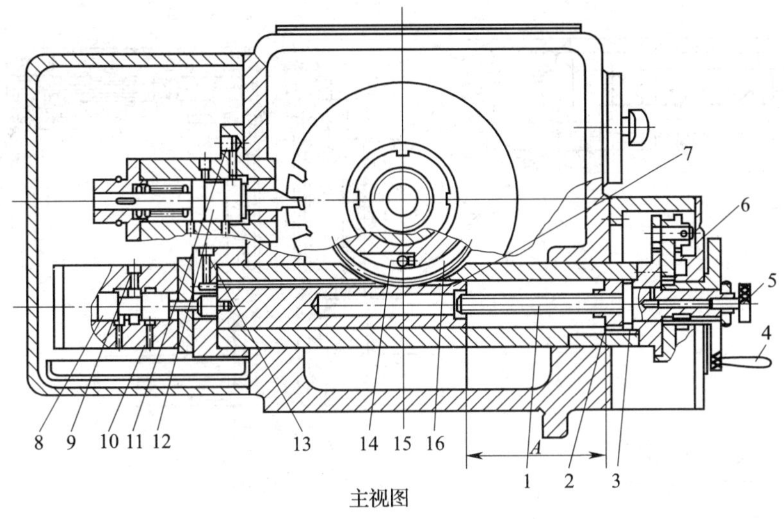

主视图

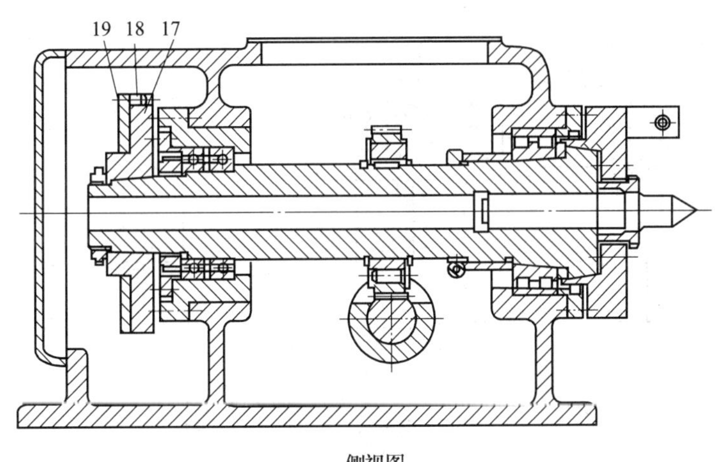

侧视图

图 9—52 M8612A 型花键轴磨床头架

1—螺杆 2—螺母 3—工作缸右腔 4—手柄 5—螺钉 6、19—盘 7—齿条活塞 8—分度阀 9、10、11、13—油路 12—插销 14—主轴 15—超越离合器 16—齿轮 17—分度板 18—挡销

为了适应不同的等分，必须调整活塞的行程。调整时，转动手柄 4，经螺杆 1 使螺母 2 移动即可。分度数可由盘 6 看出。当调整到所需位置后，可用螺钉 5 锁紧。为防止发生误分度，在盘 19 上可安装数个挡销 18，以遮去不用的分度槽。

图 9—53 所示为 M8612A 型花键轴磨床的砂轮修整器。

修整角度时，先找正刻度盘 1 的角度值，锁紧左、右角度板 2，然后插入定位销 3，拔起定中心销，用手柄 4 推动三角导轨 5 使修整座 6、金刚钻 7、8 移动，即可修整砂轮的角度面。

修整圆弧面时，推上定中心销，拔起定位销 3，使回转架 9、修整座 6、金刚钻绕主轴 10 回转，即可修整圆弧面，金刚钻位置可由对刀块调整。

为了保证花键对轴线的对称度，修整器的回转中心可前后调整。调整时，旋转刻度手柄 12，经蜗轮 11，使螺杆 13 做相对移动，其导向柱 14 保证回转中心在移动时左右位置不变。

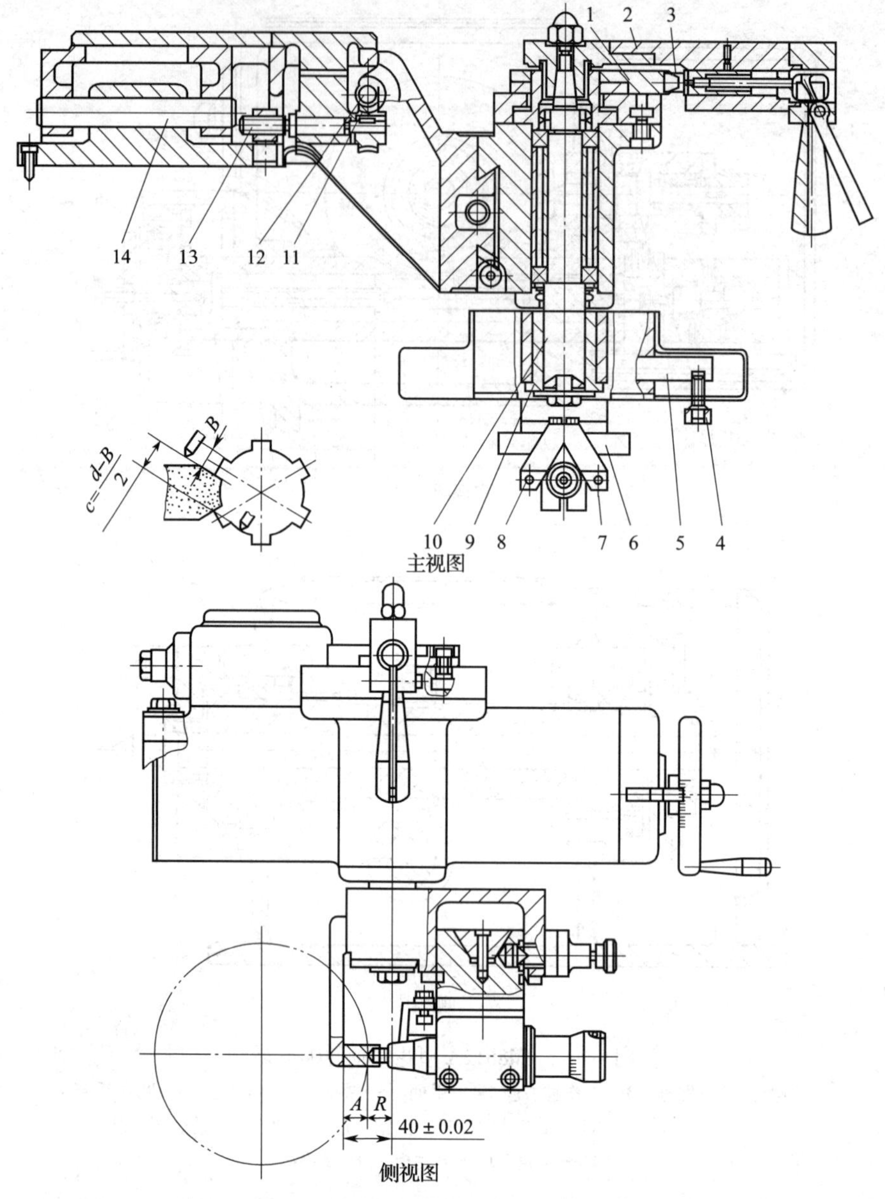

图 9—53　M8612A 型花键轴磨床的砂轮修整器

1—刻度盘　2—左、右角度板　3—定位销　4—手柄　5—三角导轨　6—修整座　7、8—金刚钻　9—回转架　10—主轴　11—蜗轮　12—刻度手柄　13—螺杆　14—导向柱

三、花键轴的磨削方法

花键轴可在花键轴磨床或工具磨床上磨削。在花键轴磨床上，可选择以下两种磨削方法：双砂轮磨削和单砂轮磨削。

1. 双砂轮磨削

在砂轮主轴上同时安装两个角度砂轮磨削花键侧面（见图 9—54a）。两砂轮之间的距离 L，可按下式计算：

$$L = d\sin\theta \tag{9—3}$$

$$\theta = \beta - \gamma \tag{9—4}$$

$$\beta = 360°/n \tag{9—5}$$

$$\sin\gamma = \frac{B}{d} \tag{9—6}$$

式中　d——花键轴的小径，mm；

β——齿形圆周角，（°）；

n——键数；

B——齿宽，mm。

2. 单砂轮磨削法

如图 9—54b 所示，将砂轮修成齿槽形面，以磨削键侧和小径，砂轮用专用修整器修整。

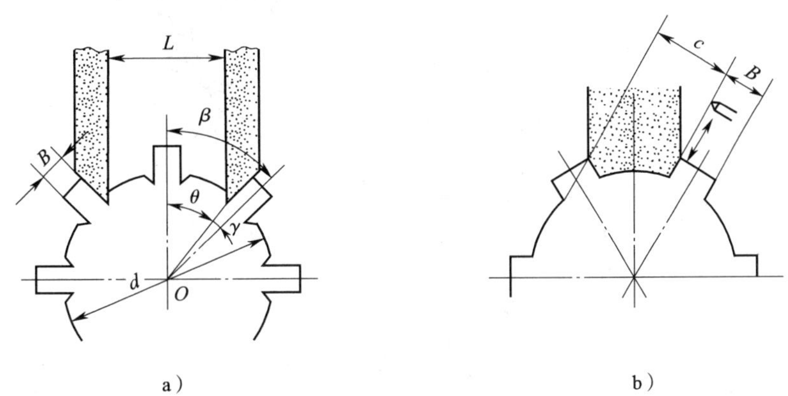

图 9—54　花键轴的磨削方法

a）双砂轮磨削法　b）单砂轮磨削法

修整砂轮两斜面时，金刚钻位置 C，可根据花键轴的小径和键宽求得：

$$C = \frac{d - B}{2} \tag{9—7}$$

式中　d——花键轴小径，mm；

B——花键键宽，mm。

修整圆弧时，按花键尺寸确定对刀块的尺寸，即：

$$A = 40 - R \tag{9—8}$$

式中　A——对刀块尺寸，mm；

40——机器常数，mm；

R——修整圆弧半径，mm。

在工具磨床上磨花键时，需使用通用夹具万能分度头和砂轮圆弧修整器。

万能分度头的结构如图 9—55 所示。主轴 9 的前端可安装顶尖或三爪自定心卡盘，主轴除安装水平位置外，还可与回转体 8 回转一定角度。刻度盘 13 可用作直接分度。分度头配有两块分度盘 3，其端面有几圈在圆周上均匀分布的定位孔，它们是分度计算的依据。分度前需将定位销 12 拔出，分度后再插入所需孔位内。万能分度头的主要元件为蜗杆蜗轮副。操作时，转动手柄 11，经传动比为 1∶1 的正齿轮和传动比为 1∶40 的蜗杆蜗轮使主轴旋转分度。通常可采用简单分度法分度。

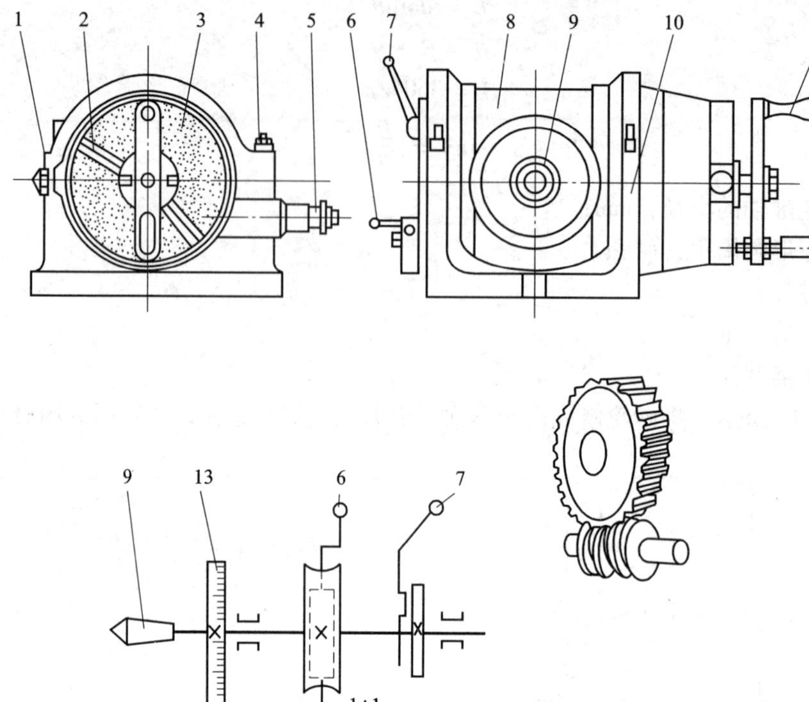

图 9—55　万能分度头

1—螺钉　2—分度叉　3—分度盘　4—螺栓　5—交换齿轮轴
6—蜗杆脱落手柄　7—主轴紧定手柄　8—回转体　9—主轴
10—基座　11—手柄　12—定位销　13—刻度盘

简单分度法分度头手柄转数可按下式计算：

$$n = \frac{40}{z} \qquad (9—9)$$

式中　n——分度头手柄转数，r；

z——工件等分数；

40——分度头定数。

例 9—1　在分度头上磨削 8 等分的花键轴，求分度头转数为多少？

解：已知 $z = 8$，按式（9—9）得：

$$n = \frac{40}{z} = \frac{40}{8} = 5\ \text{r}$$

例 9—2　在分度头上磨削 6 等分的花键，求分度头转数为多少？

解：已知 $z = 6$，按式（9—9）得：

$$n = \frac{40}{z} = \frac{40}{6} = 6\frac{2}{3} = 6\frac{44}{66}\ \mathrm{r}$$

即分度时，分度手柄应在66孔圈的分度盘上转过6转又44个孔数。

为了便于分度盘孔数的读数，操作时可使用分度叉。分度叉所包含的孔数为分度孔距数加1。图9—56所示为5个孔距数，则分度叉内应含6个孔数。磨削小径时，用砂轮修整器将砂轮修成凹圆弧面。磨削时将工件装夹在两顶尖之间，调整分度头使槽与砂轮凹圆弧面接近，并调整砂轮使砂轮轴向对准花键的中心（见图9—57a）。采用切入法磨削小径至尺寸。

磨削键侧时则用碟形砂轮，并需重新调整砂轮位置和花键的加工位置（见图9—57b）。用砂轮端面磨削。

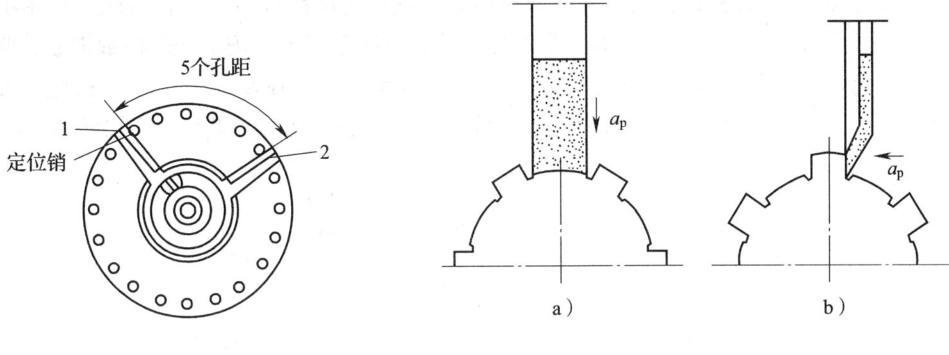

图9—56　分度叉的使用

1、2—分度叉

图9—57　花键的磨削

a）磨小径　b）磨键侧

在工具磨床上磨花键轴的特点是操作较复杂，加工精度较低。这种方法适合单件生产花键的场合，劳动生产率也很低。故在批量生产花键轴时，应采用花键轴磨床磨削的方法。

花键磨削时应注意以下几点：

（1）要修研好工件的中心孔，以保证花键大、小径的同轴度。

（2）工件装在两顶尖上之后，应校正工件的上、侧素线，其偏差一般在0.005 mm以内。并用卡板校正键的侧面，使花键中心面对准砂轮的中心面。

（3）根据花键轴的键数，调整好分度机构。

（4）检查头架顶针的同轴度，使顶针的径向圆跳动在0.005 mm以内。

（5）调整好工作台行程，避免工件在分度时与砂轮相碰。

（6）粗磨时进给量为0.02 ~ 0.04 mm，工作台速度在5 ~ 10 m/min；精磨时进给量为0.005 ~ 0.01 mm，工作台速度在1 ~ 5 m/min。

（7）为保持砂轮边角锋利，砂轮硬度不能太软，磨花键侧面时一般选K ~ L，磨花键内径时选用H ~ J。

（8）磨削细长花键轴时可使用中心扶架，以减小工件的弯曲变形。

课题六 齿轮磨削

一、齿轮磨削的方法

1. 成形砂轮磨削法

（1）成形砂轮磨削法的工作原理

用成形砂轮磨削法磨齿是利用渐开线成形砂轮磨削齿轮的渐开线齿形，因此，机床不需要作展成运动，机床结构相对简单，需要一套较复杂的砂轮修整装置，按不同的模数把砂轮修成渐开线齿形。在磨削直齿外齿轮（见图 9—58a）和直齿内齿轮（见图 9—58b）时，砂轮轴线垂直于齿轮的轴线；砂轮截形的中心平面和被磨齿槽的中心线重合，砂轮的截形就是齿槽的截形。

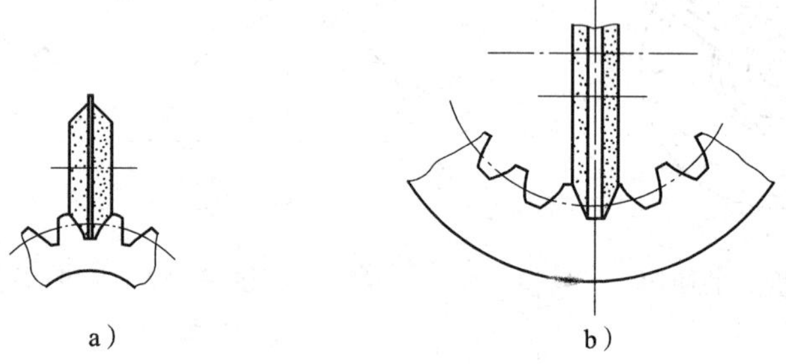

图 9—58 成形砂轮磨削法磨齿

a）磨削直齿外齿轮 b）磨削直齿内齿轮

采用成形砂轮磨削法磨齿时无展成运动，齿轮分度由分度机构的分度盘完成，如 YK73125 磨齿机。

（2）成形砂轮磨削法磨齿的特点

1）磨削接触面积大，易烧伤齿面，磨削时必须要用切削液充分冷却。

2）齿形精度取决于砂轮的成形精度，修整砂轮比较复杂。

3）生产率比较高。

2. 展成磨削法

展成磨削法磨齿是依靠工件相对砂轮作有规则的运动来获得渐开线齿形的方法。

常见有以下几种磨削方法。

（1）碟形砂轮磨齿

1）碟形砂轮磨齿的工作原理

两片碟形砂轮倾斜安装后即构成假想齿条的两个侧面，其斜角分别等于齿轮的压力角。磨削时工件采用钢带基圆盘按展成法原理工作，基圆盘与钢带之间的纯滚动和工件分度圆与砂轮节线之间的纯滚动是一致的。一个齿槽的两侧磨完后，工件即快速退离砂轮，然后进行分度，以便磨下一个齿槽，如 Y7030A、马格 SD－32－X 磨齿机。

双片碟形砂轮磨齿常用 15°/20°磨削法和 0°磨削法，如图 9—59 所示。采用 15°/20°磨削法磨削齿轮，齿面上是网状纹，这对齿面润滑有利；采用0°磨削法可对被磨齿轮的齿形进行修正及磨削鼓形齿。

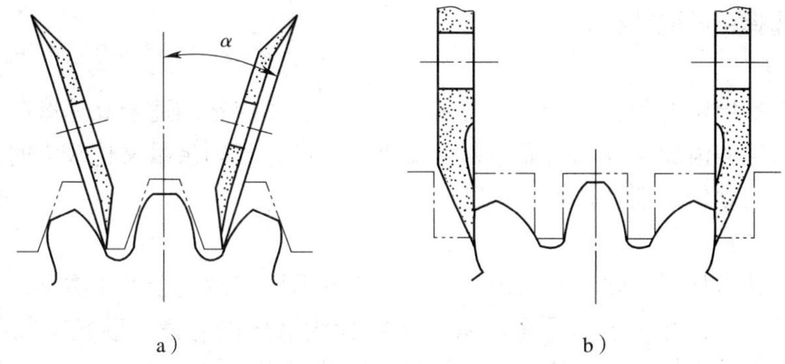

图9—59　双片碟形砂轮磨齿方法

a）15°/20°磨削法　b）0°磨削法

2）碟形砂轮磨齿的特点

①参加磨削的砂轮接触面窄，易修整，发热少。

②采用钢带基圆盘展成和分度盘分度，磨削齿轮精度高。

③砂轮较薄，刚性较差，磨削深度不能太深，生产率相对较低。

（2）锥形砂轮磨齿

1）锥形砂轮磨齿的工作原理

这种磨削方法是利用齿条和齿轮啮合的原理进行的（见图9—60）。砂轮的两个锥面相当于假想齿条的一个齿的两个齿面。磨齿时工件一方面旋转，一方面在水平面内移动，其运动相当于齿条静止，齿轮分度圆在假想齿条的节线上滚动一样。图9—60a所示为磨右侧齿面，图9—60b所示为磨左侧齿面。

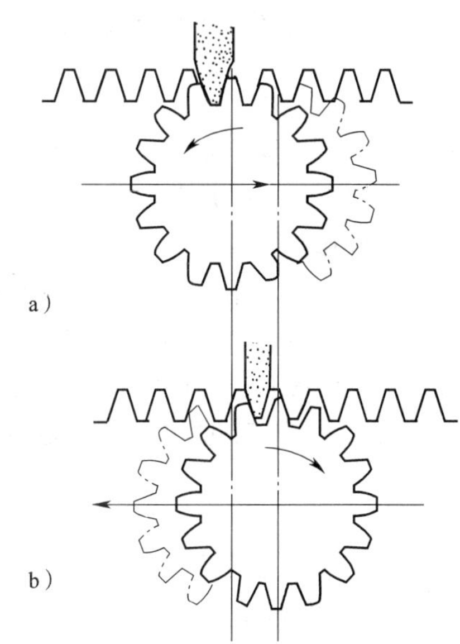

图9—60　双锥面砂轮磨齿

2）锥形砂轮磨齿的特点

①砂轮壁厚，刚性较好，可深切削量加工。

②磨头往复运动有冲击，影响加工质量，磨削齿轮精度较前一种磨削方法低。

③生产率相对较高。

二、砂轮的选择和平衡

1．砂轮的选择

（1）磨料

当被磨齿轮的材料为一般牌号的淬硬合金钢和高速钢时，磨料应选用白刚玉（WA）、铬刚玉（PA）或白刚玉和铬刚玉的混合磨料。

（2）硬度

被磨齿轮的硬度越高，选用砂轮的硬度应越软。用成形砂轮磨齿时，因砂轮的接触面大，易烧伤齿面，应选用稍软的砂轮，但为保持砂轮的几何精度，也不能过软。干磨时，因散热差，选用的砂轮硬度也应偏软些。

（3）粒度

粒度的选择应能保证被磨齿轮的齿面精度和表面粗糙度。要求齿面精度越高和表面粗糙度值越低时，选择粒度应越细。

（4）结合剂

一般选用性能稳定的陶瓷结合剂。若是高速磨削，则应选用适合高速磨削的特殊陶瓷结合剂。当被磨齿轮的齿面精度和表面粗糙度要求都很高且磨削余量又比较大时，最好能选择不同硬度和粒度的砂轮分别进行粗、精磨。

2. 砂轮的平衡

齿轮磨削是精密加工，砂轮的平衡很重要。否则磨削时砂轮会产生振动，且会影响被磨齿轮齿面的精度和表面粗糙度，严重时甚至影响齿轮磨床的寿命。砂轮必须经过两次静平衡，第一次静平衡后粗修砂轮，然后再进行第二次静平衡，最后精修砂轮。对于蜗杆砂轮，因其尺寸大、质量重，必须进行动平衡后才能保证被磨齿轮有较高的精度和较低的表面粗糙度。

三、齿轮磨床的传动系统

1. Y7131 型锥形砂轮齿轮磨床的展成运动系统

Y7131 型锥形砂轮齿轮磨床如图 9—61a 所示，磨床的传动系统如图 9—61b 所示。

为了使工件能沿着假想齿条的一侧作纯滚动，要求工件转过一齿的同时，工作台相应移动一个齿距，其交换齿轮公式为：

$$i = \frac{d \times b}{c \times a} = \frac{59.768\ 6}{\pi m} \qquad (9—10)$$

式中 m——模数，mm；

59.768 6——机器常数。

2. 分齿运动

完成一个磨齿循环以后，机器作分齿运动，以便在下一个循环中磨削另一个齿槽。

分齿时，离合器 K_2 向左啮合，工作台快速运动，使工件快退砂轮；离合器 K_2 再脱开，工件展成运动停止，与此同时定位块 F 脱开，离合器 K_4 啮合，使 $z=75$ 与 $z=70$ 做相对运动，当齿轮 $z=30$ 转过 10 圈后，定位块 F 镶入，分齿结束。其差动交换齿轮公式为：

$$\frac{a_2 \times c_2}{b_2 \times d_2} = \frac{24}{z} \qquad (9—11)$$

式中 24——机器常数。

3. 左右齿面对刀

磨齿机工作台滑板由丝杠传动，作展成往复运动，其中的间隙会影响左右齿面的切入量和余量。同时，因砂轮宽度小于工件齿槽宽度，也会使左右齿面的切入量不等。机床有间隙选择机构，由两手轮调整磨削火花，使左右齿面保持相等的磨削量。

四、技能训练

1. 分析图样和技术要求

图 9—62 所示为直齿圆柱齿轮。材料为 40Cr，热处理调质 220～250HBW，齿面硬度 50～55HRC。齿轮模数 $m=5$ mm，齿数 $z=28$，压力角 $\alpha=20°$，齿轮精度为 6 级，公法线平均长度及公差为$53.623_{-0.224}^{-0.080}$mm，齿面表面粗糙度为 $Ra0.8$ μm。

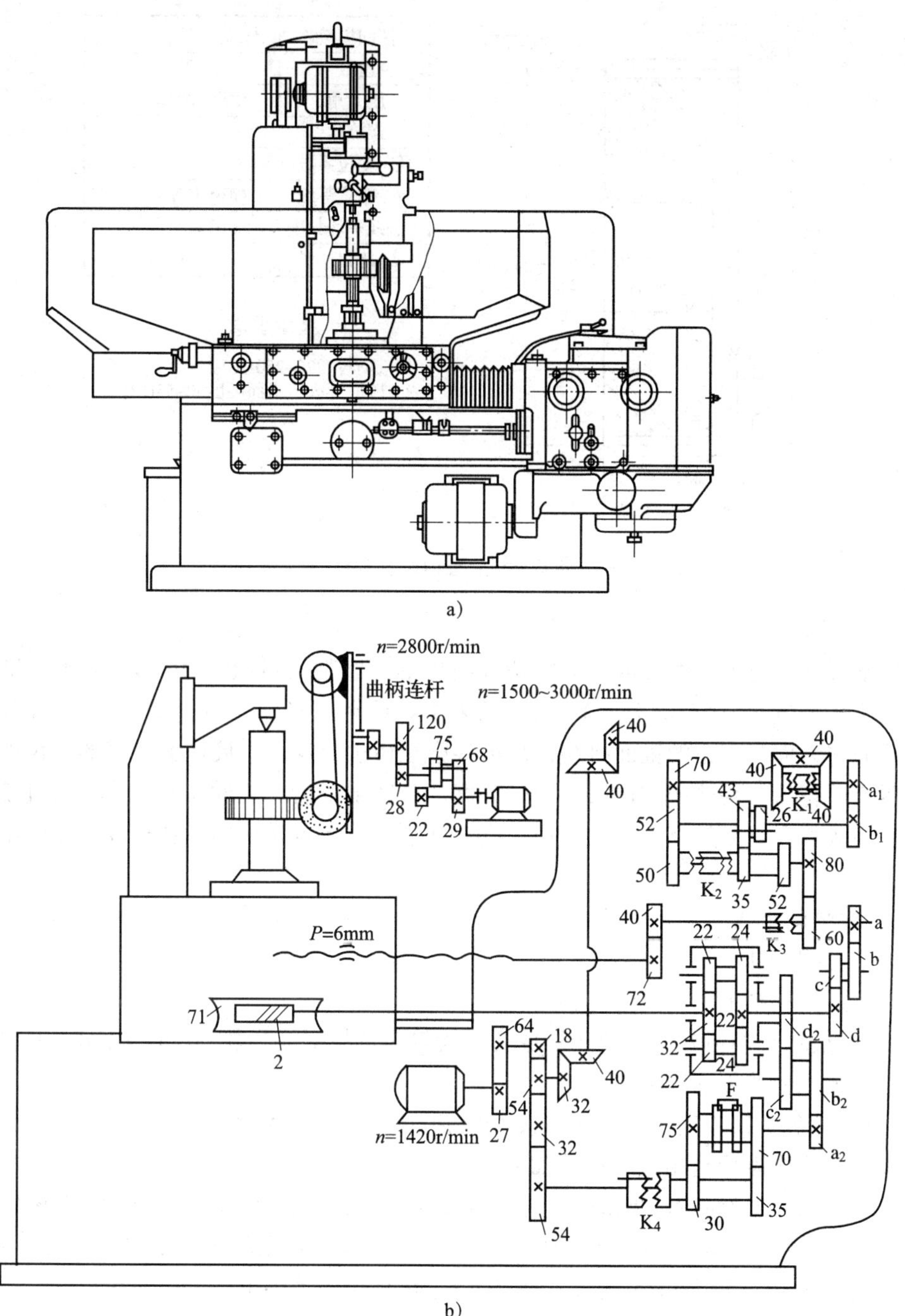

图 9—61　Y7131 型锥形砂轮齿轮磨床

a）磨床　b）传动系统

2. 选择设备

选择 Y7131 型锥形砂轮磨齿机。

3. 砂轮的选择

选择砂轮特性：WAF80M。

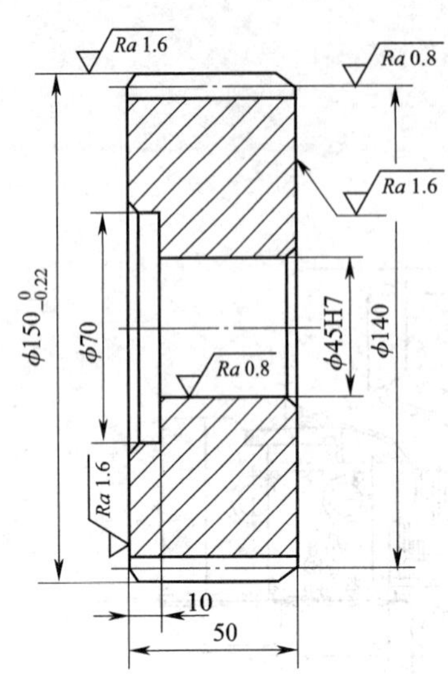

法向模数	5
齿数	28
压力角	20°
螺旋角	0°
径向变位系数	0
齿轮精度等级	6 GB/T 10095.1—2008
公法线平均长度	$53.623_{-0.224}^{-0.080}$ mm
跨齿	4

技术要求

1. 调质：220~250HBW。
2. 感应淬火：齿面硬度50~55HRC。

图 9—62 直齿圆柱齿轮

4. 磨削方法

采用锥形砂轮磨齿机按展成法磨削渐开线齿形。磨削余量取 0.3 mm，分粗、精磨将齿轮磨至公法线长度尺寸$53.623_{-0.224}^{-0.080}$ mm。机床作单循环磨削，工件从砂轮左面向右面移动时，齿槽的右齿面与砂轮的锥面接触，从齿根磨至齿顶；反之，展成磨齿槽的左齿面。待齿顶全部脱离砂轮后，快速向左退回，同时分度。分度结束后，工件换向，快速引进使砂轮进入另一齿槽磨削。机床具有一定的工作精度，磨削工艺特点是要熟悉各种磨齿机的结构及操作方法。属高难度操作。

5. 工件磨削步骤

（1）调整磨齿机

在磨齿机齿轮箱中，调整的内容是：

1）安装展成交换齿轮。按机床展成交换齿轮表选择交换齿轮 a、b、c、d，并将交换齿轮安装在机床相应的传动轴上。

2）安装分度交换齿轮。按机床分度交换齿轮表选择交换齿轮 a_2、b_2、c_2、d_2，并将交换齿轮安装在机床齿轮箱相应的传动轴上。

3）安装进给交换齿轮。展成往复进给速度可选择两种交换齿轮是 43/35、26/52，可获得两种展成进给速度：0.19 m/min、0.47 m/min。精密齿轮取较低展成进给速度。调整时，将进给交换齿轮 43/35 或 26/52 安装在机床齿轮箱相应传动轴上。

（2）工件的装夹

在完成上述调整后，工件用心轴装夹，并将心轴顶在两顶尖之间，心轴由回转工作台传动。心轴具有较高的精度，心轴的径向圆跳动公差为 0.001 mm，轴向圆跳动公差为 0.001 mm。要求设法减小工件的定位误差，满足齿轮加工精度要求。

（3）调整磨齿机砂轮架螺旋角

磨直齿圆柱齿轮，应将砂轮架螺旋角调整至零度，使砂轮磨削方向与齿轮的齿向平行，确保齿轮加工精度。

（4）调整磨齿机磨头滑座行程及选择进给速度

磨头滑座行程按工件齿宽和越程量计算，一般越程量取 7.5 mm。机床滑座冲程有 6 种：50 次/min、70 次/min、100 次/min、140 次/min、200 次/min、280 次/min，即工件的轴向进给速度为 5 ~7 m/min。磨削用量可按粗、精磨选择。精磨时，取较小的轴向进给速度。

（5）对刀

对刀是使砂轮处于合适的位置，以使左、右齿面的磨削余量均匀。可先停机对刀。手动回转工作台，并切入砂轮，使砂轮对准工件齿槽。这种对刀可以补偿工件原滚齿左、右齿面余量不均误差。精磨时，可采用试磨精对刀法。对刀时，将工件调至合适位置，切入砂轮，观察左、右齿面的磨削火花，当左、右齿面的磨削火花不均时，可停机再适当转动工件，使齿槽与砂轮对准。

（6）磨齿

完成对刀后，即可磨齿。磨削时，按左、右齿面磨削火花，调整机床丝杠间隙选择机构的两个手轮，消除丝杠的间隙，使左、右齿面的磨削量均匀，防止齿面烧伤，确保齿轮加工精度。粗磨吃刀量取 0.03 ~0.10 mm，精磨吃刀量取不大于 0.01 mm，磨削齿轮至公法线平均长度尺寸 $53.623_{-0.224}^{-0.080}$ mm。

注意事项：

（1）加工工件前，要检测心轴的精度，以消除定位误差对加工精度的影响。心轴的误差主要在中心孔处，若有误差，应修复中心孔后才能使用。

（2）观察磨削火花，砂轮磨损要及时修整砂轮，以消除砂轮磨损对磨削加工精度的影响。

（3）交换齿轮的齿数要核对正确，主动轮、被动轮的位置要安装正确。交换齿轮具有一定的精度。分度交换齿轮精度影响齿距相邻误差，磨损的交换齿轮要更换才能使用。

（4）磨削时注意减小磨削热对齿轮精度的影响。

（5）调整间隙选择机构的两手轮，使左、右齿面保持相等的磨削量。

（6）注意防止烧伤工件齿面。磨钝的砂轮要及时修复，以恢复砂轮磨粒磨刃的磨削性能，减小磨削热；粗磨时吃刀量不要太大，防止烧伤工件齿面。

（7）合理修整砂轮，使锥形砂轮具有正确的形状，确保工件的齿形精度要求。

（8）工件齿距累积误差较大时，应重新修磨顶尖，并重新安装调整回转顶尖，减小定位误差，满足加工精度要求。

复习思考题

1. 细长轴有何特性？磨削细长轴的关键是什么？
2. 磨削细长轴的对策有哪些？
3. 细长轴有哪些磨削方法？各有何特点？
4. 试述用中心架支撑磨削细长轴的装夹调整步骤。
5. 试述薄壁零件的磨削特点。
6. 减少薄壁零件磨削变形有哪些方法？

7. 试述薄片零件的磨削特点。

8. 减少薄片零件磨削变形有哪些方法？

9. 试述磨削薄壁套的操作步骤。

10. 试述磨削大薄片工件的操作步骤。

11. 矩形齿花键有哪几种定心形式？每种定心形式的花键轴各磨削哪些部位？

12. 在花键磨床上磨削花键轴有哪几种磨削方法？各有何特点？

13. 在花键磨床上磨削花键轴时应注意哪些事项？

14. 在工具磨床上磨削花键轴有哪几种磨削方法？各有何特点？

15. 试述在 M6025 万能工具磨床上磨削花键轴的装夹、找正及磨削方法步骤。

16. 偏心零件有何特性？偏心零件在磨削中应达到哪些要求？

17. 磨削偏心零件有哪些装夹方法？

18. 试述偏心孔零件的磨削方法及操作步骤。

19. 用成形砂轮法磨削球面如何选择和修整砂轮？

20. 试述用展成法磨削球面的原理。

21. 用展成法磨削外球面时，为什么要控制砂轮轴线中心与工件轴线中心的等高性？如何判断和控制？

22. 齿轮磨削方法可分哪两类？简述成形砂轮磨齿的工作原理。

23. 碟形砂轮磨齿有哪两种方法？碟形砂轮磨齿的特点有哪些？

24. 齿轮磨床的砂轮为什么要进行静平衡后才能使用？

25. 简述锥形砂轮磨齿的工作原理。

26. 锥形砂轮磨削材料 40Cr、热处理硬度 50 ~ 55HRC、模数 $m = 5$ mm 的齿轮，如何选择砂轮特性？

27. 简述锥形砂轮磨齿机的磨削步骤。

28. 用锥形砂轮磨齿机磨齿，有哪些因素影响齿形误差？有哪些因素影响齿距相邻误差？

第十单元

磨床夹具

课题一 工件安装的概念

一、工件的定位

1. 定位和基准的基本概念

（1）工件的定位

确定工件在机床上或夹具中占有正确位置的过程，叫作工件的定位。

（2）基准的概念

基准就是“依据”的意思。是用来确定生产对象上几何要素间的几何关系所依据的那些点、线、面叫作基准。

基准可分为设计基准和工艺基准两大类。工艺基准又分为定位基准、测量基准和装配基准等几种。

设计基准：在零件图样上用于标注尺寸和表面相互位置关系的基准。

工艺基准：在加工零件和装配机器的过程中采用的基准。

定位基准：在加工过程中用于确定工件在机床或夹具中的正确位置的基准。

工件定位基准一经确定，工件其他部分的位置也就随之确定。

工件定位时，作为定位基准的点或线，往往是由某些具体表面体现出来，这种表面称为定位基面。例如用两顶尖安装磨削轴时，轴的两中心孔就是定位基面。但它体现的定位基准则是轴的轴线。

2. 工件的六点定位原理

空间的任何刚体，对于相互垂直的三个坐标面共有六个自由度（见图 10—1）。

1）沿 x 轴方向的移动，以 $\vec{x}$ 表示；

2）绕 x 轴方向的转动，以 $\overset{\frown}{x}$ 表示；

3）沿 y 轴方向的移动，以 $\vec{y}$ 表示；

4）绕 y 轴方向的转动，以 $\overset{\frown}{y}$ 表示；

5）沿 z 轴方向的移动，以 $\vec{z}$ 表示；

6）绕 z 轴方向的转动，以 $\overset{\frown}{z}$ 表示。

六个自由度是工件在空间位置不确定的程度。定位的任务，就是根据工件加工的要求限制工件的自由度。

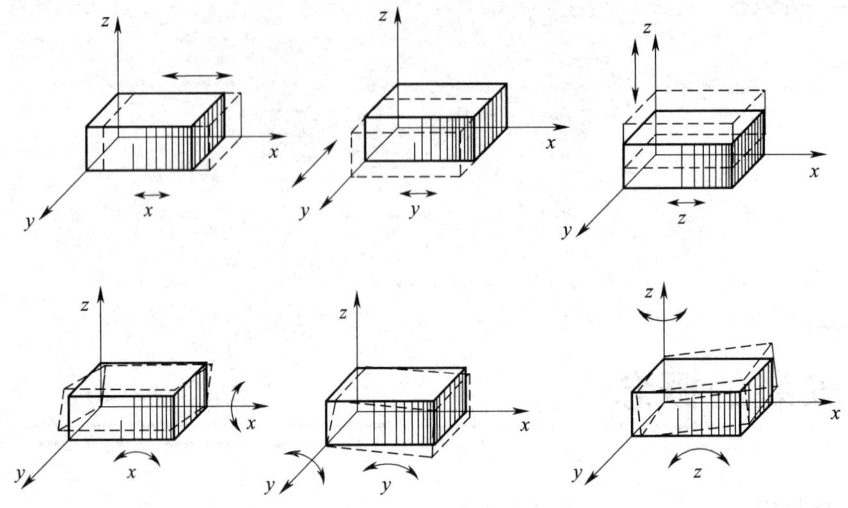

图 10—1　工件的六个自由度

必须指出，定位与夹紧是两个不同的概念。定位是使工件在机床或夹具中具有正确位置，而夹紧是使工件的这一正确位置在加工中保持不变。因而夹紧是不能代替定位的。也就是说，“工件被夹紧了，它的自由度也就被限制了”这一概念是错误的；反过来讲“工件被定位了，它在加工时受到使工件脱离支撑点外力时不会运动”的说法也是错误的。

在生产实践中，工件定位时需要限制的自由度数目，应根据加工表面的尺寸及位置要求来确定。

根据工件在夹具中的定位情况，有以下几种定位方式：

(1) 六点定位（完全定位）

工件的六个自由度全部被限制，它在夹具中占有完全确定的位置，称为完全定位。

要限制工件的自由度，可以在夹具中设置如图 10—2 所示的六个支撑（定位元件）。如果工件每次都装到与六个支撑相接触的位置，这批工件就获得了同一位置。其中工件的底面 A 放在三个支撑上，限制了工件的 $\vec{z}$、$\overset{\frown}{x}$ 和 $\overset{\frown}{y}$ 三个自由度；侧面 B 靠在两个支撑上，限制了 $\vec{x}$ 和 $\overset{\frown}{z}$ 两个自由度；端面 C 与一个支撑接触，限制了 $\vec{y}$ 一个自由度。六个支撑可以抽象为六个点，因此称为六点定位。

圆柱形工件在 V 形块中定位时，其支撑点的分布情况如图 10—3 所示。V 形块相当于四个支撑点，限制了 $\vec{x}$、$\overset{\frown}{x}$、$\vec{z}$ 和 $\overset{\frown}{z}$ 四个自由度。端面上的一点 a 限制了 $\vec{y}$ 一个自由度。键槽上的一点 b，限制了 $\overset{\frown}{y}$ 一个自由度。

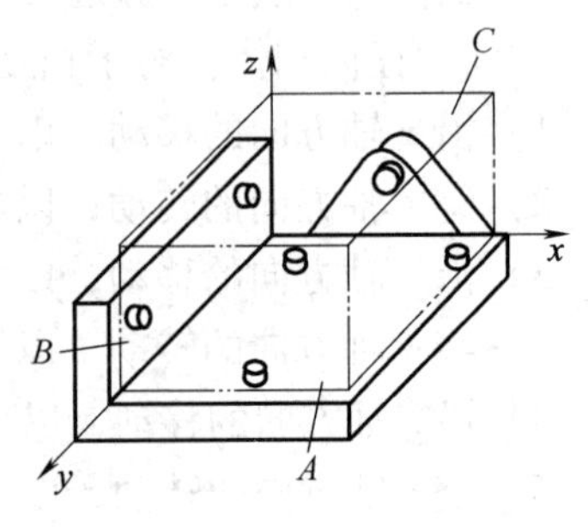

图 10—2　工件的六点定位

圆头形工件的定位情况如图 10—4 所示，为了使孔在工件圆形头的中心，利用 V 形块和平面来定位较合理。底面上三个支撑点 A 限制了工件的 $\vec{z}$、$\overset{\frown}{x}$ 和 $\overset{\frown}{y}$ 三个自由度；V 形块上的两个支撑点 B 限制了工件的 $\vec{x}$ 和 $\vec{y}$ 两个自由度；剩下 $\overset{\frown}{z}$ 一个自由度，由侧面支撑点 C 来限制。

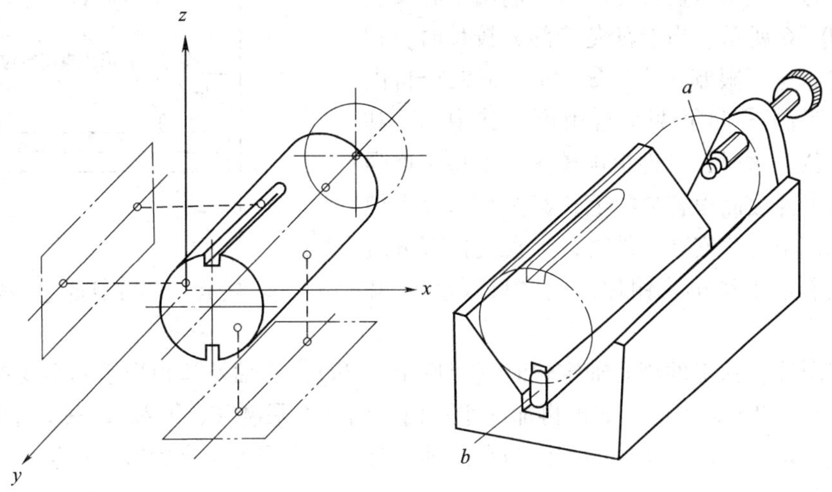

图 10—3 圆柱体在 V 形块中定位

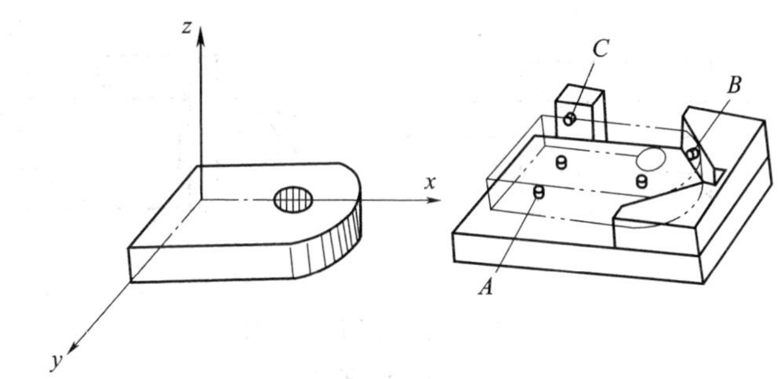

图 10—4 圆头形工件的六点定位

从上述例子中可以看出，工件在夹具中的位置有六个自由度，这六个自由度必须用夹具上按一定要求布置的六个支撑点来限制，其中每个支撑点相应地限制一个自由度。

（2）部分定位

在某些情况下，并不要求工件完全定位，如加工图 10—5 所示工件的通槽时，工件沿 y 轴方向的移动并不影响通槽的加工要求。为了简化定位装置，沿 y 轴方向可以不设定位点，即用五点定位即可。

根据加工要求，少于六点的定位，称为部分定位。只要不影响加工精度，部分定位是允许的。如在电磁吸盘上磨削平行平面时，工件一般只要求限制三个自由度。

（3）重复定位（过定位）

定位点多于所需限制的自由度数，工件的同一自由度，同时被几个定位点重复限制的定位，这样的定位称为重复定位（或过定位）。当定位点超过六点，其中必有几点是过定位。有时定位点虽然少于六点，但如果有两个或两个以上的定位点同时限制工件的某一个自由度，也是过定位。

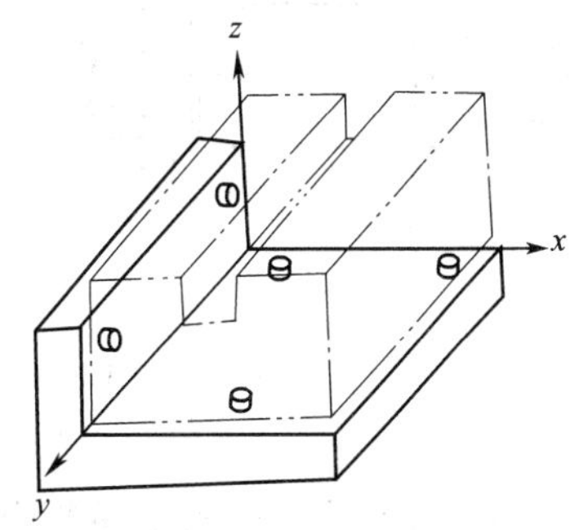

图 10—5 工件的部分定位

将工件的一端用卡盘夹住，另一端用中心架装夹，如图 10—6 所示。当卡盘夹持部分较长时，相当于四个支撑点，限制了 $\vec{z}$、$\overset{\curvearrowright}{z}$、$\vec{y}$、$\overset{\curvearrowright}{y}$ 四个自由度。中心架限制 $\overset{\curvearrowright}{z}$ 和 $\overset{\curvearrowright}{y}$ 两个自由度。其中，$\overset{\curvearrowright}{z}$ 和 $\overset{\curvearrowright}{y}$ 是重复定位。这时，工件很难校正，如将工件强行夹住，则工件表面很容易拉毛，甚至从卡盘上掉下来。因此，用此法安装工件时，卡盘夹持部分应短些，或在卡爪中垫小块铜片，使之只限制 $\vec{z}$ 和 $\vec{y}$ 两个自由度。

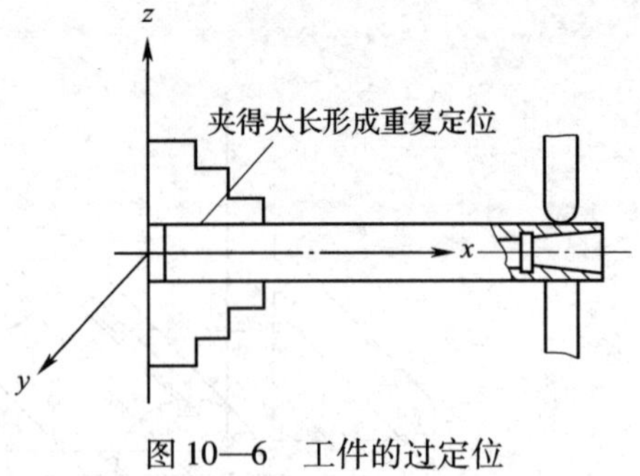

图 10—6　工件的过定位

一个带圆柱孔的工件用心轴定位时（见图 10—7a），心轴外圆相当于四个支撑点，限制 $\vec{z}$、$\overset{\curvearrowright}{z}$、$\vec{y}$ 和 $\overset{\curvearrowright}{y}$ 四个自由度，如果再加一个平面，因平面限制 $\overset{\curvearrowright}{z}$、$\overset{\curvearrowright}{y}$ 和 $\vec{x}$ 三个自由度，所以对 $\overset{\curvearrowright}{z}$、$\overset{\curvearrowright}{y}$ 是过定位。由于工件的端面与孔的轴线有垂直度误差，夹紧时，心轴的变形会影响加工精度（见图 10—7b）。

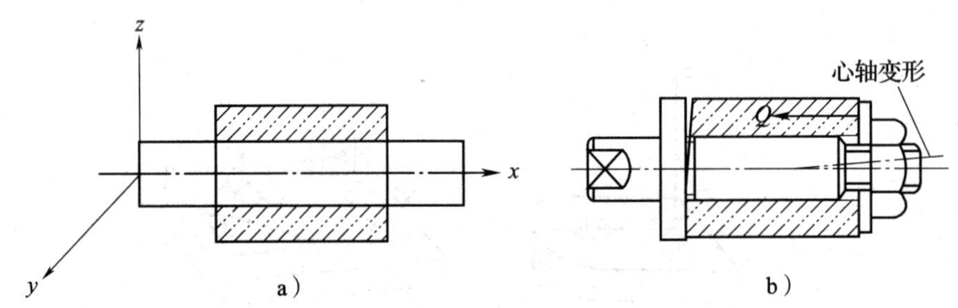

图 10—7　圆柱孔用心轴定位
a）无平面　b）带平面

上述定位方法，如果主要是以孔定位的，则平面与工件的接触要较小。使平面只限制 $\vec{x}$ 一个自由度（见图 10—8a）；或在心轴中放上球面垫圈（见图 10—8b）。如果主要是以平面定位的，则心轴应做得较短，使心轴只限制 $\vec{x}$ 和 $\vec{y}$ 两个自由度（见图 10—8c）。

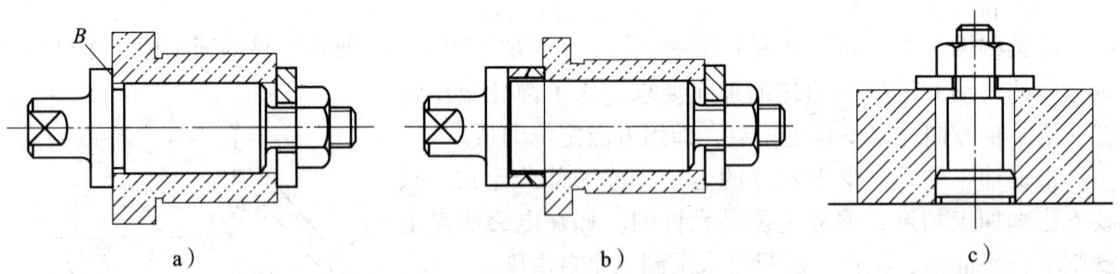

图 10—8　圆柱孔用心轴定位时防止过定位的方法
a）减小平面　b）增加球面垫圈　c）缩短心轴

从以上的分析可知，重复定位对工件的定位精度有影响，一般是不允许的。只有在定位基准、定位元件精度很高时，过定位是允许的，它对提高工件的刚性和稳定性有一定的好处。

(4) 欠定位

当定位点少于应该限制的自由度，因而实际上某些应该限制的自由度没有得到有效的限制，工件不能正确定位，这样的定位称为欠定位。欠定位不能保证加工要求，往往会产生废品，因此是绝对不允许的。如加工图 10—9 所示工件上的键槽，若 y 轴方向无定位点，则键槽在工件轴线方向的尺寸 A 无法控制。

必须指出，六点定位原理是从空间几何概念建立起来的规律，对分析任何工件的定位都适用。但具体应用在夹具上限制工件自由度的定位元件不一定是支撑点，而常常采用 V 形块、支撑板、定位销、定位套等一些非点表面。

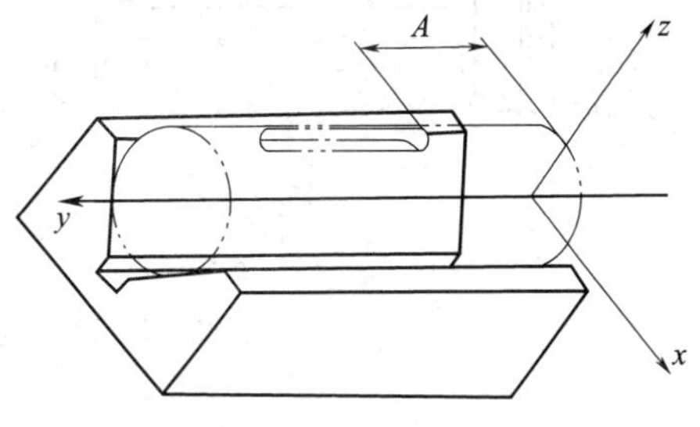

图 10—9　工件的欠定位

3. 定位基准的选择

工件定位的准确性，除了合理选择支撑点的数量与合理分布外，还与正确选择工件的定位基准有密切关系。

定位基准有粗基准和精基准两种，这里只介绍精基准的选择。

精基准要按下列原则选择：

(1) 尽可能采用设计基准或装配基准作为定位基准。例如，图 10—10 所示的套和带花键孔的锥形离合器，磨外圆时均利用心轴的内孔作为定位基准。这样使定位基准与设计基准、测量基准、装配基准重合，容易达到满意的结果。

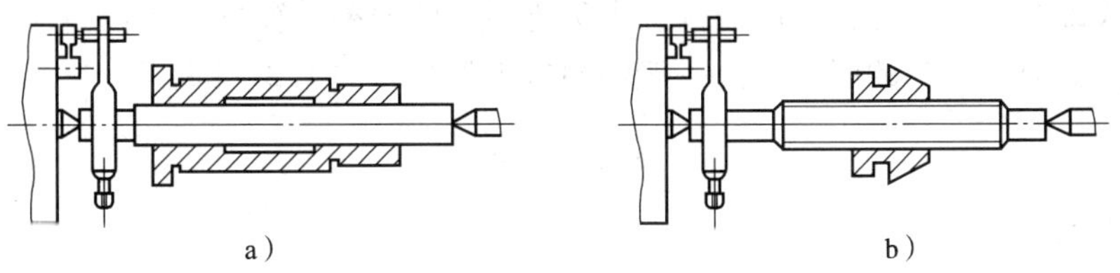

图 10—10　基准的选择

a) 套　b) 锥形离合器

(2) 尽可能使基准统一。零件上全部表面需要加工时，除第一道工序外，都应采用同一个定位基准。基准统一以后，可以减少定位误差，提高加工精度。如轴类零件在车、铣、磨等工序中始终用中心孔作为定位基准。而齿轮加工时，先把内孔加工好，然后始终以孔作为定位基准。

(3) 选择精度较高、安装稳定可靠的表面作为定位基准。尽可能选用形状简单和尺寸较大的表面作为定位基准，这样可以减少定位误差和使定位稳固。

如图 10—11 所示的内圆磨具套筒，外圆长度较长，形状简单；而两端要加工的内孔长度较短，形状复杂。在磨内孔时，应以外圆为定位基准，把工件装夹在 V 形夹具中，以外圆作为定位基准。

4. 工件在夹具中加工时的误差分析

(1) 保证工件精度的条件

工件在夹具中加工时，影响表面位置加工精度的因素有以下四个方面：

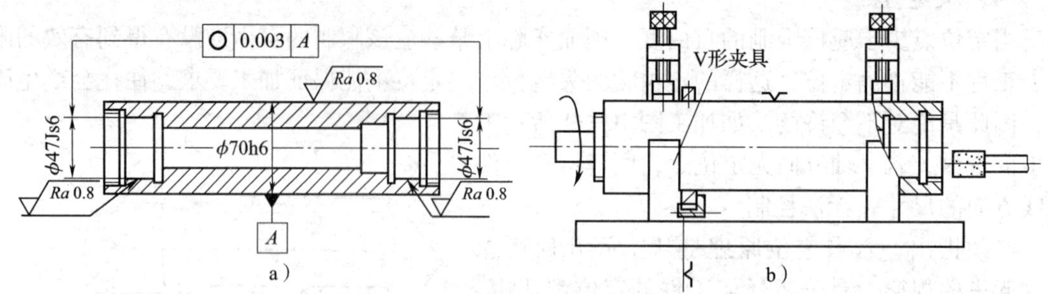

图 10—11　内圆磨具套筒定位基准的选择

a）工件　b）V 形夹具

1）夹具制造误差 $\Delta_{制造}$。设计夹具时，对夹具本身的精度要求称夹具制造误差，夹具的精度直接影响工件的精度。

2）工件定位误差 $\Delta_{定位}$。工件放在夹具中定位时所产生的误差。

3）夹具安装误差 $\Delta_{夹安}$。夹具安装到机床有关部件上所产生的误差。

4）加工过程误差 $\Delta_{加工}$。包括工艺系统的受力变形、热变形、砂轮磨损等因素所造成的误差。

为了保证工件的加工精度，必须使上述所有误差因素对工件加工的综合影响控制在工件公差 $\delta_{工}$ 的范围内，即：

$$\Delta_{制造}+\Delta_{定位}+\Delta_{夹安}+\Delta_{加工}<\delta_{工}$$

该不等式即为保证工件精度的条件，也称为夹具的误差计算不等式。

在设计夹具时，夹具的制造公差一般不超过工件公差的 1/3。即：

$$\Delta_{制造}\leqslant\frac{1}{3}\delta_{工}$$

（2）定位误差

工件在夹具上定位时，由于工件和定位元件总会有制造误差，因而使工件在夹具中的位置在一定范围内变动而产生定位误差。

定位误差包括定位基准位移误差和基准不重合误差两部分。

5. 工件的定位方法和定位元件

（1）工件以平面定位

当工件以平面作为定位基准时，由于工件的定位平面和定位元件的表面不可能是绝对的理想平面（特别是用毛坯面作定位基准时），只能以最凸出的三点接触为基准。在一批工件中，这三点的位置都不一样，有可能这三点之间的距离很近，使工件的定位不稳定。为了保证定位的稳定可靠，应采用三点定位的方法，并尽量增大支撑之间的距离 L，使三点所构成的支撑三角形面积 F 尽可能大（见图 10—12）。

工件以平面定位时的定位元件，主要有以下几种：

1）支撑钉（见图 10—13）

支撑钉的标准结构有平头式（A 型）、球面式（B 型）和网纹顶面式（C 型）三种。平头支撑钉适用于已加工平面的定位。球面支撑钉适用于未加工平面的定位。网纹顶面支撑钉有利于增大摩擦力，但在水平位置时，容易积屑，影响定位，故常用于未加工过的侧平面定位。

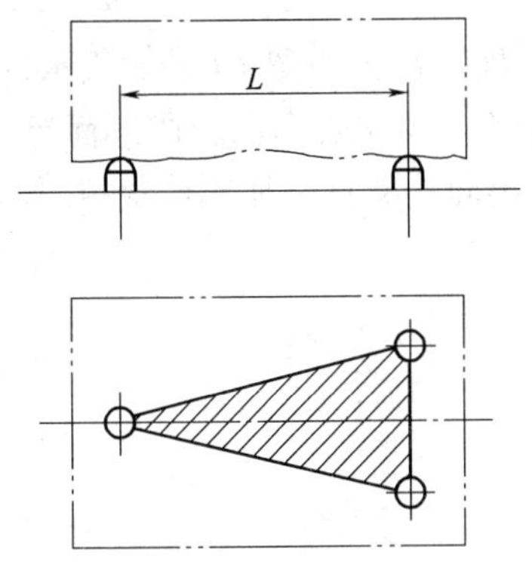

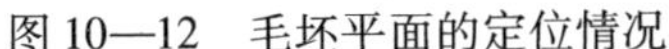

图 10—12　毛坯平面的定位情况

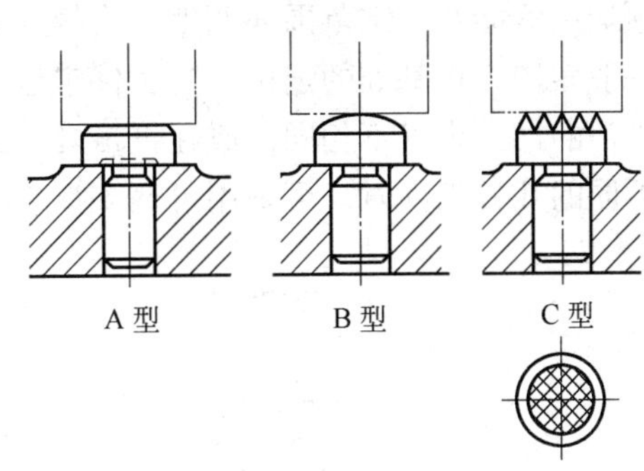

图 10—13　支撑钉

支撑钉材料一般为 T 7A，或 20 钢渗碳淬硬 60 ~ 64HRC。

支撑钉与夹具的配合为$\frac{H7}{r6}$。

为了使所有的支撑钉等高，平头支撑钉头部留有 0.2 ~ 0.3 mm 余量，待支撑钉全部装配后再一次磨平。

2）支撑板（见图 10—14）

适用于精加工过的平面定位。A 型支撑板沉头螺钉凹坑处的积屑不易清除，会影响定位，所以用于侧平面定位。B 型支撑板由于有斜槽，容易清除切屑，且支撑板与工件接触少，定位较准确。

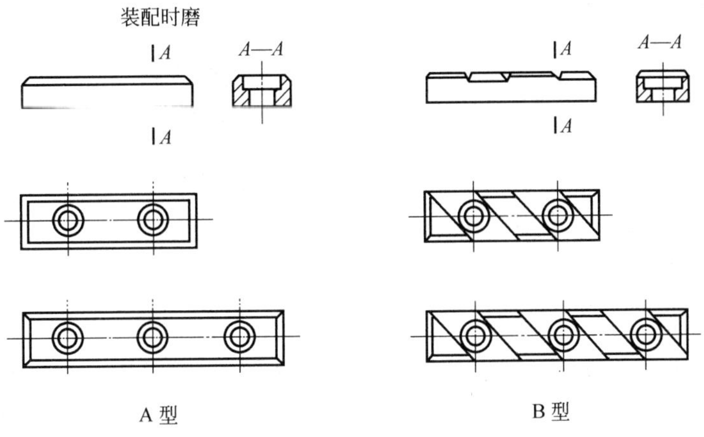

图 10—14　支撑板

3）定位平面

当用已精加工过的平面作为定位基准时，由于平面误差已很小，为了提高定位的刚度和稳定性，可适当增大定位面的接触面积，用比较大的平面作为定位元件，一般做成断续表面，如图 10—15 所示。

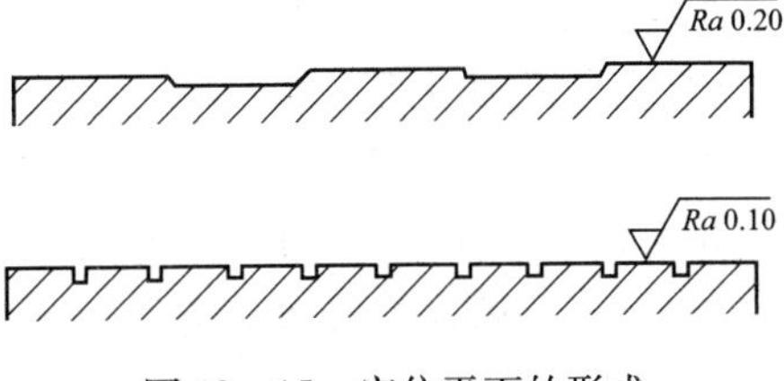

图 10—15　定位平面的形式

4）可调支撑

顶端位置能在一定范围内调整，支撑螺钉调整后用螺母锁紧，如图 10—16 所示，可调支撑一般多用于粗基准的定位。当工件定位基准面的形状复杂（如阶台面、成形面等），或一批工件的加工余量不相同，或在批量较小的生产中，利用同一夹具来加工形状相同而尺寸稍有不同的几种工件时，可采用可调支撑。

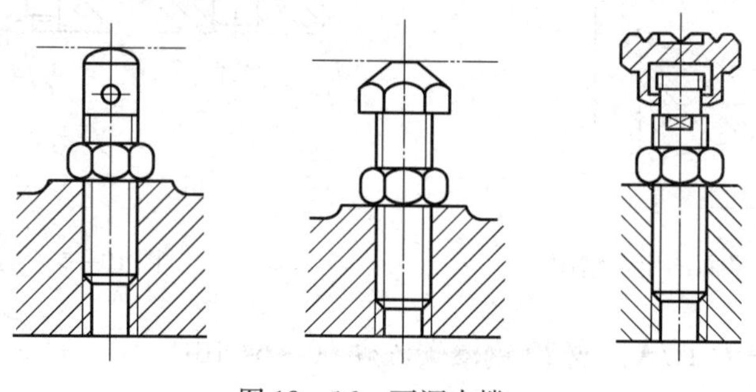

图 10—16　可调支撑

5）辅助支撑

当工件由于结构、形状使定位不稳定或工件局部刚性较差（见图 10—17），容易变形时，可在工件的适当部位设置辅助支撑，用以承受工件重力、夹紧力或切削力。这种支撑在定位支撑对工件定位后才参与支撑，仅与工件适当接触，不起任何消除自由度的作用。

辅助支撑是可调的，常用的辅助支撑如图 10—18 所示。图 10—18a 为转动式，调节时，支撑钉 1 同时转动，可能损伤工件定位面。图 10—18b 为直动式，调节时转动螺母 2，支撑钉 1 只做上下直线运动，避免了转动式的缺点。

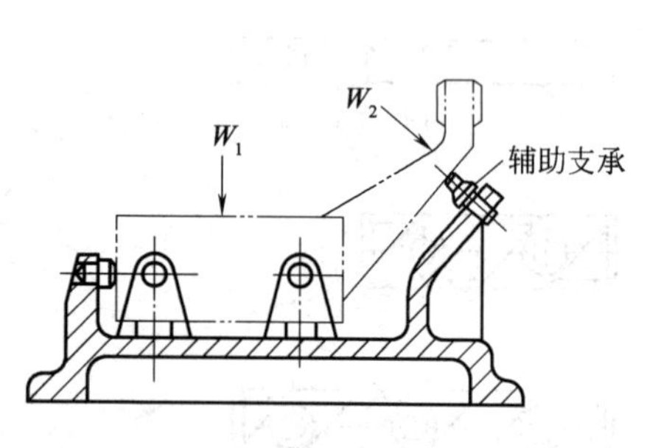

图 10—17　辅助支撑的应用

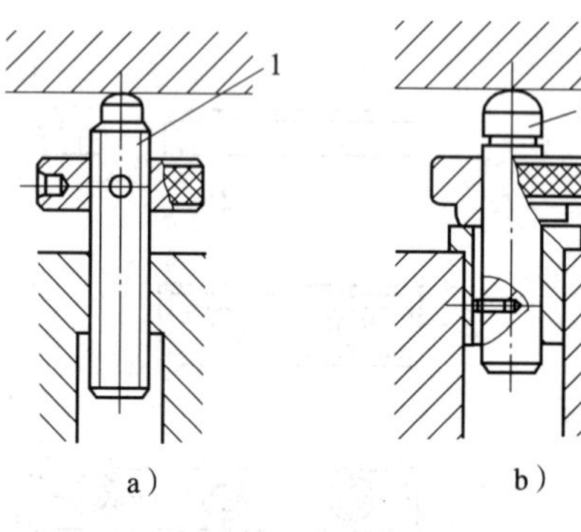

图 10—18　辅助支撑

1—支撑钉　2—可调螺母

（2）工件以外圆定位

三爪自定心卡盘和弹簧夹头都是最常用的外圆定位装置，在夹具设计中经常使用 V 形块和半圆弧定位装置。

1）在 V 形块上定位

工件在 V 形块上定位的情况如图 10—19 所示。V 形块定位的特点是当工件定位外圆直径变化时，可保证圆柱体轴线在 x 轴方向的定位误差为零。但在 z 轴方向有定位误差。

2）在半圆弧定位装置上定位

半圆弧定位装置的下半圆弧固定在夹具体上起定位作用，活动的上半圆弧起夹紧作用，如图 10—20 所示。由于工件在半圆弧上定位时与夹具的接触面较大，表面不易夹毛，因此适用于外圆已精加工过的工件。为了保证定心良好，半圆弧的下部应适当挖空。

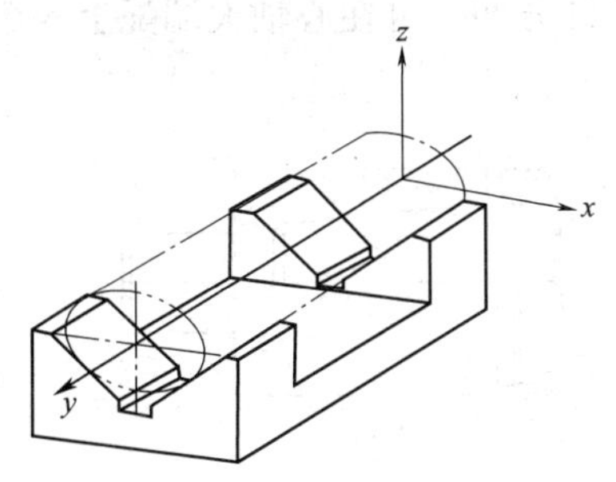

图 10—19　工件在 V 形块上定位

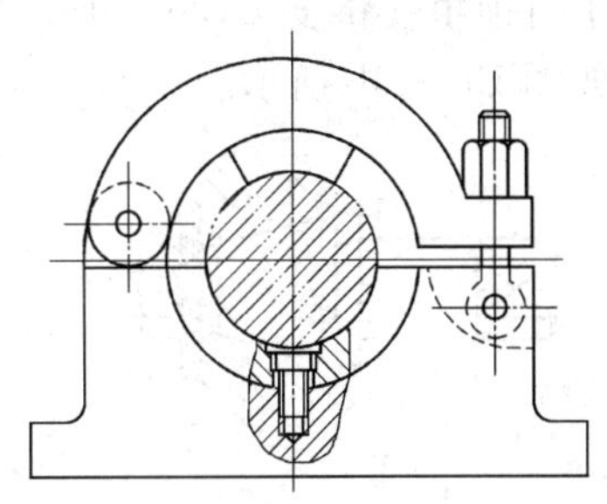

图 10—20　工件在半圆弧定位装置上定位

（3）工件以内孔定位

在磨削套筒、盘类等零件的外圆时，一般以加工好的孔作为定位基准比较方便，并较容易达到工件的同轴度要求。工件以圆柱孔定位常用圆柱心轴、小锥度心轴等。对于带有锥孔和花键孔的工件的定位，常用相应的锥体心轴和花键心轴。

1）在圆柱心轴上定位

圆柱心轴是以外圆柱面定心、端面压紧来装夹工件的，如图 10—21 所示。心轴和工件孔有 0.005 ~ 0.01 mm 的配合间隙，因此，工件安装时能很方便地套在心轴上。

在圆柱心轴上定位，由于存在间隙和工件孔公差的影响，因此同轴度较差，对于同轴度要求较高的工件不宜采用。

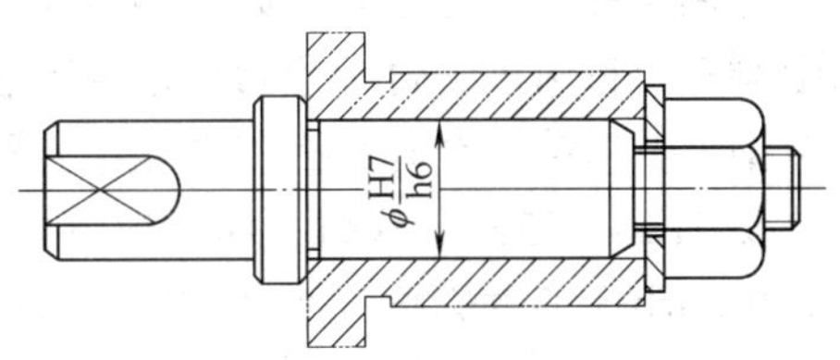

图 10—21　圆柱心轴

2）在小锥度心轴上定位

为了消除间隙，提高心轴的定心精度，心轴可做成锥形。但锥度应很小，否则工件在心轴上会产生倾斜，如图 10—22a 所示。磨工常用的小锥度心轴 $C = 1/5\ 000 \sim 1/6\ 500$。定位时，工件楔紧在心轴上，楔紧后孔会产生弹性变形，使工件孔与心轴有长度为 L_c 的配合，从而使工件不致倾斜，如图 10—22b 所示。

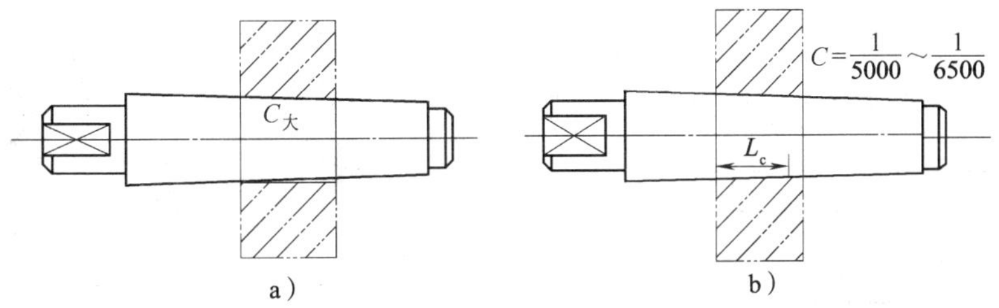

图 10—22　圆锥心轴的接触情况

a）锥度大　b）锥度小

小锥度心轴的优点是靠楔紧产生的摩擦力带动工件，不需要其他夹紧装置，定心精度高，可达 0.005 mm 左右（C 越小，接触长度 L_c 越长，定位精度越高）。缺点是工件在轴向无法定位，装卸工件较麻烦。

3）圆锥心轴

当工件带有圆锥孔时，一般可用与工件孔锥度相同的圆锥心轴定位（见图 10—23）。如圆锥斜角小于自锁角（锥度 <1/4）时，为了卸下工件方便，可在心轴大端配上一个旋出工件的螺母，如图 10—23b 所示。

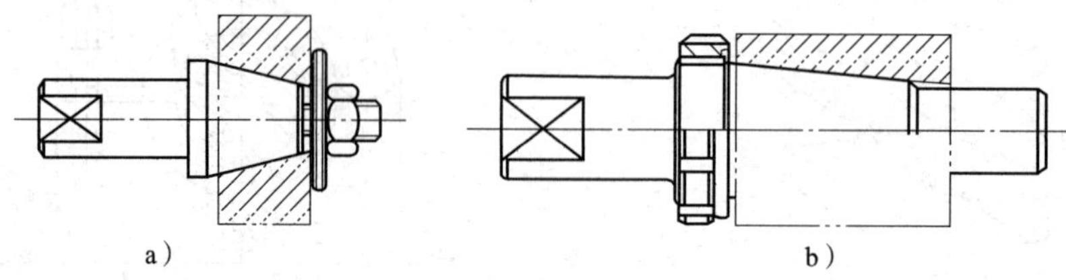

图 10—23　圆锥心轴

a）普通圆锥心轴　　b）带螺母的圆锥心轴

（4）两孔一面定位

当工件以两个孔及一个与之相垂直的平面作为定位基准时，可用一个圆柱销、一个削边销和一个平面作定位元件来定位（见图 10—24）。这种定位方法在加工箱体零件和带孔盘类零件时经常使用。

采用这种定位方法时，如果用两个短圆柱销和一个平面作定位元件会产生过定位（平面限制三个自由度，每个短圆柱销各限制两个自由度）。装夹工件时第一个孔能正确装到第一个销上，但第二个孔会因工件孔中心距误差和夹具销中心距误差的影响而装不到第二个销上（见图 10—25a）。这时，如果把第二个销的直径减小，并使其减小量足以补偿销中心距和孔中心距误差的影响（见图 10—25b），虽然工件可装进去，但却加大了孔、销之间的配合间隙，使工件增加转角误差，影响加工精度。所以一般是把第二个销做成削边销（见图 10—25c）。这样，在两孔连心线方向上仍有减小第二个销直径的作用；而在垂直两孔连心线方向上，由于销的直径并没有减小，因此工件的转角误差没有增加，能保证加工精度。

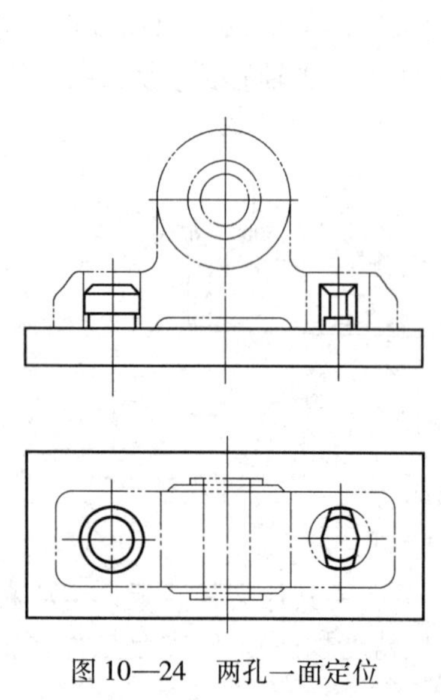

图 10—24　两孔一面定位

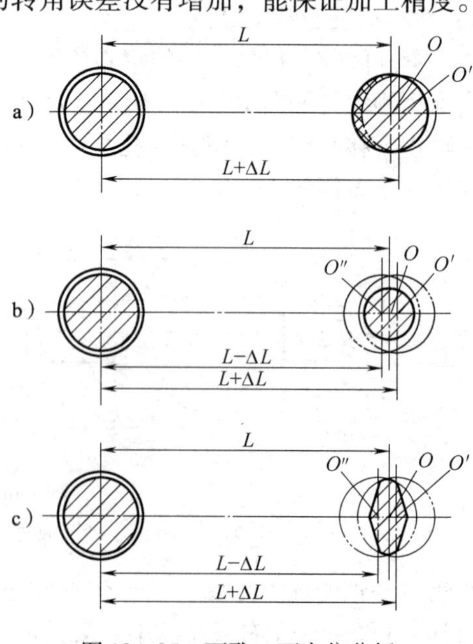

图 10—25　两孔一面定位分析

使用削边销时，应注意使它的横截面长轴垂直于两销连心线。否则，既起不到削边销的作用，还将增加转角误差。

二、工件的夹紧

工件定位后还需要夹紧，否则，工件在加工过程中受到切削力、惯性力及重力等外力的作用，会发生位移或振动。工件定位后将其夹紧，使其在加工过程中保持定位位置不变的操作，称为夹紧。

1. 对夹紧装置的基本要求

（1）夹紧时应使工件定位可靠，夹紧力的方向应尽量垂直于主要定位基准面，以保证加工精度；

（2）夹紧变形要小，即既要夹紧牢固，同时又要不使工件产生不允许的变形和表面损伤；

（3）夹紧机构必须有自锁性能；

（4）夹紧机构应简单、紧凑，操作方便，安全省力。

2. 夹紧力和夹紧时的注意事项

夹紧装置在夹紧时是否安全、可靠，是否破坏工件的定位，决定于夹紧力的大小、方向和作用点是否适当、合理。

（1）夹紧力的大小

夹紧时，夹紧力的大小要适当，既要保证工件在加工过程中位置不变，又要使工件不产生过大的夹紧变形。

夹紧力的大小可以计算，但实际中一般用经验估算的方法获得。

（2）夹紧力的方向

1）夹紧力的方向应尽可能垂直于工件的主要定位基准面。使夹紧稳定可靠，保证加工精度。

2）夹紧力的方向应尽量有利于减小夹紧力。工件在加工过程中，会受到夹紧力、重力的外力作用，因此，夹紧力的方向应与切削力（或重力）的方向尽量一致，以减小夹紧力，防止工件振动和产生变形。

（3）夹紧力的作用点

1）夹紧力的作用点应尽可能地落在主要定位面上，这样可保证夹紧稳定可靠。

2）夹紧力的作用点应与支撑件对应，并尽量作用在工件刚性较好的部位，如果夹紧力的作用点如图 10—26a 所示，工件会产生较大的变形。作用点改为图 10—26b 所示的部位，就有利于减小夹紧变形。尤其对一些薄壁工件，特别要防止夹紧变形。如磨削薄壁套的内孔时不能用三爪卡盘径向夹紧。因为夹紧力径向作用在工件的薄壁上，容易引起变形（见图 10—27a）。只能用图 10—27b 所示的夹具，用螺帽端面来压紧工件，使夹紧力沿工件轴向分布，这样可防止内孔产生夹紧变形。

3）夹紧力的作用点应尽量靠近加工表面，防止工件产生振动。如无法靠近，就采用辅助支撑（见图 10—28）。

3. 机床夹具中常用的夹紧装置

（1）螺旋夹紧装置

螺旋夹紧装置结构简单，特别是它具有增力大、自锁性能好两大特点，所以应用很广泛，尤其适用手动夹紧。它的主要缺点是夹紧和松开工件时比较费时费力。

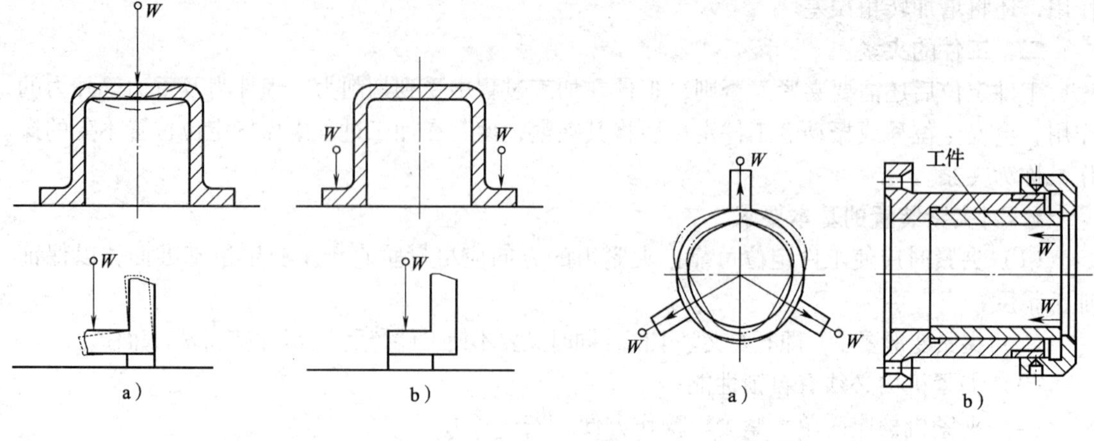

图 10—26　夹紧力的作用点

图 10—27　薄壁工件的夹紧
a) 错误　b) 正确

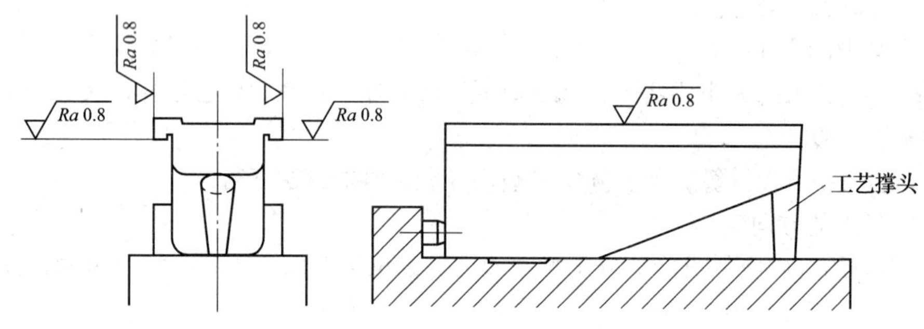

图 10—28　用辅助支撑减小变形

1）螺钉式夹紧机构

在简单的夹紧机构中，螺钉夹紧机构使用得最为广泛。如图10—29所示，通过旋转螺钉使其直接压在工件上。为了防止螺钉头被压扁后拧不出来，所以螺钉的头部应设有螺纹，并且需要淬硬。

为了防止螺钉拧紧时，螺钉头直接接触工件，并产生相对运动而造成压痕，可采用各种摆动压块（见图 10—30）。压块可增大接触面，使夹紧更加可靠。

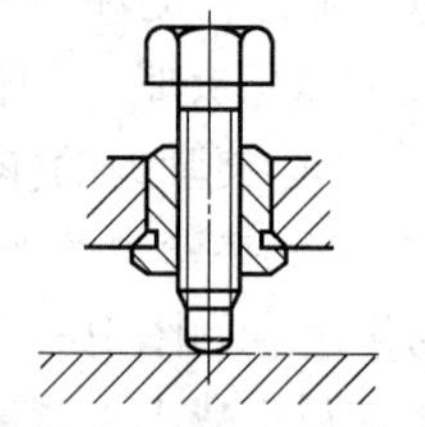

图 10—29　螺钉式夹紧机构

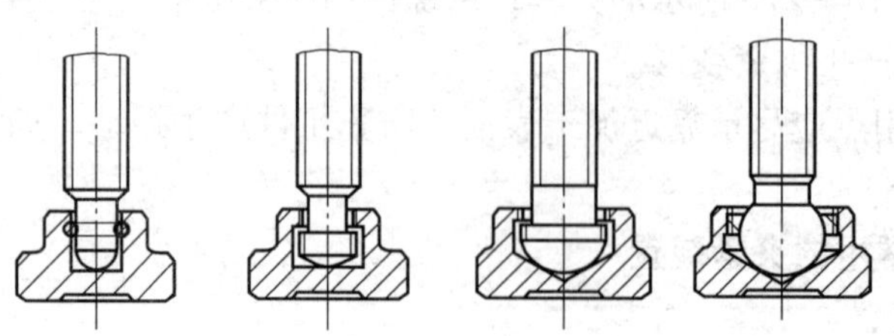

图 10—30　摆动压块结构

2）螺母式夹紧机构

当工件以孔定位时（例如在心轴上），常用螺母式夹紧，但装卸工件时必须把螺母从螺栓上全部旋出，很不方便。改进办法是采用快卸垫圈（见图10—31），并把螺母直径做得小于定位孔直径。卸下工件时，只需旋松螺母，抽去快卸垫圈，工件即可取下。垫圈应做得厚些，两平面要淬硬并磨光。

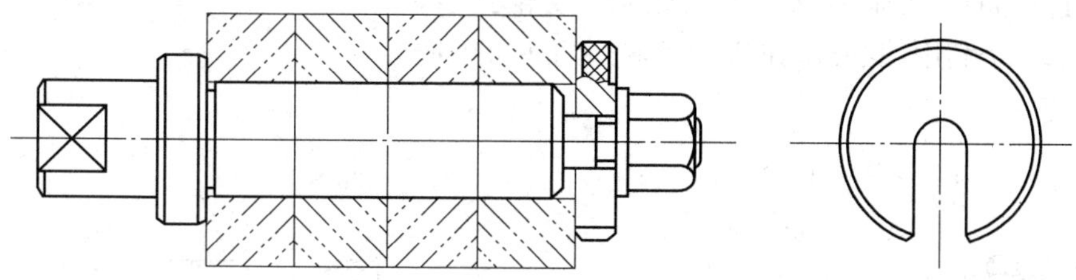

图10—31　螺母式夹紧和快卸垫圈

3）螺旋压板夹紧装置

螺旋压板也是一种应用很广的夹紧装置，它的结构如图10—32所示。图10—32a所示的螺旋压板夹紧机构，由螺栓3和螺母4通过压板2压紧工件7，支柱1可以调节高度，压板的底面有纵向槽，使压板在螺母旋转时不发生转动。压板中间有一长腰圆孔，装卸工件时，只要旋转螺母并将压板后移，即可快速装卸工件。弹簧6可使压板在螺母松开后自动抬起。为了避免由于压板倾斜而接触不良，采用了球面垫圈5。此种机构操作方便，夹紧可靠。

图10—32b所示的螺旋压板夹紧机构，采用了旁边压紧的螺旋压板装置，以适应工件结构上的特殊要求。

图10—32c所示的螺旋压板夹紧机构，由于采用了铰链压板，故操作快捷、夹紧可靠。

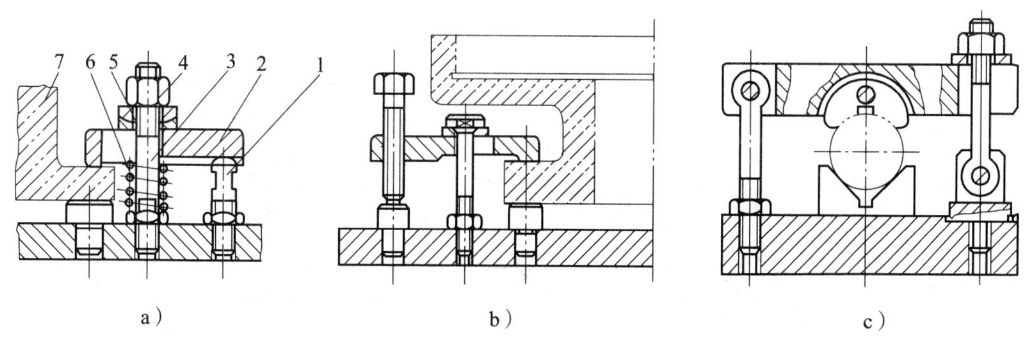

图10—32　螺旋压板夹紧装置

a）结构完善的螺旋压板夹紧机构　b）旁边压紧的螺旋压板夹紧机构

c）中间压紧的螺旋压板夹紧机构

1—支柱　2—压板　3—螺栓　4—螺母　5—球面垫圈　6—弹簧　7—工件

（2）偏心夹紧机构

偏心夹紧机构在夹具中的应用如图10—33所示。转动手柄1时，偏心轮2绕轴3转动，偏心轮的圆柱面压在垫板4上，在垫板的反作用力 Q 作用下，轴3向上移动，推动压板，以夹紧力 P 压紧工件。

偏心夹紧机构结构简单，制造方便，夹紧迅速，操作方便。缺点是行程和夹紧力较小，自锁性能差，常用于夹紧力不大和振动很小的场合。

为了保证自锁性能，偏心轮的直径 D 与偏心距 P 之比一般要求大于或等于20。在无振动和夹紧力较小时，可采用 D 与 P 之比大于或等于14。

图10—34是利用偏心机构同时夹紧两个工件的例子。

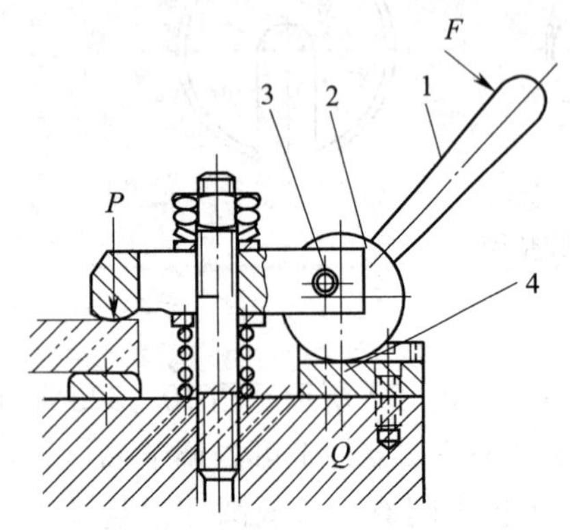

图10—33　偏心夹紧机构

1—手柄　2—偏心轮　3—轴　4—垫板

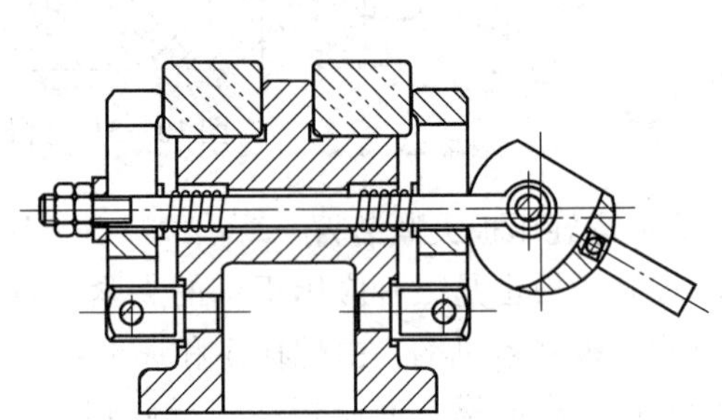

图10—34　偏心夹紧机构应用实例

（3）多件夹紧

用一个原始作用力，通过一定的机构实现对几个相同或不同的工件进行夹紧，称为多件夹紧。图10—35是常见的两种多件夹紧机构。图10—35a为利用浮动压块进行夹紧，图10—35b为利用螺杆1、顶杆2和连杆3作为浮动元件，对四个工件同时进行夹紧。

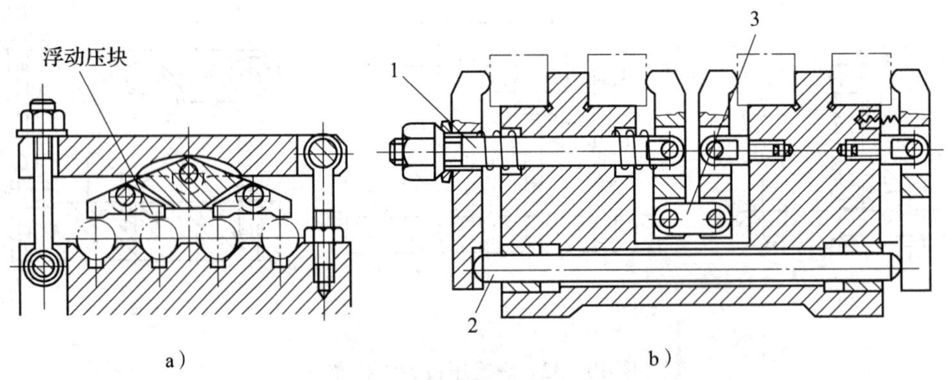

图10—35　多件夹紧机构

a）浮动压块　b）顶杆压紧

1—螺杆　2—顶杆　3—连杆

课题二 磨床夹具

一、夹具的基本概念

1. 夹具的定义和分类

(1) 夹具的定义

按照机械加工工艺规程的要求，用于迅速装夹工件，使之占有正确位置并可靠夹紧的工艺装备，称为夹具。现代生产中，机床夹具是一种不可缺少的工艺装备，它直接影响加工精度、劳动生产率和产品的制造成本等。

(2) 夹具的分类

机床夹具按使用的机床种类可分为磨床夹具、车床夹具、铣床夹具、钻床夹具和镗床夹具等。

按通用化程度和使用特点，一般可分为通用夹具、专用夹具、组合夹具等。

通用夹具是指已经规格化的，可装夹多种工件的夹具，一般作为机床的附件供应，如磨床上用的夹头、卡盘、顶尖和中心架等。

专用夹具是针对某一工件对规定的工序要求而专门设计制造的夹具，因为不必考虑通用性，所以夹具结构紧凑，操作迅速方便。专用夹具一般是由使用厂根据技术要求自行设计制造的，常用于产品固定的批量较大的生产中。本单元重点介绍的就是磨床专用夹具。

组合夹具是由一套预先制造好的不同形状、不同规格而具有完全互换性及高耐磨性的标准元件组装而成。

2. 夹具的作用

图 10—36 是连杆工件，其他部分均已加工完毕，现要求磨削 ϕ110H6 孔径。技术要求 ϕ110H6 与 ϕ20H7 孔距为 125 mm ±0.02 mm，平行度公差为 0.02 mm。

这个零件如果用卡盘来安装是无法达到技术要求的，因此，必须设计和使用专用夹具。

图 10—37 所示是磨连杆孔夹具，工件 4 用已精磨过的底面及位置和尺寸很精确的定位销 3 定位，工件的旋转自由度用两个定位螺钉 5 限制。借助于螺钉 2 夹紧 ϕ20H7 孔，并消除间隙，再用三块压板 1 压紧工件，即可进行磨削。平衡块 6 的作用是平衡夹具的偏重，使工件旋转平稳。

从上面的例子中可以看出，采用专用夹具有下列主要作用：

(1) 保证加工精度，稳定产品质量

采用夹具后，工件在加工中的正确位置就由夹具来保证，并能使每一批零件基本上都能达到相同的精度，使产品质量稳定。

(2) 缩短辅助时间，提高劳动生产率

采用专用夹具后，可减少定位、找正等辅助时间，从而提高了劳动生产率。

有的夹具能同时装夹几个工件，使辅助时间更少，劳动生产率可成倍提高。

(3) 解决磨床装夹中的特殊困难

如图 10—36 中的连杆，如果不用夹具装夹，加工精度很难保证。因此，有些零件虽然数量很少，如果不用专用夹具是无法保证质量的。

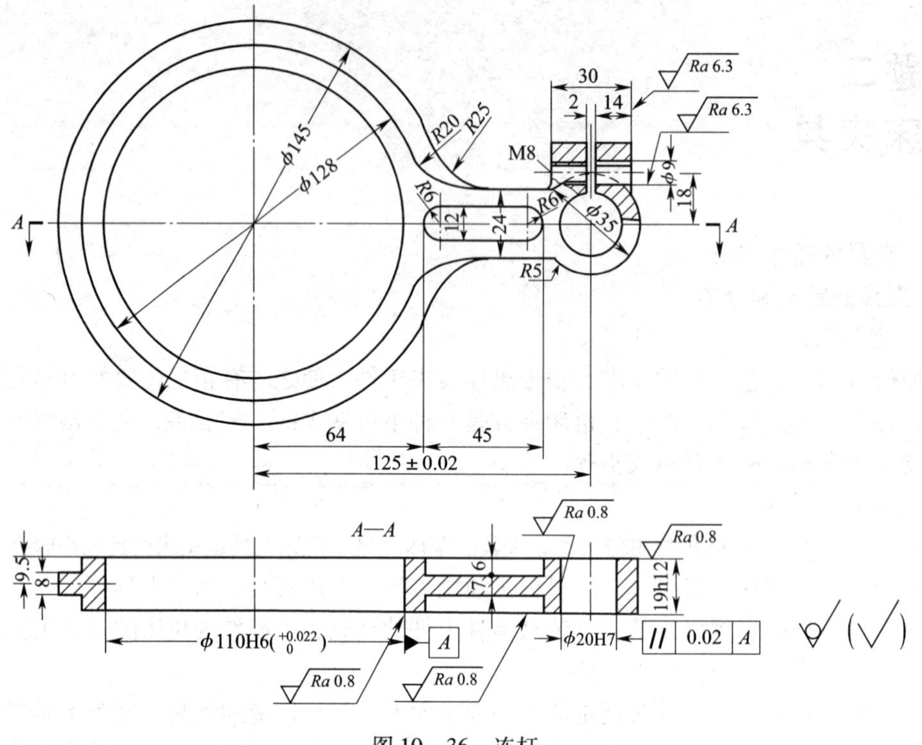

图 10—36　连杆

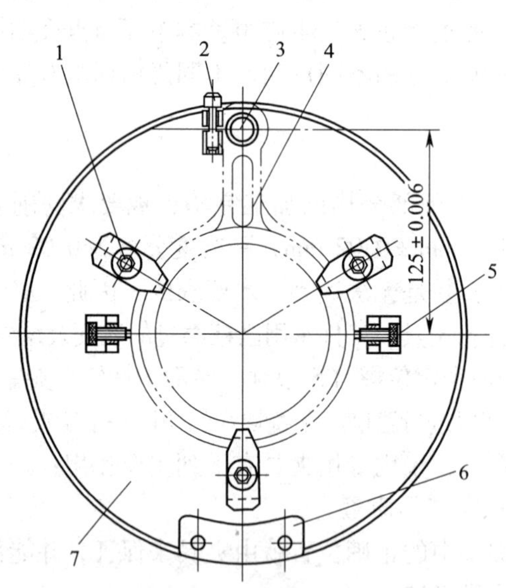

图 10—37　磨连杆孔夹具

1—压板　2—螺钉　3—定位销　4—工件

5—定位螺钉　6—平衡块　7—夹具体

（4）扩大机床的加工范围

在单件小批生产时，零件种类多而数量少，不可能为了满足所有的加工要求而购置所有可能用到的机床，采用夹具就可以扩大机床的加工范围。例如在外圆磨床上安装专用夹具后，可磨削凸轮、曲轴等工件。

（5）降低对工人的技术要求和减轻劳动强度

使用夹具后，使复杂工件的装夹简化，而且工件的精度由夹具本身保证，因而降低了对工人的技术要求。如采用气动、液压等快速高效率夹紧装置，更能缩短辅助时间，并大大减轻工人的劳动强度，保证安全生产。

3. 夹具的组成

生产中使用的夹具很多，如把作用相同的元件归纳起来，总是由下列几部分组成：

（1）定位装置

用以确定工件在夹具中的位置，使工件在加工时相对于砂轮及切削运动处于正确位置，如图 10—37 中的定位销 3 等。

（2）夹紧装置

用于夹紧工件，保证工件在夹具中的既定位置，如图 10—37 中的螺钉 2、螺母和压板 1。

（3）夹具体

用于连接夹具各元件和装置，使其成为一个整体的基础件，并用于与机床有关部位进行连接，以确定夹具相对于机床的位置。图 10—37 中的 7 即是夹具体。

（4）辅助装置

根据夹具实际需要而设计制造的一些装置，如平衡块等。

要组成一个夹具，必定要有定位装置、夹紧装置和夹具体，辅助装置是根据夹具的实际需要来决定的。

二、端面夹紧心轴

图 10—38 是磨削薄壁套筒的端面夹紧心轴，工件用左右两锥套 4、6 定位，由圆柱形滑套 2、8 轴向夹紧。其次，心轴两端使用球面垫圈 1、9，以防止工件或螺母端面不垂直而引起变形。弹簧 3 和 7 可保证锥面始终接触工件，使之正确定位。这种心轴因轴向夹紧，可减少工件变形，适用于磨削各种薄壁套筒。

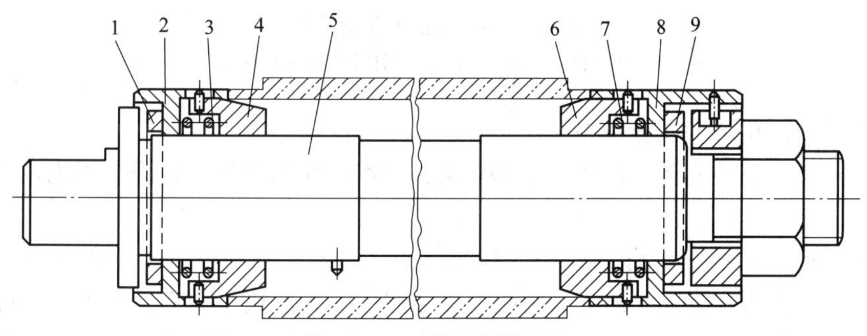

图 10—38　端面夹紧心轴

1、9—球面垫圈　2、8—柱形滑套　3、7—弹簧　4、6—定位锥套　5—工件

三、磨圆弧垫块夹具

圆弧垫块工件如图 10—39 所示，工件的其他表面都已精加工完毕，现需要磨削 $\phi 50_{-0.05}^{\ 0}$ 圆弧。磨圆弧垫块的夹具如图 10—40 所示，工件 4 以底面和侧面定位，轴向用圆柱销 3 定位，这样即构成六点定位。工件用螺钉 1 和压板 2 夹紧。此夹具结构简单，装夹方便，并可以同时磨削四个工件。

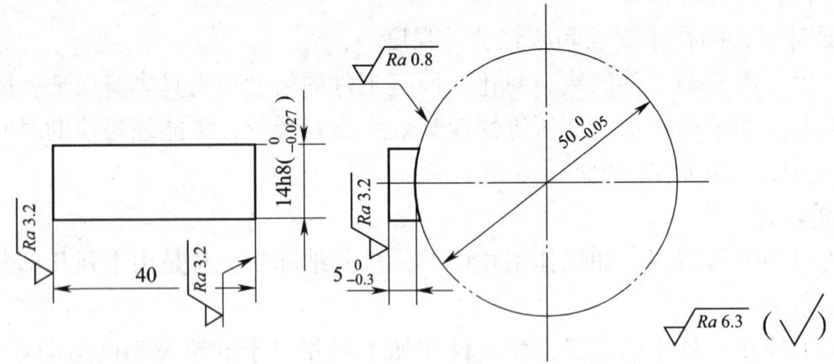

图 10—39 圆弧垫块

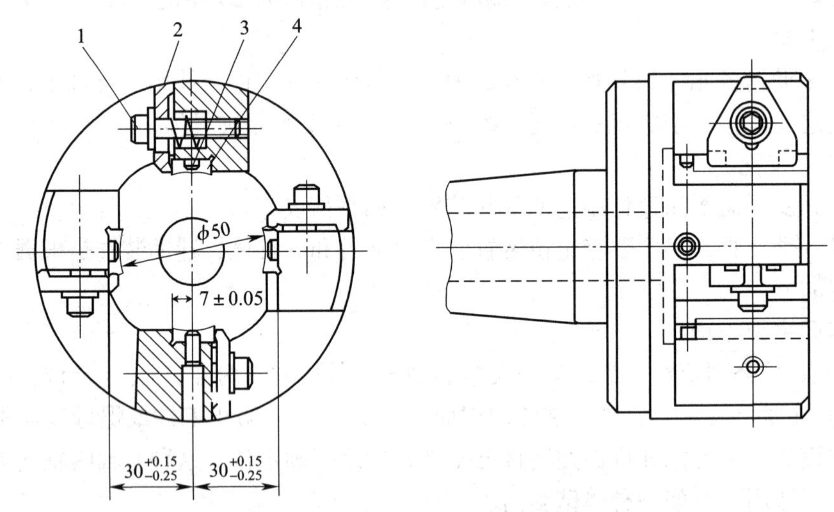

图 10—40 磨圆弧垫块夹具

1—螺钉 2—压板 3—圆柱销 4—工件

四、磨主轴内孔 V 形成组夹具

成组夹具是按工件形状、尺寸和工艺的共性分组，再为每组工件设计组内通用的专用夹具。

磨主轴内孔 V 形成组夹具如图 10—41 所示，工件装夹在前、后 V 形块 1 和 2 中。为了减少磨损，V 形块的支撑部分用 YT15 硬质合金制成。V 形块下面有垫块 5，它可以根据工件的直径调换，外圆定位尺寸 d 为 $\phi25\sim130$ mm。前、后 V 形支撑可按工件的长度在夹具体的 T 形槽移动，并用螺钉 6 和 7 固定。

工件轴向由止推块 4 定位，工件由卡盘经万向接头 3 带动旋转。

此夹具可适用于磨削各种机床主轴、尾架套筒、气缸套等成组工件，内、外圆同轴度可达到 0. 005 mm 以下。

由上可知，成组夹具的特点是在通用的夹具体上，只需对夹具部分元件稍加调整或更换，即可用于组内不同工件的加工，增加了专用夹具的通用性。

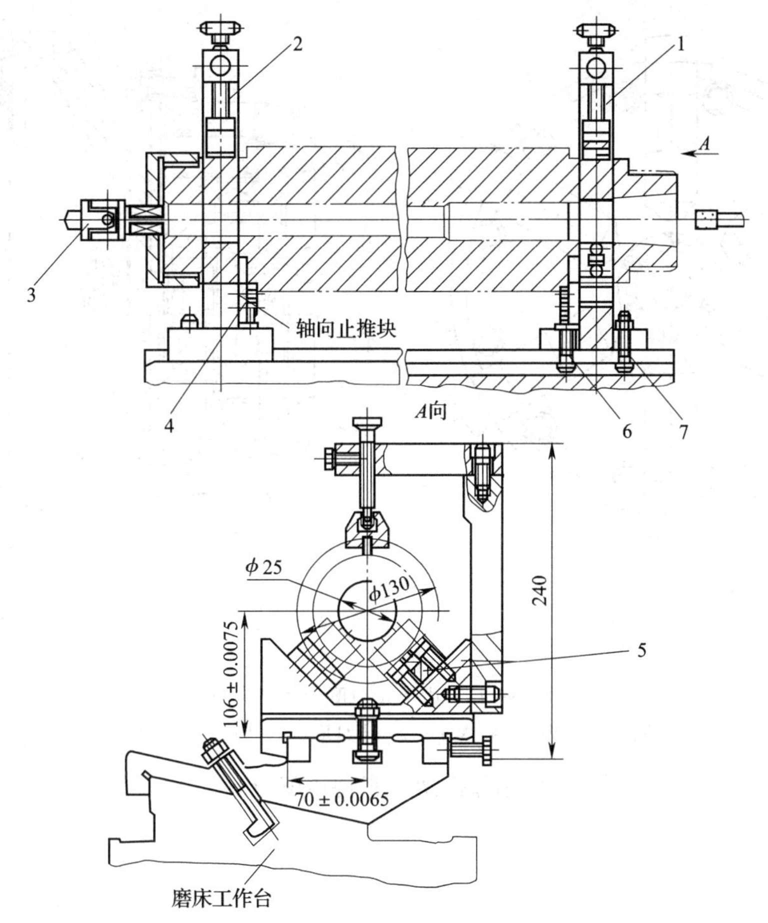

图 10—41 磨主轴内孔 V 形成组夹具

1—前 V 形架 2—后 V 形架 3—万向接头

4—止推块 5—垫块 6、7—螺钉

五、以齿形定位的磨内圆夹具

齿轮热处理后会产生变形，为了提高齿形分度圆与内孔的同轴度，通常采用以齿形表面定位来磨内孔的方法。

以齿形定位的夹具原理如图 10—42 所示，自动定心卡盘 1 通过放在齿谷中三个或三个以上的圆柱 2 对齿轮进行定心夹紧。

图 10—43 所示为以齿形定位磨内孔的夹具，转动方头螺钉 4，通过斜楔铁 3，经滚圈 2，使心轴 1 向左移动，迫使弹簧膜片卡盘爪 5 收缩，并通过圆柱 7 以齿形定位将工件夹紧，圆柱数目从理论上分析只需 3 个就能定心。为了减少齿轮变形，一般采用 5 ~ 8 个圆柱来定位。齿轮的轴向以垫爪 6 的端面来定位。

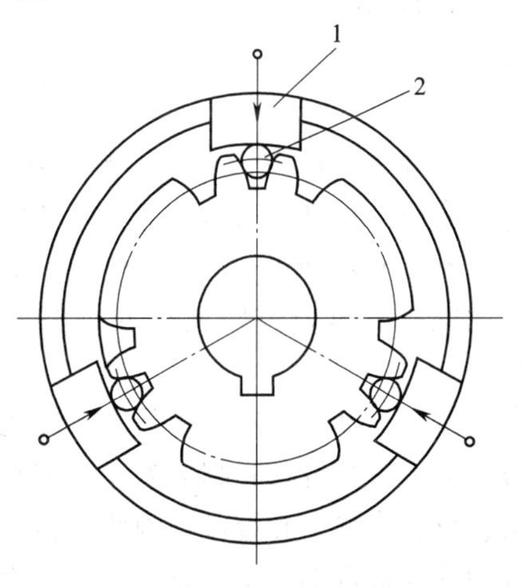

图 10—42 齿形定位的夹具原理

1—自动定心卡盘 2—定心圆柱

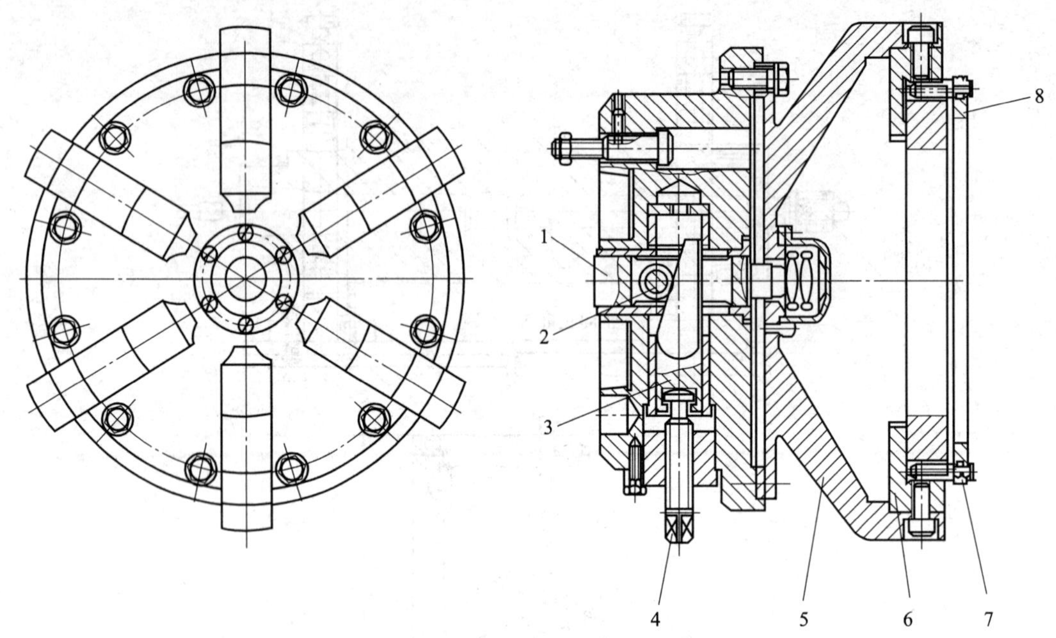

图 10—43　齿形定位磨内孔的夹具

1—心轴　2—滚圈　3—斜楔铁　4—螺钉　5—卡盘爪　6—垫爪　7—夹紧圆柱　8—保持架

为了安装方便，几个圆柱 7 可用保持架 8 来初步就位。

课题三 组合夹具简介

组合夹具是由一套预先制造好、有各种不同形状、不同规格尺寸的标准元件和组合件组装而成。这些元件相互配合部分尺寸公差小、硬度高和耐磨性好，而且有完全的互换性。利用这些元件，根据被加工零件的工艺要求，可以很快地组装成专用夹具。夹具使用完毕，可以方便地拆开，将元件清洗擦净加油后保管，留待以后组装新夹具时再使用。

组合夹具是在夹具零部件标准化的基础上发展起来的一种新型工艺装备。使用组合夹具可以大大缩短设计和制造专用夹具的周期和工作量；可以节省设计和制造专用夹具的劳动量、材料、资金和设备。因此对新产品的试制和单件小批生产特别有利，但是组合夹具的元件和部件数量多、精度要求高，一次投资较多。我国目前已有不少城市建立了组合夹具元件制造厂和组合夹具出租站，由出租站根据零件的形状和加工要求进行组装，然后出租给使用单位，这对进一步推广使用组合夹具创造了很好的条件。

一、组合夹具元件

组合夹具元件按用途不同分成八大类：基础件、支撑件、定位件、导向件、压紧件、紧固件、辅助件和组合件（见图 10—44）。

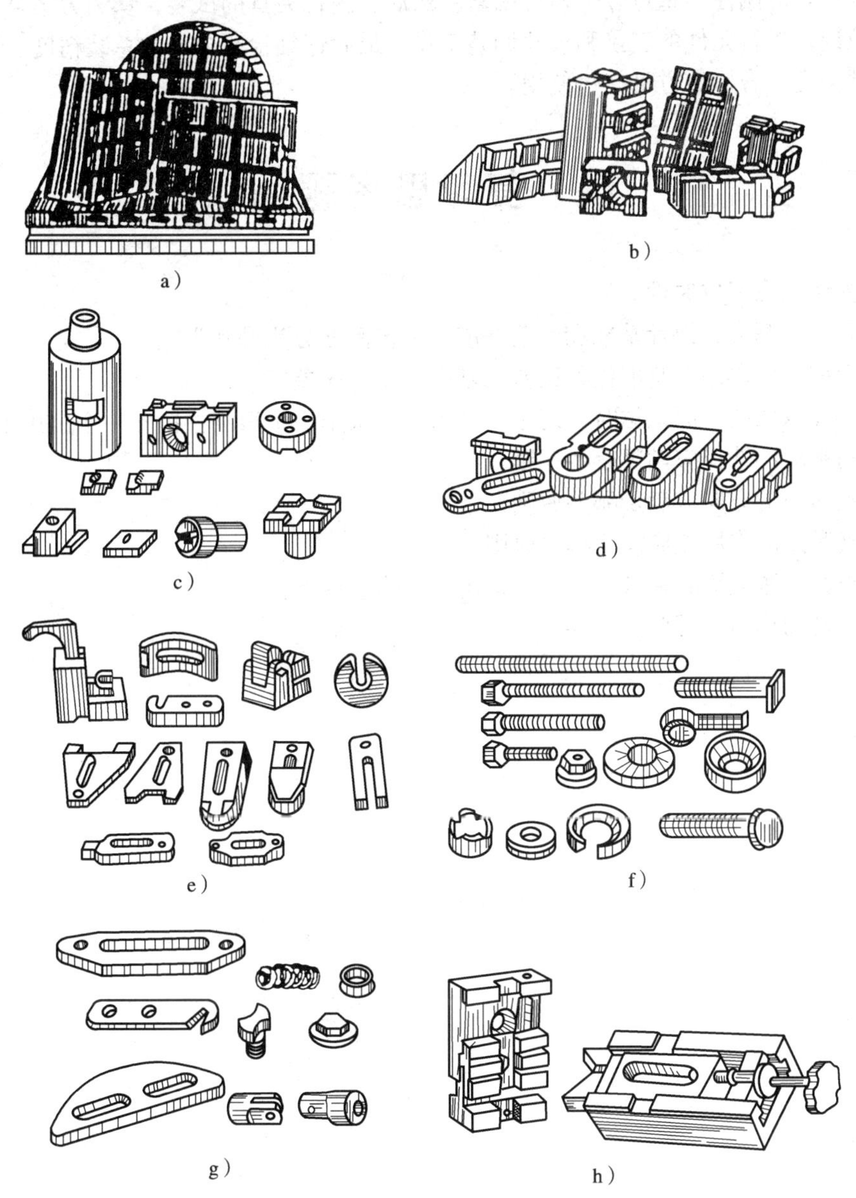

图 10—44　组合夹具元件

a）基础件　b）支撑件　c）定位件　d）导向件　e）压紧件　f）紧固件　g）辅助件　h）组合件

组合夹具元件已全部标准化。为了耐磨和减少组装中的积累误差，材料用低碳合金钢 12CrNi3A、18CrMnTi，渗碳淬硬到 58 ~ 62HRC；或用优质碳素工具钢 T10A、T12 A，淬硬到 58 ~ 62HRC。工件表面要求较细的表面粗糙度、较高的相互位置精度和配合精度，非工作表面要求发黑防锈。

二、组合夹具的组装

组合夹具的组装步骤一般是：首先根据工件的加工图样（或实物）、加工工艺卡等技术资料确定组装方案，选择定位和夹紧方法及相应的元件。同时应考虑工件的装卸、排屑、空刀位置、夹具的刚性、重量、平衡等因素。然后，进行夹具的试装，认为方案合理后，即可装上定位键，进行元件的连接和尺寸调整工作。最后仔细检验夹具的总装精度、尺寸精度和相互位置精度，合格后方可交付使用。

复习思考题

1. 简述六点定位原理。
2. 什么是基准、设计基准和工艺基准？工艺基准分为哪几类？
3. 何谓定位误差、基准位移误差与基准不重合误差？
4. 工件以两孔一面定位时，定位元件为什么采用一个短圆柱销和一个削边销？
5. 精基准的选择应满足哪些原则？
6. 夹紧力的方向应满足哪些原则？
7. 夹紧力的作用点应满足哪些原则？
8. 螺旋夹紧装置的特点是什么？常用的有哪些种类？
9. 夹具的作用有哪些？

第十一单元

典型零件的工艺分析

课题一 磨削加工精度分析

一、零件加工精度分析

1. 加工精度

零件的加工精度是指加工后的零件在形状、尺寸和表面相互位置三个方面与理想零件的符合程度。

磨削加工的加工误差较小，故加工精度高。磨削加工目前已发展到超精密磨削，将加工误差减至极小值。

零件加工精度的三个方面既有区别，又有联系。例如零件的一圆柱面与一平面间，它们除了直径公差要求外，还对圆柱表面提出圆柱度公差要求，对平面提出平面度要求；同时规定了平行度公差或垂直度公差。零件图中，形状精度高于尺寸精度，而位置精度在大多数情况下也高于相应的尺寸精度。

2. 影响磨削精度的因素

（1）原理误差

加工中采用了近似的加工成形运动或近似的刀具轮廓而产生的误差。例如磨削螺纹，螺纹磨床的螺距交换齿轮即影响螺纹的加工精度。螺纹磨削时，必须使工件与砂轮间有准确的螺旋运动关系，而这种运动关系由机床传动链的机构予以保证。

（2）定位误差

定位误差是由于定位引起的加工尺寸或位置误差。显然工件若在夹具中占有正确位置，它就能获得高的加工精度，如同轴度、平行度、垂直度等。定位误差由基准不重合和定位基准位移两部分组成。基准不重合误差是指定位基准与工序基准不重合而造成的定位误差，故通常应使定位基准与工序基准重合，以减小定位误差。基准位移误差是由定位面本身的误差所致，计算比较复杂。例如 $\phi20^{+0.021}_{0}$ mm 的孔用 $\phi20^{-0.007}_{-0.016}$ mm 的圆柱心轴定位，其所产生的基准位移误差即为定位的配合间隙，一批零件加工中的最大误差是其中的最大配合间隙，即 $X_{max} = +0.021\ \text{mm} - (-0.016\ \text{mm}) = +0.037\ \text{mm}$。

（3）砂轮的误差

在成形磨削时，成形砂轮工作面的相关尺寸和形状会影响加工的精度。故砂轮的修整误差及其磨损是砂轮误差的两个主要方面。在磨削圆柱面时，砂轮的磨损会造成圆柱度误差。在精磨时要使砂轮的磨损为最小值，以提高加工精度。

（4）磨床误差

磨床误差包括两个方面：磨床本身的制造误差和磨损。如主轴的回转精度、导轨精度、工作台直线运动精度等。

以万能外圆磨床为例，其几何精度要求主要包括：

1）头架尾座移置导轨对工作台移动的平行度。

2）头架主轴端部的圆跳动。

3）头架主轴锥孔轴线的径向圆跳动。

4）头架主轴轴线对工作台移动的平行度。

5）头架回转时主轴轴线的等距度。

6）尾座套筒锥孔轴线对工作台移动的平行度。

7）头架尾座顶尖中心连线对工作台移动的平行度。

8）砂轮架主轴轴线对工作台移动的平行度。

9）砂轮架移动对工作台移动的垂直度。

10）砂轮架主轴轴线对头架主轴轴线的等距度。

11）内圆磨具对工作台移动的平行度。

12）内圆磨具轴线对头架主轴轴线的等距度。

上述精度分别对万能外圆磨床的加工有不同的影响。如头架主轴锥孔轴线的径向圆跳动，会影响用卡盘装夹的工件的圆度误差；如内圆磨具轴线对头架主轴轴线的等距度，会影响圆锥加工的形状精度，使圆锥产生双曲线误差。

（5）工艺系统热变形误差

在磨削过程中工艺系统受到磨削热、机械摩擦热、阳光和取暖设备辐射热的影响，进行着热的传导，形成一个复杂的热场，例如磨床主轴部件、床身导轨的摩擦热和热变形。工件的热变形主要由磨削热引起，在磨削区域的瞬时温度达 1 000℃左右。以螺纹磨削为例，3 000 mm 长的丝杠每进给一次温升 3℃，工件伸长量 $\Delta L = 3\ 000\ \text{mm} \times 12 \times 10^{-6} \times 3 = 0.1\ \text{mm}$（$12 \times 10^{-6}$为钢材的热胀系数），显然工件的变形将直接影响丝杠的螺距精度。

（6）工艺系统的受力变形

由于工艺系统是一个弹性系统，在磨削力、重力、夹紧力或惯性力作用下，磨床、砂轮杆、工件将产生弹性变形；同时磨床各部件间的间隙及接触变形都会影响加工精度。例如，磨削的背向力使细长轴产生弹性弯曲变形，薄片、薄壁零件受夹紧力、磨削力引起的变形等都会影响加工精度。减小工艺系统的受力变形的途径是减小外力和提高工艺系统的刚度。例如，外圆磨床刚度最低的是尾座套筒处，故高精度磨床就要设法采用高刚度尾座套筒结构，以达到高的加工精度。

（7）工件内应力引起的变形

工件在毛坯制造、热处理、切削加工中，由于冷却收缩不均匀、塑性变形不均匀或金相组织变化等原因，在工件内部残留内应力。存在内应力的工件在再作切削时会产生相应的变形。外圆磨削时，工件内应力引起的弯曲变形是很常见的现象，操作时应注意减小工件内应力对加工精度的影响。

（8）测量误差

测量误差直接影响加工精度。磨削的零件都有较高的加工精度要求，故磨工对测量技术的掌握是至关重要的。但是测量也有误差，即被测得的数值与被测的几何参数的真值有一微小的差值。引起误差的原因是：

1）量具本身的误差，反映在量具的示值精度。

2）量具校对标准量块的误差。

3）环境误差，是指测量时的环境不符合标准条件所引起的误差。测量的环境条件包括温度（标准温度20℃）、湿度、气压、振动及灰尘等，其中温度对测量结果的影响最大。图样上标注的各种尺寸、公差等都是以标准温度20℃为依据的。

4）方法误差，是指测量方法不完善所引起的误差。例如接触测量中测量力引起的误差，间接测量中计算的误差等都会引起测量方法误差。

5）人员误差，是指测量人员技术不熟练、视觉读数偏差、估计判断错误等所引起的测量误差。

二、磨削表面质量分析

磨削表面质量包括工件表面粗糙度、表面波纹度、表面烧伤和表面残余应力及磨削裂纹四个方面。

1. 表面粗糙度

表面粗糙度是磨削加工的主要表面质量要求之一。表面粗糙度影响零件的装配性能，故零件上的装配面常经磨削加工。影响表面粗糙度的因素有以下几方面：

（1）磨削用量的影响很大。磨削用量直接影响磨屑厚度，当磨屑厚度增大时，使工件表面变粗。通常可通过提高砂轮圆周速度、减小工件圆周速度、减小纵向进给量和减小背吃刀量来改善表面粗糙度。

（2）砂轮的粒度及其修整对表面粗糙度的影响最大。因此，加工时要掌握按表面粗糙度选择粒度的方法，同时要掌握砂轮合理修整的方法。砂轮的粒度越细，微刃越精细，则磨削的表面粗糙度值越小。按此，达到了镜面磨削的高精度技术水平。

（3）工件材料的力学性能也影响表面粗糙度。塑性较好的工件表面，在磨削时会发生较大的变形，而使表面粗糙度变粗。磨削时应注意减小工件表面的塑性变形。脆性材料粗糙度也差。

（4）切削液良好的润滑清洗作用，有利于减小表面粗糙度值。

上述因素有时是综合影响的，如螺旋走刀痕迹误差也影响了表面质量。精密磨削时的工件表面划痕是切削液中的磨粒将工件划伤所致，表面划痕也影响表面粗糙度。表面波纹度是表面的宏观误差，如磨削常见的直波形误差，可直接用肉眼见到。直波形误差是一种磨削振动痕迹，工件的振动、砂轮的振动或机床的振动都会造成表面波纹度误差。

2. 表面烧伤

表面烧伤是磨削热和工件磨削温度过高所致。工件表面烧伤后即为不均匀的退火。磨削时应设法减小磨削热和磨削温度。严重的烧伤，其烧伤颜色肉眼就可以分辨。轻微的烧伤则须经酸洗后才能显现。滚动轴承内、外环滚道磨削后，要用酸洗法抽验其有无烧伤。

防止烧伤的方法有以下几种：

（1）合理选择砂轮，要选择硬度较软、组织较疏松的砂轮，并及时修整。使砂轮具有良好的磨削性能，以减少磨削热，加速磨削热的传散，能有效地避免表面烧伤。用砂轮端面磨削时，可将砂轮修成内凹形，以减小与工件的接触面，避免烧伤。

（2）合理选择磨削用量。减小背吃刀量、提高工件圆周速度和纵向进给量可减少砂轮与工件接触时间，有利于散热，以减轻或避免烧伤。

（3）采用良好的冷却条件。

3．表面存在残余应力

零件磨削后，表面存在残余应力的原因有下列三个方面：

（1）金属金相组织变化引起的应力。例如磨削淬硬的轴承钢，磨削温度使表层金属组织中的残余奥氏体变成回火马氏体，体积膨胀，金属表层产生残余应力。

（2）不均匀的热胀冷缩引起的应力。例如磨削导热性较差的材料，表层与里层温度相差较多。表层温度迅速升高又受切削液冷却，因而产生应力。

（3）塑性变形的残留应力。砂轮磨粒在切削、刻划磨削表面后，工件表面存在残余应力。

上述残余应力会降低零件的疲劳强度，与工作应力合成后可能导致磨削裂纹。因此，在磨削时，应尽量减少和避免残余应力。

常见的是磨硬质合金产生的磨削裂纹以及磨38CrMoAlA材料的铁素体脆性所产生的磨削裂纹等。

三、提高加工精度的方法

磨削加工是零件精加工的特点，以及磨削加工在零件加工工艺中的重要地位，可见对磨削加工精度研究的重要性。在实际生产中，加工误差是综合的，并有一定的规律性。按其规律性加工的误差分为两类：

1．系统性误差

当连续加工一批零件时，这类误差的大小和方向保持一定或按一定的规律变化，前者称常值系统误差，后者称变值系统误差。原理误差、机床几何精度误差、砂轮误差、夹具位置误差、量具误差以及工艺系统的受力变形都是常值系统误差。机床的热变形及砂轮磨损等属于变值系统误差。

2．随机性误差

在加工一批零件时，这类误差的大小和方向是不规则变化的。定位误差、内应力变形误差、测量误差属于随机性误差。

本教材讲解了精密轴类零件的磨削，精密套类零件的磨削，薄片、薄壁零件的磨削，偏心零件的磨削，复杂成形面的磨削，花键轴、螺纹的磨削。虽然它们的磨削方法各不相同，但它们保证加工精度的方法是相同的。在此，将提高加工精度的基本方法归纳如下：

（1）较精密的零件的加工可划分为粗磨、半精磨、精磨、精密磨四个加工阶段。划分加工阶段可逐步消除工件的加工误差，提高加工精度。在精磨或精密磨削时，使工件的受力变形、受热变形以及工件内应力引起的变形为最小。

（2）合理选择磨床。目前，外圆磨床的精度分普通级、精密级、高精度级三种。机床精度对加工的影响是最直接的影响。操作时，要熟悉相关机床的精度，以便对加工误差作定量的分析。因为，机床提供了磨削成形运动以获得所需的磨削表面。例如平面磨床工作台导轨的直线度误差将影响工件的平面度公差要求。

（3）合理选择定位基准，使定位基准与尺寸的工序基准相重合，以减小定位误差。在轴类零件加工中，常以中心孔为定位基准。磨削时，注意对中心孔的研磨是至关重要的工作。有些磨削表面较多的轴类零件，加工中要注意中心孔和顶尖的磨损对加工精度的影响。同理，选择精确的表面为定位基准，可获得较高的加工精度。

（4）在成批生产中注意专用夹具的误差对加工精度的影响。专用夹具的误差包括定位误差和夹具制造误差两部分。例如圆柱心轴的定位误差是定位面的配合间隙 X_{max}，夹具制造误差是心轴定位圆柱中心对心轴中心孔的同轴度误差。

（5）合理选择精密量具，合理使用量具，减小测量误差。

（6）初步熟悉精密磨削和超精密磨削工艺。

课题二 典型零件磨削工艺分析

一、外圆磨床砂轮主轴磨削工艺分析

1. 分析图样和技术要求

图 11—1 所示为磨床砂轮主轴，这类零件的特点是其支撑轴颈有较高的尺寸精度、圆度、圆柱度和径向圆跳动等技术要求。本零件的圆度公差为 0. 002 mm，圆柱度公差为 0. 002 mm，以保证 ϕ65h7 支撑轴颈有较高的回转精度；主轴两端的 1∶5 圆锥分别用于安装砂轮和带轮，前者的径向圆跳动公差为 0. 003 mm，以减小磨削时砂轮的振动；ϕ65h7 支撑轴颈的表面粗糙度为 *Ra*0. 025 μm，此表面粗糙度值需用超精密磨削才能获得，以保证主轴工作时，在轴承处能形成良好的油膜层。

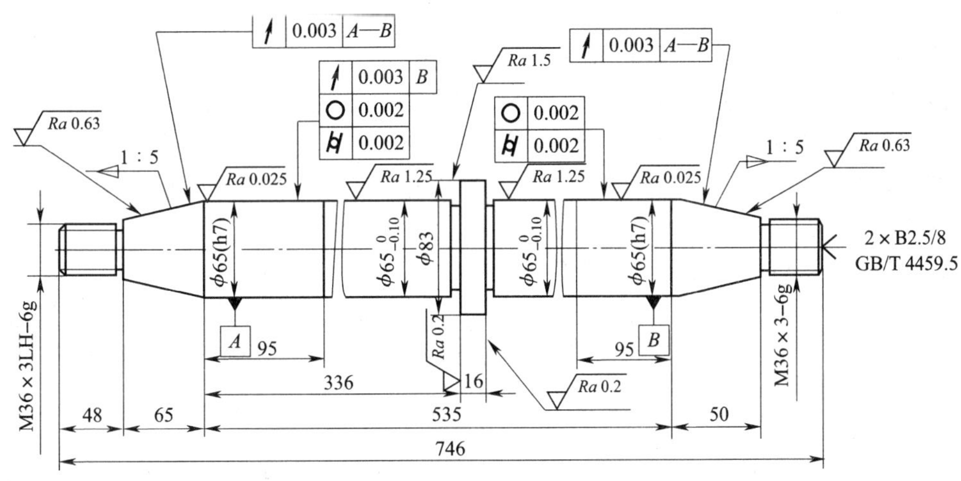

技术要求

1. 材料为9Mn2V，热处理淬硬62HRC。
2. 1∶5锥度，用涂色法检查，接触面积大于80%。

图 11—1　磨床砂轮主轴

2. 轴类零件的工艺分析

在分析图样和技术要求以后，可按下列步骤对主轴类零件进行工艺分析：

选择定位基准→安排磨削顺序→协调好与其他加工工种的关系，安排热处理位置→选择磨床、砂轮、夹具、量具→确定磨削余量和工序尺寸。

（1）选择定位

主轴类零件与其他轴类零件相同，均采用中心孔作为定位基准。这样，可以使定位基准与设计基准重合，并可使加工时定位基准始终统一，以保证圆度、同轴度等形状和位置公差要求。

（2）安排磨削顺序

较精密的主轴的外圆磨削可划分成粗磨、半精磨、精磨、精密磨四个加工阶段。当主轴的加工精度特别高时，还要增加超精密磨削工序。

划分加工阶段有以下好处：

1）可以合理选择机床。

2）可以合理选择砂轮。

3）可以合理选择磨削用量。

4）逐步消除工件的加工误差，提高加工精度。

各加工阶段的特点是：

1）粗磨主要磨去工件加工表面绝大部分加工余量，以缩短基本时间。通常，磨床应有较高的刚度。

2）半精磨是消除粗磨留下的误差，为精磨创造条件，以使能在精磨时仅切除最少的加工余量，达到一定的加工精度。

3）精磨阶段最终使各主要表面达到精度和表面粗糙度要求。由于精磨时，各表面的加工余量较小，故精磨所产生的磨削热、磨削力以及变形均较小。工件经精磨后，表面粗糙度可达到 $Ra0.4 \sim 0.2\ \mu m$。

4）精密磨削表面粗糙度可达到 $Ra0.1 \sim 0.05\ \mu m$。

5）超精密磨削加工的表面粗糙度值很小，可达到 $Ra0.025 \sim 0.012\ \mu m$。

（3）协调好与其他加工工种的关系，安排热处理位置

主轴类零件加工的典型工艺包括：毛坯制造及其热处理→预加工→车削加工→铣削加工→热处理→磨削加工等。

主轴类零件主要的热处理工序安排有以下特点：

1）退火和正火常安排在毛坯制造之后、粗加工之前，以改善切削加工性能和消除毛坯的内应力。碳的质量分数大于0.7%的碳钢和合金钢采用退火；碳的质量分数低于0.3%的低碳钢和低合金钢可用正火。退火和正火还可为以后的热处理做好组织准备。退火、正火一般用于锻件、铸件和焊接件。

2）调质常安排在粗加工之后、半精加工之前。经调质的零件，其综合力学性能较好。用于各种中碳结构钢和中碳合金钢。

3）时效处理常安排在粗加工、半精加工和精加工之间，以消除工件的内应力。

4）淬火安排在车削和磨削之间，以提高零件的硬度。用于中碳以上的结构钢和工具钢。

5）渗氮处理常安排在粗磨和精磨之间，以增加耐磨性、耐蚀性和疲劳强度。

（4）选择磨床、砂轮、夹具、量具

选择磨床时，要使磨床的主要参数与零件的尺寸相适应；磨床的精度则应与工序的加工精度相适应。目前，外圆磨床分普通级、精密级、高精度级三种精度等级，以供操作时选用。机床精度对加工精度有直接的影响。

图 11—2 所示为机床部件之间的位置误差对加工的影响。图中，头架和尾座的中心连线对工作台移动方向在垂直平面内的平行度误差，使装在顶尖上的工件倾斜一个角度 α，则工件会被磨成细腰形。

图 11—3 所示为机床刚度对加工的影响。图中，尾座顶尖因刚度不足而使尾座端工件偏移，工件表面则产生螺旋痕迹。

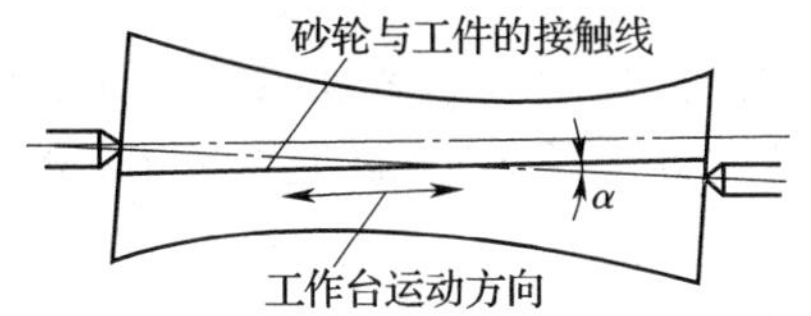

图 11—2 机床部件之间的位置误差对加工的影响

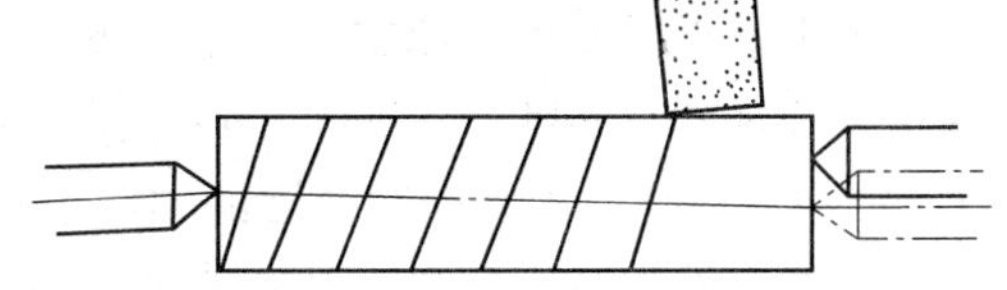

图 11—3 机床刚度对加工的影响

机床几何精度的影响包括很多项，操作时应按加工缺陷加以分析。

选择砂轮时，除考虑砂轮的形状、尺寸以外，主要应考虑磨料、粒度和硬度三个砂轮特性，以保证粗磨时砂轮有较强的磨削性能，在精磨时能获得较细的表面粗糙度。

磨削中使用的夹具、量具分通用和专用两大类。在批量生产中常使用各种专用夹具和专用量具。通常，专用夹具能较可靠地保证工件的加工精度。

（5）确定磨削余量和工序尺寸

考虑到磨削加工的特点，磨削总余量很有限，在磨削工序中以超精密磨削的余量为最少，一般只有 0.005 mm。决定磨削余量的因素除了磨削精度外，还有加工的尺寸和热处埋条件等。

3. 磨削工艺的编制

在工艺分析的基础上，可编制磨削工艺，其主要内容包括：磨削工序、工步、砂轮特性、机床和基准等项目。本砂轮主轴的磨削工艺可见表 11—1。磨削工艺是在完成了车削和热处理淬火以后进行的，其中还包括了热处理人工时效和研磨中心孔工序。

表 11—1　　砂轮主轴磨削工艺

工序	磨削内容	砂轮特性	机床	基准
1	粗磨两端 $\phi65\,_{-0.10}^{\ 0}$ mm 和 $\phi65h7$ mm 至尺寸 $\phi65\,_{+0.20}^{+0.25}$ mm，表面粗糙度 $Ra1.25$ μm	AF60K	M1432C	中心孔
2	人工时效处理			
3	研磨中心孔			
4	磨 $\phi83$ mm 至尺寸，磨台阶端面达图样要求，半精磨 $\phi65\,_{-0.10}^{\ 0}$ mm和 $\phi65h7$ mm 至尺寸 $\phi65\,_{+0.03}^{+0.05}$ mm，表面粗糙度 Ra 值为 1.25 ~ 0.63 μm	AF60K	M1432C	中心孔

续表

工序	磨削内容	砂轮特性	机床	基准
5	粗磨 1:5 锥面，留余量 0.03～0.05 mm	AF60K	M1432C	中心孔
6	精磨 1:5 锥面至尺寸，用涂色法检查，接触面积大于 80%	WAF100L	M1432C	中心孔
7	精密磨 $\phi65h7$，留余量 0.004 mm，磨 $\phi65_{-0.10}^{\ 0}$ mm 至尺寸	WAF100L	M1432C	中心孔
8	超精密磨 $\phi65h7$ 达图样要求	WAF230K	MGA1432A	中心孔

二、磨床主轴磨削工艺分析

1. 分析图样和技术要求

图 11—4 所示为磨床主轴。主轴的 Morse No. 5 圆锥孔是用来安装顶尖的，其轴线要与两个支撑轴颈（$\phi48_{-0.011}^{\ 0}$ mm、$\phi60_{-0.013}^{-0.005}$ mm）的轴线重合，径向圆跳动公差为 0.005 mm；主轴的 45°外锥面用以控制主轴的轴向位置，径向圆跳动公差也为 0.005 mm。

这类零件的特点是内、外圆表面间有较高的位置精度要求。

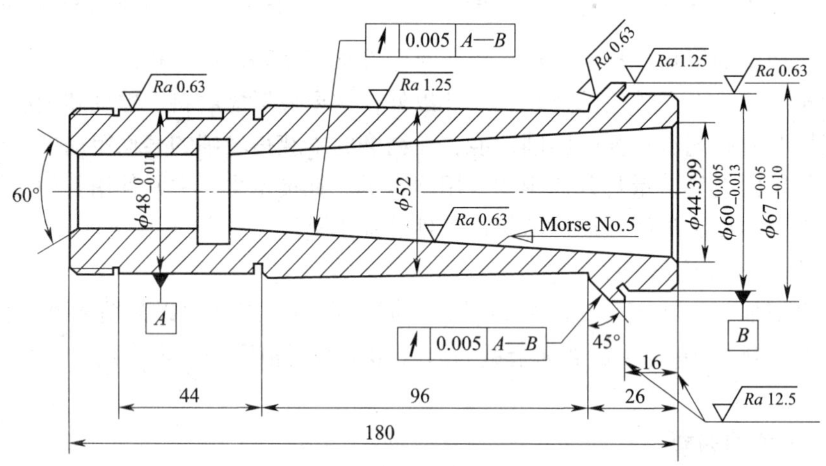

技术要求
材料为GCr15，热处理淬硬62HRC。

图 11—4 磨床主轴

2. 工艺分析

各磨削加工表面中，主轴内锥孔的磨削是工艺的关键；而 45°外锥面，则由于其角度较大，磨削时也应注意其加工精度。

（1）选择定位基准

选择 $\phi48_{-0.011}^{\ 0}$ mm、$\phi60_{-0.013}^{-0.005}$ mm 外圆作内孔磨削的基准，特点是定位较稳定，定位误差也较小。上述两外圆的精度主要由 60°孔口倒角决定。在操作时，应注意外圆的圆度误差，以保证内锥孔径向圆跳动误差在 0.005 mm 以内。

（2）安排磨削顺序

各主要表面的磨削分粗磨、半精磨、精磨三个阶段完成。在安排工序时，需首先磨出

$\phi48_{-0.011}^{0}$ mm、$\phi60_{-0.013}^{-0.005}$ mm 外圆。

（3）选择磨床、砂轮和夹具

工件的内、外圆磨削可采用万能外圆磨床。由于工件以外圆为基准磨削内孔，因此夹具结构选择对磨削精度的影响很大。除了轴类工件磨削的装夹方法以外，通常还可用以下两种方法：

1）用双中心架装夹

如图 11—5 所示，由于工件的定位已脱离了卡盘，因此完全避免了磨床头架主轴的回转误差的影响。若两个中心架的位置调整得当，则可获得很高的加工精度。

2）用专用夹具装夹

通常在大批量生产中用专用夹具装夹工件，可达到很高的定位精度。

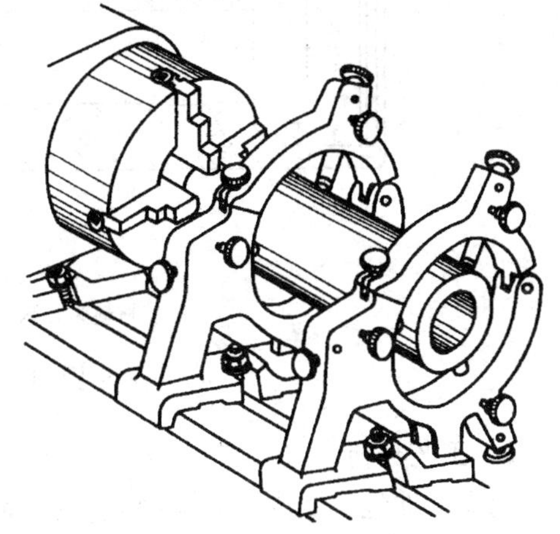

图 11—5　用双中心架装夹

3. 磨削工艺的编制

合理的磨削工艺应满足工件的加工精度要求、时间定额要求和生产成本要求。

本主轴的磨削工艺见表 11—2。

表 11—2　　**磨床主轴磨削工艺**

工序	磨削内容	砂轮特性	机床	基准
1	粗磨 $\phi48_{-0.011}^{0}$ mm 外圆至尺寸 $\phi48_{+0.3}^{+0.2}$ mm 粗磨 $\phi60_{-0.013}^{-0.005}$ mm 外圆至尺寸 $\phi60_{+0.3}^{+0.2}$ mm	AF60K	M1432A	中心孔
2	用卡盘、中心架装夹，粗磨 Morse No. 5 锥孔，留余量 0. 20 ~ 0. 25 mm	PA36K	M1432A	$\phi48_{-0.011}^{0}$ mm 外圆、 $\phi60_{-0.013}^{-0.005}$ mm 外圆
3	热处理：时效处理			
4	研磨 60°孔口中心孔			
5	半精磨 $\phi48_{-0.011}^{0}$ mm 外圆至尺寸 $\phi48_{+0.05}^{+0.06}$ mm，半精磨 $\phi60_{-0.013}^{-0.005}$ mm 外圆至尺寸 $\phi60_{+0.05}^{+0.06}$ mm，磨端面	AF60K	M1432A	中心孔
6	磨 45°锥面至尺寸	AF60K	M1432A	中心孔
7	精磨 $\phi48_{-0.011}^{0}$ mm、$\phi60_{-0.013}^{-0.005}$ mm 外圆至尺寸	PA100L	M1432A	中心孔
8	工件用 V 形夹具装夹，精磨莫氏 5 号锥孔至尺寸，用涂色法检验，接触面应大于 85%	PAF40K	M1432A	$\phi48_{-0.011}^{0}$ mm、 $\phi60_{-0.013}^{-0.005}$ mm

三、钻床主轴套筒磨削工艺分析

1. 分析图样和技术要求

图 11—6 所示为钻床主轴套筒零件图。$\phi50j7$ mm 外圆的圆柱度公差为 0. 003 mm，表面粗糙度为 $Ra0.2$ μm；两处 $\phi40J7$ mm 孔的同轴度公差为 $\phi0.01$ mm。该零件的加工精度较高，形状结构复杂，为获得良好的力学性能，在磨削前需进行调质热处理和时效处理。

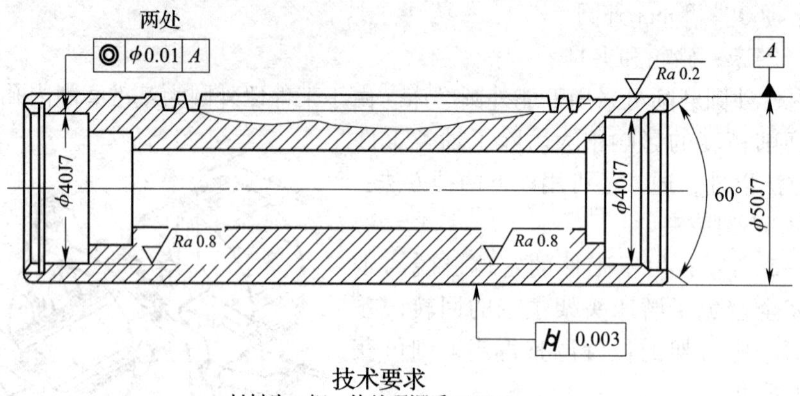

图 11—6　钻床主轴套筒

2. 工艺分析

套类零件包含了内、外圆磨削。在确定了装夹方式以后，应按“基准先行”的原则进行加工。这类零件通常是以外圆为基准定位来磨削内孔，故应先磨削外圆；同理应先研磨60°孔口中心孔。

在通常情况下，用粗粒度砂轮经细修整后，即可获得较细的表面粗糙度。在普通外圆磨床上，若选用特性为 WA80L 的砂轮，并用带 80°尖角的金刚钻修整砂轮，可以磨削出表面粗糙度为 *Ra*0. 2 μm 的工件表面，且不会产生多角形振动痕迹；反之，若砂轮的粒度很细，而修整不当，则常会产生多角形。当然，影响工件表面粗糙度的因素还有机床精度、切削液、磨削用量等方面。

3. 磨削工艺的编制

套类零件的磨削工艺主要可分成先磨内孔或先磨外圆两种。钻床主轴套筒是先磨外圆，然后以外圆为基准定位磨削内孔。这种工艺方法较简便，但对内孔磨削的操作要求较高。

本套筒的磨削工艺见表 11—3。

表 11—3　　钻床主轴套筒磨削工艺

工序	磨削内容	砂轮特性	机床	基准
1	热处理调质			
2	热处理时效			
3	研磨 60°孔口中心孔			
4	工件用顶尖式心轴装夹，粗磨 ϕ50j7 mm 外圆，留余量 0. 10 ~ 0. 15 mm	WA80L	M1432A	60°孔口中心孔
5	精磨 ϕ50j7 mm 外圆至尺寸	WA100K	M1432A	60°孔口中心孔
6	磨 ϕ40J7 mm 孔至尺寸，工件用四爪单动卡盘和中心架装夹，找正外圆在 0. 005 mm 内；调头磨另一端 ϕ40J7 mm 孔至尺寸	PA60K	PA60K	ϕ50j7 mm 外圆

复习思考题

1. 影响磨削精度的因素有哪些?
2. 如何提高磨削表面质量?
3. 试分析磨床主轴的磨削工艺。
4. 试分析钻床主轴套筒的磨削工艺。

第十二单元

磨削新工艺

课题一 超精密磨削

一、简述

工件表面粗糙度低于 $Ra0.2\ \mu m$ 的磨削工艺称为低粗糙度磨削。

低粗糙度磨削包括精密磨削、超精密磨削和镜面磨削三大类。工件表面粗糙度为 $Ra0.2 \sim 0.10\ \mu m$ 的磨削称为精密磨削；工件表面粗糙度为 $Ra0.05 \sim 0.025\ \mu m$ 的磨削称为超精密磨削；工件表面粗糙度为 $Ra0.012\ \mu m$ 的磨削称为镜面磨削。其中镜面磨削在实际生产中应用极少，精密磨削已广泛地应用于航空、精密机械以及电子等工业。随着机械制造精度的不断提高，超精密磨削工艺在近期有了飞速发展，超精密磨削较之研磨或超精加工等方法具有生产率高、几何形状精度高和加工范围广等优点。适于超精密磨削的国产磨床有 MG1432A、MG1432B、MG7132 等。MG7132 型高精度平面磨床有降温措施并采用静压轴承，砂轮垂直进给采用滚珠丝杠，工作台十字导轨有较高刚度。MG1432B 为 MG1432A 的改进型，采用许多新型结构。头架和砂轮架均采用动静压轴承。头架主轴由直流电动机驱动作无级调速。工作台采用塑料导轨。工作台运动速度最小为 0.02 m/min，并由数字显示装置显示。尾座采用十字交叉滚动导轨，顶尖移动灵活，刚度好。横进给采用丝杠全螺母结构，并备有磨削指示仪。

需经精密磨削、超精密磨削加工的工件有精密坐标镗床主轴、精密磨床主轴、量规、精密轧辊、精密轴承、精密模具，以及仪器的导轨、液压伺服阀等。超精密磨削也是航天工业的必备条件之一。

二、超精密磨削工艺

1. 超精密磨削的原理

磨粒的形状及其在砂轮中的位置都是很不规则的，因而在磨削过程中各个磨粒的切削情况不完全相同，比较尖锐的磨粒能切下一定厚度的金属；其他的磨粒则对工件表面有挤压、刻划作用。通常，磨削表面的形成是一个非常复杂的过程。经磨削表面的微观形状如图 12—1a 所示。因此，低粗糙度磨削必须具备下列四个条件：

（1）微刃的切削刻划作用。设法将砂轮经过精细的修整，形成许多极细微的锯齿形的微刃（见图 12—1b），砂轮圆周数十万微刃对工件表面进行极细微的切削作用，磨去极薄的金属层，达到高精度加工要求。

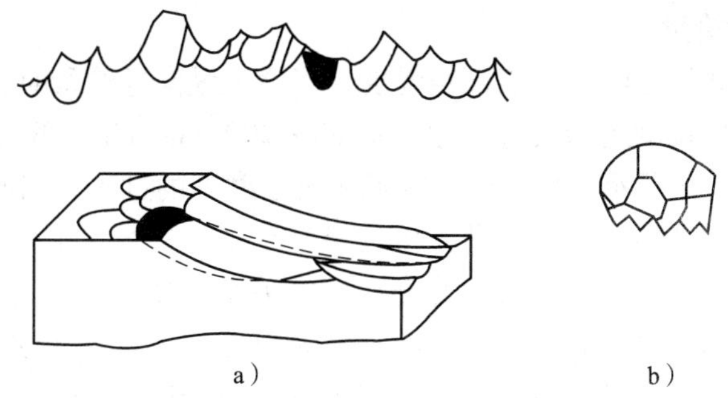

图 12—1　磨削表面的微观形状及微刃

a）磨削表面的微观形状　b）砂轮的微刃

（2）微刃的强烈摩擦抛光作用。微刃对工件主要的功能是摩擦抛光，即将工件表面的微观不平度误差缩减至最小值，以获得镜面。

（3）微刃的良好等高性。低粗糙度磨削不但要有许多微刃，而且还要保证微刃在砂轮表面上的分布呈等高性。所谓良好等高性是指其微刃顶端处于同一圆周面上的偏差程度。微刃的良好等高性可由精细修整砂轮获得。微刃的良好等高性是低粗糙度磨削的最重要条件。

（4）较低的磨削应力。微刃以极小的压力和热冲击作用而使磨削表面的塑性变形为最小值。但由于微刃的强烈摩擦作用，磨削区域的瞬时温度和伴随摩擦而产生的自激振动有可能使工件表面产生烧伤和波纹度误差。在低粗糙度磨削时须特别加以注意。

2. 超精密磨削的磨削用量

（1）砂轮圆周速度

砂轮圆周速度的提高对减小工件表面粗糙度是有利的。但由图 12—2 可见，当砂轮圆周速度提高到一定范围时，它对表面粗糙度已无显著影响。在低粗糙度磨削时，砂轮圆周速度偏高，则易造成工艺系统振动，使工件表面产生直波形误差和烧伤等缺陷。故低粗糙度磨削采用较低的砂轮圆周速度。MG1432B 型高精度万能外圆磨床采用圆周速度为 19 m/s 的砂轮。

（2）工件圆周速度

工件圆周速度在一定范围内对工件表面粗糙度无显著影响。当工件圆周速度过低时，则因散热慢易烧伤工件表面和产生螺旋进给痕迹；当工件圆周速度过高时，则易产生振动，并加深工件表面波纹度的深度（见图 12—3）。每种工件均有其固有的振动频率，因此也有其敏感的转速，磨削时要注意避免工件的敏感速度，以防止产生波纹度误差。

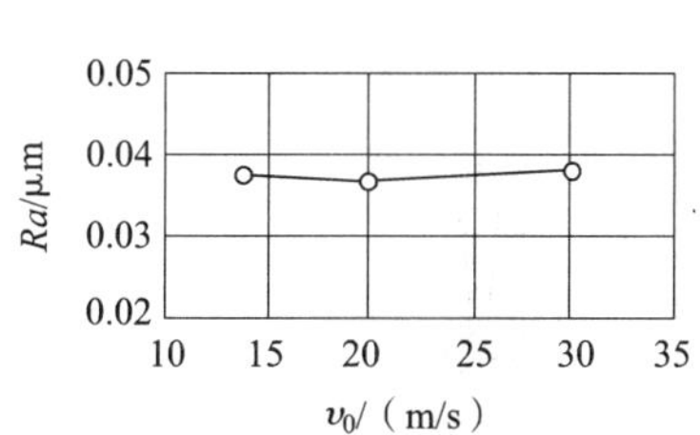

图 12—2　砂轮圆周速度对表面粗糙度的影响

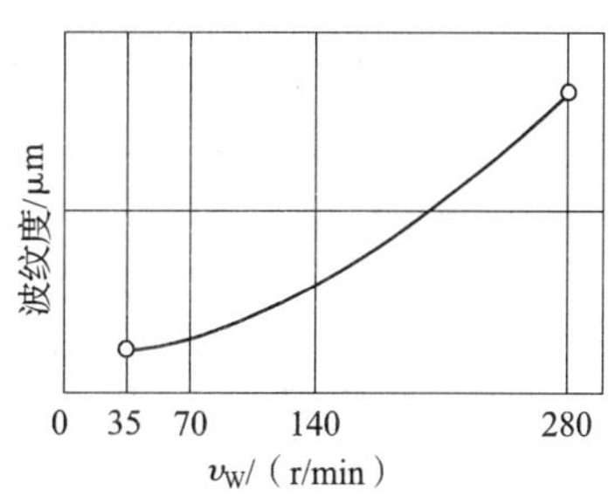

图 12—3　工件圆周速度对波纹度的影响

（3）工件纵向进给量

工件纵向进给量直接影响工件表面粗糙度。当增大纵向进给量时，磨削力和磨削热随之增大，工件表面易产生螺旋进给痕迹。通常取 80～200 mm/min。低粗糙度磨削时，要适当增加光磨次数。图 12—4 所示的曲线表示了低粗糙度磨削的过程。当砂轮切入工件后，工件与砂轮间产生适当的压力，但由于工艺系统的弹性变形，实际的背吃刀量小于名义背吃刀量，其与光磨次数的关系如图 12—4 中 *AB* 曲线所示。光磨数次后，工艺系统的弹性变形终止，最后的几次光磨后即可获得所需的加工尺寸。由于砂轮与工件表面间仍维持一定的压力，微刃的摩擦抛光作用良好。最后几次光磨对表面粗糙度有决定性影响，可选用较小的纵向进给量。一般需 8～10 个光磨行程达到表面粗糙度 *Ra*0. 1 μm。镜面磨削需 30～40 个光磨行程。

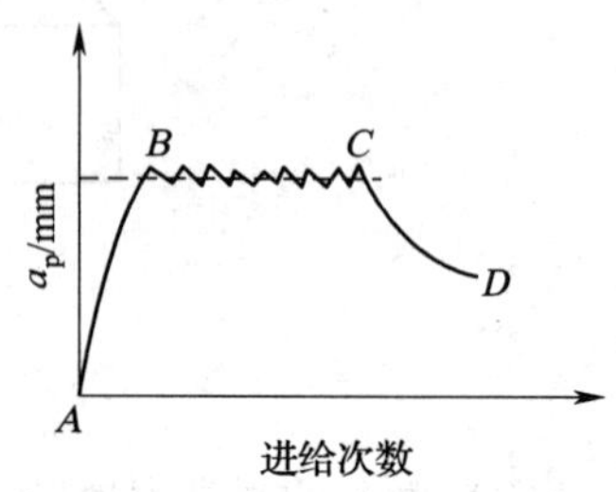

图 12—4　光磨次数

3. 配置切削液过滤装置

常见的切削液过滤装置有以下几种：

（1）纸质过滤器

其原理是使切削液通过滤纸后，将杂质分离出来。这种过滤器过滤精度高，可以把细小杂质滤去。缺点是净化能力较小，滤纸易堵塞，滤纸消耗大（见图 12—5a）。

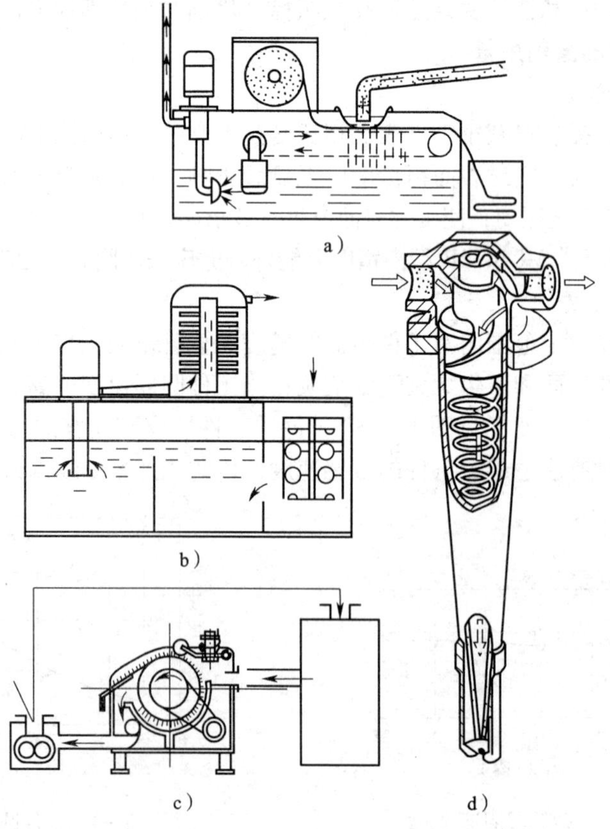

图 12—5　切削液过滤器

a）纸质过滤器　b）离心过滤器　c）磁性过滤器　d）涡旋分离器

（2）离心过滤器

其作用原理是将切削液在高速转动的容器中通过，由于磨屑、砂粒及其他杂质的密度比水大，因此所受的离心力大，这样迫使杂质在离心力的作用下紧附在容器的外壁上。过一段时间后，再把紧附在容器外壁上的物质去除，从而达到净化的目的。这种过滤方法由于噪声大，清理磨屑杂质麻烦，结构复杂，一般很少采用（见图 12—5b）。

（3）磁性过滤器

磁性过滤器的原理是利用磁性将切削液中的磁性杂物吸附掉。但对于非磁性物质如铜、砂粒和砂轮结合剂等都无净化能力（见图 12—5c）。

（4）涡旋分离器

这是一种性能好、净化效果较好的净化装置，它最小能分离 1.5 ~ 3 μm 的粒度，分离后的切削液清洁度高，因此最适合用于低粗糙度磨削切削液净化器。

涡旋分离器结构如图 12—5d 所示。涡旋的旋转半径由上而下逐步减小，向心加速度也随之增大，所以，流体中的杂质就迅速下降，从而达到净化的目的。

4．超精磨削实例

图 12—6 所示为一精密主轴。材料为 9Mn2V，其轴承颈直径为 $\phi100_{-0.023}^{\ 0}$ mm，表面粗糙度为 *Ra*0.025 μm，轴颈与锥面同轴度公差为 5 μm。外圆 $\phi100_{-0.023}^{\ 0}$ mm 采用粗磨、半精磨、精磨、超精磨、精超磨共 5 个磨削工序。超精磨余量为 5 ~ 10 μm，其中精超磨余量 1 ~ 2 μm，背吃刀量 $a_p \leqslant 1$ μm。磨削工艺见表 12—1。

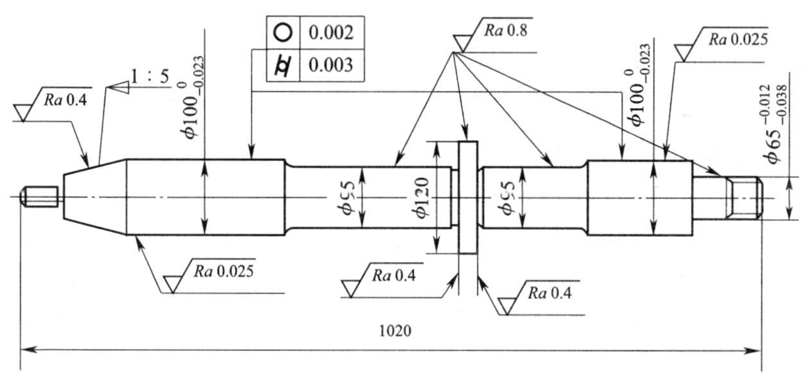

技术要求

材料为9Mn2V，热处理淬硬62HRC。

图 12—6　精密主轴

表 12—1　　**磨削工艺**

工序	内　容	砂轮特性	机床	基准
1	粗磨各外圆，留余量 0.20 ~ 0.25 mm	AF60K	M1432A	中心孔
2	热处理人工时效			
3	研磨中心孔			

续表

工序	内　容	砂轮特性	机床	基准
4	磨 $\phi65^{+0.012}_{-0.038}$ mm、$\phi120$ mm 至尺寸；磨台阶至尺寸；半精磨 $\phi100^{\ 0}_{-0.023}$ mm 至 $\phi100^{+0.06}_{+0.05}$ mm；磨 1:5 锥面，留余量 0.4 ~ 0.5 mm；磨 $\phi95$ mm 至尺寸	WAF100L	M1432A	中心孔
5	研磨中心孔			
6	精磨 $\phi100^{\ 0}_{-0.023}$ mm 至 $\phi100^{+0.005}_{\ 0}$ mm，表面粗糙度 *Ra*0.1 μm，磨 1:5 锥面至尺寸，接触面积大于 85%，圆跳动误差小于 0.004 mm	WAF100L	M1432A	中心孔
7	超精磨 $\phi100^{\ 0}_{-0.023}$ mm 至尺寸，表面粗糙度 *Ra*0.025 μm	WAF230K	MG1432A	中心孔

课题二
高速磨削

一、简述

磨削加工的高速化，也是磨削工艺发展的方向之一。普通磨削砂轮的圆周速度在35 m/s 以下。砂轮圆周速度 $v_s \geq 45$ m/s 的磨削称为高速磨削。高速磨削能在满足给定加工精度的条件下，用更短的加工时间，在单位时间内切除更多的金属。例如，在砂轮圆周速度为 45 m/s 的 MS1332 型高速外圆磨床上磨削淬硬钢零件，磨削的加工时间缩短 30% ~40%，圆柱度精度达到 0.005 mm，表面粗糙度达到 *Ra*0.4 μm。MSK2120 型数控高速内圆磨床，砂轮圆周速度为 50 m/s，大大提高了内圆磨削的加工精度。我国研制的高速外圆磨床，砂轮圆周速度已达到 80 m/s。

二、高速磨削工艺

1. 高速磨削的原理

在磨削过程中，砂轮圆周表面上的每颗磨粒相当于铣刀的刀齿不断从工件表面切除金属，每颗磨粒切下极小的磨屑。

提高砂轮圆周速度 v_s，可以减小磨屑厚度 a。这是由于砂轮圆周速度提高后，砂轮表面在单位时间内参加磨削的磨粒数增多，每颗磨粒的磨削减薄，即磨屑厚度 a 减薄。磨削厚度的减小，可减小磨削力，有利于提高工件的表面质量，延长砂轮寿命。高速磨削时可加大背吃刀量，提高劳动生产率。

2. 高速磨削的特点

高速磨削有下列特点：

（1）提高磨削劳动生产率 30% ~100%。

（2）增加砂轮寿命约4倍。

（3）提高加工精度和减小表面粗糙度值。

（4）须增大机床电动机功率，并对磨床刚度、砂轮强度、冷却装置以及安全防护方面有特殊要求。

3. 高速磨床简介

高速磨床有许多结构特点以满足高速磨削的要求。其结构特点有下列五个方面：

（1）随着砂轮圆周速度的提高和磨削用量的增加，砂轮主轴电动机功率要加大75%～100%。高速磨削电动机功率可按下式估算：

$$W = kB \tag{12—1}$$

式中 W——电动机功率，kW；

B——砂轮宽度，mm；

k——估算系数，一般取$\frac{1}{6}$～$\frac{1}{5}$，kW/mm。

（2）要保证砂轮主轴在高速旋转时正常工作。图12—7所示为MS1332A高速外圆磨床砂轮架主轴结构。砂轮圆周速度为45 m/s，砂轮主轴轴承采用短三块式，主轴与轴承间隙在0.03～0.05 mm内，主轴轴向窜动和径向圆跳动小于0.005 mm。主轴采用浸润式润滑，以黏度较小的2号专用主轴油润滑。为了防止由于传动带拉力作用形成的主轴偏移，采用传动带卸荷装置。带轮安装在支架上，当传动带拉紧时，仍能保证主轴的回转精度。

（3）增加切削液的供应。高速磨削时，在磨削区域瞬间温度高达1 000℃左右，此外在砂轮圆周表面产生强大的气流，使切削液不易顺利地注入磨削区域。因此，必须增加切削液的流量，且改进切削液喷嘴的形状。如一般外圆磨床是采用流量为25 L/min、扬程为3 m的冷却泵，高速磨削则改用流量为45 L/min、扬程为5.5 m的三相电冷却泵。相当于1 mm砂轮宽度上的切削液流量不小于1 L/min。为了防止切削液飞溅，可采用专用喷嘴。如图12—8所示，喷嘴上面的横板1紧贴在砂轮圆周表面上，它能把强大的气流隔开，保证切削液顺利注入磨削区，并能有效地防止切削液飞溅；两侧板2，可防止切削液向两侧飞溅。

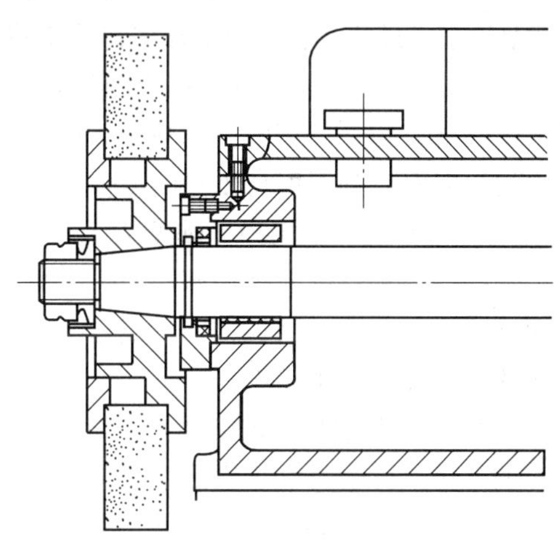

图12—7 MS1332A高速外圆磨床砂轮架主轴结构

（4）机床应具有较高的刚度和抗振性，并要求砂轮要严格的平衡。半自动高速外圆磨床，则可采用自动平衡装置，以防止砂轮微小的不平衡所引起的振动。

（5）加固砂轮防护罩。砂轮速度提高后，其动能也随之增加。60 m/s高速磨削砂轮的动能是普通磨削的3倍。因此，加固砂轮防护罩，以防止砂轮意外碎裂时对人身的伤害。

如图12—9所示，防护罩外壳用厚15 mm的钢板焊接而成。防护罩2前面的挡板与护罩壳体焊成一体，挡板的下端向下延伸，以使护罩的开口为最小。在防护罩的内壁放置硬质的泡沫塑料衬垫1，以防止砂轮碎裂时产生太大冲击力。整个防护罩用螺钉3和凸键4与磨头架连接。

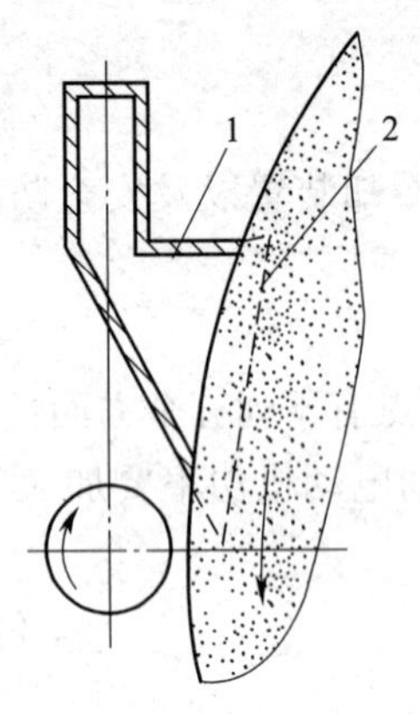

图 12—8　专用喷嘴

1—横板　2—两侧板

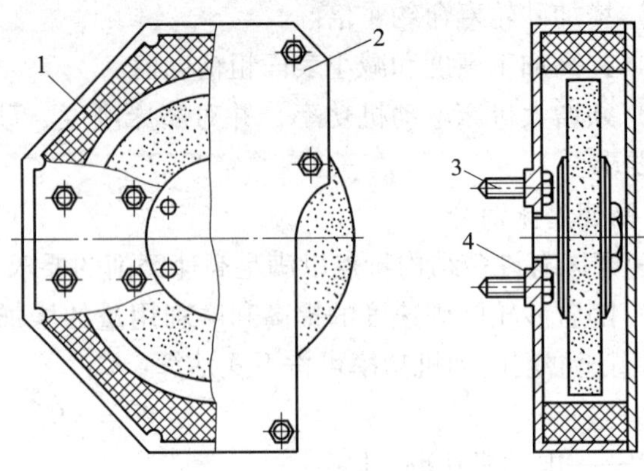

图 12—9　防护罩结构

1—衬垫　2—防护罩　3—螺钉　4—凸键

4. 高速磨削砂轮的选择

高速磨削所用砂轮与一般砂轮不同，它必须有足够的强度，其安全线速度要达到 45 m/s。高速砂轮要保证在离心力作用下砂轮不破裂。高速砂轮由砂轮厂专门制造，在陶瓷结合剂中加入特殊的化学元素如硼、锂、钡、钙等，使结合剂的强度提高。选择时应看清牌号上砂轮线速度值。砂轮其他特性选择分析如下：

（1）磨料可按工件材料选择。磨削优质碳素结构钢或合金结构钢，以韧性较高的棕刚玉和微晶刚玉为理想选择。磨削球墨铸铁用棕刚玉和绿色碳化硅的混合磨料可获得较好效果。

（2）高速磨削选用 F60 ~ F80 粒度。选用细粒度砂轮，砂轮工作圆周面的磨粒数目增多，每颗磨粒的平均切削负荷减小，磨粒不易磨损。同时，在磨削力的作用下磨粒的脱落也较均匀，因而有利于保持砂轮的工作形面，延长砂轮寿命。

（3）高速磨削选用砂轮硬度为 K ~ N。砂轮硬度太低，容易造成磨粒脱落；砂轮硬度太高，则磨削效率较低。高速磨削对砂轮硬度的均匀性有严格要求。因为在高负荷作用下，砂轮硬度不均匀会造成磨粒不均匀脱落，使砂轮工作表面的正确几何形状破坏，从而影响砂轮工作的平稳性和加工精度。

（4）高速磨削切下的切屑数量多，如果砂轮表面上有一些微小的气孔，则有利于切屑的容纳和排除，也有利于磨削热量的散失，因而有利于砂轮磨削效率的提高和砂轮寿命的延长。但气孔太大容易使砂轮不均匀脱落。

课题三 恒压力磨削

一、简述

恒压力磨削又称控制力磨削，是切入磨削法的特殊形式，常用在高速磨削中。磨削时砂轮以一定的背向力压向工件，自动完成粗磨、精磨及无火花磨削循环。机床采用电液控制，常用在轴承制造中。

二、恒压力磨削工艺

1. 恒压力磨削的原理

恒压力磨削的原理如图 12—10 所示，砂轮架由快进液压缸活塞推进与工件接触，保持恒定的压力，磨削的控制力由下式计算：

$$F = PA - \sum F \qquad (12—2)$$

式中 F——控制力，N；

P——液压，MPa；

A——液压缸活塞有效面积，mm^2；

$\sum F$——系统摩擦力总和，N。

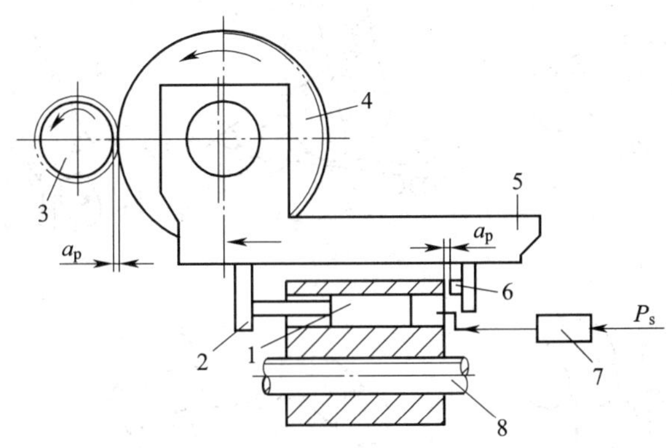

图 12—10　恒压力磨削的原理

1—活塞　2—支架　3—工件　4—砂轮　5—砂轮架　6—定位挡块　7—减压阀　8—丝杠

机床在正常工作液压条件下，控制力调整范围为 466 ~ 574 N。系统压力由减压阀调节，砂轮架横向位置由定位挡块控制。

2. 恒压力磨削的特点

由于砂轮横向进给力能作为主要参数加以控制，因而可以预选最佳磨削压力，以获得最佳效果，压力可通过试验确定。恒压力磨削的特点是：

（1）能可靠地达到规定的精度和表面质量。在磨削过程中，按照工件和砂轮的情况，自动变换进给速度，并对工件保持恒定的压力。在刚开始磨削时，砂轮锋利，进给速度快，砂轮充分发挥切削能力；以后砂轮逐渐变化，单位面积上的压力增大，进给速度降低，这样有利于获得正确的几何形状，并能防止烧伤等缺陷。

（2）提高磨削效率，完成磨削循环。砂轮快速引进后，则进行粗磨、半精磨、精磨、无火花磨削，整个磨削循环连续进行并可自动控制，故有极高的生产效率。

（3）防止砂轮超负荷工作，操作安全。

（4）与普通磨床的横进给机构相比，结构简单、紧凑。

（5）可按最佳磨削参数，选定砂轮对工件的径向压力，进行适应性磨削。

（6）为了准确地控制磨削力，在横进给系统，需采用静压或滚柱导轨，避免由于摩擦力变化而引起磨削压力的不稳定。

课题四
砂带磨削

一、简述

用高速运动的砂带作为磨削工具，磨削各种表面的方法称为砂带磨削。砂带上仅有一层经过精选的粒度均匀的磨粒，通过静电植砂，使其锋刃向上，切削刃具有良好的等高性，可获得较好的表面质量。砂带磨削是先进的磨削方法之一。砂带磨削广泛地用于外圆、平面或成形表面的磨削加工中（见图 12—11）。

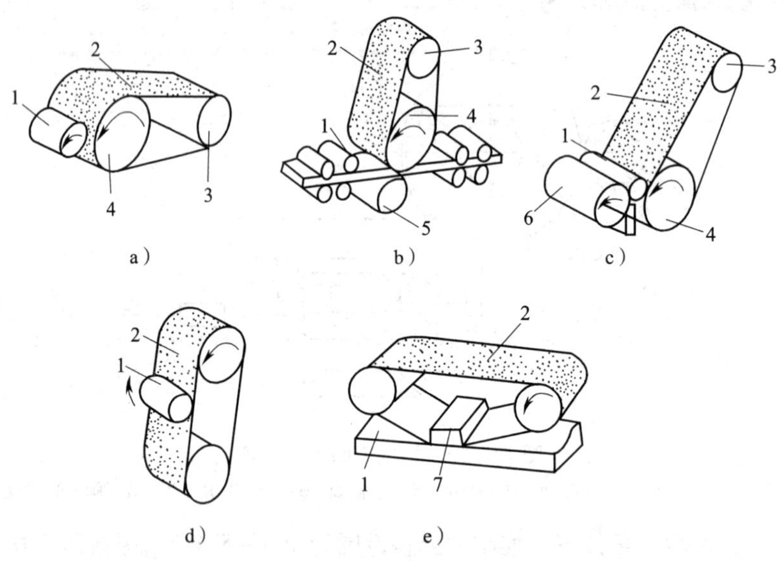

图 12—11 砂带磨削的形式

a）磨外圆 b）磨平面 c）无心磨 d）自由磨削 e）砂带成形磨削

1—工件 2—砂带 3—张紧轮 4—接触轮 5—承载轮 6—导轮 7—成形导向板

二、砂带磨削工艺

1. 砂带磨削方法

砂带磨削方法有砂带自由张紧法和接触轮法两种。自由张紧法如图 12—12a 所示，砂带由驱动轮传动，工件压向砂带使砂带自由张紧进行磨削。接触轮法是砂带安装在弹性接触辊上，借此增加砂带与被加工表面间的接触面积进行磨削，如图 12—12b 所示。

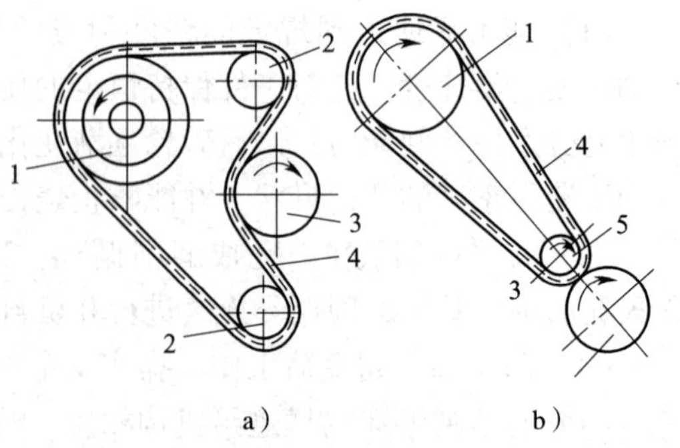

图 12—12 砂带磨削方法

1—驱动轮 2—张紧轮 3—工件 4—砂带 5—接触辊

2. 砂带磨削的特点

砂带磨削与普通磨削相比较有以下特点：

（1）砂带和加工表面间的接触面积较大，散热性好，磨削产生的热量较低，不易烧伤工件表面，能保持工件表面层的微观硬度。

（2）砂带的尺寸较大，有极高的金属切除率，适用于大面积高效率磨削，效率可提高5～20倍。

（3）砂带的磨削速度固定不变。

（4）砂带具有相当的柔性，可反贴于工件曲面进行磨削，并可磨削各种复杂的形面，但不易修整工件原有的位置误差。

（5）砂带的胶质层对金属的摩擦因数比砂轮的陶瓷结合剂小，从而降低了磨削区域的发热量。砂带磨削的磨削力较小。

（6）机床有较高的抗振性。

（7）机床结构较简单，操作调整方便，更换接触辊即可改变砂带的磨削特性。砂带磨床主要由接触辊，砂带的张紧、导向和定心装置，传动装置等组成。砂带机床功率利用率高达96%。

（8）磨削表面有均匀的表面粗糙度值。

3. 砂带的结构及其选择

砂带是用黏结剂将磨料涂层固定在专门制造的织物或纸质基带上。

图12—13所示为双层黏结剂的砂带。由织物基带1、底胶层2、表面黏结剂3和磨粒4的组成。砂带的选择包括基带的类型、黏结剂的种类和磨粒的特性等。

（1）基带的种类和选择

基带有织物和纸质两种。对于没有切削液的磨削应选用纸基带的砂带；对于有乳化液的磨削，则应选用织物作基带的砂带。通常用斜纹布作织物基带。

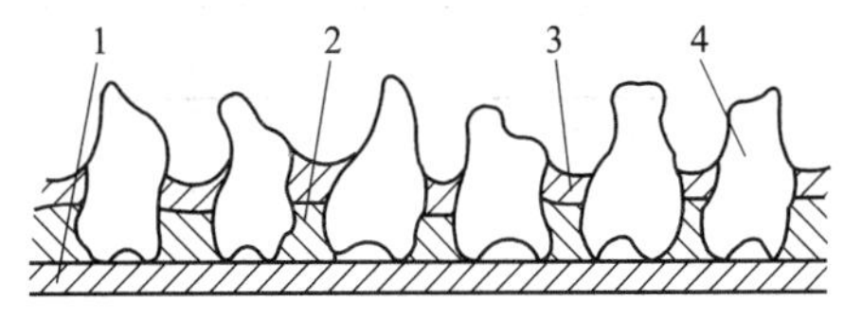

图12—13 双层黏结剂砂带
1—织物基带 2—底胶层
3—表面黏结剂 4—磨粒

在砂带磨削时，砂带在载荷的作用下会伸长变形，从而降低了磨削效率。因此砂带的基带除了有较高抗拉强度外，还要求有最小的伸长量。

（2）黏结剂的种类

黏结剂分动物胶和人造胶两种。黏结剂使磨粒粘接在基带上，它应具有适当的弹性。干磨的砂带和用润滑油的砂带用动物胶作黏结剂，制造耐水砂带则用人造黏结剂。

（3）磨粒的特性及其选择

制造砂带的磨料有白刚玉、棕刚玉、绿色碳化硅、黑色碳化硅、单晶刚玉、氮化硼、金刚砂等。

其中棕刚玉有较好的切削性能，适于粗磨；碳化硅磨粒性脆，能获得较好的加工表面质量，常用于精磨；单晶刚玉则用于磨削难加工的钢件和传热性能较低的合金钢；氮化硼和金刚砂的用途与单晶刚玉相同，但磨削质量更好。

砂带的粒度按表面粗糙度的要求选择：粗磨用较粗的粒度，精磨则用细粒度砂带。

（4）砂带的尺寸及规格

用织物制作的砂带，其宽度有725 mm、760 mm、775 mm和820 mm四种，其长度有30 m、50 m两种。纸质砂轮的宽度为620 mm、720 mm、750 mm、800 mm和900 mm，长度有30 m、50 m、100 m等。为了加工不同种类的材料，砂带有不同的粘接强度。

4. 砂带磨削的主要指标及缺陷

用砂带磨削时，其加工表面质量高于一般磨削的表面质量，并能保持工件表层的微观硬度。采用细粒度砂带和较高的线速度，可获得较低的表面粗糙度值。

砂带磨削的主要指标包括以下几项：

（1）砂轮的金属切除量为 200 ~ 600 mm^3/min。

（2）工件表面粗糙度为 $Ra0.37 \sim 0.12$ μm。

（3）加工平面的尺寸精度为 ±25 μm，平行度公差为 25 μm。无心磨削的尺寸精度为 25 μm。

砂带磨削的缺陷和消除方法见表 12—2。

表 12—2　　砂带磨削的缺陷和消除方法

缺陷	消除方法
砂带表面磨光，黏附金属	提高接触辊的硬度，使辊子表面沟槽纹窄些，而深槽展宽些
金属切除率低	提高接触辊的硬度，使沟槽纹窄些，降低砂带速度
表面粗糙度值高	使沟槽纹展宽，深槽变窄，提高砂带速度
烧伤	使沟槽纹变窄，深槽展宽，降低砂带速度
破碎	降低接触辊的硬度，使辊子表面上的沟槽变窄、深度展宽
磨粒脱落	提高接触辊的硬度，降低砂带速度

课题五 特种材料的磨削

一、硬质合金的磨削

硬质合金常用于制造刀具、模具，为高硬度的难磨材料，其热导率较低，通常用碳化硅磨料砂轮磨削，产生的磨削热不易散发，且磨削力大，砂轮磨耗快，工件易产生磨削裂纹。目前已广泛采用金刚石砂轮磨削，有较高的磨削质量和效率。

1. 金刚石砂轮的结构

金刚石砂轮由工作层 1、过渡层 2 和基体 3 组成。工作层由磨料、结合剂和填料组成，起磨削作用；过渡层由结合剂、金属粉和填料组成，作用是使工作层牢固黏结在基体上；基体一般由铝或钢按磨削形式制成不同形状。

2. 金刚石砂轮的选择

金刚石砂轮一般用金刚石和人造金刚石制造。人造金刚石是以石墨为原料，在触媒剂作用下，利用超高压、超高温合成的超硬材料，目前品种还比较单一。

（1）粒度的选择

选择粒度应从工件表面粗糙度、磨削劳动生产率和金刚石的消耗等三方面综合考虑。半精磨时用粒度号为 F120 ~ F180，精磨时用 F240 ~ W40。粒度对金刚石消耗有较大影响，在粘接强度较低的树脂结合剂磨具中，选用粗粒度易造成金刚石过快损耗。在粘结强度较高的青铜结合剂磨具中，选用细粒度易造成砂轮堵塞。几种常用的粒度见表 12—3。

表 12—3　　金刚石粒度的适用范围

金刚石粒度	工件表面粗糙度	
	陶瓷结合剂	青铜结合剂
F100 ~ F150	0. 63 ~ 0. 20	0. 25 ~ 0. 20
F150 ~ F240	0. 20 ~ 0. 10	0. 63 ~ 0. 20
F280 ~ W20	0. 10 ~ 0. 025	—
W14 ~ W5	0. 05 ~ 0. 012	—
W5 ~ W1	0. 025 ~ 0. 012	—

（2）浓度的选择

金刚石砂轮的浓度是指工作层内每立方厘米体积中含有金刚石的质量。100% 浓度是表示工作层每立方厘米体积中含有 4. 4 克拉（1 克拉 = 0. 2 g）的金刚石。其常用浓度见表 12—4。高浓度金刚石砂轮保持形状能力强，比较耐用。低浓度砂轮的总磨耗量小，但浓度过低，金刚石易损耗。一般，细粒度砂轮选用低浓度，粗粒度砂轮则选用高浓度。

表 12—4　　金刚石砂轮浓度

浓度（%）	金刚石含量（克拉/cm^3）	金刚石在工作层中所占体积（%）
25	1. 1	6. 25
50	2. 2	12. 50
70	3. 3	18. 75
100	4. 4	25. 00
150	6. 6	37. 50

（3）结合剂的选择

金刚石砂轮常用青铜和树脂结合剂。用青铜结合剂制成的砂轮结合强度较高，形状保持性好，使用寿命长，且能承受较大负荷，用于粗磨和半精磨。树脂结合剂制成的砂轮自锐性好，故不易堵塞，有弹性，具有良好的抛光作用，适用于精磨。

（4）磨料层厚度

常用磨料层厚度有 1. 5 mm、2 mm、3 mm、5 mm 四种。

（5）砂轮形状和尺寸的选择

常用的砂轮形状有平形、碟形、碗形、薄形、双面凹形五种。砂轮的形状和尺寸应按工件形状和机床条件选用。

3. 金刚石砂轮的合理使用

（1）选择合理的磨削用量。工件圆周速度一般为 15 m/min。砂轮圆周速度按磨削条件选择见表 12—5。背吃刀量一般为 0.01 ~0.02 mm，小于普通磨削。采用过大的背吃刀量会使工作层损耗加快。砂轮常用的背吃刀量见表 12—6。

表 12—5 **金刚石砂轮圆周速度** m/s

结合剂	砂轮圆周速度	
	干磨	湿磨
树脂	10 ~ 15	15 ~ 25
青铜	15 ~ 20	20 ~ 30

表 12—6 **砂轮常用的背吃刀量** mm

结合剂	背吃刀量	
	粒度 F46 ~ F120	粒度 F150 ~ F240
树脂	0.02 ~ 0.03	0.01 ~ 0.02
青铜	0.01 ~ 0.015	0.005 ~ 0.01

（2）砂轮应配置法兰盘，安装时用百分表找正砂轮径向圆跳动误差在 0.01 mm 以内。尺寸较大的砂轮需静平衡。

（3）砂轮工作面失去几何精度时，可将砂轮安装在两顶尖间用碳化硅砂轮磨削修整。工作面堵塞可用油石修整。

（4）采用煤油作为切削液，可延长金刚石砂轮的使用寿命，减低工件的表面粗糙度。

（5）机床要有较高的刚性，主轴的旋转精度要高。

二、不锈钢的磨削

不锈钢属于合金钢，主要含有 Cr、Ni、Ti 等化学成分，如 1Cr13、1Cr18Ni9Ti、Cr25Ni20Si2 等。不同化学成分的不锈钢其硬度、韧性、热导率及加工硬化性等均有很大的差别。一般不锈钢的强度、硬度低于普通钢，塑性、韧性较好，其热导率较小，仅为普通钢的 1/4 ~ 1/2，且线膨胀系数大。所以，加工中很容易产生变形，影响尺寸精度，造成表面烧伤，并产生明显的加工硬化。又由于磨屑不易折，很容易粘接在一起，堵塞砂轮，从而使发热、变形更严重，降低加工精度、恶化表面质量。这是不锈钢难于磨削的原因。有些不锈钢韧性既好，硬度又高，如含 Ni 量较高的奥氏体不锈钢或马氏体不锈钢；还有的不锈钢耐热性、耐酸性好，如耐热不锈钢、耐酸不锈钢，其切削性能均较差，属于难磨削的材料，须采用特殊的磨削方法。

1. 砂轮的选择

磨削一般不锈钢大多采用白刚玉或单晶刚玉（磨孔用微晶刚玉）磨料、V 结合剂、J ~ N 硬度的松组织砂轮，选用硬度较软、组织较松的锆刚玉砂轮和立方氮化硼（CBN）砂轮更好。

（1）对磨削表面粗糙度要求不高时，砂轮一般选择 F46 粒度；而对表面粗糙度要求较高时，先用 F46 粒度砂轮作粗磨，磨至 *Ra*0.8 ~0.4 μm，再用 F60 ~ F80 粒度的砂轮将工件

磨至 $Ra0.2$ μm。

外圆磨削时，砂轮一般用 F36 ~ F60 粒度，可以磨至 $Ra3.2 \sim 0.4$ μm。用 F46 粒度可磨至 $Ra0.8$ μm，F60 粒度可磨至 $Ra0.4$ μm，F80 粒度可磨至 $Ra0.3$ μm，F80 ~ F120 粒度可磨至低于 $Ra0.1$ μm。与外圆磨削相比，内圆磨削、端面磨削及薄壁空心件的外圆磨削均应选择较粗粒度的砂轮。

（2）结合剂。由于不锈钢的韧性大，高温强度高，磨削过程中的切削力较大，因此要求砂轮具有较好的强度，在磨削过程中能承受较大的冲击载荷。结合剂中的陶瓷结合剂具有较多的优点，它的耐热性和抗腐蚀性都很高。因此，磨削不锈钢的砂轮一般都采用陶瓷结合剂。树脂结合剂也有一定的优点，也可以用于磨削不锈钢，但它没有陶瓷结合剂坚固，而且在受到碱性冷却液的影响后，会起破坏作用，在温度高于 150℃时会软化而失去强度。

（3）砂轮的硬度。磨削不锈钢的砂轮硬度应该比磨削一般碳钢时稍低些，使砂轮有较好的自锐性。砂轮硬度太高，结合剂粘得太牢，磨削时磨粒不易脱落，致使砂轮变钝而失去切削性能，造成磨削力和磨削热增大，表面粗糙度显著恶化，工件表面产生退火、烧伤等现象；但砂轮硬度太软，磨粒黏合不牢，在磨粒未变钝之前就自行脱落，使砂轮表面丧失原来的几何形状，造成磨削后工件形状变化，若重修整砂轮，则降低了生产率，且不经济。一般在精磨时选择较软的砂轮，粗磨时选择比精磨稍硬一点的砂轮。加工工件形状复杂（如圆弧面、曲面等）时选择稍硬的砂轮，以确保几何形状的正确。磨削空心、薄壁、细长轴类、大直径工件时，均应选择较软的砂轮。

2. 磨削用量的选择

磨削总余量一般为 0.15 ~ 0.30 mm，其中精磨余量一般为 0.05 mm。磨削用量的选择可以根据磨削形式选择，如表 12—7 所示。

表 12—7　　磨削用量及砂轮特性的选择

磨削形式	砂轮圆周速度/（m/s）	工件圆周速度/（m/min）	横向进给量/mm	砂轮特性
平面	35	12 ~ 15	0.025 ~ 0.013	A60JV
外圆	35	15	0.051 ~ 0.018	A46JV
内圆	25.3	45.7	0.018 ~ 0.005	A46JV
无心	33	15.2	0.127 ~ 0.038	A60JV

在选择立方氮化硼砂轮磨削时，砂轮的圆周速度应保持在 15 ~ 30 m/s，径向进给量（磨削深度）一般在 0.002 ~ 0.01 mm。

3. 切削液的选择

一般水溶性乳化液对磨削所有的不锈钢都适合。最好采用含氯、硫等添加剂的切削液。采用活性硫化脂油的质量分数为 10% 的乳化液，磨削的效率比用普通乳化液高 4 ~ 13 倍。

用单晶刚玉砂轮时，选择在高温和摩擦作用下润滑膜坚固的硫化乳化液；用立方氮化硼砂轮时，可用煤油或有极压添加剂的水溶液作切削液，不可用冷水冷却，因为高温下立方氮化硼易与水蒸气反应生成氨和硼酸，从而加快砂轮的消耗。

复习思考题

1. 影响磨削精度的因素有哪些?
2. 如何提高磨削表面质量?
3. 什么叫精密磨削、超精密磨削?
4. 试述超精密磨削的特点和原理。
5. 超精密磨削时，如何选择磨削用量?
6. 试分析主轴的超精密磨削工艺。
7. 超精密磨削中，常用的切削液过滤装置有哪几种? 各有什么特点?
8. 试述高速磨削的特点、原理。
9. 高速磨削对机床有何要求?
10. 高速磨削如何选择砂轮特性?
11. 什么叫恒压力磨削?
12. 砂带磨削有哪些特点?
13. 说明砂带的结构和选择方法。
14. 砂带磨削中有哪些典型缺陷? 如何消除?
15. 磨削硬质合金时有何特点?
16. 如何选择金刚石砂轮的特性?
17. 如何合理使用金刚石砂轮?
18. 不锈钢在磨削过程中有何特点?
19. 如何磨削一般不锈钢?

第十三单元

提高劳动生产率的途径

劳动生产率是衡量生产效率的一个综合指标，它可以用产量定额和时间定额来衡量。产量定额是指在一定生产条件下，规定每个工人在单位时间内应完成的合格品数量。时间定额是指在一定生产条件下，规定生产一件产品或完成一道工序所需消耗的时间。要提高劳动生产率，就必须增加产量定额或减少时间定额。在机械制造行业中常采用时间定额。

现代的机械制造业正向着高精度、高效率和低成本方向发展。对于生产厂家和企业而言，就必须在确保安全的前提下，以保证产品质量为中心，以提高经济效益为目的，不断提高劳动生产率，并注意减轻工人的劳动强度，以降低生产成本，努力实现安全、优质、高产、低耗。

课题一 时间定额的组成

时间定额是由几种时间因素组成的，而且各个时间因素在时间定额中所占的比例各不相同，因此千方百计地缩短占用比例最大的那部分时间因素，就可以明显地提高劳动生产率。

时间定额一般由下列时间因素组成：

1. 作业时间

作业时间是指直接用于制造产品或零部件所消耗的时间。它可以分为基本时间和辅助时间两部分。

（1）基本时间。基本时间是指直接用于改变工件尺寸、形状和表面质量所需要的时间。磨削加工的基本时间包括砂轮切入、磨削和切出等时间，机械加工的基本时间就是直接操纵机床进行切削加工所消耗的时间。

（2）辅助时间。为实现工艺过程所必须进行的各种辅助动作所消耗的时间称为辅助时间，如装卸工件、启动和开停机床、改变磨削用量以及测量时间等。

2. 工作地点服务时间

工作地点服务时间是指工人在工作时间内照管工作地点和为了保证自己正常工作所消耗的时间，包括修整砂轮、擦拭机床等工作时间。

3. 休息和自然需要时间

是指在工作班时间内所允许的必要的休息和自然需要的时间。

4. 准备终结时间

是指加工一批工件开始时熟悉工艺文件、领料、安装砂轮和夹具、调整机床以及归还工艺装备、发送成品等所消耗的时间。准备终结时间对一批工件只消耗一次。

必须指出，不同的生产类型，其时间定额的组成是不同的。在成批生产条件下，时间定额的组成可以用下式计算：

时间定额 =（作业时间 + 工作地点服务时间 + 休息和自然需要时间 + 准备终结时间）/每批产品的数量

由上式可知，要提高劳动生产率，只有减少时间定额。为此必须采取措施缩短作业时间、布置工作地时间和准备终结时间。

课题二 缩短基本时间的方法

作业时间在时间定额中占有举足轻重的地位，而基本时间又是作业时间中的重要组成部分。要缩短作业时间，必须研究缩短基本时间的途径。

缩短基本时间的方法有提高磨削用量、减少磨削行程长度、合并工步、采用多件磨削等方法。

一、提高磨削用量

在不影响加工精度的情况下，增大砂轮圆周速度、增大吃刀量都可以提高砂轮的金属切除率，从而缩短基本时间。目前高速磨削的砂轮圆周速度可达到 60 m/s。在普通外圆磨床上，采用深磨法、阶台砂轮磨削法，也可显著地提高劳动生产率。

二、减少磨削行程长度

纵向磨削法的进给运动所消耗的时间较多，故生产率较低，当砂轮的宽度大于工件磨削长度时，可采用切入磨削法。例如用宽度为 300 mm、直径为 ϕ600 mm 的砂轮磨削长度为 200 mm 的外圆，其基本时间可由 4. 5 min 减少到 45 s 左右。

三、合并工步

用多个砂轮架（见图 13—1）同时对工件的几个表面进行磨削，可使原需要的若干个工步合并为一个复合工步。由于工步的基本时间全部或部分重合，故可以减少工序的基本时间。

四、采用多件磨削

在立轴或卧轴平面磨床上，按一定顺序排列装夹的工件，可以同时磨削、切入和切出，使工件的基本时间完全重合。

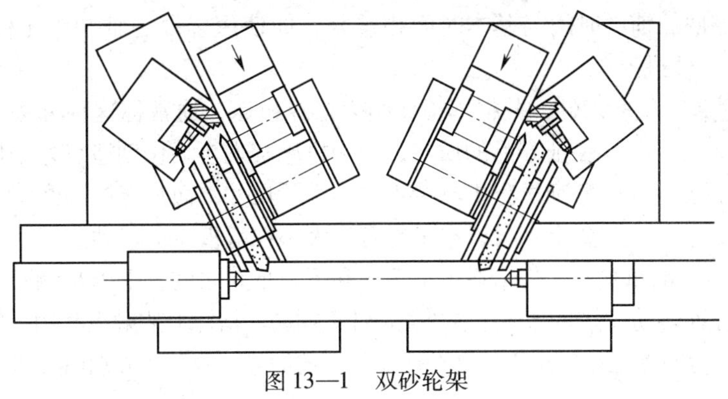

图 13—1　双砂轮架

课题三
缩短辅助时间的方法

在中小批生产中，辅助时间在时间定额中占 55% ~70% 。因此，应注意缩短辅助时间。

一、直接缩短辅助时间

通常是采用自动、气动、液压等先进高效的夹具，直接缩减工件的装卸时间。如图 13—2 所示为某厂采用的一种自动夹紧机构，工件用两顶尖定位，在磨削时通过偏心套及两个滚柱产生的斜楔作用，夹紧并带动工件旋转。圆偏心套的楔角不小于 6°，以保证夹紧机构适当的自锁作用。

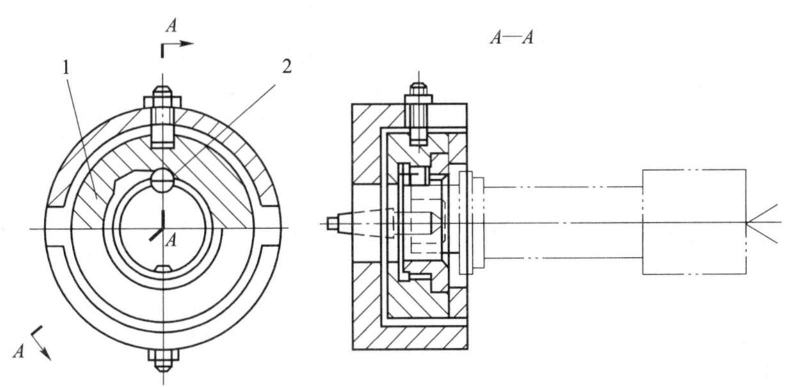

图 13—2　自动夹紧装置
1—偏心套　2—滚柱

在采用该机构之前，工件是用弹性卡箍夹紧和带动的，操作费力费时。采用自动夹紧机构以后，生产效率提高了将近一倍。

二、间接缩短辅助时间

间接缩短辅助时间的方法是使辅助时间与基本时间部分地重叠起来，有以下两种方案：

1．使装卸工件的辅助时间与基本时间相重叠，如使用多根心轴装夹工件，即可在磨削时间内对待加工工件进行装夹。

2．在加工过程中检验工件，并根据检验结果操纵机床，通常称这种方法为主动测量。主动测量能提高劳动生产率，保证产品的质量，并为机床实现自动化创造良好条件。图 13—3 所示的主动测量装置不仅能在磨削过程中测量工件的实际尺寸，而且能控制磨床的自动循环。测量座 1 通过弹簧片装在支架 2 上，可以按工件直径大小在滑板 3 上移动。螺钉 4 支撑在弹簧片上，用于平衡测量体的重量。工件卡在上卡爪 5 和下卡爪 6 之间，上卡爪调整后固定，下卡爪随工件尺寸的变化而转动，并通过杠杆系统使指针 7 摆动。指针上的触点 9 用于发出粗进给转换至精进给的信号。触点 8 用于发出工件磨至所需尺寸的信号，两触点分别由旋钮 11 和 10 调节。

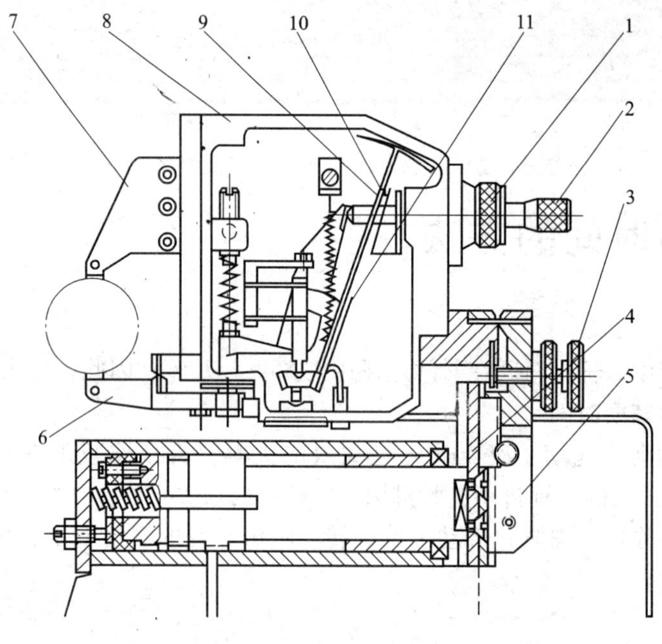

图 13—3　主动测量装置

1—测量座　2—支架　3—滑板　4—螺钉　5—上卡爪
6—下卡爪　7—指针　8、9—触点　10、11—旋钮

复习思考题

1．时间定额由哪些部分组成？

2．如何提高劳动生产率？